Die Plattform-Revolution

Von Airbnb, Uber, PayPal und Co. lernen: Wie neue Plattform-Geschäftsmodelle die Wirtschaft verändern

Methoden und Strategien für Unternehmen und Start-ups

Geoffrey G. Parker
Marshall W. Van Alstyne
Sangeet Paul Choudary

Übersetzung aus dem Amerikanischen
von Knut Lorenzen

Bibliografische Information der Deutschen Nationalbibliothek
Die Deutsche Nationalbibliothek verzeichnet diese Publikation in der Deutschen
Nationalbibliografie; detaillierte bibliografische Daten sind im Internet über
<http://dnb.d-nb.de> abrufbar.

Bei der Herstellung des Werkes haben wir uns zukunftsbewusst für umweltverträgliche
und wiederverwertbare Materialien entschieden.
Der Inhalt ist auf elementar chlorfreiem Papier gedruckt.

ISBN 978-3-95845-519-1
1. Auflage 2017

www.mitp.de
E-Mail: mitp-verlag@sigloch.de
Telefon: +49 7953 / 7189 - 079
Telefax: +49 7953 / 7189 - 082

Authorized German translation from the English language edition, entitled PLATFORM
REVOLUTION: How Networked Markets Are Transforming the Economy--And How to
Make Them Work for You, ISBN 978-0393249132
Copyright © 2016 by Geoffrey C. Parker, Marshall W. Van Alstyne, and
Sangeet Paul Choudary
Published in agreement with the author, c/o BAROR INTERNATIONAL, INC., Armonk,
New York, U.S.A. through.

Lektorat: Sabine Schulz
Fachkorrektorat: Michael Müßig
Sprachkorrektorat: Maren Feilen
Coverdesign: © Jason Ramirez
Satz: III-satz, www.drei-satz.de
Druck: Plump GmbH, Rheinbreitbach

Inhalt

Im Angedenken an meine Mutter, Mary Lynn Goodrich Parker.
Für A., X. und E.
Für Devika, weil sie immer da ist.

Vorwort

Die Plattform-Revolution ist unser Versuch, erstmals eine klare, vollständige und fundierte Darstellung einer der aktuell bedeutsamsten Entwicklungen auf dem Gebiet der Ökonomie und der Soziologie zu liefern – dem Aufstieg der Plattform als geschäftliches und organisatorisches Modell.

Vielen der heutzutage größten, am schnellsten wachsenden und disruptivsten Unternehmen liegt das Plattform-Geschäftsmodell zugrunde, so etwa Google, Amazon und Microsoft oder Uber, Airbnb und eBay. Darüber hinaus sorgen Plattformen allmählich dafür, dass sich eine Reihe weiterer ökonomischer und sozialer Bereiche zu wandeln beginnen – von der Gesundheitsvorsorge über das Bildungswesen bis hin zu Energieversorgung und Regierungsinstitutionen. Wer Sie sind oder wie Sie Ihren Lebensunterhalt verdienen, spielt keine Rolle: Dass Plattformen Ihr Leben als Angestellter, Führungskraft, Konsument oder Bürger schon verändert haben, ist sehr wahrscheinlich – und sie werden in den kommenden Jahren sogar noch weitreichendere Veränderungen in Ihrem Alltag bewirken.

Im Laufe der letzten beiden Jahrzehnte haben wir erkannt, dass mächtige ökonomische, soziale und technologische Kräfte unsere Welt auf eine Art und Weise verändert haben, die kaum jemand vollständig versteht. Wir haben uns mit der Untersuchung dieser Kräfte und ihrer Funktionsweise befasst – wie sie alteingesessene Unternehmen zurückdrängen, Märkte auf den Kopf stellen, berufliche Werdegänge wandeln und wie sie von Start-up-Unternehmen dazu benutzt werden, traditionelle Branchen zu beherrschen und neue zu erschaffen.

Die Erkenntnis, dass diese Kräfte vornehmlich durch das Plattform-Geschäftsmodell verkörpert werden, hat uns dazu gebracht, unseren akademischen und unternehmerischen Hintergrund zu verlassen und eng mit Unternehmen zusammenzuarbeiten, die nachhaltig mit dem Gründen von Plattformunternehmen befasst sind, wie etwa Intel, Microsoft, SAP, Thomson Reuters, Intuit, 500 Start-ups, Haier Group, Telecom Italia und viele andere. Und im Folgenden werden wir davon berichten.

Wir haben uns in diesem Buch zum Ziel gesetzt, einige der sich aus dem rasanten Aufstieg des Plattform-Geschäftsmodells ergebenden Fragen zu beantworten. Dazu gehören unter anderem:

- Wie haben es Plattformen wie Uber und Airbnb geschafft, in nur wenigen Jahren nach der eigenen Gründung riesige traditionelle Industriezweige zu dominieren? (Dieser Frage werden wir im gesamten Buch immer wieder nachgehen, besonders ausführlich kommt sie in Kapitel 4 zur Sprache.)
- Wie ist es möglich, dass Plattformunternehmen traditionelle Unternehmen aus dem Wettbewerb verdrängen, obwohl sie nur einen kleinen Bruchteil der Belegschaft alteingesessener Firmen beschäftigen? (Siehe Kapitel 1 und Kapitel 2)
- Wie hat der Aufstieg der Plattformen die Spielregeln verändert, die für das Wirtschaftswachstum und den Wettbewerb gelten? In welcher Hinsicht ähneln Plattformunternehmen den früheren Industriegrößen und wodurch unterscheiden sie sich? (Siehe Kapitel 2 und Kapitel 4)
- Wie und weshalb haben manche Unternehmen und Führungskräfte aufgrund der richtigen (oder fehlerhaften) Nutzung von Plattform-Geschäftsmethoden einen kometenhaften Aufstieg bzw. einen Absturz ins Bodenlose erlebt – oder beides? Warum fiel der Marktanteil von Blackberry in nur vier Jahren von 49 auf 2 Prozent? Inwiefern hat Steve Jobs in den 1980er-Jahren die Auswahl des passenden Plattformmodells für sein Unternehmen verfehlt ... und dann in den 2010er-Jahren alles richtig gemacht? (Siehe Kapitel 2 und Kapitel 7)
- Wie bewältigen manche Unternehmen die Herausforderung, gleichzeitig sowohl Anbieter als auch Kunden anzuziehen, während andere dabei kläglich scheitern? Warum ist es in einigen Fällen ein brillanter Schachzug, Dinge umsonst anzubieten, in anderen hingegen ein verhängnisvoller Fehler? (Siehe Kapitel 5 und 6)
- Warum lässt sich in Bezug auf manche Plattformen ein heftiger Marktwettbewerb erkennen, während andere Märkte fast wie bei einem Monopol sehr schnell von nur einem Anbieter dominiert werden? (Siehe Kapitel 10)
- Wachsende Plattformen werden missbraucht: eBay-Käufer können betrogen werden, Frauen, die sich bei Match.com zu Dates verabreden, können Opfer von gewaltsamen Übergriffen werden, und über Airbnb vermietete Wohnungen können geplündert werden. Wer soll die Verantwortung dafür übernehmen? Und wie sollten die User der Plattform geschützt werden? (Siehe Kapitel 8 und Kapitel 11)

Durch die Beantwortung von Fragen wie diesen haben wir versucht, einen praxisnahen Ratgeber für die New Economy zu erstellen, die die Welt, in der wir alle leben, arbeiten und spielen, spürbar umgestaltet. *Die Plattform-Revolution* ist das Ergebnis dreier beruflicher Werdegänge, die sich mit der Untersuchung und dem Entschlüsseln des Plattformmodells befasst haben.

Zwei der Autoren – Geoff Parker und Marshall Van Alstyne – waren während des Dotcom-Booms in den Jahren 1997 bis 2000 Doktoranden am Massachusetts Institute of Technology (MIT) und verfolgten die Entstehung der Network Economy mit großem Interesse. Das waren aufregende Zeiten: Der Aktienindex NASDAQ stieg um mehr als 80 Prozent, nachdem Risikokapitalgeber eine Menge Geld in Start-ups investiert hatten, die coole neue Technologien vorweisen konnten und Namen trugen, die mit einem »e« begannen oder auf »com« endeten. Nachdem die traditionellen Kennzahlen für wirtschaftlichen Erfolg scheinbar ihre Gültigkeit verloren hatten, konnte eine Reihe von Unternehmen äußerst erfolgreiche Börsengänge (*Initial Public Offerings, IPOs*) vornehmen, ohne jemals auch nur einen Cent Gewinn gemacht zu haben. Schüler, Studenten und Lehrkörper verließen die Schulen, um neue Technologieunternehmen zu gründen.

Schon bald darauf kam es zwangsläufig zum Zusammenbruch des Aktienmarktes. Ab März 2000 lösten sich innerhalb nur weniger Monate Billionen zu Buche stehende Dollar in Luft auf. Einigen Unternehmen gelang es jedoch auch, inmitten dieses Scherbenhaufens zu überleben: Während Webvan und Pets.com von der Bildfläche verschwunden waren, hatten Amazon und eBay den Börsencrash überstanden und blühten auf. Steve Jobs, der Apple aufgrund früherer Fehler verlassen hatte, kehrte zu Apple zurück und machte das Unternehmen zu einem Giganten. Letztendlich erholte sich die Online-Welt von dem Niedergang im Jahr 2000 und ging sogar gestärkt daraus hervor.

Aber wieso waren einige der internetbasierten Unternehmen erfolgreich, andere dagegen nicht? Wie sehen die Spielregeln für die neue Wirtschaft der Netzwerke aus? Geoff und Marshall versuchen, diese Fragen zu beantworten.

Wie sich herausstellte, war diese Aufgabe schwieriger als sie angenommen hatten. Das führte letztlich dazu, dass sie eine neue Wirtschaftstheorie der Netzwerkeffekte auf zweiseitigen Märkten entwickeln mussten. Zusammen mit dem Harvard-Professor Thomas R. Eisenmann verfassten sie den im *Harvard Business Review* erschienenen Artikel »*Strategies for Two-Sided Markets*« (Strategien für zweiseitige Märkte), der beschreibt, was inzwischen zu einer der meistgelehrten Theorien über Internetunternehmen geworden ist, die noch immer in Kursen der Betriebswirtschaftslehre rund um den Globus unterrichtet wird. Zusammen mit den Arbeiten anderer Autoren haben Geoffs und Marshalls Erkenntnisse dazu beigetragen, die Haltung der breiten Masse gegenüber der Regulierung von Unternehmen zu verändern. Später brachten sie ihre Arbeit im Rahmen der MIT-Initiative zur digitalen Wirtschaft mithilfe von Unternehmen wie AT&T, Dun &

Bradstreet, Cisco, IBM, Intel, Jawbone, Microsoft, Salesforce, SAP, Thomson Reuters und vielen anderen weiter voran.

Der dritte Autor dieses Buches, Sangeet Choudary, besuchte während des Dotcom-Booms der 1990er-Jahre die Highschool, war aber schon damals von der enormen Leistungsfähigkeit des Internets fasziniert – insbesondere von der Möglichkeit, Geschäftsmodelle zu entwickeln, die zu rasantem, skalierbarem Wachstum fähig sind. Später, als Leiter der Bereiche Innovation und neue Geschäftsfelder bei Yahoo und Intuit, befasste sich Sangeet näher mit den für den Erfolg oder das Scheitern von Internet-Start-ups ausschlaggebenden Faktoren. Seine Untersuchungen über fehlgeschlagene Geschäftsmodelle sowie seine Gespräche mit Risikokapitalgebern und Unternehmern halfen ihm dabei, die zunehmende Bedeutung eines neuen, überaus skalierbaren Geschäftsmodells zu erkennen: den Plattformen.

2012 begann Sangeet, sich in Vollzeit mit Plattformunternehmen zu befassen. Er sagte sich: Wenn die Welt zunehmend vernetzt wird, gehören Unternehmen, die sich die Leistungsfähigkeit von Plattformen besser zunutze machen können, zu den Gewinnern. Sangeet hat eine Vielzahl von Unternehmen rund um den Globus zu Plattformstrategien beraten, dazu gehören sowohl Start-ups als auch Fortune-100-Unternehmen. Sein populäres Blog (*http://platformed.info*) wurde in den führenden Medien weltweit vorgestellt.

Im Frühjahr 2013 stießen wir, Marshall und Geoff, auf Sangeets Arbeiten, und uns wurde sofort der Nutzen einer Zusammenarbeit bewusst. Unsere Partnerschaft begann im Sommer 2013, als wir uns drei Wochen lang am MIT aufhielten und gemeinsam eine bündige Darstellung der Dynamik von Plattformen ausarbeiteten. Seitdem haben wir den Mitvorsitz des MIT Platform Strategy Summit übernommen, in führenden Foren wie dem G20-Gipfel, Emerce eDay und TED-Vorträge über Plattformmodelle gehalten, an den weltweit führenden Universitäten Lehrveranstaltungen über Plattformen ausgerichtet und mit Geschäftskunden rund um den Globus bei der Implementierung von Plattformstrategien zusammengearbeitet.

Und nun haben wir drei dieses Buch geschrieben, das unseren ersten Versuch darstellt, unsere Vorstellung von Plattformen in plausibler, ausführlicher Form zusammenzufassen.

Wir hatten das Glück, auf die Ideen und Erfahrungen einiger der weltweit besten Unternehmen zurückgreifen und mit mehr als hundert Firmen aus verschiedenen Industrien an der Entwicklung und Implementierung ihrer Plattformstrategien zusammenarbeiten zu können. Auf dem *MIT Platform Strategy Summit* fand nicht nur ein reger Erfahrungsaustausch zwischen den Führungskräften von Unternehmen wie edX, Samsung, Apigee, Accenture, OkCupid, Alibaba und vielen anderen statt, die Plattformen einrichten, verwalten oder anderweitig umsetzen, vielmehr ließen sie freundlicherweise auch uns daran teilhaben. Außerdem konnten wir nicht nur von der Zusammenarbeit mit einer Gruppe der weltbesten Experten ihres Fachs profitieren, die ihre Karrieren ganz und gar dem Sachgebiet der digitalen Wirtschaft verschrieben haben und am alljährlich stattfindenden *Workshop on Information Systems and Economics (WISE,* Arbeitskreis Informationssysteme und Ökonomie) sowie am *Boston University Platform Strategy Symposium* (Konferenz zur Plattformstrategie der Universität Boston) teilnehmen, sondern auch von einigen der weltweit führenden Vordenker angrenzender Fachbereiche, wie etwa dem Verhaltensdesign, der Data Science, der Theorie des Systemdesigns und den agilen Methoden.

Wir haben dieses Buch geschrieben, weil wir der Ansicht sind, dass die digitale Vernetzung und das Plattformmodell das Potenzial besitzen, die Welt nachhaltig zu verändern. Von dem durch Plattformen vorangetriebenen wirtschaftlichen Wandel profitiert nicht nur die Gesellschaft als Ganzes, er kommt auch Unternehmen und anderen Organisationen zugute, die Wohlstand schaffen, Wachstum erzeugen und den Bedürfnissen der Menschheit dienen. Gleichzeitig gehen damit durchschlagende Änderungen der Regeln einher, die bislang traditionell über Erfolg oder Scheitern entschieden haben. Wir hoffen, dass dieses Buch neu gegründeten Unternehmen, alteingesessenen Organisationen, Regulierungsbehörden und politischen Entscheidungsträgern sowie engagierten Bürgern dabei hilft, die Herausforderungen zu meistern, die eine Welt mit sich bringt, in der Plattformen zu den Gewinnern gehören.

GEOFFREY G. PARKER
MARSHALL W. VAN ALSTYNE
SANGEET PAUL CHOUDARY

Über die Autoren

Geoffrey G. Parker ist Professor für Ingenieurwesen am Dartmouth College (Stand Oktober 2016) und zudem seit 1998 auch Professor für Betriebswirtschaft an der Tulane University. Darüber hinaus ist er Gastwissenschaftler am MIT und wissenschaftlicher Mitarbeiter der *MIT Initiative on the Digital Economy*. Bevor er sich der Forschung verschrieb, hatte er Positionen als Ingenieur und im Finanzbereich bei General Electric inne. Als Mitentwickler der Theorie zweiseitiger Netzwerke hat er außerdem bedeutende Beiträge zur Ökonomie von Netzwerkeffekten geleistet. Parkers Arbeiten wurden vom US-Energieministerium, von der *National Science Foundation* sowie von zahllosen Unternehmen unterstützt. Er berät Regierungsvertreter und Führungskräfte in der Privatwirtschaft und hält häufig Vorträge auf Konferenzen und Branchenveranstaltungen. Seinen Bachelor of Science erhielt Parker in Princeton, seinen Master of Science sowie seinen Doktortitel machte er dagegen am MIT.

Marshall W. Van Alstyne ist Professor an der Boston University und betätigt sich darüber hinaus auch als Gastwissenschaftler am MIT sowie wissenschaftlicher Mitarbeiter der *MIT Initiative on the Digital Economy*. Er ist weltweit anerkannter Experte der Informationsökonomie und hat grundlegende Beiträge zur IT-Produktivität und der Theorie der Netzwerkeffekte geleistet. Die von Van Alstyne mitverfassten Arbeiten über zweiseitige Netzwerke werden weltweit an Wirtschaftshochschulen gelehrt. Darüber hinaus hält er Patente für Datenschutzverfahren und Methoden zur Spam-Vermeidung. Van Alstyne wurde mit sechs »Best Paper Awards« sowie mit Auszeichnungen von der *National Science Foundation*, IOC, SGER, iCORPS, SBIR und dem CAREER Award geehrt. Außerdem betätigt er sich als Berater für leitende Führungskräfte, hält regelmäßig Vorträge und steht als ehemaliger Gründer auch Start-ups und Global-100-Unternehmen beratend zur Seite. Seinen Bachelor of Science erhielt er in Yale und seinen Master of Science sowie seinen Doktortitel machte er am MIT. Sie können ihn unter @InfoEcon erreichen.

Sangeet Paul Choudary ist Gründer der Plattform *Thinking Labs* und berät Führungskräfte in der ganzen Welt zum Thema Plattform-Geschäftsmodelle. Er ist Gastwissenschaftler der *INSEAD Business School* und Mitglied des *Centre for Global Enterprise*. Choudary betreibt auch das populäre Blog »Platform Thinking« (*http://platformed.info*), das vom *Wall Street Journal* als Pflichtlektüre empfohlen wurde. Seine Arbeiten fanden unter anderem beim *Harvard Business Review*, beim *MIT Technology Review* und bei *Wired* Beachtung. Choudary hält regelmäßig Vorträge auf wichtigen Konferenzen wie beispielsweise dem G20-Gipfel 2014 in Brisbane.

1

HEUTE
Willkommen zur Plattform-Revolution

I m Oktober 2007 erschien in einem Online-Newsletter für Industriedesigner (also die Gestalter von allem Möglichen von der Kaffeemaschine bis zum Jumbojet) eine unscheinbare Anzeige. Sie bezog sich auf eine *ungewöhnliche* Unterkunftsmöglichkeit für Berufstätige, die vorhatten, den bevorstehenden Kongress aufzusuchen, den die beiden Organisationen *International Congress of Societies of Industrial Design* (*ICSID*, Internationaler Kongress der Gesellschaften für Industriedesign) und *Industrial Designers Society of America* (*IDSA*, Amerikanische Gesellschaft für Industriedesign) gemeinsam veranstalteten:

Falls Sie vorhaben, an dem nächste Woche in San Francisco stattfindenden ICSID/ IDSA-Kongress 2007 teilzunehmen und noch auf der Suche nach einer Unterkunft sind, sollten Sie in Betracht ziehen, schon im Schlafanzug Kontakte zu knüpfen. Sie haben richtig gelesen: Stellen Sie sich als »preiswerte Alternative zu den Hotels in der Innenstadt« doch einfach vor, Sie würden nach einem Nickerchen auf der guten alten Luftmatratze in der Wohnung eines Industriedesigner-Kollegen aufwachen und dann bei Toast und O-Saft über die an diesem Tag bevorstehenden Veranstaltungen plaudern.

Die Urheber dieses Angebots zum »Kontakteknüpfen im Schlafanzug« waren Brian Chesky und Joe Gebbia, zwei angehende Designer, die gerade nach San Francisco gezogen waren und feststellen mussten, dass Sie sich die Miete für das gemeinsam bewohnte Loft gar nicht leisten konnten. Derart knapp bei Kasse entschlossen sie sich spontan, den Kongressteilnehmern Luftmatratzen und ihre Dienste als Teilzeit-Touristenführer anzubieten. Die beiden beherbergten an jenem Wochenende drei Gäste und verdienten damit tausend Dollar – und so war die Miete für den nächsten Monat gesichert.

Diese Erfahrung des ungezwungenen Wohnraumteilens sollte in einer der weltweit größten Branchen zu einem Umbruch führen.

Chesky und Gebbia engagierten einen weiteren Bekannten, Nathan Blechar-
czyk, der ihnen dabei helfen sollte, aus der Vermietung preiswerter Unterkünfte
ein langfristiges Geschäft zu machen. Nur ihr Loft in San Francisco zu vermieten,
würde natürlich nicht genug Umsatz bringen, daher entwarfen sie eine Website,
die es Usern überall auf der Welt ermöglichte, Reisenden ein unbelegtes Sofa oder
ein leerstehendes Gästezimmer zur Verfügung zu stellen. Als Gegenleistung
erhielt das Unternehmen, das inzwischen *Air Bread & Breakfast* (Airbnb) getauft
worden war, einen Teil des Mietpreises.

Die drei Partner konzentrierten sich anfangs auf Großereignisse, für die oft
keine Hotelbetten mehr verfügbar waren. Der erste große Erfolg stellte sich 2008
beim South-by-Southwest-Festival in Austin ein. Sie merkten allerdings schnell,
dass die Nachfrage nach gemütlichen und preiswerten Unterkünften, die von Ein-
heimischen bereitgestellt werden, das ganze Jahr über und nicht nur landesweit,
sondern sogar international Bestand hatte.

Heutzutage ist Airbnb ein riesiges Unternehmen, das in mehr als 191 Ländern
vertreten ist, über 3 Millionen Inserate geschaltet hat für Unterkünfte vom kleinen
Appartement bis hin zu echten Schlössern und mittlerweile mehr als 150 Millionen Gäste vermittelt hat. In der Investment-Finanzierungsrunde im April 2014
wurde das Unternehmen mit mehr als 10 Milliarden Dollar bewertet – ein Wert,
den zu diesem Zeitpunkt nur eine Handvoll der weltweit größten Hotelketten
übertrafen. Im August 2016 lag der Unternehmenswert von Airbnb bereits bei
knapp 30 Milliarden Dollar.

In weniger als einem Jahrzehnt hat Airbnb dem traditionellen Beherbergungsgewerbe eine wachsende Kundengruppe entführt – und all das, ohne auch nur ein
einziges eigenes Hotelzimmer zu besitzen. Es handelt sich tatsächlich um die
Geschichte eines dramatischen, unerwarteten Wandels. Und doch ist es nur einer
von einer ganzen Reihe eher unwahrscheinlich erscheinenden industriellen
Umbrüchen, die nach einem ähnlichen Muster stattfinden:

■ Uber vermittelt via Smartphone Fahrdienstleistungen und wurde im März
2009 in nur einer einzigen Stadt (San Francisco) gelauncht. Weniger als fünf
Jahre später bewerteten Investoren das Unternehmen mit mehr als 50 Milliarden Dollar. Uber ist weltweit in mehr als 570 Städten tätig und macht mittlerweile in vielen davon traditionellen Taxiunternehmen Konkurrenz oder verdrängt diese sogar – und all das, ohne auch nur ein einziges eigenes Fahrzeug
zu besitzen.

■ Der in China ansässige Einzelhandelsgigant Alibaba bietet fast eine Milliarde
verschiedene Produkte in nur einem seiner vielen Geschäftsportale an (Taobao,
einem Marktplatz für Endkunden, der mit eBay vergleichbar ist). Er wurde von
The Economist als »das größte Warenhaus der Welt« bezeichnet – ohne selbst
auch nur einen einzigen Artikel zu besitzen.

■ Mit mehr als 1,5 Milliarden Mitgliedern, die regelmäßig Nachrichten lesen, Fotos anschauen, Musik hören und Videos betrachten, macht Facebook mit Werbung geschätzte 14 Milliarden Dollar Umsatz im Jahr (2015) und ist wohl das größte Medienunternehmen der Welt – ohne auch nur einen einzigen ursprünglichen Inhalt selbst beizusteuern.

Doch wie ist es möglich, dass bedeutende Geschäftsbereiche in wenigen Monaten von Neugründungen buchstäblich überrannt und erobert werden, die noch nicht einmal über die traditionell als zum Überleben erforderlich erachteten Ressourcen verfügen, geschweige denn über diejenigen, um den Markt zu dominieren? Und warum geschieht das heutzutage in einer Branche nach der anderen?

Der Grund dafür ist die *Power der Plattform* – ein neues Geschäftsmodell, das Menschen, Unternehmen und Ressourcen mittels Technologie zu einem interaktiven Ökosystem verbindet, in dem erstaunliche Mengen an Werten erzeugt und ausgetauscht werden können. Airbnb, Uber, Alibaba und Facebook sind nur vier Beispiele auf der Liste disruptiver Plattformen, auf der neben Dutzenden anderen auch Amazon, YouTube, eBay, Wikipedia, iPhone, Upwork, Twitter, KAYAK, Instagram und Pinterest zu finden sind. Jede davon ist einzigartig und konzentriert sich auf einen bestimmten Industriezweig und Markt. Und alle machen sich die Power der Plattform zunutze, um einen Teil der globalen Wirtschaft umzugestalten. Darüber hinaus sind schon heute viele weitere vergleichbare Umgestaltungen abzusehen.

Eine Plattform ist zwar ein einfach klingendes, aber dennoch transformierendes Konzept, das Unternehmen, Wirtschaft und die Gesellschaft als Ganzes radikal verändert. Wie wir noch erläutern werden, ist praktisch jede Branche, in der Informationen eine tragende Rolle spielen, ein Kandidat für die Plattform-Revolution. Dazu gehören etwa Unternehmen, deren »Produkt« in Informationen besteht (wie das Bildungswesen und die Medien), aber auch Firmen, bei denen der Zugriff auf Informationen hinsichtlich des Kundenbedarfs, Preisschwankungen, Angebot und Nachfrage sowie Markttrends werthaltig ist – und das trifft auf nahezu alle Unternehmen zu.

Es überrascht daher kaum, dass die Liste der am schnellsten wachsenden globalen Marken zunehmend von Plattformunternehmen dominiert wird. Tatsächlich beruhte das Geschäftsmodell von drei der am Börsenwert gemessenen fünf größten Konzerne (Apple, Google und Microsoft) im Jahr 2014 auf Plattformen. Eins dieser drei Unternehmen, nämlich Google, debütierte im Jahr 2004 als Aktiengesellschaft. Ein weiteres, nämlich Apple, stand einige Jahre zuvor kurz vor dem Bankrott – damals setzte das Unternehmen statt auf eine Plattform noch auf ein geschlossenes Geschäftsmodell. Die alteingesessenen Riesen wie Walmart und Nike oder auch John Deere und GE bis hin zu Disney bemühen sich nun darum, den Plattformansatz an ihre Unternehmen anzupassen. Auf Plattformen beruhende Unternehmen machen in verschiedenem Ausmaß einen großen und zunehmenden Anteil der Wirtschaftskraft in allen Regionen der Welt aus (siehe Abbildung 1.1).

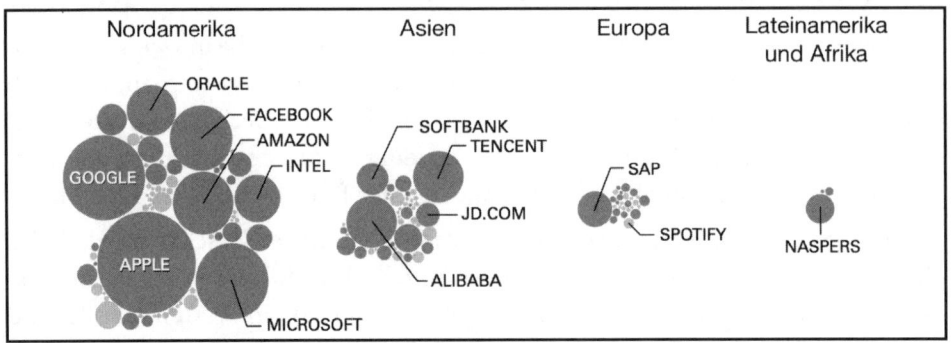

Abb. 1.1: Gemessen am Börsenwert gibt es in Nordamerika mehr Plattformunternehmen, die Werte schaffen, als in allen anderen Regionen der Welt. Die Plattformunternehmen des homogenen Marktes in China wachsen schnell. Die Plattformunternehmen des fragmentierteren Marktes in Europa besitzen nur weniger als ein Viertel des Wertes der nordamerikanischen Unternehmen dieser Art. Und auch die Regionen der Entwicklungsländer in Afrika und Lateinamerika liegen nicht weit zurück.
Quelle: Peter Evans, Center for Global Enterprise

Die disruptive Kraft von Plattformen beeinflusst auch das Leben von Einzelpersonen auf eine Art und Weise, die vor einigen Jahren noch nicht möglich gewesen wäre:

■ Joe Fairless war in New York als Werbefachmann tätig und beschäftigte sich nebenbei mit Immobilieninvestitionen. Durch einen Lehrgang über Immobiliengeschäfte, den er auf der Bildungsplattform *Skillshare* abhielt, lernte Joe mehrere Hundert erwartungsvolle junge Investoren kennen, was ihm dabei half, seine Sprechfertigkeit zu verbessern – und das wiederum ermöglichte es ihm, mehr als eine Million Dollar für den Start seiner eigenen Investmentfirma aufzutreiben und der Werbebranche den Rücken zu kehren.

■ Der 22-jährige Taran Matharu studierte in London Wirtschaftslehre, als er sich entschloss, im Rahmen eines alljährlich stattfindenden Schreibwettbewerbs einen Roman zu verfassen. Auf *Wattpads*, einer Plattform zum Teilen von Geschichten und Erzählungen, veröffentlichte er Auszüge seines Werks und lockte schnell mehr als 5 Millionen Leser an. Sein erster Roman mit dem Titel *Summoner* wurde in Großbritannien und zehn weiteren Ländern verlegt. Matharu ist inzwischen hauptberuflich als Schriftsteller tätig.

■ James Erwin arbeitete in Des Moines, Iowa, als Autor von Softwarehandbüchern und interessierte sich sehr für Geschichte. Eines Tages las er bei *Reddit*, einer Website, auf der registrierte User Textbeiträge und Links veröffentlichen können, die Frage, wie es wohl ausgehen würde, wenn sich ein Bataillon heutiger Marineinfanteristen mit dem Römischen Reich der Antike anlegte. Die von ihm verfasste Antwort lockte wissbegierige Follower an und nach wenigen Wochen erhielt er ein Angebot, seine Geschichte zu verfilmen. Erwin hat seinen Job mittlerweile aufgegeben und widmet sich nun dem Schreiben von Drehbüchern.

Ob Lehrer, Rechtsanwalt, Fotograf oder Wissenschaftler, Klempner oder Therapeut: Es spielt keine Rolle, welchem Beruf Sie nachgehen, die Chancen stehen nicht schlecht, dass irgendeine Plattform nur darauf wartet, ihn zu transformieren und dabei neue Möglichkeiten – und in manchen Fällen auch beängstigende neue Herausforderungen – zu schaffen.

Die Plattform-Revolution ist da – und der damit einhergehende Wandel ist von Dauer. Aber was genau ist eine Plattform überhaupt? Was zeichnet sie aus? Und was ist für die erstaunliche Kraft verantwortlich, mit der dieser Wandel stattfindet? Diesen Fragen werden wir in dem noch verbleibenden Teil dieses Kapitels auf den Grund gehen.

Fangen wir mit einer grundlegenden Definition an. Eine Plattform ist ein Geschäftsmodell, das darauf beruht, dass wertschöpfende Interaktionen zwischen externen Anbietern/Erzeugern und Kunden ermöglicht werden. Die Plattform stellt den Teilnehmern eine offene Infrastruktur für diese Interaktionen bereit und legt die Rahmenbedingungen und Regeln dafür fest. Der übergreifende Zweck einer Plattform ist es, das Zusammenkommen der User und den Austausch von Waren, Dienstleistungen und »sozialer Währung« (engl. *social currency*) zu gestatten und dabei für alle Beteiligten die Möglichkeit einer Wertschöpfung zu schaffen.

So betrachtet, scheint die Funktionsweise einer Plattform einigermaßen einfach zu sein. Allerdings liefern die vorhandenen Plattformen, die mit Zeit und Raum überbrückenden digitalen Technologien ausgestattet sind und ausgeklügelte intelligente Software einsetzen, die wiederum Anbieter und Kunden verlässlicher, schneller und einfacher denn je miteinander verbindet, schon heute Ergebnisse, die an ein kleines Wunder grenzen.

Die Plattform-Revolution und die Gestalt des Wandels

Um die durch die explosionsartige Zunahme von Plattformunternehmen ausgelösten mächtigen Kräfte besser verstehen zu können, ist es hilfreich, sich darüber Gedanken zu machen, wie Wertschöpfung und Wertübertragung in den meisten Märkten bislang stattgefunden haben. Das traditionell von den meisten Unternehmen eingesetzte System wird als *Pipeline* bezeichnet. Im Gegensatz zu einer Plattform findet die Wertschöpfung und Wertübertragung bei einer Pipeline Schritt für Schritt statt, wobei sich der Hersteller am Anfang und der Kunde am Ende befindet. Zunächst entwirft ein Unternehmen ein Produkt oder eine Dienstleistung. Dann wird das Produkt hergestellt und zum Kauf angeboten oder es wird ein System eingerichtet, das die Dienstleistung bereitstellt. Schließlich erscheint ein Kunde und kauft das Produkt oder die Dienstleistung. Aufgrund der einfachen, eingleisigen Form dieses Ablaufs spricht man hier auch von einer *linearen Wertschöpfungskette*.

In den letzten Jahren sind immer mehr Unternehmen von der Pipeline zur Plattform übergegangen. Bei diesem Übergang wird die einfache Pipeline-Struktur zu einer komplexen Beziehung, in der Anbieter, Kunde und die Plattform selbst in unterschiedlichen Verhältnissen zueinander stehen. Bei Plattformen gibt es verschiedene Usertypen – Anbieter, Kunden, manche nehmen auch beide Rollen ein –, die miteinander in Kontakt treten und mithilfe der von der Plattform bereitgestellten Ressourcen Interaktionen durchführen. Bei diesem Vorgang werden Werte ausgetauscht oder konsumiert und gelegentlich entstehen nebenbei auch weitere davon. Werte bewegen sich nicht nur entlang einer geraden Linie vom Anbieter zum Kunden, sondern können auf vielfältige Weise und an verschiedenen Orten erzeugt, ausgetauscht und konsumiert werden. All dies wird durch die von der Plattform zur Verfügung gestellten Verbindungen möglich.

Jede Plattform funktioniert auf eigene Art und Weise, zieht unterschiedliche Usertypen an und erzeugt verschiedene Arten von Werten, aber allen Plattformen sind dieselben grundlegenden Elemente gemeinsam. So gibt es beispielsweise in der Mobiltelefonbranche gegenwärtig zwei bedeutende Plattformen – Apples iOS und das von Google gesponserte Android. Kunden, die sich für eine dieser Plattformen entscheiden, können Werte konsumieren, die von den Plattformen selbst bereitgestellt werden – beispielsweise die Fähigkeit, mit der im Telefon eingebauten Kamera Fotos aufzunehmen. Sie können aber auch Werte konsumieren, die Entwickler zur Verfügung stellen, die zwecks Erweiterung der Funktionalität Inhalte erstellen – wie etwa den Nutzwert einer App, auf die User mit dem iPhone von Apple zugreifen. Das Ergebnis ist ein Austausch von Werten, der durch die Plattform selbst ermöglicht wird.

Der eigentliche Übergang von der traditionellen linearen Wertschöpfungskette zu der komplizierten Wertematrix einer Plattform mag noch einigermaßen geradlinig erscheinen – die Folgen sind jedoch atemberaubend. Die Ausbreitung des Plattformmodells in einer Branche nach der anderen verursacht eine Reihe von revolutionären Veränderungen in nahezu allen geschäftlichen Belangen. Betrachten wir also einige dieser Veränderungen einmal genauer.

Plattformen sind Pipelines überlegen, weil sie aufgrund der nicht mehr vorhandenen Gatekeeper besser skalieren. Bis vor Kurzem wurden die meisten Produkte an einem Ende der Pipeline hergestellt und an Kunden am anderen Ende ausgeliefert. Es gibt zwar noch viele Unternehmen, die nach dem Pipeline-Prinzip vorgehen, wenn allerdings ein Plattformunternehmen denselben Markt betritt, hat die Plattform praktisch immer die Nase vorn.

Hinweis

Der Einfachheit halber bezeichnen wir hier sowohl Produkte als auch Dienstleistungen als »Produkte«. Der wesentliche Unterschied besteht darin, dass Produkte physische Objekte sind, die man anfassen kann, während Dienstleistungen keine greifbaren Objekte sind, sondern durch Aktivitäten bereitgestellt werden. Traditionelle Unternehmen stellen sowohl Produkte als auch Dienstleistungen über lineare Wertschöpfungsketten – Pipelines – bereit, daher ist es an dieser Stelle gerechtfertigt, beide in einen Topf zu werfen.

Einer der Gründe dafür ist, dass Pipelines auf ineffiziente Gatekeeper angewiesen sind, um den Transfer von Werten vom Anbieter zum Kunden zu handhaben. Im traditionellen Verlagswesen sucht der Herausgeber unter Tausenden von Angeboten einige wenige Bücher und Autoren heraus und hofft, dass sich die Auswahl als populär erweisen wird. Dabei handelt es sich um einen zeitraubenden, arbeitsintensiven Vorgang, der vornehmlich auf dem richtigen Instinkt und auf Vermutungen beruht. Im Gegensatz dazu ermöglicht es Amazons Kindle-Plattform jedermann, ein Buch zu veröffentlichen. Zudem erhält man unmittelbares Feedback und kann so feststellen, welche Bücher erfolgreich sind und welche nicht. Das Plattformsystem kann außerdem bei Bedarf schneller und effizienter skalieren, weil die traditionellen Gatekeeper – in diesem Fall die Herausgeber – durch die von der gesamten Leserschaft gelieferten Marktsignale ersetzt werden.

Der Wegfall der Gatekeeper bietet den Kunden außerdem eine größere Freiheit bei der Auswahl der Produkte, die ihren Anforderungen entsprechen. Das traditionelle Modell der Hochschulbildung in den USA zwingt Studenten und ihre Eltern dazu, für das Studium nach dem Prinzip one-size-fits-all zu zahlen, was die Kosten für Verwaltung, Lehre, Räumlichkeiten, Forschung und vieles mehr beinhaltet. In ihrer Eigenschaft als Gatekeeper können Universitäten von Familien den Kauf eines solchen Gesamtpakets verlangen, weil es die einzige Möglichkeit ist, den begehrten akademischen Grad zu erhalten. Hätten sie die Wahl, welche Leistungen sie in Anspruch nehmen wollen, wären viele Studenten wahrscheinlich kritischer. Wenn es eine andere Möglichkeit gäbe, an einen von Arbeitgeberseite anerkannten Abschluss zu gelangen, hätten es die Universitäten in den USA wohl zunehmend schwerer, das Gesamtpaket zu verkaufen. Daher überrascht es wenig, dass es zu den primären Zielen von Plattformen wie Coursera (die sich mit dem Bildungswesen befasst) gehört, alternative Zertifizierungsmöglichkeiten zu entwickeln.

Beratungsunternehmen und Anwaltskanzleien versuchen ebenfalls, Gesamtpakete zu verkaufen. Unternehmen sind oft durchaus bereit, für die Dienstleistungen von Experten hohe Preise zu zahlen. Um sie in Anspruch nehmen zu können, müssen sie aber auch die Dienste relativ unerfahrener Mitarbeiter zu hohen Preisen miterwerben. Zukünftig werden die fähigsten Anwälte und Berater womöglich eigenständig mit Unternehmen zusammenarbeiten und ihre Geschäfte über eine Plattform abwickeln, die Verwaltungsvorgänge und einfache Büroarbeiten übernimmt, die früher von Beratungsunternehmen oder Anwaltskanzleien erledigt wurden. Plattformen wie *Upwork* bieten schon heute vorausblickenden Angestellten professionelle Dienstleistungen an und beseitigen so den von traditionellen Gatekeepern auferlegten Bündelungseffekt.

Plattformen sind Pipelines überlegen, weil sie neue Quellen der Wertschöpfung und neue Angebote erschließen. Überlegen Sie doch mal, wie die Hotelbranche traditionellerweise funktionierte. Zwecks Vergrößerung mussten Beherbergungsbetriebe wie Hilton oder Marriott neue Räumlichkeiten hinzunehmen, um diese dann mithilfe von ausgeklügelten Reservierungs- und Zahlungssystemen unter dem vorhandenen Markennamen anzubieten. Damit sind ein kontinuierliches Auskundschaften des Immobilienmarkts nach vielversprechenden Grundstücken, Investitionen in bereits vorhandenen Grundbesitz oder der Bau neuer Gebäude verbunden. Zudem ist eine Menge Geld erforderlich, um die Immobilien instand zu halten, zu renovieren, zu erweitern und zu verschönern.

Das aufstrebende Unternehmen Airbnb ist in gewisser Hinsicht in derselben Lage wie Hilton oder Marriott. Ebenso wie die großen Hotelketten setzt es ein ausgeklügeltes Preisfindungs- und Buchungssystem ein, das es den Gästen gestattet, ganz nach Bedarf ein Nachtquartier zu finden, zu reservieren und zu bezahlen. Airbnb wendet allerdings das Plattformmodell auf den Hotelbetrieb an: Das Unternehmen selbst *besitzt überhaupt keine Zimmer*. Stattdessen errichtete es die Plattform, die es nun betreibt, um den einzelnen »Gastgebern« zu ermöglichen, ihre Quartiere den Endkunden direkt anzubieten. Als Gegenleistung erhebt Airbnb eine Transaktionsgebühr von 9 bis 15 Prozent (durchschnittlich 11 Prozent) für jede Vermietung, die über die Plattform zustande kommt.

Aus diesem Grund kann sich Airbnb oder eine konkurrierende Plattform sehr viel schneller vergrößern als eine traditionelle Hotelkette, denn das Wachstum ist nicht mehr dadurch eingeschränkt, dass Kapital eingesetzt und Immobilien verwaltet werden müssen. Eine Hotelkette benötigt vielleicht ein Jahr, um ein Grundstück zu finden und zu kaufen, ein Gebäude zu entwerfen und zu bauen sowie Personal einzustellen und auszubilden. Im Gegensatz dazu kann Airbnb sein »Immobilieninventar« so schnell erweitern, wie es dauert, einen zusätzlichen

Gastgeber mit freien Zimmern zu registrieren. Das hat dazu geführt, dass Airbnb in nur wenigen Jahren einen Umfang und einen Wert erreicht hat, den ein traditioneller Hotelier bestenfalls in einigen Jahrzehnten durch oft risikoreiche Investitionen und harte Arbeit erzielen kann.

In Plattformmärkten ändert sich die Natur des Angebots. Es erschließt vorhandene Kapazitäten und macht sich die Beteiligung der User zunutze, die früher nur eine Quelle der Nachfrage waren. Während die effizientesten traditionellen Betriebe lediglich die gerade benötigten (*Just-in-time-*)Kapazitäten vorhielten, besitzen die Unternehmen, die Plattformen einsetzen, die fraglichen (*Not-even-mine-*)Objekte noch nicht einmal. Wenn Hertz ein Fahrzeug erst genau dann am Flughafen bereitstellen könnte, wenn das Flugzeug gelandet ist, wird das Auto deswegen ja nicht schlechter fahren. Die Firma RelayRides leiht mittlerweile die Fahrzeuge von abreisenden Passagieren aus und vermietet sie an ankommende Reisende weiter – die Leute, die früher für das Parken eines unbenutzten Autos zahlen mussten, erhalten nun Geld dafür, dass sie es anderen überlassen (inklusive Versicherung). Das ist für alle Beteiligten von Vorteil – nur nicht für Hertz und die anderen traditionellen Autovermieter.

Fernsehsender bauen Studios und stellen Mitarbeiter ein, um Filme zu produzieren. YouTube verfolgt dagegen ein anderes Geschäftsmodell, hat mehr Zuschauer als jeder Fernsehsender und bietet Inhalte, die von den eigenen Zuschauern erstellt werden. Wieder ist die Situation für alle Beteiligten von Vorteil – nur nicht für die Fernsehsender und die Filmstudios, die früher einmal fast ein Monopol auf die Produktion von Videos besaßen. Das in Singapur ansässige Unternehmen Viki stellt die Wertschöpfungskette traditioneller Medien vor eine große Herausforderung, indem es aus Asien stammende Filme und Seifenopern von einer offenen Gemeinschaft aus Übersetzern mit Untertiteln versehen lässt. Das Unternehmen lizenziert die fertig untertitelten Videos dann an Distributoren in anderen Ländern.

Plattformen zerstören also die traditionelle Wettbewerbslandschaft, indem sie dem Markt ein zusätzliches Angebot zur Verfügung stellen. Hotels, die ihre Fixkosten decken müssen, sehen sich Wettbewerbern gegenüber, die keine solchen laufenden Kosten zu tragen haben. Die neuen Unternehmen können so arbeiten, weil es ungenutzte Kapazitäten gibt, die dank der dazwischengeschalteten Plattform auf den Markt gebracht werden können.

Diese sogenannte *Sharing-Ökonomie* beruht auf dem Gedanken, dass viele Objekte, wie z.B. Autos, Boote oder auch Rasenmäher, die meiste Zeit gar nicht genutzt werden. Vor dem Aufstieg der Plattformen konnte man Objekte an einen Verwandten, einen guten Freund oder einen Nachbarn ausleihen, aber Fremden etwas zu leihen, war sehr viel schwieriger. Das liegt daran, dass es nicht leicht fällt, darauf zu vertrauen, dass das eigene Zuhause in ordentlichem Zustand hinterlassen wird (Airbnb), dass das Auto unbeschädigt zurückgegeben wird (RelayRides) oder dass der Rasenmäher überhaupt wieder auftaucht (NeighborGoods). Der für die Überprüfung der Kredit- und Vertrauenswürdigkeit erforderliche Aufwand ist ein Beispiel für die hohen Transaktionskosten, die früher den Austausch von Gütern verhinderten. Durch die Bereitstellung von Standardversicherungsverträgen und von sogenannten *Reputationssystemen,* die zu vernünftigem Verhalten ermutigen, senken Plattformen die Transaktionskosten allerdings drastisch und schaffen neue Märkte, wenn neue Anbieter erstmals aktiv werden.

Plattformen sind Pipelines überlegen, weil sie datenbasierte Tools verwenden, um in der Community Feedbackschleifen entstehen zu lassen. Wir haben an anderer Stelle bereits erwähnt, dass die Kindle-Plattform die Rückmeldungen der Leserschaft nutzt, um zu ermitteln, welche Bücher viel gelesen werden und welche nicht. Die verschiedensten Plattformen nutzen ähnliche Feedbackschleifen. Airbnb und YouTube setzen sie beispielsweise ein, um mit traditionellen Hotels bzw. Fernsehsendern zu konkurrieren. Durch das Sammeln von Feedback zu der Qualität der Inhalte (im Fall von YouTube) oder der Reputation von Dienstleistungsanbietern (wie bei Airbnb) werden nachfolgende Interaktionen auf dem Markt immer effizienter. Das Feedback anderer Kunden erleichtert es, Videos oder Mietobjekte zu finden, die wahrscheinlich den eigenen Wünschen entsprechen. Produkte mit sehr starkem negativen Feedback hingegen verschwinden für gewöhnlich in der Versenkung.

Im Gegensatz dazu setzen traditionelle Pipeline-Unternehmen zur Qualitätssicherung sowie zur Gestaltung der Interaktionen am Markt Kontrollmechanismen ein – Redakteure, Manager oder Supervisor –, die jedoch kostspielig und schlecht skalierbar sind.

Der Erfolg von Wikipedia zeigt, dass Plattformen das Feedback der Community dazu nutzen können, die traditionelle Lieferkette zu ersetzen. Nachschlagewerke wie die altehrwürdige *Encyclopaedia Britannica* wurden ursprünglich in einem kostspieligen, komplexen, schwer handhabbaren Prozess durch eine zentralisierte Lieferkette von Experten, Autoren und Redakteuren erstellt. Durch den Einsatz des Plattformmodells ist es Wikipedia jedoch mithilfe einer Community externer Beitragender, die Inhalte liefern und kontrollieren, gelungen, eine der *Britannica* in Qualität und Umfang durchaus vergleichbare Wissensquelle aufzubauen.

Plattformen stellen Unternehmen auf den Kopf. Da der größte Teil der Wertschöpfung einer Plattform durch die User Community erbracht wird, muss die Plattform ihren Fokus von internen auf externe Aktivitäten verlagern. Dabei wird das Unternehmen regelrecht »umgekrempelt« – es wird sozusagen von innen nach außen gekehrt. Aufgaben des Marketings, der IT, des operativen Geschäftsbereichs und der strategischen Planung konzentrieren sich zunehmend auf User, Ressourcen und Funktionalitäten, die sich *außerhalb* des Unternehmens befinden, und ergänzen oder ersetzen die in einem traditionellen Unternehmen vorhandenen.

Die zur Beschreibung dieses Umkehrprozesses verwendete Sprache unterscheidet sich von Aufgabe zu Aufgabe. So hat Rob Cain, CIO von Coca-Cola, festgestellt, dass sich beispielsweise im Marketing die entscheidenden Begriffe zur Definition von Message-Delivery-Systemen wie folgt verändert haben: Aus *Broadcast* wurde zunächst *Segmentierung*, dann *Viralität* und *sozialer Einfluss*, aus *Push* wurde *Pull* und aus *ausgehend* wurde *eingehend*. All diese modifizierten Begrifflichkeiten spiegeln wider, dass Marketingbotschaften, die früher von Unternehmensangestellten und Agenturen verbreitet wurden, nun von den Kunden selbst weitergegeben werden – ein Hinweis auf die umgekehrte Art der Kommunikation in einer von Plattformen beherrschten Welt.[2]

Auf ähnliche Weise haben sich IT-Systeme von Warenwirtschaftssystemen (*Enterprise Resource Planning, ERP*) im Innendienst zu CRM-Systemen (*Customer Relationship Management System*) im Kundenbereich weiterentwickelt, und in jüngster Zeit werden jenseits des Büros Experimente mit sozialen Medien und Big Data durchgeführt – eine weitere Verschiebung des Fokus von innen nach außen. Die Finanzwirtschaft verschiebt ihren Fokus vom Shareholder Value und Discounted Cashflow unternehmenseigener Anlagegegenstände auf den Stakeholder Value und Interaktionen, die außerhalb des Unternehmens stattfinden.

Ebenso konzentriert sich die Unternehmensleitung weniger auf die Optimierung des Unternehmensinventars und der Lieferkettensysteme als auf externe Anlagegegenstände, die nicht unter der direkten Kontrolle des Unternehmens stehen. Tom Goodwin, als Vizepräsident von Havas Media für die Unternehmensstrategie zuständig, beschreibt diesen Wandel kurz und bündig: »Uber, das größte Taxiunternehmen der Welt, besitzt keine Fahrzeuge. Facebook, der weltweit populärste Medieninhaber, erstellt keine Inhalte. Alibaba, der wertvollste Einzelhändler, besitzt keinen Warenbestand. Und Airbnb, der größte Beherbergungsbetrieb, besitzt keine Immobilien.«[3] Die Community stellt diese Ressourcen zur Verfügung.

Die Strategie hat sich von der Steuerung bestimmter interner Ressourcen und dem Errichten von Wettbewerbsbarrieren zur Orchestrierung externer Ressourcen und der Förderung lebhafter Communitys gewandelt. Zudem sind Innovationen nicht mehr die Domäne von unternehmensinternen Experten sowie Forschungs- und Entwicklungslaboratorien, sondern werden durch Crowdsourcing und Ideenbeiträge unabhängiger Teilnehmer der Plattform geliefert.

Externe Ressourcen ersetzen die internen Ressourcen jedoch nicht vollständig – meistens dienen sie als Ergänzung. Plattformunternehmen legen größeren Wert auf die Lenkung des Ökosystems als auf die Produktoptimierung, und es ist ihnen wichtiger, externe Partner zu überzeugen, als Kontrolle über interne Mitarbeiter auszuüben.

Die Plattform-Revolution: Wie werden Sie reagieren?

In diesem Buch werden Sie sehen, dass der Aufstieg der Plattformen einen Wandel in nahezu allen Bereichen der Wirtschaft und der gesamten Gesellschaft vorantreibt – vom Bildungswesen über Medien und Berufsleben bis hin zu Gesundheitswesen, Energiewirtschaft und Regierung. In Tabelle 1.1 finden Sie eine (natürlich unvollständige) Liste einiger Schauplätze von Plattformaktivitäten sowie verschiedene Beispiele für Plattformunternehmen, die in diesen Branchen tätig sind. Beachten Sie, dass sich Plattformen kontinuierlich fortentwickeln und täglich weitere Unternehmen auf den Plan treten. Viele der aufgeführten Plattformbetreiber dürften Ihnen bekannt sein, manche aber auch nicht. Über die hinter einigen dieser Unternehmen stehenden Geschichten werden wir in diesem Buch noch berichten. An dieser Stelle ist es nicht unser Ziel, eine umfassende oder systematische Auflistung zu liefern, sondern einfach nur einen kurzen Überblick zu geben, der hoffentlich die zunehmende Reichweite und Bedeutung von Plattformunternehmen auf globaler Ebene vermittelt.

Tabelle 1.1 zeigt auch die bemerkenswerte Vielfalt von Plattformunternehmen. Auf den ersten Blick haben Firmen wie Twitter und General Electric, Xbox und TripAdvisor oder Instagram und John Deere scheinbar kaum etwas gemeinsam. Allerdings verfahren alle Unternehmen nach den grundlegenden Prinzipien einer Plattform: Sie sind alle dazu da, Anbieter und Kunden zusammenzubringen und die Interaktion miteinander zu ermöglichen. Die Art der ausgetauschten Konsumgüter spielt dabei keine Rolle.

Durch den Aufstieg von Plattformen befinden sich fast alle traditionellen Managementverfahren in einem Zustand des Aufruhrs – das betrifft die Unternehmensstrategie, den Geschäftsbetrieb, das Marketing, die Produktion, die Forschung und Entwicklung sowie das Personalwesen. Wir befinden uns gegenwärtig in einer instabilen Zeitphase, die Auswirkungen auf sämtliche Unternehmen und jede einzelne Führungskraft hat. Der Hauptgrund dafür ist das Aufkommen von Plattformen.

Konsequenterweise sind Fachkenntnisse über Plattformen zu einem wesentlichen Merkmal der Unternehmensführung geworden. Dennoch haben die meisten Leute – inklusive vieler Führungskräfte – noch immer Schwierigkeiten, mit dem Aufstieg von Plattformen zurechtzukommen.

In den nachfolgenden Kapiteln werden wir einen umfassenden Leitfaden für das Geschäftsmodell der Plattformen und deren zunehmenden Einfluss auf praktisch alle Wirtschaftsbereiche vorlegen. Unsere Erkenntnisse beruhen sowohl auf ausführlichen Untersuchungen als auch auf den Erfahrungen, die wir als Berater während unserer Zusammenarbeit mit großen und kleinen Plattformunternehmen aus einem breiten Spektrum von Industriezweigen und mit gemeinnützigen Organisationen rund um den Globus gesammelt haben.

Branche	Beispiele
Agrarwirtschaft	John Deere, Intuit Fasal
Kommunikation und Netzwerke	LinkedIn, Facebook, Twitter, Tinder, Instagram, Snapchat, WeChat
Konsumgüter	Philips, McCormick Foods FlavorPrint
Bildungswesen	Udemy, Skillshare, Coursera, edX, Duolingo
Energie und Schwerindustrie	Nest, Tesla Powerwall, General Electric, EnerNOC
Finanzen	Bitcoin, Lending Club, Kickstarter
Gesundheitswesen	Cohealo, SimplyInsured, Kaiser Permanente
Computerspiele	Xbox, Nintendo, PlayStation
Arbeits- und Fachdienstleistungen	Upwork, Fiverr, 99designs, Sittercity, LegalZoom
Lokale Dienstleistungen	Yelp, Foursquare, Groupon, Angie's List
Logistik und Transportwesen	Munchery, Foodpanda, Haier Group
Medien	Medium, Viki, YouTube, Wikipedia, Huffington Post, Kindle Publishing
Betriebssysteme	iOS, Android, macOS, Microsoft Windows
Einzelhandel	Amazon, Alibaba, Walgreens, Burberry, Shopkick
Personenbeförderung	Uber, Waze, BlaBlaCar, GrabTaxi, Ola Cabs
Reisen	Airbnb, TripAdvisor

Tabelle 1.1: Einige der Branchen, in denen derzeit durch Plattformen ein Wandel vor sich geht, sowie diverse Beispiele für Unternehmen, die auf diesen Gebieten tätig sind

Sie werden im Detail erfahren, wie Plattformen funktionieren, welche unterschiedlichen Strukturen sie voraussetzen, und Sie werden die zahlreichen Möglichkeiten der Wertschöpfung kennenlernen. Außerdem kommt auch die nahezu unbegrenzte Bandbreite der verschiedenen Zielgruppen bzw. Usertypen dieser

Plattformen zur Sprache. Wenn Sie vorhaben, eine eigene Plattform zu betreiben (oder ein bereits vorhandenes Unternehmen um die Vorteile einer Plattform erweitern möchten), wird Ihnen dieses Buch als Anleitung dienen, um die Herausforderungen hinsichtlich der gesamten Entwicklung einer erfolgreichen Plattform zu bewältigen insbesondere in Bezug auf Design, Launch, Management, Governance und Wachstum. Und wenn Sie nicht an der Entwicklung einer eigenen Plattform interessiert sind, dann erfahren Sie, welche Auswirkungen der zunehmende Einfluss von Plattformen auf Sie als Unternehmer, als Berufstätiger, als Konsument und als Staatsbürger hat – und wie Sie zufrieden (und gewinnbringend) an einer Wirtschaft teilhaben können, die zunehmend von Plattformen aller Art dominiert wird.

Welche Rolle Sie in der heutigen, sich so schnell wandelnden Wirtschaft auch einnehmen mögen: Jetzt ist der richtige Zeitpunkt gekommen, um die Prinzipien in der Welt der Plattformen zu beherrschen. Lesen Sie weiter und wir werden Ihnen dabei helfen, dieses Ziel zu erreichen.

Zusammenfassung

❏ Der übergreifende Zweck einer Plattform ist es, das Zusammenkommen der User und den Austausch von Waren, Dienstleistungen und »sozialer Währung« zu gewährleisten und dabei für alle Beteiligten die Möglichkeit einer *Wertschöpfung* zu schaffen.

❏ Da die Wertschöpfung bei Plattformunternehmen anhand von Ressourcen erfolgt, die sie nicht besitzen oder die nicht unter ihrer Kontrolle stehen, können sie sehr viel schneller wachsen als traditionelle Unternehmen.

❏ Die Wertschöpfung von Plattformen wird in weiten Teilen durch die User Communitys erbracht, von denen sie genutzt werden.

❏ Plattformen krempeln Unternehmen um, lassen dabei die Grenzen zwischen Geschäftsbereichen verschwimmen und verlagern den traditionell nach innen gerichteten Fokus auf einen nach außen gerichteten Fokus.

❏ Der Aufstieg von Plattformen hat bereits in einer Vielzahl bedeutender Branchen für einen tiefgreifenden Wandel gesorgt – und ebenso bedeutsame weitere Umbrüche stehen noch bevor.

2

NETZWERKEFFEKTE
Die Power der Plattform

Während einiger Wochen im Juni 2014 fand zwischen einem an der New York University (NYU) tätigen Professor für Corporate Finance und einem angesehenen Risikokapitalgeber im Silicon Valley eine hitzige öffentliche Debatte über ein scheinbar obskures Thema statt.

Den Stein des Anstoßes lieferte Aswath Damodaran, Lehrstuhlinhaber an der NYU, Autor von Lehrbüchern über Corporate Finance und Unternehmensbewertung sowie Preisträger des prestigeträchtigen Herbert-Simon-Awards von 2013, mit der Veröffentlichung eines Artikels, der eine Bewertung des Plattformunternehmens Uber zum Gegenstand hatte, dessen Smartphone-App Fahrgäste und Mietwagenfahrer zusammenbringt. Kurz zuvor hatten Investoren 1,2 Milliarden Dollar zur Finanzierung von Uber hingeblättert und dafür entsprechende Anteile an dem Unternehmen erhalten, das demzufolge einen Gesamtwert von rund 17 Milliarden Dollar hatte. Damodaran bezeichnet das als eine »irrsinnig hohe Summe für ein junges Unternehmen mit nur ein paar hundert Millionen Dollar Umsatz.«[1] Er ließ damit durchblicken, dass die Vorstellung, dass Uber so viel Wert sein sollte – oder sogar noch mehr, wie manche Leute behaupteten –, ein weiteres Zeichen für die im Silicon Valley vorherrschende Selbstüberschätzung sei.

Damodarans Urteil beruhte auf den klassischen Instrumenten der Finanzwirtschaft. Er schätzte die Größe des globalen Taximarktes, Ubers voraussichtlichen Marktanteil und die vermutlich zu erzielenden Einnahmen. Darauf wendete er dann risikobereinigte Cashflows an und gelangte so zu einer Unternehmensbewertung in Höhe von 5,9 Milliarden Dollar. Ganz und gar unverblümt und vorbehaltlos veröffentlichte er sogar seine Tabellenkalkulationsdatei online, damit Interessierte seine Schätzungen nachvollziehen und überprüfen konnten.

Bill Gurley, Teilhaber von Benchmark Capital und einer der Silicon-Valley-Investoren von Uber, nahm die Herausforderung an. Als Risikokapitalgeber, der dafür bekannt ist, kometenhaft aufgestiegene Technologieunternehmen wie Open-Table, Zillow und eBay mit entdeckt zu haben, hielt Gurley dagegen, dass die 17 Milliarden Dollar wahrscheinlich vielmehr eine *Unterbewertung* seien und dass Damodarans Zahlen um einen Faktor von 25 zu niedrig liegen könnten.[2] Gurley stellte Damodarans Schätzungen sowohl der Gesamtgröße des Marktes als auch des potenziellen Marktanteils infrage. Seine eigenen Berechnungen beruhten demgegenüber auf der Analyse von Netzwerkeffekten des Ökonomen W. Brian Arthur.[3]

Uber bietet im typischen Plattformstil einen Dienst, über den die Beteiligten zueinander finden können. Wenn sich Fahrer anmelden und die Dichte der Abdeckung in einer Stadt zunimmt, setzen einige erstaunliche dynamische Prozesse ein: Die Fahrer erzählen ihren Bekannten von dem Dienst und manche davon werden in ihrer Freizeit sogar selbst zu Fahrern. Die Leerlaufzeiten der Fahrer und die Wartezeiten der Passagiere sinken. Und weniger Leerlaufzeiten bedeuten für einen Fahrer, dass er in derselben Zeit genauso viel Geld verdienen kann, selbst wenn die Fahrpreise niedriger sind, weil er während seiner Arbeitszeit mehr Passagiere befördert. Geringere Leerlaufzeiten bedeuten auch, dass Uber die Preise senken kann und damit die Nachfrage weiter stimuliert, wodurch eine Aufwärtsdynamik entsteht, die die Dichte der Abdeckung weiter erhöht.

Gurley übernahm in seinem Artikel ein Diagramm von einem anderen Investor, das zeigt, wie diese Aufwärtsdynamik funktioniert – auf eine Serviette gezeichnet von David Sacks, Mitbegründer von Yammer und PayPal-Veteran (siehe Abbildung 2.1).

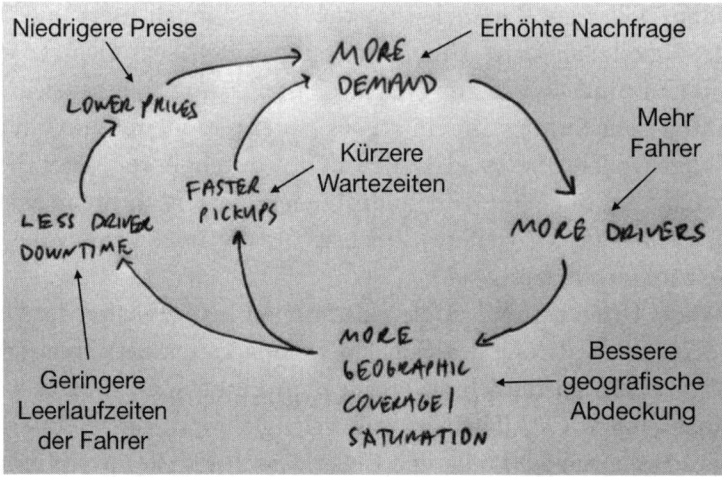

Abb. 2.1: David Sacks Zeichnung von Ubers Aufwärtsdynamik auf einer Serviette (Abdruck mit freundlicher Genehmigung des Autors)

Sacks Zeichnung auf der Serviette stellt ein klassisches Beispiel für einen *Netzwerkeffekt* dar. Sie illustriert, wie der Nutzen von Uber für alle Beteiligten wächst, je mehr Leute den Dienst in Anspruch nehmen – wodurch wiederum zusätzliche User angelockt werden, die dadurch ihrerseits den Nutzwert des Dienstes weiter steigern.

Der *Netzwerkeffekt* beschreibt die Auswirkungen, die die Anzahl der User einer Plattform auf die Wertschöpfung für jeden dieser User hat. *Positive Netzwerkeffekte* bezeichnen die Fähigkeit einer gut gemanagten Plattform-Community, für jeden User der Plattform eine beträchtliche Wertschöpfung zu erzielen. *Negative Netzwerkeffekte* hingegen beziehen sich auf die Möglichkeit, dass eine steigende Zahl von Usern die Wertschöpfung für jeden der User *verringert*.

Wie Sie später noch sehen werden, sind positive Netzwerkeffekte für ein Plattformunternehmen die maßgebliche Quelle für Wertschöpfung und Wettbewerbsvorteile. Allerdings können Netzwerkeffekte auch negativ sein. In diesem Kapitel werden wir erläutern, wie und weshalb negative Netzwerkeffekte entstehen und was Manager eines Plattformunternehmens dagegen tun können. Die Wertschöpfung durch positive Netzwerkeffekte zu verstehen, ist dabei ein wichtiger erster Schritt.

Gurleys Daten zeigen, dass Netzwerkeffekte schon seit Mitte 2014 allmählich für das Wachstum von Uber verantwortlich wurden. Als Travis Kalanick 2009 nach Startkapital suchte, betrug die Größe des Taxi- und Limousinenmarktes in Ubers Stammsitz San Francisco 120 Millionen Dollar. Nach Ubers eigenen Angaben war dieser Markt 2014 bereits dreimal so groß und weiter anwachsend. Allein diese Verdreifachung würde es rechtfertigen, Damodarans Bewertung von 5,9 Milliarden auf die von Investoren genannten 17 Milliarden zu erhöhen. In Unkenntnis dieses Insiderwissens hatte Damodaran in seinen Gleichungen allerdings keine Netzwerkeffekte berücksichtigt – das hat er dann auch großzügig und wohlüberlegt eingeräumt.

Nachfrageseitige Skaleneffekte

Der Netzwerkeffekt stellt ein neues wirtschaftliches Phänomen dar, das durch technologische Innovationen vorangetrieben wird. Im Industriezeitalter des 20. Jahrhunderts entstanden durch angebotsseitige Skaleneffekte gigantische Monopole. Die Größenvorteile ergeben sich aus einer effizienten Produktion: Die Stückkosten für das Herstellen eines Produkts oder die Bereitstellung einer Dienstleistung sinken, wenn die Anzahl der Produkte steigt. Diese angebotsseitigen Skaleneffekte können dem größten Unternehmen einer Industriewirtschaft einen Kostenvorteil bringen, der für Wettbewerber äußerst schwierig zu überwinden ist.

Denken Sie nur an die riesigen Unternehmen, die während des Industriezeitalters entstanden sind. In der Stahlproduktion senkte das Bessemer-Verfahren der Briten, bei dem zwecks Entfernung von Verunreinigungen Luft durch geschmolzene Schlacke geblasen wird, die Produktionskosten pro Tonne von £40 auf £7. Durch den Betrieb von 18 Bessemer-Hochöfen mit einer Kapazität von jeweils fünf Tonnen wurde die Barrow Hermatite Steel Company um die Jahrhundertwende vom 19. zum 20. Jahrhundert zum größten Stahlwerk der Welt. Auf ähnliche Weise war das Haber-Bosch-Verfahren für die Herstellung von Düngemitteln aus in der Luft enthaltenem Stickstoff, die in der Produktion der Hälfte aller heutzutage konsumierten Lebensmittel Anwendung finden, einer der Faktoren, die zum Aufstieg des riesigen BASF-Konzerns beitrugen, der noch immer das größte Chemieunternehmen der Welt ist. Und die Erfindungen des Amerikaners Thomas Edison auf den Gebieten der Leuchtmittel und der preiswerten Energieerzeugung sorgten für den Erfolg von General Electric, während Henry Fords Einsatz der Massenproduktion den Aufstieg der Ford Motor Company beschleunigte. Je größer ein Unternehmen war, desto günstiger waren die Kosten für Produktion, Marketing und Vertrieb – eine positive Rückkopplung, die es Unternehmen erlaubte, kontinuierlich zu wachsen und profitabler zu werden (bis diesem Vorgang von staatlicher Seite Einhalt geboten wurde bzw. ein disruptiver technologischer Wandel stattfand, der die traditionelle Wirtschaft überflüssig machte).

Im Internetzeitalter des 21. Jahrhunderts entstehen vergleichbare Monopole aufgrund der *nachfrageseitigen Skaleneffekte* (engl. *demand economies of scale*, ein Begriff, den die beiden Experten verwenden, die maßgeblich für die Popularisierung des Konzepts von Netzwerkeffekten verantwortlich sind: Hal Varian, Ökonom bei Google, und Carl Shapiro, Professor für Unternehmensstrategie an der University of California in Berkeley).[4] Im Gegensatz zu den angebotsseitigen Skaleneffekten ziehen die nachfrageseitigen Skaleneffekte einen Nutzen aus technologischen Verbesserungen auf der Nachfrageseite – der anderen Hälfte der Profitgleichung auf der Angebotsseite. Nachfrageseitige Skaleneffekte werden durch soziale Netzwerke, Nachfragebündelung, App-Entwicklung und andere Phänomene verstärkt, die größere Netzwerke für die User attraktiver machen. Sie können dem größten Unternehmen eines Plattformmarktes durch Netzwerkeffekte einen Vorteil bringen, der für Wettbewerber äußerst schwierig einzuholen ist.

Nachfrageseitige Skaleneffekte sind die grundlegende Ursache für positive Netzwerkeffekte und damit in der heutigen Welt hauptsächlich für die Wertschöpfung verantwortlich. Das soll aber nicht heißen, dass die angebotsseitigen Skaleneffekte keine Rolle mehr spielen – natürlich tun sie das. Allerdings sind nachfrageseitige Skaleneffekte, die in Form von Netzwerkeffekten in Erscheinung treten, zum wichtigsten Unterscheidungsmerkmal geworden.

Wie Netzwerkeffekte sowohl für die an einem Netzwerk Teilnehmenden als auch für die das Netzwerk Betreibenden bzw. Verwaltenden eine Wertschöpfung erzeugen, lässt sich gut durch das *Metcalfesche Gesetz* beschreiben. Robert Metcalfe, der Miterfinder des Ethernets und Gründer von 3Com, wies darauf hin, dass der Nutzen eines Telefonnetzes mit zunehmender Anzahl der Anschlüsse nichtlinear zunimmt, weil es mehr Verbindungen unter den Teilnehmern ermöglicht.

In einem Netzwerk mit nur einem Knoten sind überhaupt keine Verbindungen möglich. Ein uns bekannter MIT-Professor beliebt zu scherzen, dass der Preis für den »besten Verkäufer der Welt« eigentlich dem Verkäufer des *allerersten* Telefons verliehen werden müsste. Ein einzelnes Telefon ist zugegebenermaßen nutzlos, denn wenn es keine weiteren gibt, können Sie auch niemanden anrufen. Sobald aber weitere Leute Telefone kaufen, steigt der Nutzwert. Mit zwei Telefonen ist eine Verbindung möglich. Mit vier sind es sechs, mit zwölf sind es sechsundsechzig. Und mit 100 Telefonen sind 4.950 Verbindungen möglich. Man bezeichnet das als *nichtlineares* oder *konvex monotones Wachstum*, und dabei handelt es sich exakt um das charakteristische Wachstumsmuster, das man in den 1990ern bei Microsoft beobachten konnte, das sich heutzutage bei Apple und Facebook zeigt und das in Zukunft bei Uber zu beobachten sein wird. (In umgekehrter Richtung erklärt dieses Wachstumsmuster den Zusammenbruch von Blackberry in den 2000ern: Als die User anfingen, Blackberry den Rücken zu kehren, sorgte der Verlust von Netzwerkknoten dafür, dass der Nutzwert des Netzwerks selber drastisch sank, was wiederum weitere User dazu bewegte, auf ihr Blackberry zu verzichten und sich nach anderen Geräten umzusehen.)

Dieses Muster hat bedeutsame wirtschaftliche Konsequenzen zur Folge. Ein Wachstum durch Netzwerkeffekte führt zu einer Ausdehnung des Marktes. Neue Käufer werden durch die zunehmende Zahl der Freunde und Bekannten, die Teil des Netzwerks sind, angelockt und betreten den Markt. Wenn dann auch noch die Preise sinken – was häufig der Fall ist, wenn eine Technologie ausgereift ist und die Produktionszahlen steigen –, wirken Netzwerkeffekte und attraktive Preise zusammen und führen zu einer hohen Marktakzeptanz.

Zweiseitige Netzwerkeffekte

David Sacks Zeichnung auf der Serviette weist darauf hin, dass bei dem Wachstum von Uber eine weitere Kraft eine Rolle spielt, die wir als *zweiseitigen Netzwerkeffekt* bezeichnen.[5]

In Metcalfes Telefonbeispiel ziehen Telefonbenutzer weitere Telefonbenutzer an. Im Fall von Uber sind jedoch zwei Seiten des Marktes beteiligt: Passagiere ziehen Fahrer an und Fahrer wiederum Passagiere. Eine ähnliche Dynamik ist auch bei vielen anderen Plattformunternehmen zu beobachten. Im Fall von Googles Android ziehen App-Entwickler Kunden an und sie wiederum App-Entwickler. Bei Upwork (ehemals ElanceoDesk) ziehen Jobangebote Freelancer an und diese wiederum Jobangebote. Bei PayPal ziehen Verkäufer Käufer an und Käufer wiederum Verkäufer. Und bei Airbnb schließlich ziehen Gastgeber Gäste und Gäste Gastgeber an. Bei allen diesen Unternehmen kommt es zu zweiseitigen Netzwerkeffekten mit *positivem Feedback*.

Diese Effekte sind für das Anregen des Wachstums eines Netzwerks von so großer Bedeutung, dass Plattformunternehmen Geld dafür ausgeben, Teilnehmer für eine Seite des Marktes zu gewinnen. Ihnen ist klar, dass die Teilnehmer der anderen Seite des Marktes schon folgen werden, wenn es nur gelingt, die eine Seite des Marktes dazu zu bewegen, sich der Plattform anzuschließen. Dass Uber es sich leisten kann, mehrere Millionen Dollar von Bill Gurley und anderen Investoren dafür zu verwenden, Freifahrtscheine im Wert von jeweils 30 Dollar zu verschenken, lässt sich durch zweiseitige Netzwerkeffekte mit positivem Feedback erklären: Uber erkauft sich mit den Gutscheinen Marktanteile, die zu einer (positiven) Dynamik von Fahrern und Passagieren führen, wobei Letztere später den vollen Preis zahlen müssen, um am Netzwerk teilzunehmen.

Ein geläufigeres (nicht technisches) Beispiel dafür sind Bars, die allwöchentlich eine *Ladies Night* veranstalten, bei denen weiblichen Kunden Getränke zu reduzierten Preisen angeboten werden. Wenn die Frauen kommen, dann auch die Männer – und schätzen sich glücklich, für ihre eigenen Getränke den vollen Preis zu zahlen. In einem zweiseitigen Markt kann es also manchmal durchaus wirtschaftlich sinnvoll sein, finanzielle Verluste – und zwar nicht nur vorübergehend, sondern dauerhaft! – in Markt A in Kauf zu nehmen, wenn ein Wachstum dieses Marktes auch ein Anwachsen des zugehörigen Marktes B möglich macht. Die einzige Bedingung dafür ist, dass der in Markt B erwirtschaftete Profit den in Markt A erlittenen Verlust übersteigt.

Netzwerkeffekte und andere wachstumsfördernde Maßnahmen

Es ist wichtig, zwischen Netzwerkeffekten und anderen wohlbekannten Maßnahmen zur Förderung des Marktwachstums zu unterscheiden, wie beispielsweise Preiseffekt und Markenwirkung. Die hier auftretenden Missverständnisse sind die Ursache für die derzeit herrschende Verwirrung darüber, wie Plattform-Geschäftsmodelle zu bewerten sind und trugen auch zum Dotcom-Boom in den Jahren 1997 bis 2000 sowie zum Platzen der Blase bei.

Während des Dotcom-Booms betrachteten Investoren, die Geld in Start-ups wie eToys, Webvan und FreePC gesteckt hatten, den Marktanteil praktisch als die einzige relevante Kennzahl für wirtschaftlichen Erfolg. Beeindruckt von Slogans wie »Get big fast« (»Schneller, höher, weiter in kürzestmöglicher Zeit«) oder »Get large or get lost« (»Nicht kleckern, sondern klotzen«) drängten die Investoren die Unternehmen in der Hoffnung, aus einem uneinholbar großen Marktanteil Vorteile schlagen zu können, dazu, in verschwenderischer Weise Geld auszugeben, um Kunden anzulocken. Die Unternehmen reagierten darauf, indem sie durch Preisnachlässe und Gutscheine für Preiseffekte sorgten. Kunden durch außerordentlich niedrige Preise anzulocken – teilweise wurden auch Sachen verschenkt –, ist eine narrensichere Methode, sich Marktanteile zu erkaufen, zumindest vorübergehend. Bücher wie *Free: The Future of a Radical Price* (deutscher Titel: *Free – Kostenlos: Geschäftsmodelle für die Herausforderungen des Internets*, Campus Verlag), das 2009 von Chris Anderson, dem damaligen Chefredakteur des Magazins *Wired* veröffentlicht wurde, predigen das Hohelied des Werbegeschenks und postulieren einen kontinuierlichen Aufstieg des »Freemium«-Modells (Kofferwort aus engl. *free* = kostenlos und *premium* = erstklassig) bei der Bepreisung von Produkten und Dienstleistungen.

Das Problem dabei ist, dass Preiseffekte äußerst flüchtig sind: Sie verschwinden, sobald der Preisnachlass nicht mehr gilt oder ein anderes Unternehmen einen günstigeren Preis bietet. Typischerweise werden nur 1 bis 2 Prozent der durch kostenlose Angebote angelockten Besucher zu zahlenden Kunden. Man muss daher, so David Cohen, CEO und Gründer des Venture Incubators Techstar, Millionen von Kunden erreichen, damit sich das Werbegeschenk-Modell rentiert.[6] Zudem ziehen Freemium-Modelle Abstauber an, die kaum dazu zu bewegen sind, Geld auszugeben – wie FreePC 1999 feststellen musste, als es in Erwartung auf Online-Verkäufe Pentium-PCs verschenkte, wenn sich die Beschenkten im Gegenzug Werbung ansahen.[7]

Die Markenwirkung ist da schon etwas nachhaltiger. Sie tritt in Erscheinung, wenn Leute eine bestimmte Marke mit Qualität verbinden. Wie bei den Preiseffekten ist es aber auch hier oft schwierig, diesen Status quo aufrechtzuerhalten. Eine Markenwirkung zu erzielen, kann außerdem äußerst kostspielig sein. eToys gab in der Hoffnung, mit Amazon und Toys"R"Us konkurrieren zu können, Millionen für den Aufbau einer Marke aus. Kozmo, ein Online-Unternehmen, das versprach, in großen US-Städten Essen, Bücher, Kaffee und weitere einfache Konsumgüter innerhalb einer Stunde kostenlos zu liefern, engagierte Whoopi Goldberg als Firmensprecherin und bezahlte sie mit Aktien. Allerdings brach das Unternehmen kurz darauf zusammen. Im Januar 2000 – auf dem Höhepunkt des Dotcom-Booms, kurz vor dem Zusammenbruch –, schalteten 19 Start-ups Werbung in der Pause der Fernsehübertragung des Super Bowl (dem Finale der American-Football-Profiliga) und bezahlten dafür jeweils mehr als 2 Millionen Dollar, um die Wiedererkennung ihrer Marken zu fördern. Etwa ein Jahrzehnt später existierten acht dieser Unternehmen nicht mehr.[8]

Preiseffekte und Markenwirkung haben durchaus ihren Platz in der Wachstumsstrategie eines Start-ups. Aber nur Netzwerkeffekte sind in der Lage, die oben beschriebene Aufwärtsdynamik zu erzeugen, die zum Aufbau eines dauerhaften Netzwerks von Usern führt – ein Phänomen, das als *Lock-in-Effekt* (von engl. *to lock in* = einschließen) bezeichnet wird.

Eine weitere wachstumsfördernde Maßnahme, die leicht mit Netzwerkeffekten verwechselt werden kann, ist *Viralität*. Der Ausdruck ist mit dem Adjektiv *viral* (durch ein Virus verursacht) verwandt und beschreibt die Tendenz, dass sich eine Idee oder eine Marke rasant und weithin im Internet ausbreitet – eben wie ein Virus.

Durch die Viralität können Leute in ein Netzwerk gelockt werden, wenn beispielsweise Fans eines unwiderstehlich niedlichen, witzigen oder verblüffenden Videos ihre Freunde dazu bringen, YouTube zu besuchen. Durch Netzwerkeffekte kommen sie dann immer wieder. Bei der Viralität geht es darum, Leute zu ködern, die der Plattform bislang ferngeblieben sind – bei Netzwerkeffekten hingegen geht es darum, für die Teilnehmer der Plattform einen Mehrwert zu schaffen.

Als die Dotcom-Blase im Jahr 2000 zu platzen drohte, hatten zwei der Autoren dieses Buchs (Geoff Parker und Marshall Van Alstyne) gerade am MIT promoviert. Fasziniert beobachteten wir das Geschehen, als clevere Investmentunternehmen wie Benchmark und Sequoia sowohl lukrative Treffer landeten als auch kostspielige Fehlschläge hinnehmen mussten. (Benchmark Capital, das Unternehmen das derzeit offenbar im Fall von Uber alles richtig macht, hatte in Webvan investiert, das von CNET als eines der größten Dotcom-Fiaskos der Geschichte bezeichnet wurde.[9] Auch Sequoia hatte in Webvan investiert, hatte mit Apple, Google und PayPal allerdings mehr Glück.)

Wir waren neugierig geworden, was den Unterschied zwischen erfolgreichen und gescheiterten Firmen ausmachte und untersuchten mehrere Dutzend Fälle. Das Ergebnis war, dass die gescheiterten Unternehmen größtenteils auf Preiseffekte und Markenwirkung gesetzt hatten. Im Gegensatz dazu bauten die erfolgreichen Unternehmen auf eine Methode, die tatsächlich funktioniert – die Förderung des Datenverkehrs einer Usergruppe, um den Gewinn bei einer anderen Usergruppe in die Höhe zu treiben. Wir haben unsere Erkenntnisse in einem Artikel veröffentlicht, in dem die mathematischen Aspekte zweiseitiger Netzwerkeffekte analysiert werden.[10] Die heutzutage so erfolgreichen Plattformunternehmen wie eBay, Uber, Airbnb, Upwork, PayPal und Google machen ausgiebigen Gebrauch von diesem Modell.[11]

Skalierung von Netzwerkeffekten: Reibungsloser Zugang und andere Skalierungsmethoden

Wie man sieht, hängen Netzwerkeffekte von der Größe des Netzwerks ab.[12] Eine wichtige Schlussfolgerung daraus ist, dass *effektive Plattformen in der Lage sind, schnell und einfach zu expandieren und dabei die Wertschöpfung durch Netzwerkeffekte zu skalieren.*

Es fällt schwer, sich daran zu erinnern, aber es gab mal Zeiten, als Yahoo ein beliebteres Internetportal war als Google. In welcher Manier Google Yahoo trotz eines Vorsprungs von vier Jahren überholt hat, demonstriert eindringlich, wie wichtig es ist, beide Seiten eines Netzwerks skalieren zu können.

Yahoo war anfangs ein von Menschen kuratiertes Internetportal. Webseiten wurden auf dieselbe Art und Weise in eine Baumstruktur von Kategorien und Unterkategorien einsortiert, wie etwa Bibliothekare Bücher oder Biologen Pflanzen- und Tierarten organisieren. Eine Weile funktionierte das auch gut. Aber Ende der 1990er- und Anfang der 2000er-Jahre wuchs die Anzahl der Internetuser und Webseiten exponentiell an – und schon bald wurde offensichtlich, dass eine von Angestellten bearbeitete hierarchische Datenbank nicht gut skaliert.[13] Einer von uns Autoren kann sich noch gut daran erinnern, dass er Webseiten an Yahoo übermittelt hat und Tage oder Wochen vergingen, bis diese im Hauptverzeichnis von Yahoo auftauchten. (Kein Wunder, dass frustrierte User anfingen zu witzeln, Yahoo würde »Yet Another Hierarchical Officious Oracle!« bedeuten, also »Noch ein aufdringliches hierarchisches Orakel!«)

Google hingegen fand eine Möglichkeit, den Usern Webseiten zu präsentieren, indem es sich die Arbeit der Webseitenersteller zunutze machte. Googles Bewertungsalgorithmus für Webseiten, der sogenannte *PageRank*-Algorithmus (der übrigens nicht nach dem englischen Wort *page*, Seite, sondern nach seinem Entwickler, dem Google-Mitbegründer Larry Page, benannt ist) berücksichtigt, in welchem Ausmaß sich Webseiten gegenseitig verlinken. Die Webseitenersteller möchten möglichst viele Besucher anziehen und berücksichtigen daher ihrerseits, was die Besucher interessiert. Mehr Links von wichtigen Webseiten bedeuten daher eine bessere Bewertung im Suchergebnis. Googles Algorithmus bringt also letztlich beide Seiten des Netzwerks in Übereinstimmung. Algorithmen skalieren nicht nur besser als Angestellte, die Verwendung von Weblinks als entscheidendes Suchkriterium verschob darüber hinaus den Fokus vom Inneren eines Unternehmens zum Äußeren, wo das Interesse der breiten Masse ausschlaggebend ist – ein sehr viel besser skalierendes Modell als das von Yahoo.

Wie der Geschichte von Google zu entnehmen ist, können Netzwerke, die einen *reibungslosen Zugang* erlauben, nahezu grenzenlos wachsen. Und mit reibungslosem Zugang ist hier die Fähigkeit gemeint, dass User einer Plattform schnell und einfach beitreten und sofort damit anfangen können, an der durch die Plattform ermöglichten Wertschöpfung teilzunehmen. Der reibungslose Zugang ist ein entscheidender Faktor, der es einer Plattform erlaubt, schnell zu wachsen.

Der T-Shirt-Händler Threadless wurde von Leuten gegründet, die über umfassende Kenntnisse über IT-Dienstleistungen, Webdesign und Beratung verfügen. Zum Geschäftsmodell gehört ein wöchentlich stattfindender Designwettbewerb, an dem auch Außenstehende teilnehmen können, bei dem T-Shirts mit den beliebtesten Designs bedruckt und dann an die große, stetig weiter wachsende Kundschaft verkauft werden. Threadless braucht keine begabten Gestalter einzustellen, denn erfahrene Designer konkurrieren um die Preise und das damit verbundene Ansehen. Marketing ist ebenfalls nicht erforderlich, denn die erwartungsvollen Designer fordern ihre Freunde und Bekannten auf, an der Abstimmung teilzunehmen und T-Shirts zu kaufen. Verkaufsprognosen zu treffen, ist nicht nötig, weil die Teilnehmer bei der Abstimmung angeben, welches T-Shirt sie in welcher Größe kaufen möchten. Durch die Auslagerung der Produktion kann Threadless außerdem die Kosten für die Auftragsbearbeitung und die Lagerhaltung minimieren. Dank dieses fast völlig reibungslosen Modells kann Threadless schnell und einfach skalieren und unterliegt dabei nur minimalen strukturellen Einschränkungen.

Das Geschäftsmodell des Unternehmens entstand durch Zufall. Die Gründer wollten ursprünglich Webdienstleistungen anbieten und andere Unternehmen bei der Einrichtung von Websites beraten. Aber die Beratungstätigkeit für die Websiteerstellung skalierte nicht: Jedes Projekt musste individuell ausgehandelt werden und erforderte eigene Mitarbeiter. Und kein Projekt konnte nach dem Abschluss in unveränderter Form erneut verkauft werden. Die Website mit T-Shirt-Wettbewerb wurde von den Unternehmensgründern eher nebenbei gestartet, um die eigenen Fähigkeiten unter Beweis zu stellen. Dabei handelte es sich um die Online-Version eines Offlinewettbewerbs, an dem einer der Gründer teilgenommen hatte. Als die Popularität dieses Nebenprojekts immer stärker zunahm, wurde deutlich, wie groß die mit der Skalierbarkeit einhergehenden Vorteile waren.

Bei der Skalierung eines Netzwerks müssen beide Seiten des Marktes proportional wachsen. So kann beispielweise ein Uber-Fahrer durchschnittlich drei Passagiere pro Stunde befördern. Für Uber würde es keinen Sinn ergeben, wenn für nur einen Passagier 1.000 Fahrer zur Verfügung stünden – genauso wenig wie 1.000 Passagiere und nur ein Fahrer. Airbnb sieht sich bei der Skalierung von Gastgebern und Gästen mit einem vergleichbaren Problem konfrontiert. Wenn eine der beiden Seiten überproportional groß wird, etwa die Angebotsseite, sind Gutscheine oder Preisnachlässe zum Anlocken zusätzlicher Gäste eine vernünftige Geschäftsmaßnahme.

In manchen Fällen kann das Wachstum einer Plattform durch einen Effekt erzielt werden, den wir als *Seitenwechsel* (engl. *side switching*) bezeichnen. Er tritt auf, wenn User von der einen Seite der Plattform auf die andere wechseln – wenn beispielsweise die Konsumenten von Waren oder Dienstleistungen damit anfangen, selbst Waren und Dienstleistungen zu produzieren, die andere konsumieren. Auf manchen Plattformen fällt es den Usern leicht, wiederholt die Seite zu wechseln.

Beispielsweise rekrutiert Uber auch Passagiere als Fahrer. Ein skalierbares Geschäftsmodell, reibungsloser Zugang und Seitenwechsel sind den Netzwerkeffekten zuträglich.

Negative Netzwerkeffekte: Ursache und Abhilfe

Bislang haben wir uns auf positive Netzwerkeffekte konzentriert. Aber gerade die Eigenschaften, die zum Wachstum von Plattformnetzwerken führen, können auch für ihr schnelles Scheitern verantwortlich sein. Das Wachstum eines Netzwerks kann negative Netzwerkeffekte verursachen, die Teilnehmer vertreiben oder sogar das Ende der Plattform nach sich ziehen.

Ein negativer Netzwerkeffekt tritt ein, wenn die wachsenden Userzahlen, die für mehr Übereinstimmungen zwischen Anbietern und Kunden sorgen, gleichzeitig dazu führen, dass es zunehmend schwieriger oder sogar unmöglich wird, die beste Übereinstimmung zu finden. Um diesem Dilemma zu entgehen, muss der reibungslose Zugang von einer effektiven *Kuratierung* begleitet werden. Bei diesem Vorgang filtert, steuert und beschränkt die Plattform den Zugang der User, die Aktivitäten, an denen sie teilnehmen dürfen, sowie die Verbindungen, die sie mit anderen Usern aufnehmen können. Bei einer effektiv kuratierten Plattform fällt es den Usern leicht, Übereinstimmungen zu finden, die zu einer beträchtlichen Wertschöpfung führen. Bei nicht vorhandener oder mangelhafter Kuratierung hingegen ist es für die User mühsam, in einer Flut wertloser Treffer potenziell geeignete Übereinstimmungen aufzuspüren.

Die Dating-Plattform OkCupid musste sogar erleben, dass eine nicht sorgfältig durchgeführte Skalierung letztlich den vollständigen Zusammenbruch des Netzwerks zur Folge haben kann. Wenn sich viele User auf einer Dating-Website tummeln, so CEO Christian Rudder, versuchen die Männer naturgemäß, die hübschesten Frauen zu kontaktieren. Die Skalierung des männlichen Verhaltens führt zu dem Problem, dass die meisten Männer, die eine äußerst attraktive Frau kontaktieren, selbst deutlich *weniger* attraktiv sind – salopp gesagt: Die Frau ist »eine Nummer zu groß« für sie. Wenn nun all diese »Männer zweiter Klasse« (der Ausdruck stammt von uns, nicht von Rudder) die sehr hübschen Frauen mit Kontaktanfragen bombardieren, ist damit niemandem geholfen. Die schönen Frauen sind unzufrieden und werden die Website wahrscheinlich wegen all der ungefilterten ungewollten Aufmerksamkeit verlassen, während die nicht ganz so schönen Männer unzufrieden sind, weil die erwählten Herzdamen niemals antworten. Und die wenigen hochattraktiven Männer, die bei den attraktivsten Frauen vermutlich gute Chancen gehabt hätten, sind ebenfalls unzufrieden, weil die Frauen, die sie kontaktiert haben, die Plattform verlassen haben.[14]

Wenn es dann so weit gekommen ist, wenden sich die Männer jeglicher Attraktivität den zweitschönsten Frauen zu und der ganze Vorgang wiederholt sich. In der Endkonsequenz wird der Netzwerkeffekt somit zu einem Rückschlag und das Geschäftsmodell bricht zusammen.

Um diesem Problem aus dem Weg zu gehen, hat OkCupid eine Strategie zur Kuratierung eingeführt, bei der Übereinstimmungen auf mehreren Ebenen eine Rolle spielen. Auf der ersten Ebene geht es um die auf der Hand liegenden Fragen der gemeinsamen Interessen. Sind beide Beteiligten Raucher? Mögen beide Tätowierungen und Horrorfilme? Sind beide religiös? Auf dieser Ebene werden viele offensichtlich unpassende Paarungen aussortiert.

Auf der zweiten Ebene der Übereinstimmungen geht es um die Frage einer vergleichbaren Attraktivität – die »Eine Nummer zu groß«-Frage. Wenn der Algorithmus von OkCupid anhand der Beurteilungen anderer User beispielsweise feststellt, dass Tim deutlich weniger attraktiv ist als Maria, zeigt Tims routinemäßige Suche nach geeigneten Partnern Marias Bild nicht an. (Bei einer sehr zielgerichteten Suche wird es womöglich doch angezeigt, normalerweise ist dies aber nicht der Fall.) Stattdessen wird Tim eine Auswahl von Frauen präsentiert, die mutmaßlich von gleicher Attraktivität sind wie er. Das ist für alle von Vorteil: Maria ist zufrieden, weil die Plattform ihr dabei hilft, passende Partner zu finden und sie vor einem Ansturm von Kontaktanfragen schützt. Und auch Tim ist zufriedener, weil die Frauen nun auf seine Anfragen antworten, statt ihm wie vorher die kalte Schulter zu zeigen.

Der Einsatz dieses Algorithmus bedeutet natürlich, dass ein Mann, dem bei der Suche nach geeigneten Partnerinnen nur durchschnittlich aussehende Frauen angezeigt werden, wahrscheinlich nicht so toll aussieht, wie er gedacht hatte. Andererseits haben sich jedoch seine Chancen, zu einer Verabredung zu kommen, beträchtlich erhöht, was langfristig zu einer größeren Zufriedenheit führen dürfte.

Eine geschickte Kuratierung wie die bei OkCupid praktizierte reduziert negative Netzwerkeffekte in hohem Maße. Gleichzeitig verstärkt sie die positiven Netzwerkeffekte und nutzt sie zu ihrem Vorteil. Wenn die Anzahl der Teilnehmer des Netzwerks zunimmt, wächst auch der Umfang der Informationen über sie. Jeder Statistiker kann Ihnen bestätigen, dass mehr Daten im Allgemeinen genauere und wertvollere Schlussfolgerungen bedeuten, die man den Daten entnehmen kann. Je größer ein Netzwerk wird, desto besser kann auch die Kuratierung ausfallen – ein Phänomen, das wir als *datengetriebene Netzwerkeffekte* bezeichnen. Dazu sind natürlich geeignete Kuratierungstools nötig, die kontinuierlich getestet, aktualisiert und verbessert werden müssen.

Eine mangelhafte Kuratierung verursacht hingegen ein erhöhtes Rauschen. Dadurch ist die Plattform weniger nützlich und es kann sogar zu ihrer Auflösung kommen. Eine solche negative Feedbackschleife, die dem exponentiellen Wachstum der Website Chatroulette folgte, führte ebenso schnell zu einem ebenso dramatischen Zusammenbruch.

Bei Chatroulette werden Leute rund um den Globus zufällig ausgewählt, die sich dann über eine Webcam-Verbindung miteinander unterhalten können. Die Teilnehmer können die Unterhaltung jederzeit verlassen, indem sie eine neue Verbindung initiieren oder einfach das Programm beenden. Diese merkwürdig süchtig machende Website hatte beim Launch Ende 2009 ganze 20 User. Sechs Monate später waren es bereits mehr als 1,5 Millionen.

Ursprünglich war bei Chatroulette keine Registrierung erforderlich und es fand auch keinerlei Kuratierung statt. Das führte zu dem, was unter der Bezeichnung »Nackte-behaarte-Männer«-Problem bekannt wurde: Während das Netzwerk weiter wuchs, aber ohne Kontrolle blieb, kam es immer häufiger vor, dass nackte behaarte Männer im Chat auftauchten, was dazu führte, dass viele der bekleideten, unbehaarten User das Netzwerk verließen. Nachdem das Netzwerk von seriösen Usern gemieden wurde, erhöhte sich das Rauschen auf der Plattform und setzte dadurch eine negative Feedbackschleife in Gang.

Chatroulette war bewusst, dass der Zugang skalierbar kuratiert werden musste, um weiteres Wachstum der Plattform zu ermöglichen. Inzwischen können die User andere User herausfiltern und außerdem Algorithmen verwenden, um sich vor anderen Usern mit unerwünschten Bildern zu schützen. Die Plattform wächst jetzt wieder – allerdings langsamer als zuvor.

Alle erfolgreichen Plattformen sehen sich mit dem Problem konfrontiert, bei der Skalierung Inhalte und Verbindungen in Übereinstimmung zu bringen – und das bedeutet, dass sich jede Plattform während des Wachstums irgendwann der Herausforderung stellen muss, eine effektive Kuratierung vorzunehmen. Wir werden in den nachfolgenden Kapiteln nochmals auf das Thema Kuratierung zurückkommen.

Vier Arten von Netzwerkeffekten

In einem zweiseitigen Netzwerk (also einem mit Anbietern und Kunden) gibt es vier verschiedene Arten von Netzwerkeffekten. Beim Design und der Handhabung einer Plattform ist es wichtig, alle vier zu verstehen und zu berücksichtigen.

In einem zweiseitigen Markt sind *einseitige Effekte* (engl. *same-side effects*) solche Netzwerkeffekte, die von Usern auf einer Seite des Marktes ausgelöst werden und auf andere User derselben Seite wirken – also die Effekte, die Kunden auf andere Kunden bzw. die Anbieter auf andere Anbieter haben. Im Gegensatz dazu sind *seitenübergreifende Effekte* (engl. *cross-side effects*) solche Effekte, die von Usern auf der einen Seite des Marktes verursacht werden und User auf der anderen Seite des Marktes beeinflussen – die Effekte, die Kunden auf Anbieter bzw. die Anbieter auf Kunden haben. Sowohl einseitige als auch seitenübergreifende Effekte können positiv oder negativ sein – das hängt vom Systemdesign und den geltenden Regeln ab. Im Folgenden ist die Funktionsweise dieser vier Arten von Netzwerkeffekten beschrieben.

Zur ersten Kategorie, *positive einseitige Effekte*, gehören die Vorteile, die sich daraus ergeben, dass die Anzahl der User auf einer Seite zunimmt – beispielsweise der Effekt, den eine wachsende Zahl von Anschlüssen in einem Telefonnetz hat. Je mehr Ihrer Freunde und Bekannten telefonisch erreichbar sind, desto nützlicher ist es für Sie, ein Telefon zu haben. Heutzutage ist ein vergleichbarer positiver Effekt auf der Kunden-Kunden-Seite von Spieleplattformen wie der Xbox MMOG beobachtbar: Je mehr Mitspieler Ihnen auf der Plattform begegnen, desto mehr Spaß macht es mitzuspielen.

Positive einseitige Effekte gibt es auch auf der Seite der Anbieter. Denken Sie beispielsweise an Adobes nahezu allgegenwärtige Plattform für die Bildausgabe und den Dokumentenaustausch. Je mehr Leute für diese Aufgaben PDFs verwenden, desto größer sind die Vorteile für Sie, wenn Sie bei der Produktion Ihrer eigenen Bilder dieselbe Plattform einsetzen.

Allerdings sind nicht alle einseitigen Effekte positiv. Manchmal hat das Wachstum auf einer Seite einer Plattform auch Nachteile. Dann handelt es sich um einen *negativen einseitigen Effekt*. Denken Sie beispielsweise an die IT-Plattform Covisint, die Unternehmen, die an der Entwicklung cloudbasierter Netzwerktools interessiert sind, mit Dienstanbietern zusammenbringt. Solange die Anzahl der konkurrierenden Anbieter auf der Covisint-Plattform wächst, werden Kunden davon angezogen – was die Anbieter freut. Steigt die Anzahl der Anbieter allerdings zu sehr an, wird es immer schwieriger, dass zueinander passende Anbieter und Kunden auch zueinander finden.

Seitenübergreifende Effekte entstehen, wenn entweder Kunden oder Anbieter Vor- oder Nachteile von der Anzahl der User der jeweils *anderen* Seite der Plattform haben. *Positive seitenübergreifende Effekte* treten auf, wenn die User Vorteile aus einer Erhöhung der Teilnehmerzahl auf der anderen Seite des Marktes ziehen. Denken Sie an Zahlungsmethoden wie Visa: Wenn mehr Händler (Anbieter) Visa-Karten akzeptieren, wird das Einkaufen für die Kunden bequemer und flexibler, sodass ein positiver seitenübergreifender Effekt entsteht. Derselbe Effekt wirkt sich natürlich auch in umgekehrter Richtung aus: Mehr Visa-Karteninhaber bedeuten für die Händler mehr potenzielle Kunden. Auf ähnliche Weise haben User den Vorteil, dass die Vielseitigkeit und Leistungsfähigkeit des Betriebssystems steigt, wenn die Anzahl der App-Entwickler für Windows wächst. Und wenn die Anzahl der Windows-User steigt, hat das potenziell Vorteile für die Entwickler (finanzielle und auch sonstige). Positive seitenübergreifende Effekte sind für beide Seiten von Vorteil.

Natürlich sind seitenübergreifende Effekte nicht unbedingt symmetrisch. Bei OkCupid sind Frauen für Männer anziehender als Männer für Frauen. Bei Uber ist ein einzelner Fahrer von größerer Bedeutung für das Wachstum als ein einzelner Passagier. Im Fall von Android zieht die App eines einzelnen Entwicklers mehr User an als ein einzelner User Entwickler. Die große Mehrheit bei Twitter liest nur die Tweets anderer User, während nur eine Minderheit selbst twittert. Bei Frage-und-Antwort-Foren wie Quora stellt der überwiegende Teil der User Fragen und nur einige wenige beantworten diese.[15]

Allerdings ist auch hier wieder ein negativer Aspekt zu berücksichtigen – nämlich die Situation, in der *negative seitenübergreifende Effekte* auftreten. Denken Sie an eine Plattform, die das Teilen digitaler Medien ermöglicht – Musik, Texte, Bilder, Videos und dergleichen. Unter den meisten Umständen hat eine wachsende Zahl von Anbietern (z.B. Unternehmen der Musikindustrie) für die Kunden positive Auswirkungen, sie kann jedoch auch erhöhte Komplexität und steigende Kosten zur Folge haben – beispielsweise zu viele verschiedene Arten der digitalen Rechteverwaltung, die unterstützt werden müssen. Wenn es dazu kommt, schlagen positive seitenübergreifende Effekte in negative um und vertreiben Kunden von der Plattform oder sorgen zumindest dafür, dass sie weniger genutzt wird. Auf ähnliche Weise kann es auf einer Plattform durch eine Überfrachtung mit Nachrichten konkurrierender Händler zu einer unliebsamen Schwemme an Werbung kommen, sodass aus den positiven Auswirkungen, die eine größere Auswahl an Anbietern mit sich bringt, ein negativer seitenübergreifender Effekt wird, der die Kunden stört und den Wert der Plattform herabsetzt.

Es ist absehbar, dass es bei Uber aufgrund wachsender negativer seitenübergreifender Effekte zunehmend zu Unannehmlichkeiten kommen wird. Sollte Uber relativ zur Anzahl der Passagiere zu viele Fahrer anziehen, werden sich die Leerlaufzeiten der einzelnen Fahrer erhöhen. Lockt Uber hingegen relativ zur Anzahl der Fahrer zu viele Passagiere an, wird wiederum deren Wartezeit ansteigen (siehe Abbildung 2.2, in der die entsprechenden Feedbackschleifen ergänzt wurden).

Tatsächlich geschieht das bereits. Wenn Uber irgendwo eine Marktsättigung erreicht, konkurrieren zu viele Fahrer miteinander, wodurch die Leerlaufzeiten ansteigen, was wiederum dazu führt, dass einige Fahrer den Markt verlassen. Das vervollständigte Diagramm der Aufwärtsdynamik bzw. Wachstumsspirale von Uber in Abbildung 2.2 betont die Tatsache, dass ein Unternehmen in einem zweiseitigen Markt alle vier Netzwerkeffekte handhaben muss. Zu einer vernünftigen Verwaltung einer Plattform gehört es zu versuchen, positive Netzwerkeffekte zu verstärken und möglichst viele positive Feedbackschleifen zu unterstützen. Hierbei handelt es sich um ein weiteres Thema, auf das wir in den nachfolgenden Kapiteln wieder zurückkommen und dort dann auch konkrete Ratschläge unterbreiten werden, wie man diese Probleme effektiv in Angriff nimmt.

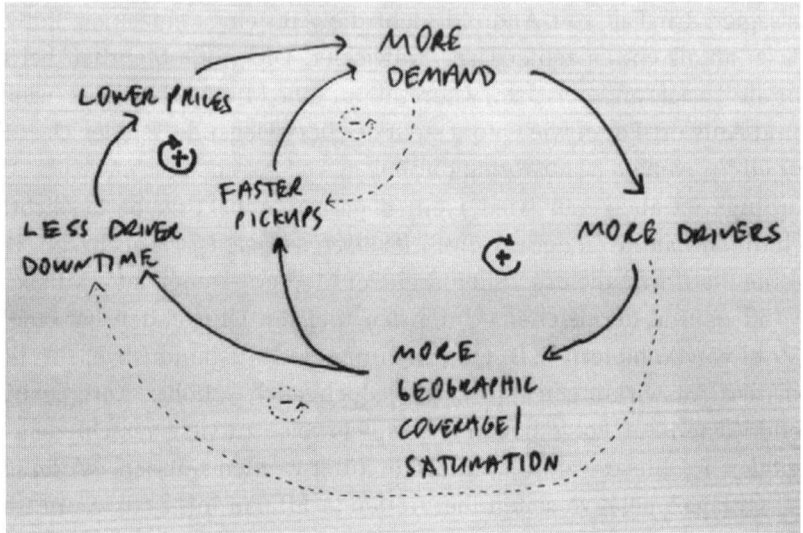

Abb. 2.2: David Sacks um die negativen Feedbackschleifen ergänzte Zeichnung der Aufwärtsdynamik von Uber

Strukturwandel: Netzwerkeffekte krempeln Unternehmen um

Im Industriezeitalter konnten die großen Unternehmen angebotsseitige Skaleneffekte nutzen. Die größten Unternehmen im Internetzeitalter setzen hingegen auf nachfrageseitige Skaleneffekte. Unternehmen wie Airbnb, Uber, Dropbox, Threadless, Upwork, Google und Facebook sind nicht wegen ihrer Kostenstrukturen (dem eingesetzten Kapital, den von ihnen betriebenen Systemen, den menschlichen Arbeitskräften) – sondern wegen der an ihren Plattformen teilnehmenden User Communitys wertvoll. Der Grund dafür, dass Instagram für eine Milliarde Dollar verkauft wurde, sind nicht die 13 Angestellten. Und dass WhatsApp für 19 Milliarden Dollar den Besitzer wechselte, liegt auch nicht an den 50 Angestellten. Der ausschlaggebende Faktor waren in beiden Fällen die Netzwerkeffekte, die beide Unternehmen geschaffen hatten.

Normale Buchhaltungsgepflogenheiten berücksichtigen den Wert einer Community bei der Beurteilung des Unternehmenswertes für gewöhnlich nicht, Aktienmärkte aber sehr wohl. Allmählich ziehen die Buchhalter jedoch nach. Ein Expertenteam, das mit der Beratungs- und Buchhaltungsfirma von Deloitte zusammenarbeitete, veröffentlichte eine Untersuchung, die Unternehmen anhand der vornehmlichen wirtschaftlichen Aktivitäten in vier ausgedehnte Kategorien einteilt: Anlagevermögen aufbauende Unternehmen, Diensteanbieter, Technologie schaffende Unternehmen und sogenannte »Netzwerkorchestratoren«. Anlagevermögen aufbauende Unternehmen schaffen physische Werte, die sie dazu verwenden, Konsumgüter auszuliefern – Ford und Walmart sind Beispiele hierfür. Diensteanbieter beschäftigen Angestellte, die den Kunden Dienstleistungen bereitstellen – Unternehmen wie United Health Care oder Accenture sind passende Beispiele. Technologie schaffende Unternehmen entwickeln und verkaufen geistiges Eigentum, wie z.B. Software oder Biotechnologie – Beispiele hierfür sind Microsoft und Amgen. Und Netzwerkorchestratoren schließlich entwickeln Netzwerke, in denen Menschen und andere Unternehmen gemeinsam Werte schaffen – faktisch also Plattformunternehmen. Die Untersuchung legt nahe, dass von diesen Vieren die Netzwerkorchestratoren mit Abstand die größte Wertschöpfung erzielen. Sie erfreuen sich eines durchschnittlichen Marktmultiplikators (der auf dem Verhältnis des Marktwertes des Unternehmens zu dessen Kurs-Gewinn-Verhältnis beruht) von 8,2, während Technologie schaffende Unternehmen auf 4,8, Diensteanbieter auf 2,6 und Anlagevermögen aufbauende Unternehmen auf 2,0 kommen.[16] Geringfügig vereinfacht ausgedrückt repräsentiert dieser quantitative Unterschied die Wertschöpfung durch Netzwerkeffekte.

Wenn in einer Branche Netzwerkeffekte auftreten, gelten darüber hinaus andere Spielregeln.[17] Einer der Gründe hierfür besteht darin, dass es erheblich einfacher ist, Netzwerkeffekte außerhalb eines Unternehmens zu skalieren als unternehmensintern, denn es gibt außerhalb eines Unternehmens immer sehr viel mehr Leute als in einem Unternehmen. Wenn also Netzwerkeffekte vorhanden sind, muss der unternehmerische Fokus vom Inneren auf das Äußere verschoben werden. Das Unternehmen wird umgekrempelt, es wird von innen nach außen gekehrt. Beim Personalmanagement geht es nicht mehr nur um Angestellte, sondern um die breite Masse.[18] Innovationen sind nicht mehr Sache der unternehmensinternen Forschungs- und Entwicklungsabteilung, sondern öffentlich.[19] Der Schwerpunkt für Aktivitäten, die für die Beteiligten mit einer Wertschöpfung verbunden sind, verschiebt sich von der internen Produktionsabteilung zu einer Auswahl externer Anbieter und Kunden – und das wiederum bedeutet, dass die Fähigkeit, externe Effekte zu managen, zu einer wichtigen Eigenschaft von Führungskräften wird. Wachstum entsteht nicht durch horizontale oder vertikale Integration, sondern durch funktionale Integration und Netzwerkorchestrierung. Der Fokus von Vorgängen wie der Finanzierung und der Buchhaltung verschiebt sich von Cashflows und Anlagegegenständen auf User Communitys und beeinflussbare Vermögenswerte. Und auch wenn Plattformunternehmen nicht selten äußerst profitabel sind, entsteht die eigentliche Wertschöpfung nun nicht mehr innerhalb, sondern außerhalb des Unternehmens.

Netzwerkeffekte erzeugen die Giganten des 21. Jahrhunderts. Google und Facebook erreichen jeweils mehr als ein Siebtel der Weltbevölkerung. *In der Welt der Netzwerkeffekte sind User-Ökosysteme die neuen Quellen von Wettbewerbsvorteilen und Marktdominanz.*

Zusammenfassung

❏ Im Industriezeitalter entstanden gigantische Unternehmen durch angebotsseitige Skaleneffekte, während die heutigen Giganten durch nachfrageseitige Skaleneffekte ermöglicht werden – sie zeigen sich in Form von Netzwerkeffekten.

❏ Netzwerkeffekte unterscheiden sich von Preiseffekten, Markenwirkung oder anderen wohlbekannten Maßnahmen zur Wachstumsförderung.

❏ Der reibungslose Zugang und andere Skalierungsmethoden maximieren die wertschöpfende Wirkung von Netzwerkeffekten.

❏ Auf einem zweiseitigen Markt (mit Anbietern und Kunden) gibt es vier Arten von Netzwerkeffekten: positive und negative einseitige Netzwerkeffekte sowie positive und negative seitenübergreifende Netzwerkeffekte. Ein wachsendes Plattformunternehmen muss alle vier handhaben.

❏ Die meisten negativen Netzwerkeffekte lassen sich durch eine geeignete Kuratierung minimieren, die die Chancen erhöht, dass passende Anbieter und Kunden zueinander finden.

3

ARCHITEKTUR
Designprinzipien einer erfolgreichen Plattform

Wie sollte eine Plattform aussehen, die gerne genutzt wird und für alle einen signifikanten Wert hat? Wie werden Tools und Dienste bereitgestellt, die es Anbietern und Kunden leicht machen, auf eine Art und Weise miteinander zu interagieren, die für beide Seiten lohnend ist? Und wie muss eine technologische Infrastruktur aufgebaut sein, die schnell skaliert, positive Netzwerkeffekte verstärkt und negative minimiert?

Das sind einschüchternde Herausforderungen. Plattformen sind komplexe, mehrseitige Systeme, die große Netzwerke von Usern unterstützen müssen, die ihrerseits verschiedene Rollen einnehmen und auf vielfältige Weise miteinander interagieren. Eine branchenweite Plattform, beispielsweise für die Gesundheitsvorsorge, könnte die Gewährleistung von Interaktionen zwischen einer enormen Bandbreite verschiedenster Branchenteilnehmer erfordern, deren Beweggründe unterschiedlichster Natur sein und sich zudem im Zuge der Weiterentwicklung der wirtschaftlichen, regulatorischen und technologischen Umstände auch noch häufig ändern können.

Für die Designer und Entwickler komplexer Systeme ist es oft schwierig, einen logischen Ausgangspunkt zu finden. Bei Plattformunternehmen macht sich dieses Problem besonders stark bemerkbar, weil sie weniger vertraut und sehr viel komplizierter als Unternehmen sind, die nach dem Pipeline-Prinzip vorgehen und denen im Allgemeinen ein geradliniges lineares Modell zugrunde liegt. Die mit der Entwicklung einer Plattform betrauten Personen neigen naturgemäß dazu, ähnliche Implementierungen zu untersuchen und diese dann nachzuahmen. Da aber keine zwei Märkte identisch sind, schlägt diese Strategie oft fehl. Eine mangelhaft gestaltete Plattform ermöglicht den Usern lediglich eine geringe oder gar keine Wertschöpfung und erzeugt nur schwache oder überhaupt keine Netzwerkeffekte.

Wo also soll man beim Design einer neuen Plattform anfangen? Am besten konzentriert man sich auf das Wesentliche: Was genau muss eine Plattform leisten und wie funktioniert sie?

Wie wir gesehen haben, verbindet eine Plattform Anbieter mit Usern bzw. Kunden und gestattet es ihnen, Werte auszutauschen. Manche Plattformen, wie beispielsweise die sozialen Netzwerke, ermöglichen direkte Kontakte zwischen den Usern, die dann wiederum zum Austausch von Werten zwischen diesen Usern führen. Andere Plattformen erlauben dagegen zwar keine direkten Kontakte, bieten aber dennoch ebenfalls Mechanismen für den Werteaustausch. So werden zum Beispiel auf YouTube die von den Anbietern erstellten Videos an die User geliefert, ohne dass diese direkt miteinander in Kontakt treten.

In dieser Hinsicht haben Interaktionen auf einer Plattform Ähnlichkeit mit einem wirtschaftlichen oder sozialen Austausch – ob er nun in der realen Welt oder virtuell im Internet stattfindet. Bei jedem dieser Vorgänge tauschen Anbieter und User drei Dinge aus: *Informationen, Güter* bzw. *Dienstleistungen* und irgendeine Form von *Währung*.

Austausch von Informationen. Ob es nun ein Viehauktionator ist, der vor einer versammelten Menge von Viehzüchtern Preise herausbrüllt, oder das Ergebnis einer eBay-Suche nach verfügbaren Gütern: Jede Interaktion auf einer Plattform beginnt mit dem Austausch von Informationen. Diese Informationen ermöglichen es den Beteiligten zu entscheiden, ob es zu einem weiteren Austausch kommt und, wenn ja, wie dieser vonstattengeht.

Jedes Plattformunternehmen muss für den Austausch von Informationen ausgelegt sein. Bei manchen Plattformen ist der Informationsaustausch sogar der alleinige Zweck – beispielsweise bei einem Nachrichtenforum wie Reddit oder einer Frage-und-Antwort-Seite wie Quora. Aber auch Plattformen, deren vornehmliches Ziel im Austausch von Waren oder Dienstleistungen besteht, müssen den Austausch von Informationen ermöglichen: Uber stellt nach Anfragen von Passagieren Informationen über die Verfügbarkeit und den Aufenthaltsort von Fahrern bereit. Yelp liefert Informationen über Restaurants, um es den Usern zu gestatten, einen Ort zum Essen auszuwählen. Und Upwork ermöglicht es Firmen und Freelancern, Informationen über sich selbst zu liefern, damit Entscheidungen über Beschäftigungsverhältnisse getroffen werden können.

Beachten Sie, dass der Informationsaustausch in allen diesen Fällen über die Plattform selbst stattfindet. Tatsächlich handelt es sich hierbei um eins der grundlegenden Merkmale eines Plattformunternehmens.

Austausch von Gütern oder Dienstleistungen. Nach erfolgtem Informationsaustausch könnten sich die Teilnehmer der Plattform darüber hinaus auch zu einem Online-Handel von Gütern oder Dienstleistungen entschließen. In manchen Fällen findet dieser dann ebenfalls unmittelbar über die Plattform statt. Auf Facebook tauschen die User beispielsweise Fotos, Links und Beiträge mit persönlichen oder sonstigen Inhalten aus, bei YouTube sind es Videos. Jedes von den Usern der Plattform ausgetauschte Objekt kann als eine Art *Werteinheit* betrachtet werden. Manche Plattformen setzen zu diesem Zweck ausgeklügelte Systeme ein, die einen möglichst bequemen und einfachen »Handel« mit Werteinheiten gestatten. So stellt z.B. Upwork seinen Kunden Tools zur Verfügung, mit denen Remote-Service-Lieferungen abgewickelt werden können. Auf diese Weise können die von einem Freelancer erstellten digitalen Güter, wie etwa Präsentationen oder Videos, direkt über die Plattform selbst ausgetauscht werden.

In anderen Fällen werden Güter oder Dienstleistungen außerhalb der Plattform »gehandelt« (allerdings könnten Informationen über die Lieferung durchaus auf der Plattform verfolgt und ausgetauscht werden). Via Uber angefragte Beförderungsdienstleistungen werden auf echten Straßen und mit richtigen Fahrzeugen erbracht. Und wenn Sie per Yelp eine Reservierung vornehmen, werden irgendwann in einem echten Restaurant an einem realen Tisch richtige Mahlzeiten konsumiert.

Austausch von Währung. Beim Austausch von Gütern oder Dienstleistungen zwischen den Usern einer Plattform wird typischerweise mit irgendeiner Art von Währung dafür »bezahlt«. In vielen Fällen handelt es sich dabei um normales Geld, das auf vielfältige Weise den Besitzer wechseln kann, beispielsweise durch Kreditkartenzahlung, per PayPal-Transaktion, als Bitcoin-Transfer oder auch (selten) in Form von Bargeld.

Bei Plattformen finden sich allerdings noch andere Formen von Werten und dementsprechend auch andere Methoden, mit denen die Kunden die Anbieter »entlohnen«. Die Betrachter von YouTube-Videos oder die Follower auf Twitter honorieren den Anbieter mit Aufmerksamkeit – und das ist für ihn auf vielfältige Weise von Wert. (Sollte es sich bei dem Anbieter beispielsweise um eine Persönlichkeit aus Politik oder Wirtschaft handeln, fördert dies ihren Einfluss als Vordenker. Im Fall einer Person des öffentlichen Lebens, etwa aus der Welt der Musik, des Schauspiels oder des Sports, besteht der Wert einer steigenden Aufmerksamkeit hingegen im erkennbaren Anwachsen ihrer Fangemeinde.) Mitglieder der Community von Websites wie TripAdvisor, Dribbble und 500px »bezahlen«, indem sie zur Verbesserung der Reputation der Anbieter beitragen, deren Arbeit ihnen gefällt. So können Aufmerksamkeit, Bekanntheit, Einfluss, Reputation und andere immaterielle Formen von Werten auf einer Plattform die Rolle einer »Währung« einnehmen.

Manchmal erfolgt der Währungsaustausch über die Plattform selbst. Das ist für gewöhnlich der Fall, wenn Aufmerksamkeit oder Reputation als Währung dienen.

Es können aber auch reine Geldzahlungen über eine Plattform erfolgen, selbst wenn der Austausch von Gütern oder Dienstleistungen andernorts stattfindet. So ermöglichen Airbnb und Uber beispielsweise das Erbringen von Dienstleistungen außerhalb der Plattform, stellen aber sicher, dass die Bezahlung unmittelbar über die Plattform erfolgt.

Die Fähigkeit einer Plattform, den Wert der Tauschaktivitäten, die sie erst ermöglicht, zu monetarisieren, hängt unmittelbar von den Währungsformen ab, die dabei zum Einsatz kommen können. In Kapitel 6 werden wir das ausführlicher erörtern. Eine Plattform, über die Gelder fließen können, sitzt sozusagen an der Quelle und kann leicht Transaktionsgebühren verlangen – beispielsweise 10 Prozent des Verkaufspreises bei einer erfolgreichen eBay-Auktion. Eine Plattform, die lediglich die Aufmerksamkeit erfasst, könnte hingegen damit Geld verdienen, dass sie von Dritten eine Entlohnung verlangt, die Aufmerksamkeit als wertvoll erachten – beispielsweise von Werbetreibenden, die bereit sind, Facebook dafür zu bezahlen, dass ihre Werbung in Beiträgen zu einem bestimmten Thema angezeigt wird.

Das Ziel der Plattform ist in diesem Fall, Anbieter und Kunden zusammenzubringen und es ihnen zu ermöglichen, eine oder mehrere der drei genannten Formen eines »Handels« durchzuführen: Informationen, Güter bzw. Dienstleistungen und Währung. Die Plattform stellt den Usern eine Infrastruktur zur Verfügung, die ihrerseits wiederum Tools und Rahmenbedingungen bereitstellt, um den Austausch einfach und für beide Seiten lohnend zu gestalten.

Die Schlüsselinteraktion:
Die Frage nach dem Warum des Plattformdesigns

Plattformen sind dafür ausgelegt, dass jeweils eine Interaktion nach der anderen erfolgt. Am Anfang des Designs einer jeden Plattform sollte daher eine *Schlüsselinteraktion* stehen, die sich zwischen Anbietern und Kunden ereignen kann und soll. Diese Interaktion ist die wichtigste Aktivität, die auf einer Plattform stattfindet: der Austausch derart ansprechender Werte, dass sie für die meisten User den eigentlichen Anlass darstellen, die Plattform überhaupt aufzusuchen. Die Schlüsselinteraktion umfasst drei entscheidende Komponenten: die *Teilnehmer*, die *Werteinheit* und den *Filter*. Alle drei müssen eindeutig erkennbar und sorgfältig ausgestaltet sein, damit die Schlüsselinteraktion für die User so einfach, attraktiv und wertvoll wie möglich wird – denn immerhin besteht der grundlegende Zweck der Plattform darin, besagte Interaktion überhaupt erst zu ermöglichen.

Auch wenn es auf vielen Plattformen ein breites Spektrum von Teilnehmern gibt, die auf vielfältige Weise miteinander interagieren, bleibt diese elementare Regel zur Vorrangstellung der Schlüsselinteraktion dennoch unvermindert gültig.

So ermöglicht beispielsweise LinkedIn verschiedene Interaktionen: Berufstätige und Unternehmer tauschen Ideen zu Themen wie Karriere und Unternehmensstrategien aus, Personalvermittler tauschen mit potenziellen Bewerbern Informationen über Stellenangebote aus, Personalleiter tauschen Nachrichten über die Bedingungen am Arbeitsmarkt aus, und Vordenker und Führungskräfte äußern ihre Ansichten zu globalen Trends. Die verschiedenen Interaktionsvarianten wurden im Laufe der Zeit allmählich Bestandteil der Plattform. Jede davon sollte eine bestimmte Zielsetzung erfüllen und den Usern dabei helfen, eine neue Form von Werten zu erschaffen.

Bei der vielschichtigen LinkedIn-Plattform wie wir sie heute kennen, drehte sich ursprünglich alles nur um eine einzige Schlüsselinteraktion: Berufstätige und Unternehmer mit anderen Berufstätigen und Unternehmern zusammenzuführen bzw. Geschäftskontakte zu etablieren und zu pflegen.

Betrachten wir also im Folgenden einmal die drei entscheidenden Komponenten der Schlüsselinteraktion und wie sie miteinander verknüpft werden, um auf der Plattform Werte zu schaffen.

Die Teilnehmer. Bei einer Schlüsselinteraktion gibt es grundsätzlich zwei Teilnehmer: den *Anbieter*, der Werte zur Verfügung stellt, und den *Kunden*, der diese konsumiert. Bei der Definition der Schlüsselinteraktion müssen beide Rollen ausdrücklich beschrieben und klar verständlich sein.

Beim Plattformdesign muss berücksichtigt werden, dass derselbe User bei unterschiedlichen Interaktionen verschiedene Rollen einnehmen kann. So könnte bei Airbnb ein und dieselbe Person sowohl Gastgeber als auch Gast sein, allerdings wird sie im Rahmen einer bestimmten Interaktion typischerweise nur eine dieser Rollen einnehmen. Bei YouTube können die User selbst Videos hochladen, aber auch Videos ansehen, die andere hochgeladen und zur Verfügung gestellt haben. Eine wohldurchdachte Plattform macht es den Usern generell leicht, von einer Rolle zur anderen zu wechseln.

Andererseits nehmen viele User und Usertypen bei einer Interaktion womöglich stets dieselbe Rolle ein. Bei Facebook gehört beispielsweise die »Statusaktualisierung« zu den häufigsten Interaktionen – ein Beitrag, der andere Teilnehmer des Netzwerks darüber informiert, was ein bestimmter User gerade macht oder denkt. Der eine Statusänderung auf einer bestimmten Facebook-Seite verursachende Anbieter bzw. User könnte ein Individuum, ein Unternehmen, eine Gruppe von Freunden oder eine gemeinnützige Einrichtung sein, die eingenommene Rolle bleibt jedoch grundsätzlich dieselbe. Auf ähnliche Weise werden die Videos auf YouTube sowohl von Medienunternehmen als auch von Individuen erstellt. Die Beweggründe, die verschiedene Beteiligte überhaupt zu einer Beteiligung veranlassen, mögen sich voneinander unterscheiden, die Rollen bleiben jedoch unverändert.

Die Werteinheit. Wie bereits erwähnt, beginnt jede Interaktion mit einem Informationsaustausch, der für die Teilnehmer von Wert ist. Dementsprechend beginnt eine Schlüsselinteraktion in praktisch allen Fällen mit dem Erzeugen einer *Werteinheit* durch den Anbieter.

Hier einige Beispiele: Auf einem Marktplatz wie eBay oder Airbnb sind die zu den Produkten oder Dienstleistungen aufgeführten Informationen die Werteinheiten, die von dem jeweiligen Anbieter erzeugt und dem Käufer dann aufgrund seiner Suchanfrage oder seiner Interessen präsentiert werden. Auf Plattformen wie Kickstarter bilden die Detailinformationen zu einem Projekt die Werteinheit, die es potenziellen Unterstützern gestattet zu entscheiden, ob sie es mitfinanzieren möchten. Weitere Werteinheiten sind Videos auf YouTube, Tweets bei Twitter, Profile von Berufstätigen auf LinkedIn oder Listen verfügbarer Fahrzeuge bei Uber. In jedem dieser Fälle erhält der User Informationen, die ihm als Entscheidungsgrundlage für die Beantwortung der Frage dienen, ob ein weiterer Austausch stattfinden soll.

Der Filter. Die den Kunden bereitgestellten Werteinheiten werden anhand von *Filtern* ausgewählt. Ein Filter ist ein auf Algorithmen beruhendes Softwaretool, das die Plattform nutzt, um den Austausch geeigneter Werteinheiten zwischen den Usern zu ermöglichen. Ein wohldurchdachter Filter gewährleistet, dass den Usern der Plattform nur Werteinheiten präsentiert werden, die auch tatsächlich für sie relevant und von Interesse sind. Mangelhafte oder nicht vorhandene Filter hingegen können den User derart mit irrelevanten und wertlosen Werteinheiten überhäufen, dass sie sich dadurch schlimmstenfalls sogar veranlasst sehen, der Plattform den Rücken zu kehren.

Ein typisches Beispiel für einen Filter ist eine Suchanfrage. Die Teilnehmer suchen nach Informationen, die für sie von Interesse sind, indem sie bestimmte Suchbegriffe eingeben: »Hotels in oder in der Umgebung von Hana auf der Insel Maui« oder »unverheiratete heterosexuelle Männer zwischen 18 und 25 in Austin, Texas«. Daraufhin wendet die Plattform den Filter dann auf die Millionen von den diversen Anbietern (wie z.B. Hotelinhabern oder Usern auf der Suche nach einem Partner) zuvor erzeugten Werteinheiten an und wählt die zu den Suchangaben passenden Werteinheiten aus, die schließlich dem Kunden angezeigt werden.

Auf die eine oder andere Art macht jede Plattform Gebrauch von Filtern, um den Austausch von Informationen zu handhaben. Ubers Fahrer geben ihre Verfügbarkeit über die Plattform bekannt, indem sie verschiedene Parameter wie Aufenthaltsort, gebuchte Fahrten usw. mitteilen – Werteinheiten, die es ermöglichen, dass Kunden geeignete Fahrer finden. Wenn ein Kunde sein Smartphone zückt und eine Anfrage nach einem Fahrzeug stellt, erstellt er anhand seines Aufenthaltsorts bereits zum Zeitpunkt der Anfrage einen Filter, auf dessen Grundlage anschließend die Informationen über die Fahrer bereitgestellt werden, die für eben diesen Kunden am relevantesten sind.

Nachdem dieser Informationsaustausch stattgefunden hat, geht alles seinen Gang: Das Fahrzeug erscheint, befördert den Passagier ans Ziel, das Beförderungsentgelt wird vom Konto des Passagiers abgebucht und der Fahrer wird entlohnt. Die Schlüsselinteraktion ist abgeschlossen – Werte wurden geschaffen und ausgetauscht.

Manchen Plattformen liegt ein komplizierteres Modell zugrunde, die elementare Struktur bleibt jedoch dieselbe:

Teilnehmer + Werteinheit + Filter -> Schlüsselinteraktion

Die Google-Suchmaschine arbeitet grundsätzlich auf vergleichbare Weise: Googles Crawler durchsuchen das Web und erzeugen Indizes der Webseiten (Werteinheiten). Nun gibt ein User eine Suchanfrage ein. Google kombiniert diese Suchanfrage mit bestimmten anderen Angaben, wie etwa den sogenannten *sozialen Signalen*, der Menge der angeklickten »Gefällt mir«-Buttons, Retweets, Kommentaren und anderen Reaktionen auf einen bestimmten Beitrag im Internet. Und diese Kombination von Eingaben bildet dann den Filter, der festlegt, welche Werteinheiten dem Kunden angezeigt werden.

Auf Facebook tragen alle mit Ihnen vernetzten Teilnehmer dazu bei, Statusaktualisierungen, Bilder, Links usw. zu erstellen – lauter Werteinheiten, die der Plattform hinzugefügt werden. Ihr Newsfeed-Algorithmus, der auf den Signalen beruht, die Sie bei Interaktionen mit früheren Inhalten gegeben haben, fungiert als der Filter, der festlegt, welche Werteinheiten Ihnen angezeigt werden und welche nicht.

Die erste und wichtigste Aufgabe beim Design einer Plattform ist, die Entscheidung zu treffen, was die Schlüsselinteraktion sein soll und dann die Teilnehmer, die Werteinheiten und die Filter zu definieren, die eine solche Schlüsselinteraktion möglich machen.

Wie wir bei LinkedIn und Facebook gesehen haben, weiten sich Plattformen im Laufe der Zeit aus und führen dabei viele neue Interaktionen ein, die jeweils verschiedene Teilnehmer, Werteinheiten und Filter mit sich bringen. Am Anfang einer erfolgreichen Plattform steht jedoch stets eine einzige Schlüsselinteraktion, die für die User von gleichbleibend hohem Wert ist. Eine leicht zugängliche, vielleicht sogar vergnügliche Schlüsselinteraktion lockt Teilnehmer an und ermöglicht die Entstehung positiver Netzwerkeffekte.

Die maßgebliche Rolle der Werteinheit. Wie diese Beschreibung der Schlüsselinteraktion zeigt, spielt die Werteinheit eine maßgebliche Rolle für die Funktionsweise einer jeden Plattform. Und dennoch erzeugen Plattformen in den meisten Fällen keine Werteinheiten – stattdessen werden sie von den Anbietern erstellt, die an der Plattform beteiligt sind. Plattformen sind also eine Art »Informationsfabriken«, die keine Kontrolle über den Lagerbestand haben. Sie stellen die »Fabrikhalle« zur Verfügung (d.h., sie errichten die zur Erzeugung der Werteinheiten

erforderliche Infrastruktur der Plattform). Sie können eine Kultur der Qualitätskontrolle begünstigen (indem Schritte unternommen werden, die Anbieter dazu
ermutigen, Werteinheiten zu erzeugen, die für Kunden treffsicher, nützlich, relevant und interessant sind). Sie entwickeln Filter, die dafür ausgelegt sind,
passende Werteinheiten zu finden und andere zu blockieren. Die eigentliche
Erzeugung steht jedoch nicht unter ihrer direkten Kontrolle – ein bemerkenswerter Unterschied zu Unternehmen, die nach dem traditionellen Pipeline-Prinzip
vorgehen.[1]

Fasal ist ein Online-System, das einen direkten Kontakt zwischen Farmern in
ländlichen Gebieten Indiens und Marktakteuren sowie anderen Käufern herstellt.
Über Fasal können die Farmer sich schnell über die Produktpreise an verschiedenen umliegenden Märkten informieren, den für sie vorteilhaftesten Verkaufsort
auswählen und die Daten dazu verwenden, um bessere Konditionen auszuhandeln – eine Herausforderung, die überall auf der Welt vorhanden ist.[2]

Sangeet Choudary, einer der Autoren dieses Buches, hat die Kommerzialisie-
rung und den Start der Fasal-Initiative geleitet. Eine der Herausforderungen,
denen Choudary und sein Team sich stellen mussten, war es herauszufinden, welche Art von Kommunikationsinfrastruktur sie verwenden könnten, um es den
Anbietern und Kunden zu ermöglichen, Werteinheiten miteinander zu teilen. Sie
bemerkten schnell, dass Mobiltelefone für sie von großem Vorteil sein können:
Mehr als die Hälfte aller indischen Farmer, selbst die ärmsten, besitzen und nutzen diese Geräte. Tatsächlich hat sich der Gebrauch von Mobiltelefonen in den
ländlichen Regionen Indiens wie in vielen anderen Entwicklungsländern auch
rasant ausgedehnt. Die Fähigkeit zur unmittelbaren Datenübertragung zeichnete
die Mobiltelefonie als den geeigneten Kommunikationskanal für die Marktdaten
aus, die kleine Farmer so dringend benötigten.

Es sollte sich jedoch zeigen, dass die Erzeugung der maßgeblichen Werteinheiten, die gebraucht wurden, um den Austausch zwischen den Farmern und den
Mandis (den örtlichen Marktbetreibern) zu ermöglichen, eine noch größere Herausforderung darstellte. »Wir benötigten Informationen verschiedener Art«, erklärt Choudary:

> *Wir brauchten natürlich die Preisdaten von den Mandis – aktuelle Marktpreise für
> die verschiedenen Handelswaren wie Möhren, Blumenkohl, Bohnen und Tomaten.
> Wie sich herausstellte, ließen sich diese ziemlich einfach herausfinden. Einige der
> Mittelsmänner übermittelten uns die Informationen selbst – und wir ergänzten
> diese Quelle, indem wir Ortsansässige engagierten, die alle Mandis aufsuchten, um
> vor Ort die Preisinformationen einzuholen und an uns weiterzuleiten.*
>
> *Die zweite Aufgabe war schwieriger. Damit die elektronische Informationsquelle
> für die Farmer auch wirklich nützlich war, benötigten wir darüber hinaus Daten
> über die Farmer selbst – die Gemüsesorten, die sie anbauten, die voraussichtlichen*

Erntezeitpunkte, die Lage der Anbauorte, ihr Zugang zu verschiedenen Marktplätzen usw. All diese Faktoren spielen eine Rolle, wenn es darum geht, den bestmöglichen Preis auf dem Markt zu erzielen.

Allerdings war es ziemlich knifflig, diese Informationen von einer weit verstreuten Gruppe von Farmern – die meisten davon Analphabeten – zu sammeln. Wir führten eine Reihe von Experimenten durch: Wir probierten aus, die Nachricht über den neuen Dienst, den wir anbieten wollten, mündlich zu verbreiten und auf diese Weise auch Informationen zu sammeln. Wir sprachen mit den örtlichen Führern (den inoffiziellen Bürgermeistern der Dörfer), um sie als Informationskanal zu nutzen. Wir versuchten, Vereinbarungen mit den ortsansässigen Händlern von Saatgut, Düngemitteln und SIM-Karten für Mobiltelefone auszuhandeln, die allesamt regelmäßigen Kontakt mit den einzelnen Farmern hatten. Aber keine dieser Methoden funktionierte gut – die Leute, mit denen wir zusammenarbeiten wollten, waren nicht daran interessiert, und die Anreize waren einfach nicht stark genug, um einen kräftigen Datenstrom zu produzieren.

Letztendlich mussten wir ein eigenes Netzwerk von Datensammlern aufbauen – das, was die Inder als »Feet On Street«-Außendienstarbeiter (FOS) bezeichnen. Das FOS-Team ging in jedem Dorf von Tür zu Tür, sprach mit den Farmern und zeichnete die entscheidenden Informationen über ihre Feldfrüchte und Vermarktungspläne schriftlich auf. Dann brachten sie uns die Aufzeichnungen in unser Büro und wir fütterten unsere Tabellenkalkulation mit den Daten. So bauten wir ganz allmählich die Datenbank auf, die wir brauchten, um aus den regionalen Märkten schlau zu werden.

Wie man an diesem Beispiel sehen kann, ist zum Betreiben einer Plattform eine Fokussierung auf die Werteinheit außerordentlich wichtig. Zu entscheiden, wer Werteinheiten erzeugen kann, wie sie erzeugt und in die Plattform integriert werden und was eine qualitativ hochwertige Werteinheit von einer minderwertigen unterscheidet – all das sind maßgebliche Fragen, denen wir in diesem Buch nachgehen werden.

Pull-Effekt, einfache Interaktion, Matching: Die Frage nach dem Wie des Plattformdesigns

Die Schlüsselinteraktion ist das Warum des Plattformdesigns. Sinn und Zweck einer Plattform ist es, Schlüsselinteraktionen zu ermöglichen – und zwar in einem solchen Ausmaß, dass sie unverzichtbar sind, indem sie für alle Teilnehmer außerordentlich wertvoll gestaltet werden. Aber wie kann man das erreichen? Was können Plattformdesigner tun, um zu gewährleisten, dass eine beträchtliche Anzahl von wertvollen Schlüsselinteraktionen stattfinden, die weitere Teilnehmer auf die Plattform locken?

Auf den folgenden Seiten werden wir das Wie des Plattformdesigns untersuchen. Plattformen müssen drei entscheidende Faktoren erfüllen, um ein hohes Aufkommen wertvoller Schlüsselinteraktionen zu fördern, die wir als *Pull-Effekt*, *einfache Interaktion* und *Matching* zusammenfassen: Eine Plattform muss auf Anbieter und Kunden gleichermaßen einen *Pull-Effekt* ausüben und Interaktionen zwischen ihnen gestatten. Außerdem muss sie solche *Interaktionen erleichtern*, indem sie Tools und Rahmenbedingungen bereitstellt, die eine einfache Kontaktaufnahme erlauben und wertschöpfende Austauschaktivitäten fördern (sowie andere, nicht wertschöpfende Aktivitäten unterbinden). Und sie muss ein effizientes *Matching* von Anbietern und Kunden gewährleisten, indem sie deren zugehörige Daten nutzt, um sie auf eine Weise miteinander in Kontakt treten zu lassen, die beide Seiten als lohnend erachten.

Diesen drei Kriterien muss vernünftig entsprochen werden, wenn die Plattform erfolgreich sein soll. Eine Plattform, die keine Teilnehmer anzieht, wird nicht in der Lage sein, die Netzwerkeffekte zu erzeugen, die einer Plattform erst ihren Wert verleihen. Eine Plattform, auf der Interaktionen schwierig durchführbar sind – sei es aufgrund einer schwerfälligen Technologie oder übertrieben restriktiver Vorschriften, die den Gebrauch erschweren –, wird die Teilnehmer letzten Endes abschrecken und verprellen. Und eine Plattform, der es nicht gelingt, gut zueinander passende Teilnehmer zu finden, verschwendet deren Zeit und Energie.

Sehen wir uns diese drei entscheidenden Faktoren einmal etwas genauer an. Beim effektiven Plattformdesign geht es vor allem darum, Systeme zu errichten, die diese Vorgaben möglichst gut erfüllen.

Pull-Effekt. Kunden auf eine Plattform zu locken, ist eine Herausforderung, mit der sich nach dem Pipeline-Prinzip arbeitende Unternehmen nicht konfrontiert sehen. Dementsprechend mag auch die Art des Marketings von Plattformen nicht gerade intuitiv erscheinen, insbesondere für Managementkräfte, die in der Welt der Pipeline-Unternehmen groß geworden sind.

Zunächst einmal müssen Plattformen ein Henne-Ei-Problem lösen, das es bei Pipeline-Unternehmen nicht gibt: Die User werden eine Plattform nicht aufsuchen, sofern sie ihnen keinen Mehrwert bietet, und eine Plattform bietet keinen Mehrwert, wenn sie keine User vorzuweisen hat. Viele Plattformen scheitern letztlich daran, dass sie dieses Problem nicht überwinden können – und deshalb haben wir ihm das gesamte Kapitel 5 gewidmet, wo wir es eingehend analysieren und aufzeigen werden, wie es sich lösen lässt.

Eine zweite Schwierigkeit in Bezug auf den Pull-Effekt dreht sich um die Frage, wie man das Interesse der User aufrechterhalten kann, die eine Plattform besuchen oder sich dort registrieren. Mit diesem Problem sahen sich alle der heutzutage großen sozialen Netzwerke irgendwann einmal konfrontiert. Facebook musste beispielsweise feststellen, dass für die User erst dann ein Mehrwert erkennbar war, wenn die Anzahl ihrer Kontakte ein bestimmtes Minimum über-schritten hatte. Blieb die Zahl der Kontakte eines User unterhalb des Schwell-wertes, würde er das Netzwerk wahrscheinlich überhaupt nicht mehr nutzen. Facebook reagierte darauf, indem die Marketingaktivitäten weniger auf das Anwer-ben neuer User, sondern verstärkt darauf ausgerichtet wurden, Neuzugängen das Einrichten und Auffinden von Kontakten zu erleichtern.

Feedbackschleifen sind ein leistungsfähiges Tool, um User dazu zu animieren, immer wieder zu einer Plattform zurückzukehren. Eine Feedbackschleife kann verschiedene Formen annehmen, die jedoch alle dazu dienen, einen konstanten Fluss sich selbst verstärkender Aktivitäten zu erzeugen. In einer typischen Feed-backschleife ruft ein Strom von Werteinheiten eine Reaktion aufseiten des Users hervor. Wenn sich die Werteinheiten als relevant und interessant erweisen, wird der User die Plattform wiederholt aufsuchen und so einen weiteren Strom von Werteinheiten auslösen und zusätzliche Interaktionen ermöglichen. Effiziente Feedbackschleifen lassen das Netzwerk anschwellen, erhöhen die Wertschöpfung und verstärken Netzwerkeffekte.

Eine spezielle Variante ist die *Single-User-Feedbackschleife*. Dabei kommt ein in die Plattforminfrastruktur integrierter Algorithmus zum Einsatz, der die Aktivitä-ten eines Users analysiert, daraus Rückschlüsse auf dessen Interessen, Vorlieben und Bedürfnisse zieht und dementsprechende neue Werteinheiten und Kontakte empfiehlt, die dieser User aller Wahrscheinlichkeit nach als wertvoll erachtet. Eine geschickt gestaltete und programmierte Single-User-Feedbackschleife kann ein leistungsfähiges Tool zur Steigerung der Aktivität sein, denn je intensiver der Teil-nehmer die Plattform nutzt, desto mehr erfährt sie über ihn und umso treffsiche-rer werden die Empfehlungen.

Bei einer *Multi-User-Feedbackschleife* werden relevante User über die Aktivitäten eines Anbieters benachrichtigt, der dann im Gegenzug seinerseits über deren Reaktionen informiert wird. Im Idealfall entsteht auf diese Weise eine Rückkopp-lung, die Aktivitäten auf beiden Seiten fördert und letztendlich die Netzwerkef-fekte verstärkt. Facebooks Newsfeed ist zum Beispiel eine klassische Multi-User-Feedbackschleife: Die User werden über Statusaktualisierungen des Anbieters informiert und deren »Gefällt mir«-Reaktionen und Kommentare dienen dem Anbieter dann wiederum als Feedback. Dieser konstante Strom von Werteinheiten regt weitere Aktivitäten an und macht die Plattform für alle Beteiligten attraktiver.

Darüber hinaus können sich verschiedene weitere Faktoren ebenfalls entweder förderlich oder aber auch kontraproduktiv auf den Pull-Effekt einer Plattform aus-wirken. Da wäre etwa der Wert der für Austauschaktivitäten auf der Plattform zur Verfügung stehenden Währung. Wie bereits erwähnt, kommt auf manchen Platt-formen eine immaterielle Währungsform als »Zahlungsmittel« zum Einsatz: Auf-merksamkeit, Beliebtheit, Einfluss usw. Hierbei kann es zu dem Netzwerkeffekt kommen, dass sich die Attraktivität der verfügbaren Währung auf einer wachsenden Plattform erhöht. Da Twitter eine so enorm große Anzahl von Usern vorweisen kann, wird ein erfolgreicher Tweet wahrscheinlich erheblich mehr »Währung« in Form von Aufmerksamkeit erzielen als eine identische Meldung, die über eine andere Plattform verbreitet wird. Twitters enorme Größe verstärkt also den Pull-Effekt, fördert weitere Aktivitäten der Teilnehmer und macht Herausforderungen durch Wettbewerber zunehmend unwahrscheinlich.

Der Pull-Effekt kann auch dadurch verstärkt werden, dass man sich andere Netzwerke, an denen die User teilnehmen, zunutze macht. Instagram und WhatsApp konnten in nur wenigen Jahren zig Millionen neue User für sich gewinnen – und zwar vornehmlich dadurch, dass sie die Facebook-Kontakte ihrer vorhandenen Klientel zu ihrem Vorteil nutzten. Wir werden dieses und andere Verfahren zur Steigerung des Pull-Effekts in Kapitel 5, das den Launch einer Plattform zum Thema hat, noch ausführlicher erörtern.

Einfache Interaktion. Anders als bei traditionellen Pipeline-Unternehmen steht die Wertschöpfung nicht unter der Kontrolle der Plattform. Stattdessen stellt sie die Infrastruktur zur Verfügung, in der Mehrwerte erschaffen und ausgetauscht sowie Regeln festgelegt werden, nach denen diese Interaktionen erfolgen. Allein darum geht es bei diesem Konzept.

Ein Aspekt der Interaktionserleichterung besteht darin, es Anbietern und Kunden so einfach wie möglich zu machen, Güter und Dienstleistungen bereitzustellen und über die Plattform auszutauschen. Dabei kann es auch notwendig sein, kreative Tools für die Zusammenarbeit und das Teilen zur Verfügung zu stellen, wie es die kanadische Fotografie-Plattform 500px mit ihrer Infrastruktur vormacht, die es Fotografen ermöglicht, komplette Bildbände auf der Plattform zu speichern. Oder die Plattform für Erfindungen namens Quirky, mit deren Tools die User gemeinsam an kreativen Ideen für innovative Produkte und Dienstleistungen arbeiten können.

Bei der Interaktionserleichterung kann es auch darum gehen, Nutzungsbarrieren abzubauen. Vor noch gar nicht allzu langer Zeit mussten Facebook-User, die Fotos mit Freunden teilen wollten, eine Kamera verwenden, die Bilder auf ihren Computer übertragen, Photoshop oder ein anderes Softwarepaket für die Bildbearbeitung benutzen und die Fotos schließlich bei Facebook hochladen. Instagram erlaubte es Usern dagegen bereits, mit drei Klicks auf einem einzigen Gerät Bilder aufzunehmen, zu bearbeiten und zu teilen. Die Hindernisse bei der Nutzung auf diese Weise abzubauen, fördert Interaktionen und begünstigt die Teilnahme an einer Plattform.

In manchen Fällen hat allerdings gerade der *Aufbau* von Barrieren einen positiven Effekt auf die Nutzung. Sittercity ist eine Plattform, die Eltern bei der Suche nach einem Babysitter behilflich ist. Um das Vertrauen der User (sprich Eltern) zu gewinnen, hat Sittercity ein strenges Regelwerk eingeführt, das beschränkt, wer sich als Anbieter (sprich Babysitter) registrieren darf. In anderen Fällen sind Plattformen gezwungen, aggressive Regeln für die Kuratierung von Werteinheiten und anderen von den Anbietern erstellten Inhalten aufzustellen, um erwünschte Interaktionen zu fördern und unerwünschte zu unterdrücken. Sie sind zwar relativ selten, aber Vergehen wie die rassistischen oder sexistischen Beiträge, die auf Reddit von sogenannten Trollen abgesondert werden, die über Craigslist auffindbaren Mordfälle oder Berichte über Verwüstungen von über Airbnb gebuchten Wohnungen demonstrieren, wie unerwünschte Interaktionen Netzwerkeffekte beeinträchtigen.

Eine Plattform so zu gestalten, dass sie wertschöpfende Interaktionen ermöglicht, ist gar nicht so einfach. Die bei der Lenkung und Kuratierung einer Plattform auftretenden Herausforderungen werden wir in den Kapiteln 7 und 8 ausführlicher untersuchen.

Matching. Eine erfolgreiche Plattform zeichnet aus, dass sie die richtigen User zusammenbringt und gewährleistet, dass die relevantesten Güter und Dienstleistungen ausgetauscht werden. Sie erreicht dieses Ziel, indem sie Daten über Anbieter, Kunden, die erzeugten Werteinheiten sowie die Güter und Dienstleistungen nutzt, die ausgetauscht werden sollen. Je mehr Daten der Plattform zur Verfügung stehen und je besser die eingesetzten Algorithmen zum Sammeln, Organisieren, Sortieren, Parsen und Interpretieren der Daten sind, desto treffsicherer sind die Filter, desto relevanter und nützlicher sind die ausgetauschten Informationen und um so lohnender ist die letztendliche Übereinstimmung zwischen Anbieter und Kunde.

Die zum Auffinden der optimalen Übereinstimmung erforderlichen Daten können extrem verschiedenartig sein. Sie reichen von vergleichsweise statischen Informationen wie Identität, Geschlecht und Nationalität bis hin zu dynamischen Informationen wie Aufenthaltsort, Beziehungsstatus, Alter und derzeitigen Interessen (die sich etwa in einer Suchanfrage widerspiegeln). Ausgeklügelte Datenmodelle wie Facebooks Newsfeed können Filter verwenden, die sowohl diese Faktoren als auch alle vorangegangenen Aktivitäten des Teilnehmers auf der Plattform berücksichtigen.

Plattformunternehmen müssen eine explizite Datenerfassungsstrategie entwickeln und zum Bestandteil des Designprozesses machen. Die Bereitschaft, Informationen preiszugeben und auf datengetriebene Aktivitätsempfehlungen zu reagieren, ist von User zu User sehr verschieden. Manche Plattformen bieten den Teilnehmern Anreize, damit sie Daten über sich selbst preisgeben – andere nutzen spielerische Elemente, um Informationen über User zu sammeln. LinkedIn setzte bekanntlich einen Fortschrittsbalken ein, um die User anzuspornen, nach und nach immer mehr Informationen über sich selbst zu übermitteln und dadurch ihr persönliches Datenprofil zu vervollständigen. Daten können auch von Dritten übernommen werden. Manche Apps für Mobilgeräte wie die App des Musikstreaming-Dienstes *Spotify* fordern die User auf, sich mit ihren Facebook-Zugangsdaten anzumelden, was es der App erlaubt, die wichtigsten dort hinterlegten Informationen abzurufen und zu nutzen, um möglichst treffsichere Übereinstimmungen mit dem Musikgeschmack des Users zu finden. Allerdings hat der Widerstand mancher User viele App-Entwickler, unter anderem auch Spotify, dazu veranlasst, alternative Anmeldemethoden zur Verfügung zu stellen, für die kein Facebook-Konto erforderlich ist.

Erfolgreichen Plattformen gelingt es, anhand einer passenden Datengrundlage sowohl für Anbieter als auch für Kunden lohnende Übereinstimmungen zu finden. Eine kontinuierliche Verbesserung der Datenerfassung und der Methoden zur Datenanalyse sind daher für jedes Unternehmen, das eine Plattform errichten und betreiben möchte, eine wichtige Aufgabe.

Abstimmung der drei Aufgaben. Die drei entscheidenden Aufgaben – Pull-Effekt, einfache Interaktion und Matching – sind ausschlaggebend für den Erfolg einer Plattform. Aber nicht alle Plattformen sind in diesen drei Bereichen gleich gut. Eine Plattform kann, hauptsächlich dank ihrer besonderen Stärke in einem der Bereiche, durchaus überleben – zumindest für eine Weile.

Craigslist ist auf dem Gebiet der Anzeigen noch immer führend (Stand Mitte 2015) – trotz einer mangelhaften Benutzerschnittstelle, fehlender Governance und einem nicht besonders ausgeklügeltem Datensystem. Das riesige Netzwerk dieser Plattform zieht jedoch weiterhin User an. Die Schwächen in Bezug auf die Interaktionserleichterung und das Matching werden durch den enormen Pull-Effekt von Craigslist wettgemacht – wenigstens bisher.

Im Bereich der Videoangebote können Vimeo und YouTube nebeneinander bestehen, weil sie verschiedene Schwerpunkte setzen. YouTube übt einen starken Pull-Effekt aus und erkennt anhand der angegebenen Daten sehr gut, was der User sucht, während Vimeo sich durch besseres Hosting, eine höhere Bandbreite und andere Tools auszeichnet, die Produktion und Konsum ermöglichen.

Jenseits der Schlüsselinteraktion

Wir haben festgestellt, dass am Anfang des Plattformdesigns die Schlüsselinteraktion steht. Aber erfolgreiche Plattformen sind darauf ausgerichtet, im Laufe der Zeit zu skalieren, indem sie zusätzlich zur Schlüsselinteraktion neue Interaktionen hervorbringen.

In manchen Fällen ist das allmähliche Hinzufügen neuer Interaktionen Teil des langfristigen Unternehmensplans, den die Gründer von Anfang an so vorgesehen hatten. Anfang 2015 fingen sowohl Uber als auch Lyft an, Experimente mit neuen Fahrgemeinschaftsdiensten durchzuführen, die das bekannte Geschäftsmodell, das wie das Rufen eines Taxis funktioniert, ergänzen sollen. Die neuen Dienste, die unter den Bezeichnungen UberPool und Lyft Line bekannt sind, ermöglichen es zwei oder mehr Passagieren, die in derselben Richtung unterwegs sind, einander zu finden und eine Fahrgemeinschaft zu bilden. Auf diese Weise können sie Kosten einsparen und erhöhen gleichzeitig den Umsatz des Fahrers. Lyft-Mitbegründer Logan Green sagte dazu, dass Fahrgemeinschaften schon immer zu der Grundidee von Lyft gehörten. Die ursprüngliche Version von Lyft, so Green, war dafür ausgelegt, »in allen Märkten« einen Kundenstamm aufzubauen. Nachdem dieses Ziel erreicht ist, so Green weiter, »spielen wir die nächste Karte aus und fangen damit an, Leute zusammenzubringen, um Fahrgemeinschaften zu bilden«.[3]

Uber nimmt die Konkurrenz nicht auf die leichte Schulter: Um zu gewährleisten, dass der eigene Fahrgemeinschaftsdienst den von Lyft übertrifft, hat Uber versucht *Here* zu kaufen, einen digitalen Kartendienst, der Nokia gehört und der Hauptkonkurrent von Google Maps ist. Uber hoffte, Here zu übernehmen und die Kartendienste einsetzen zu können, um effektiver als alle anderen Dienste schnell und präzise passende Fahrgemeinschaften zu finden.[4] Im Dezember 2015 wurde Here jedoch von den deutschen Autoherstellern Daimler, BMW und Audi übernommen.

In anderen Fällen ergeben sich neue Interaktionen aus den gewonnenen Erfahrungen, aus Beobachtungen und aus schlichter Notwendigkeit. Bei der Suche nach neuen Fahrern stellte Uber fest, dass viele der aussichtsreichsten Kandidaten erst kürzlich in die USA eingewanderte Immigranten waren, die zwar Interesse hatten, Ihr Einkommen durch die Arbeit als Fahrer für Uber aufzubessern, selbst aber nicht über die Kreditwürdigkeit oder die finanziellen Mittel für den Kauf eines Fahrzeugs verfügten. Das brachte Andrew Chapin, bei Uber für die Akquirierung von Fahrern zuständig, auf die Idee, Uber als Vermittlungsstelle fungieren zu lassen, die für die Autokredite der Fahrer bürgt sowie einen Teil des Fahrerentgelts einbehält und direkt an die Kreditgeber überweist. Den Finanzierungsunternehmen gefiel diese Idee, denn Kredite, für die Uber mit seinen beträchtlichen Umsätzen bürgt, sind nahezu risikolos. Und auch die ortsansässigen Autohändler freuten sich über die zusätzlichen Umsätze.[5]

Ein weiteres Beispiel: Ursprünglich ermöglichte LinkedIn die Vernetzung von Geschäftskontakten. In der Anfangsphase konzentrierte sich das Unternehmen ausschließlich auf die Erleichterung dieser Schlüsselinteraktion. Im Laufe der Zeit musste das LinkedIn-Team jedoch feststellen, dass die von ihnen geschaffene Plattform nicht so ausgiebig genutzt wurde wie Facebook und eine Handvoll anderer Plattformen. Um diesem Problem zu begegnen, wurde die Schlüsselinteraktion um eine zusätzliche Interaktion erweitert: Es wurde den Usern ermöglicht, sich in Gruppen zu organisieren und miteinander zu diskutieren.

Diese zweite Art der Interaktion brachte jedoch auch nicht die Popularität, die LinkedIn sich erhofft hatte. Und aufgrund des selbstdarstellerischen Verhaltens, das ein Netzwerk für geschäftliche Kontakte mit sich bringt, waren die lautstärksten User in den Gruppen meist auch die Unausstehlichsten. Daher führte LinkedIn eine weitere Interaktion ein, die zum Teil von dem Bestreben geleitet war, die Plattform zu monetarisieren: Jetzt wurde es Personalvermittlern gestattet, Bewerber gezielt anzusprechen und Werbetreibende konnten auf die User abgestimmte Anzeigen schalten. Bald darauf ergänzte LinkedIn noch eine weitere Interaktion, die es zunächst nur »Vordenkern« und später dann allen Usern erlaubte, Beiträge auf LinkedIn zu veröffentlichen, die anderen Usern zugänglich waren – de facto wurde die Website dadurch zu einer Publikationsplattform. Diese Kombination von verschiedenen Interaktionsformen ist ein zusätzlicher Anreiz für User, LinkedIn häufiger zu besuchen.

Die Entwicklung von Uber, Lyft und LinkedIn zeigt verschiedene Möglichkeiten auf, wie die Schlüsselinteraktion einer bestimmten Plattform um weitere Interaktionen erweitert werden kann:

■ Durch den Wechsel der durch die User ausgetauschten Werteinheiten (wie bei LinkedIn, wo beim Informationsaustausch Diskussionsbeiträge die Rolle von Userprofilen einnahmen).

■ Durch die Einführung einer neuen Kategorie, die User entweder als Anbieter oder als Kunden klassifiziert (wie bei LinkedIn, das Personalvermittler und Werbetreibende einlud, der Plattform als Anbieter beizutreten).

■ Dadurch, dass es Usern erlaubt wird, neue Arten von Werteinheiten auszutauschen (wie bei Uber und Lyft, die nicht nur einzelne Passagiere sondern auch Fahrgemeinschaften zuließen).

■ Durch Kuratierung, sodass Mitglieder einer Usergruppe neue Userkategorien erstellen können (wie bei LinkedIn, das bestimmte Teilnehmer zu »Vordenkern« ernannte und sie dazu einlud, Anbieter informativer Beiträge zu werden).

Natürlich sind nicht alle neuen Interaktionen von Erfolg gekrönt. Zum Beispiel gründete Jake McKeon das soziale Netzwerk Moodswing, das ein Ort sein sollte, an dem Menschen ihren jeweiligen Gefühlszustand, egal, ob Euphorie oder Traurigkeit, mit anderen teilen konnten. Im Laufe der Zeit erkannte er allerdings, dass sich manche User in Phasen schwerer Depressionen zu Moodswing hinwendeten und mitunter sogar mit Selbstmord drohten. Angesichts solcher Besorgnis erregender Vorfälle überlegte McKeon, wie er diesen Usern die nötige emotionale Unterstützung zukommen lassen könnte. Er legte sich den Plan zurecht, Psychologiestudenten anzuwerben, die auf freiwilliger Basis über Chatlines mit depressiven Moodswing-Mitgliedern Beratungsgespräche führen und Ratschläge geben sollten. Man würde gründlich überprüfen müssen, ob die Freiwilligen für diese Aufgabe auch wirklich geeignet wären, aber diese Form einer »Amateurtherapie« wäre eine neue Art des Wertaustauschs, die Moodswing ermöglichen würde.

Dabei handelt es sich durchaus um ein faszinierendes Konzept, allerdings um eins, das sogleich auch einige auf der Hand liegende Fragen aufwirft – insbesondere bezüglich der potenziellen Gefahr, die von nicht ausgebildeten und nicht zugelassenen Beratern ausgeht, die eine psychologische Betreuung von Personen anbieten, deren Leben auf dem Spiel steht. Mitte 2014 suchte McKeon per Crowdfunding Unterstützung für das Projekt.

Anwendung des Ende-zu-Ende-Prinzips auf das Plattformdesign

Wir haben gesehen, dass das Hinzufügen neuer Features und Interaktionen zu einer Plattform eine leistungsfähige Methode ist, um ihre Nützlichkeit zu erhöhen und weitere User anzuziehen. Innovationen können jedoch auch leicht zu übermäßiger Kompliziertheit führen, sodass es für die User schwieriger wird, sich auf der Plattform zurechtzufinden. Überflüssige Komplexität kann auch für die Programmierer, die Entwickler der Inhalte und das Verwaltungspersonal, das für die Aktualisierung und den Betrieb der Plattform verantwortlich ist, enorme technische Probleme mit sich bringen. Für Softwaresysteme, die durch die gedankenlose Anhäufung von Funktionen kompliziert, langsam und ineffizient geworden sind, wurde der verächtliche Ausdruck *Bloatware* geprägt.

Innovationen vollständig zu vermeiden, ist jedoch auch keine Lösung. Eine Plattform, die sich nicht weiterentwickelt und nicht um wünschenswerte neue Features ergänzt wird, dürfte bei den Usern, die eine konkurrierende Plattform entdecken, die mehr bietet, bald in Ungnade fallen. Stattdessen muss eine ausgewogene Möglichkeit gefunden werden, bei der sich der Kern der Plattform nur ganz allmählich wandelt, während an den Randbereichen Anpassungen mit positiven Auswirkungen vorgenommen werden.

Hierbei handelt es sich – auf Plattformunternehmen bezogen – um ein Äquivalent eines seit geraumer Zeit für Computernetzwerke etablierten Konzepts, das als *Ende-zu-Ende-Prinzip* bezeichnet wird. Es wurde ursprünglich 1981 von J. H. Saltzer, D. P. Reed, und D. D. Clark formuliert und besagt, dass sich die anwendungsspezifischen Funktionen in einem Netzwerk immer auf den Rechnern an den Netzwerkenden befinden sollten und nicht auf den dazwischenliegen Netzwerkknoten.[6] Mit anderen Worten: Aktivitäten, die für das Funktionieren des Netzwerks nicht von zentraler Bedeutung sind, sondern ausschließlich für bestimmte User einen Wert haben, sollten sich an den Endpunkten des Netzwerks befinden, nicht in dessen Mitte. Auf diese Weise können zweitrangige Funktionen das Netzwerk nicht stören oder den entscheidenden Netzwerkfunktionen Ressourcen entziehen und auch nicht den Betrieb oder die Aktualisierung des Netzwerks insgesamt verkomplizieren. Im Laufe der Zeit wurde das Ende-zu-Ende-Prinzip nicht nur auf Netzwerkdesigns angewendet, sondern auch auf das Design vieler anderer komplexer Computerumgebungen.

Ein legendäres Beispiel für die Missachtung des Ende-zu-Ende-Prinzips war die Einführung des damals neuesten Microsoft Betriebssystems Vista im Jahre 2007. CEO Steve Ballmer pries Vista als »die größte Produktvorstellung in der Geschichte von Microsoft« an und setzte ein Marketingbudget von mehreren hundert Millionen Dollar ein.[7]

Dennoch scheiterte Vista kläglich. Das Problem bestand darin, dass Microsofts Designteam versucht hatte, diejenigen Softwarebestandteile beizubehalten, die zur Aufrechterhaltung der Abwärtskompatibilität mit älteren Computersystemen erforderlich waren, gleichzeitig jedoch Features hinzufügte, die von Systemen der neuen Generation benötigt wurden – und all dies innerhalb der Kernplattform. Das Resultat war, dass Vista weniger stabil lief, komplizierter war als die Vorgängerversion Windows XP und dass außenstehende App-Entwickler Schwierigkeiten hatten, Code für Vista zu schreiben.[8]

Kritiker bemängelten, Vista sei schlimmer als Bloatware – tatsächlich bezeichneten sie es als *Goatware* (»Ziegenbockware«) – Software, die *sämtliche* Ressourcen des Systems verbraucht.[9] Bis zum heutigen Tag weigern sich Millionen von Windows-Usern, Vista zu installieren und klammern sich an Windows XP – trotz wiederholter Versuche von Microsoft, es in Rente zu schicken. Microsoft stoppte den Verkauf von Windows XP 2008 und den von Vista 2010, ironischerweise betrug der Marktanteil von XP 2015 aber immer noch mehr als 12 Prozent, der von Vista hingegen weniger als 2 Prozent.[10]

Zum Vergleich: Als Steve Jobs 1997 wieder die Führung von Apple übernahm, nachdem er einige Jahre mit der Entwicklung des zwar ambitionierten, aber nicht sehr erfolgreichen NeXT-Computers verbracht hatte, traf er eine maßgebliche Entscheidung, die das Ende-zu-Ende-Prinzip würdigte und Apple zu seinem nachfolgenden Erfolg verhalf. Bei NeXT hatten Jobs und sein Team ein elegantes neues Betriebssystem mit einer klaren, mehrschichtigen Architektur und einer edlen grafischen Benutzeroberfläche entwickelt. Da sich ein Nachfolger für Apples damaliges Betriebssystem Mac OS 9 in Planung befand, musste Jobs eine schwierige Entscheidung treffen: Er könnte NeXT und Mac OS 9 miteinander verschmelzen und hätte dann ein Betriebssystem, das mit beiden Systemen kompatibel wäre. Die andere Möglichkeit bestand darin, Mac OS 9 zugunsten der klaren und eleganten Architektur von NeXT über Bord zu werfen.

Jobs ließ sich auf ein gefährliches Spiel ein und legte den alten Code von OS 9 ad acta. Dabei machte er allerdings ein Eingeständnis: Das Designteam entwickelte eine eigene »Classic-Umgebung«, die es den Usern erlauben würde, ihre alten OS-9-Programme auszuführen. Durch diese Abschottung wurde dem Ende-zu-Ende-Prinzip Rechnung getragen. Der alte Code konnte neue Anwendungen nicht verlangsamen oder verkomplizieren – und neue Mac-Käufer waren unbelastet von der Software, die zu dem Zweck geschrieben worden war, alte Programme auszuführen, die sie gar nicht besaßen. Jobs Entscheidung sorgte dafür, dass Innovationen auf dem neuen Mac OS X leichter und effizienter implementiert werden konnten, was es Apple ermöglichte, Features zu entwickeln, die Microsofts Betriebssysteme im Vergleich altmodisch aussehen ließen.[11]

Das Ende-zu-Ende-Prinzip ist auch auf das Design einer Plattform anwendbar. In diesem Fall besagt es, dass sich anwendungsspezifische Features auf der Verarbeitungsebene am Rand oder am oberen Ende der Plattform befinden sollten und nicht an tief in der Plattform verwurzelten Orten. Nur die am häufigsten genutzten und hochwertigsten anwendungsübergreifenden Features sollten Teil des Plattformkerns sein.

Für diese Regel gibt es zwei Gründe. Erstens: Wenn bestimmte neue Features in den Kern der Plattform integriert statt an den Randbereichen angefügt werden, dann erscheinen Anwendungen, die diese Features nicht nutzen, langsam und ineffizient. Wenn anwendungsspezifische Features hingegen von der App selbst statt vom Kern der Plattform ausgeführt werden, wird das die Benutzererfahrung deutlich verbessern.

Zweitens kann sich das Ökosystem einer Plattform schneller fortentwickeln, wenn der Kern der Plattform ein klares, einfaches System ist – nicht ein wirres Durcheinander zahlloser Features. Aus diesem Grund beschreiben C.Y. Baldwin und K.B. Clark von der Harvard Business School eine wohldurchdachte Plattform als eine stabile Kernebene, die Vielfältigkeit unterbindet und sich unterhalb einer sich fortentwickelnden Ebene befindet, die Vielfalt erlaubt.[12]

Die am besten designten heutigen Plattformen berücksichtigen dieses Strukturierungsprinzip. So konzentrieren sich beispielsweise Amazon Web Services (AWS), die erfolgreichste Plattform für die Bereitstellung cloudbasierter Speicherlösungen, auf die Optimierung einer Handvoll grundlegender Operationen wie die Datenspeicherung, die Ausführung von Berechnungen und den Nachrichtenaustausch.[13] Andere Dienste, die nur von einem kleinen Bruchteil der AWS-Kunden in Anspruch genommen werden, sind auf die Randbereiche der Plattform beschränkt und werden durch zweckgebundene Apps bereitgestellt.

Die Power der Modularität

Ein integraler Ansatz, bei dem ein System, das nur einem einzigen Zweck dient, so schnell wie möglich entwickelt wird, hat insbesondere in der Anfangsphase einer Plattform Vorteile. Langfristig muss eine erfolgreiche Plattform allerdings einen eher modularen Ansatz verfolgen. Einen solchen Kompromiss vollständig zu untersuchen, geht weit über den Rahmen dieses Kapitels hinaus, wir werden jedoch einige wichtige Konzepte vorstellen. Fangen wir mit der von Baldwin und Clarke (1996) formulierten Definition an:

> *Modularität ist eine Strategie zur effizienten Organisierung komplexer Produkte und Prozesse. Ein modulares System besteht aus unabhängig voneinander entwickelten Komponenten (oder Modulen), die als integriertes Ganzes zusammenarbeiten. Die Designer erreichen die Modularität, indem sie Informationen in erkennbare Designregeln und unsichtbare Designparameter aufteilen. Die Modularität ist nur dann von Vorteil, wenn diese Aufteilung präzise, unmissverständlich und vollständig ist. Die erkennbaren Designregeln (die auch als sichtbare Informationen bezeichnet werden) beeinflussen die nachfolgenden Designentscheidungen. Idealerweise werden die erkennbaren Designregeln am Anfang des Designprozesses festgelegt und allen Beteiligten mitgeteilt.[14]*

In einem Artikel aus dem Jahr 2008 formulierten Carliss Young Baldwin und C. Jason Woodard eine nützliche und prägnante Definition eines stabilen Systemkerns:

> *Wir behaupten, dass allen Plattformen im Wesentlichen dieselbe fundamentale Architektur zugrunde liegt: Das System ist in eine Gruppe von »Kernkomponenten« geringer Vielfältigkeit und eine ergänzende Gruppe von »Randkomponenten« hoher Vielfältigkeit aufgeteilt. Die Komponenten geringer Vielfältigkeit bilden die Plattform. Dabei handelt es sich um langlebige Elemente des Systems, die daher implizit oder explizit die Schnittstelle zum System darstellen [und] die Regeln festlegen, die für Interaktionen zwischen den verschiedenen Systembestandteilen gültig sind.[15]*

Wenn Systeme klar und deutlich in Subsysteme aufgeteilt sind, können sie als Ganzes zusammenarbeiten, indem sie verbunden werden und über wohldefinierte Schnittstellen miteinander kommunizieren. Daraus folgt, dass Subsysteme unabhängig voneinander gestaltet werden können, sofern sie sich an die übergreifenden Designregeln halten und mit dem übrigen System über Standardschnittstellen verbunden sind. Sie haben sicher schon einmal von den *APIs* (*Application Programming Interfaces*, Programmierschnittstellen) gehört. Dabei handelt es sich um die Standardschnittstellen, die Systeme wie Google Maps, die New Yorker Börse, Salesforce, Thomson Reuters Eikon, Twitter und viele andere einsetzen, um externen Usern oder Einrichtungen Zugriff auf ihre Kernressourcen zu gewähren.[16]

Insbesondere Amazon war sehr erfolgreich damit, die APIs für modulare Dienste zu öffnen. Abbildung 3.1 zeigt einen Vergleich des Umfangs der von Amazon zur Verfügung gestellten APIs mit denjenigen des führenden traditionellen Einzelhändlers Walmart, der große Anstrengungen unternimmt, zu einem bedeutenden Plattformkonkurrenten zu werden. Wie Sie sehen, stellt Amazon Walmart hinsichtlich der Anzahl und der Vielfalt der APIs deutlich in den Schatten.

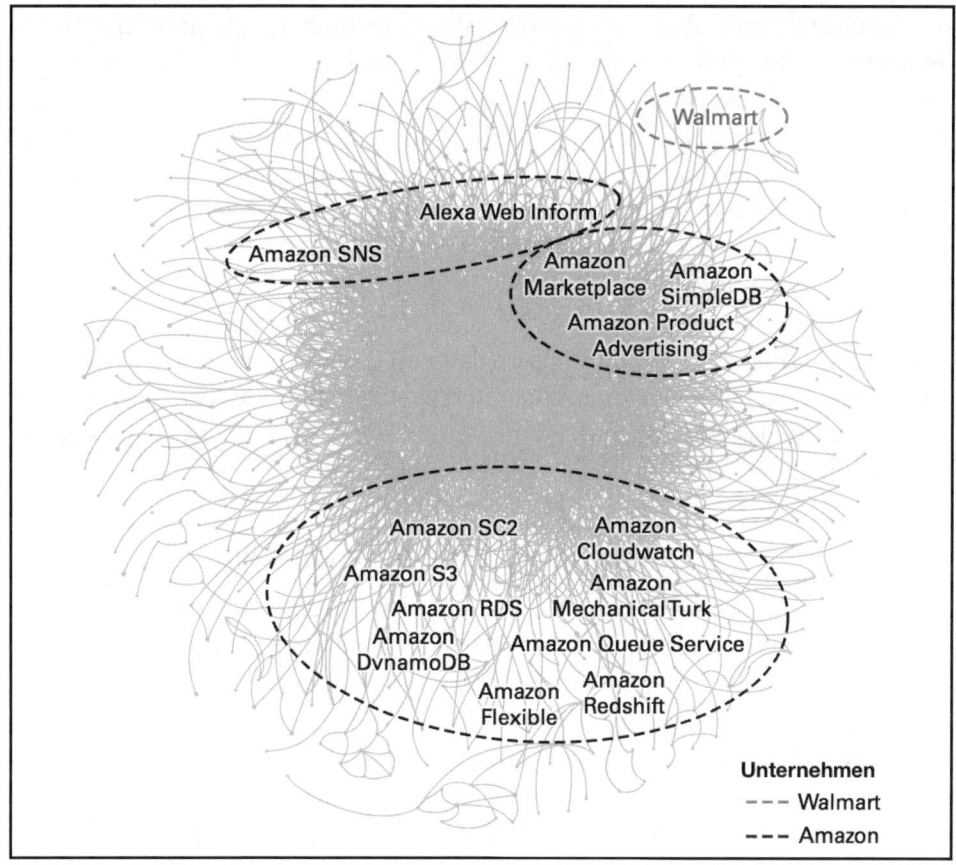

Abb. 3.1: Amazon bietet erheblich mehr API-Remixe oder »Mashups« als Walmart. Diese umfassen Zahlungsmethoden, E-Commerce, Cloud-Dienste, Messaging, Aufgabenzuteilung und vieles andere mehr. Während Walmart die Logistik optimiert, ermöglicht Amazon auch Dritten, mit den modularen Diensten Werte zu schaffen.
Quelle: Evans und Basole unter Verwendung von ProgrammableWeb-Daten.[17] Abdruck mit freundlicher Genehmigung der Autoren.

Die Power der Modularität ist einer der Gründe dafür, dass die PC-Branche in den 1990er-Jahren so schnell wuchs. Die wichtigsten PC-Komponenten waren Prozessoren (*Central Processing Units*, CPUs), die Rechenleistung lieferten, Grafikprozessoren (*Graphical Processing Units*, GPUs) zur Erzeugung der Bildschirmgrafik, Speicherbausteine (*Random Access Memory*, RAM), die Arbeitsspeicher bereitstellten, und rotierende Festplattenlaufwerke (*Hard Drives*, HDs), die große Datenmengen langfristig speicherten. All diese Subsysteme kommunizierten über wohldefinierte Schnittstellen miteinander und ermöglichten so enorme Innovationen, denn Unternehmen wie Intel (CPUs), ATI und Nvidia (GPUs), Kingston (RAM) und Seagate (HDs) arbeiteten unabhängig voneinander daran, die Leistungsfähigkeit ihrer Produkte zu verbessern.

Der Grund dafür, dass die meisten Plattformen anfangs ein straff integriertes architektonisches Design aufweisen, ist die Tatsache, dass mit der sorgfältigen Definition der Subsystemschnittstellen eine Menge Arbeit verbunden ist – schon die Dokumentation bedeutet einen erheblichen Aufwand. Wenn Firmen mit begrenzten Entwicklungsressourcen schmale Marktnischen besetzen möchten, geraten sie leicht in Versuchung, sich die harte Arbeit zu ersparen, die mit der Aufteilung des Systems in klar voneinander abgegrenzte Module einhergeht, und stattdessen damit fortzufahren, schnellstmöglich eine brauchbare Lösung zu entwickeln. Diese Vorgehensweise macht es allerdings später sehr viel schwieriger, ein externes Ökosystem von Entwicklern dafür zu gewinnen, auf der Kernplattform aufbauende Erweiterungen zu erstellen und so neue Märkte zu erschließen.[18] Ein Unternehmen, das eine integrale Architektur einsetzt, wird wahrscheinlich in die Erneuerung ihrer Kerntechnologie investieren müssen.

Umgestaltung der Plattformarchitektur

Es ist durchaus möglich, das Kunststück zu vollbringen, ein System in Richtung eines modularen Designs umzugestalten. Der erste Schritt besteht darin zu analysieren, welchen Modularitätsgrad das System bereits erreicht hat. Erfreulicherweise gibt es für diese Aufgabe schon einige Tools. Eine Schlüsselrolle kommt dabei den sogenannten »Designstrukturmatrizen« zu, die es erlauben, die Abhängigkeiten in komplexen Systemen visuell zu untersuchen.[20]

In einem 2006 im *Management Science* erschienenen Artikel berichten Alan MacCormack und Carliss Baldwin von einem Beispiel für ein Produkt, das erfolgreich von einer integralen zu einer modularen Architektur weiterentwickelt werden konnte.[21] Nachdem die Software als Open-Source-Projekt veröffentlicht worden war, musste die kommerzielle Firma, die das Copyright besaß, für die Umgestaltung beträchtliche Ressourcen aufbringen. Das war von entscheidender Bedeutung, denn die Software hätte nicht von einem weit verstreuten Team freiwilliger Entwickler gewartet werden können, wenn sie nicht in mehrere kleine Subsysteme aufgeteilt worden wäre.

Die Notwendigkeit der Umgestaltung eines komplexen Systems betrifft aber nicht nur die Software. Anfang der 1990er-Jahre sah sich Intel bei der Ausweitung des Marktes mit einer echten Herausforderung konfrontiert: Die Performance der Intel-CPUs verdoppelte sich etwa alle 18 bis 24 Monate.[22] Ähnliche Performancezuwächse gab es auch bei den anderen wichtigen PC-Subsystemen GPU, RAM und Festplatten. Allerdings arbeiteten die zur Informationsübertragung zwischen den Subsystemen verwendeten Verbindungen noch gemäß eines alten Standards namens *ISA* (*Industry Standard Architecture*). Daher war für die Kunden kaum eine Verbesserung der PC-Performance erkennbar – sie hatten also kaum einen Grund, sich neue Geräte zu kaufen. In einem Artikel aus dem Jahr 2002 beschreiben Michael C. Cusumano und Annabelle Gawer, wie Intel die Marktführung übernahm, indem es in die neuen Standards *PCI* (*Peripheral Component Interconnect*) und *USB* (*Universal Serial Bus*) investierte, um schnellere Verbindungen zwischen den Subsystemen zu ermöglichen. Dadurch wurde eine enorme Vielfalt an Innovationen bei miteinander verbundenen Geräten ausgelöst: Computermäuse, Mikrofone, Tastaturen, Drucker, Scanner, externe Festplattenlaufwerke und vieles andere mehr.[23]

Iterative Verbesserungen: Das Anti-Design-Prinzip

Wenn Sie eine neue Plattform launchen – oder eine bereits existierende Plattform verbessern und vergrößern möchten –, können Sie Ihre Chance, tatsächlich einen Mehrwert zu erschaffen, durch sorgfältige Beachtung der Prinzipien des Plattformdesigns maximieren.[24] Doch wie wir gesehen haben, lassen sich Plattformen nicht vollständig planen, sie entwickeln sich auch fort. Denken Sie daran, dass es zu den charakteristischen Merkmalen einer Plattform gehört, die sie von traditionellen Unternehmen unterscheidet, dass der Großteil der Aktivitäten von den Usern gesteuert wird, nicht vom Eigentümer oder Betreiber der Plattform. Es ist unvermeidlich, dass Teilnehmer die Plattform auf eine Art und Weise nutzen werden, die Sie nicht voraussehen können oder niemals geplant hatten.

So war es etwa nie geplant, dass Twitter einen Suchmechanismus enthält. Ursprünglich gab es lediglich einen einfachen Stream von Beiträgen in umgekehrter chronologischer Reihenfolge. Es gab keine Möglichkeit, nach Tweets zu einem bestimmten Thema zu suchen – abgesehen davon, seitenweise durch zusammenhangslose und irrelevante Inhalte zu scrollen. Die Verwendung von Hashtags, die zur Kennzeichnung von Tweets und zum Auffinden ähnlicher Tweets dienen, wurde ursprünglich von Chris Messina, einem Entwickler bei Google, vorgeschlagen. Inzwischen ist der Hashtag für Twitter zu einer tragenden Säule geworden.

Plattformdesigner sollten stets auf glückliche Entdeckungen vorbereitet sein und etwas Spielraum vorsehen, denn oftmals sind es die User, die den Weg weisen und die Richtung aufzeigen, in die sich das Design bewegen sollte. Genaue Beobachtungen des Userverhaltens einer Plattform lassen nahezu mit Sicherheit unerwartete Muster erkennen – von denen so manches dazu geeignet ist, fruchtbare neue Gebiete für die Erschaffung von Mehrwerten zu erschließen. Die besten

Plattformen bieten Spielraum für die Marotten der User und sind offen genug, um solche Eigenarten allmählich in das Plattformdesign zu integrieren.

Ein cleveres Design ist für den Aufbau und Betrieb einer erfolgreichen Plattform unentbehrlich. Manchmal ist das beste Design jedoch ein Anti-Design, das Raum für Zufälliges, Spontanes oder sogar Skurriles schafft.[25]

Zusammenfassung

❏ Am Anfang des Designs einer Plattform sollte deren Schlüsselinteraktion stehen – eine Form der Interaktion, die für die Aufgabe der Plattform, eine Wertschöpfung zu erzielen, von zentraler Bedeutung ist.

❏ Die Schlüsselinteraktion ist durch drei entscheidende Elemente definiert: Teilnehmer, Werteinheit und Filter. Von diesen Dreien ist die Werteinheit am maßgeblichsten und meist auch am schwierigsten zu beherrschen.

❏ Um die Schlüsselinteraktion leicht und sogar unverzichtbar zu machen, sind drei Dinge entscheidend: der Pull-Effekt, die einfache Interaktion und das Matching. Alle drei sind wichtig und bringen ihre eigenen Herausforderungen mit sich.

❏ Während des Wachstums einer Plattform ergeben sich häufig Möglichkeiten jenseits der Schlüsselinteraktion. Neue Arten der Interaktion können auf der Schlüsselinteraktion aufbauen und ziehen dabei oftmals neue Teilnehmer an.

❏ Ein wohldurchdachtes Plattformdesign ist wichtig, damit für alle Seiten zufriedenstellende Interaktionen einer Vielzahl von Teilnehmern leicht fallen. Es ist jedoch ebenfalls wichtig, Spielraum für Glücksfälle und Unerwartetes zu lassen, denn die User selbst werden neue Möglichkeiten finden, auf der Plattform einen Mehrwert zu schaffen.

4

DISRUPTION
Wie Plattform-Geschäftsmodelle traditionelle Branchen erobern und verändern

D as Konzept einer Plattform ist recht simpel: Es wird ein Ort im Sinne einer Art geschäftlicher Begegnungsstätte zur Verfügung gestellt, an dem Anbieter und Kunden zusammentreffen und Interaktionen ausführen können, die für beide Seiten mit einer Wertschöpfung verbunden sind. Tatsächlich wenden die Menschen dieses Prinzip schon seit Tausenden von Jahren in der Praxis an – denn was sonst ist ein traditioneller, unter freiem Himmel stattfindender Markt, wie es ihn in Dörfern und Städten rund um den Globus gibt, als eine Plattform, die es Landwirten und Handwerkern ermöglicht, ihre Waren der ortsansässigen Klientel zum Kauf anzubieten? Das Gleiche gilt für die in Städten wie London und New York entstandenen Börsenplätze, an denen sich Käufer und Verkäufer von Unternehmensanteilen ursprünglich noch persönlich einfanden, um durch offen ausgerufene Auktionen faire Marktpreise zu ermitteln.

Der wesentliche Unterschied zwischen diesen traditionellen und den modernen Plattform-Geschäftsmodellen, die dieses Buch zum Thema hat, besteht natürlich darin, dass Letztere digitale Technologien einsetzen, die das Volumen, die Schnelligkeit, den Komfort und die Effizienz der darüber getätigten geschäftlichen Aktivitäten enorm erhöhen. (Es hat schon seine Gründe, dass die meisten Börsengeschäfte nicht mehr auf dem sprichwörtlichen »Börsenparkett« abgewickelt werden, sondern stattdessen elektronische Systeme zum Einsatz kommen, auf die von jedem Ort der Welt aus zugegriffen werden kann.) Das Internet und die damit verbundenen Technologien eröffnen heutigen Plattformunternehmen wahrhaft atemberaubende Möglichkeiten, ganze Industriezweige auf nicht selten unerwartete und nachhaltige Art und Weise zu verändern.

Wir haben ja bereits erörtert, inwieweit sich die Fahrdienstplattform Uber Netzwerkeffekte zunutze gemacht hat, um große Teile des Personenbeförderungsmarktes zu übernehmen und traditionelle Taxiunternehmen sowie Limousinendienste zu verdrängen – und dabei in überraschend kurzer Zeit enorm an Wert gewonnen hat. Ende 2014 wurde das zu diesem Zeitpunkt fünf Jahre alte Unternehmen von Investoren mit 40 Milliarden Dollar bewertet (im Gegensatz zu dem nur sechs Monate zuvor berechneten Wert von 17 Milliarden Dollar) und wurde damit – zumindest auf dem Papier – wertvoller als altehrwürdige Konzerngiganten wie Mitsubishi, Target, FedEx, General Dynamics oder Sony.[1] Uber ist inzwischen weltweit in mehr als 570 Städten tätig und hat diesen hohen Wert durch ein ausnehmend einfaches, aber dennoch sowohl für Kunden als auch Anbieter lohnendes Dienstleistungskonzept erzielt: Den Fahrgästen wird eine schnelle und preiswerte Ort-zu-Ort-Beförderung vermittelt, und den Fahrern wird ein höheres Einkommen als den meisten Taxifahrern ermöglicht – und zwar ohne die exorbitanten Kosten für eine gewöhnliche Taxilizenz tragen zu müssen, die auf dem Höhepunkt des Marktes Mitte 2013 in New York City einen Verkehrswert von mehr als 1,2 Millionen Dollar erreichte.

Uber erwies sich also einfach nur durch das Bereitstellen einer Plattform, auf der Passagiere und Fahrer zueinanderfinden können, sowohl für die Kunden als auch für die Anbieter als durchaus profitabel und verhalf darüber hinaus auch den Investoren zu großem Wohlstand. So gesehen ist dieses Geschäftsmodell für alle Beteiligten von Vorteil – nur nicht für die Hunderttausenden Taxifahrer, Fahrdienstleiter und Angestellte von Limousinendiensten, deren Arbeitsplätze plötzlich auf dem Spiel stehen. Da überrascht es nicht, dass Barry Korengold, Präsident des Interessenverbandes der Taxifahrer in San Francisco (der Stadt, in der Uber im Sommer 2010 gelauncht wurde) die Unternehmensführung von Uber als »Raubritter« betitelt: »Sie haben als illegaler Geschäftsbetrieb angefangen, ohne sich an die geltenden Vorschriften und Bestimmungen zu halten, und sie führen einen unfairen Wettbewerb. Auf diese Art sind sie groß geworden – sie hatten genügend finanzielle Mittel zur Verfügung, um alle Spielregeln missachten zu können.« Der Vorsitzende eines in San Francisco ansässigen Taxiunternehmens prophezeite gar einen Zusammenbruch der gesamten Taxibranche bis Ende 2015 – eine Prognose, die in weiten Teilen von Taxiunternehmern in Städten rund um den Globus bestätigt wurde. Faktisch sank der Wert einer Taxilizenz für New York City binnen eines Jahres um fast 300.000 Dollar – und ein Ende dieses Preisverfalls ist nicht abzusehen.[2]

In Kapitel 11 werden wir auf die Frage zurückkommen, ob sich Plattformunternehmen wie Uber eines unfairen Wettbewerbs bedienen oder ob die alteingesessenen traditionellen Unternehmen einfach nur aufgebracht sind, weil sie von den digitalen Eindringlingen aus dem Feld geschlagen werden. An dieser Stelle belassen wir es aber erst einmal dabei, verblüfft zur Kenntnis zu nehmen, wie schnell und scheinbar mühelos ein Plattformunternehmen eine Branche auf den Kopf stellen kann, die früher als krisensicher galt.

Noch erstaunlicher ist allerdings, dass der von Uber bereits eingeleitete Wandel womöglich nur der Auftakt einer Reihe von weiteren einschneidenden Veränderungen ist, die letztendlich das gesamte Transportwesen umkrempeln werden. Durch die Kombination seiner Plattformaktivitäten mit einer weiteren Technologie, die kurz vor der Marktreife steht – dem selbstfahrenden Auto –, wird Uber sein ohnehin schon herausragendes Geschäftsmodell weiter verbessern können und möglicherweise einen Dominoeffekt in Gang setzen, der weit über die Taxibranche hinausreicht. Glaubt man der Prognose einiger Zukunftsforscher, werden Millionen von Menschen in nicht allzu ferner Zukunft komplett auf ein eigenes Auto verzichten und stattdessen die jederzeit verfügbare Flotte von fahrerlosen Uber-Fahrzeugen nutzen, die sie zu einem Preis von vielleicht 30 Cent pro Kilometer an jeden beliebigen Zielort befördern wird. Der Mitbegründer und CEO von Uber, Travis Kalanick, kommentiert das so: »Wir wollen dahin kommen, dass die Nutzung von Uber langfristig preiswerter ist, als Eigentümer eines Autos zu sein.« Letztendlich verspricht er »Beförderungsmittel, die so zuverlässig und alltäglich sein werden wie fließendes Wasser aus dem Hahn«.[3]

Das könnte jedoch erschreckende Folgen haben: Die großen Autohersteller würden durch das Schrumpfen des Marktes geradezu demontiert und das Gleiche würde auch für Nebengewerbe wie beispielsweise die Kfz-Versicherung, die Autofinanzierung und Parkhausbetreiber gelten. Andererseits würden durch den plötzlich sinkenden Bedarf an Parkplätzen (denn fahrerlose Fahrzeuge können praktisch pausenlos unterwegs sein) zig Millionen Quadratmeter Grund und Boden für andere Zwecke zur Verfügung stehen, es gäbe kaum noch verstopfte Straßen, und auch die Problematik von Staus und Umweltverschmutzung durch Parkplatz suchende, im Kreis fahrende Autos würde drastisch reduziert. Sollte all dies durch Ubers nächste Wachstumsphase Realität werden, wäre das Stadtbild vielerorts wohl kaum wiederzuerkennen.[4]

Und dann denken Sie außerdem auch einmal über die folgende Beobachtung von Kalanick nach: »Wenn wir Ihnen in fünf Minuten einen Wagen beschaffen können, dann können wir Ihnen *alles* binnen fünf Minuten beschaffen.«[5] Wirklich alles? Man fragt sich, welche Grenzen Ubers disruptivem Potenzial gesetzt sind – Kalanick scheint jedenfalls die Auffassung zu vertreten, dass es keine gibt.

Zur Geschichte revolutionärer digitaler Umbrüche

»Software frisst die Welt auf.« Diesen Slogan verwendete der Netscape-Gründer Marc Andreessen als Titel für seinen 2001 im *Wall Street Journal* erschienenen Kommentar, in dem er zusammenfasst, in welcher Art und Weise technologische Errungenschaften – insbesondere das Internet – die Geschäftswelt verändert haben.[6]

Die bisherige Geschichte der revolutionären Umbrüche, die erst durch das Internet möglich wurden, lässt sich im Wesentlichen in zwei Phasen unterteilen.

In der ersten Phase wurden *ineffiziente Pipeline-Unternehmen von effizienteren verdrängt*. Bei vielen Internetanwendungen der 1990er-Jahre ging es vorrangig um die Einrichtung hocheffizienter Pipelines – Online-Systeme für den Vertrieb von Waren und Dienstleistungen, die alteingesessene Branchen aus dem Rennen schlugen. Anders als traditionelle Offline-Pipeline-Unternehmen ziehen Online-Pipeline-Unternehmen Vorteile aus geringen Grenzkosten beim Vertrieb – die manchmal sogar überhaupt nicht vorhanden sind. Das ermöglicht es ihnen, mit sehr viel niedrigeren Investitionen selbst große Märkte zu besetzen und zu bedienen.

Traditionelle Medienunternehmen bekamen die Auswirkungen als Erste zu spüren. Die Welt der Printmedien wurde auf den Kopf gestellt, denn das Internet war in der Lage, eine weltweite Leserschaft mit Nachrichten zu versorgen, ohne dass die üblichen Kosten des traditionellen Vertriebsweges anfielen (Druck, Versand, Verkauf, Auslieferung). Effiziente Pipeline-Unternehmen hatten ineffiziente verdrängt. Zudem beraubte die Trennung des Anzeigengeschäfts und anderer Werbeformen von redaktionellen Inhalten die Printmedien ihrer wichtigsten Einnahmequelle, weil die effizienteren Online-Methoden zur Platzierung gezielter Werbung die herkömmlichen, auf bedrucktem Papier beruhenden Methoden obsolet machten. Und wieder wurden ineffiziente Pipeline-Unternehmen von effizienten verdrängt.

Der Einzelhandel und die Versandhäuser bekamen den Druck bald ebenfalls zu spüren. Amazons Erfolg in der Buchbranche brachte zahlreiche traditionelle Buchhändler zu Fall, darunter auch Borders, die seinerzeit nach Barnes & Noble zweitgrößte Buchhandelskette der Vereinigten Staaten. Ebenso scheiterte das auf Ladengeschäften beruhende System für den Vertrieb von DVDs der US-Franchisekette Blockbuster im Wettbewerb mit dem von Netflix eingeführten Vertriebsverfahren, das zunächst auf dem Versand online ausgewählter DVDs und später auf Videostreaming beruhte. Und auch die Umsätze der Musikindustrie sanken rapide, als die Verkaufszahlen von CDs stark zurückgingen, weil der Erwerb von Tonträgern weitgehend durch die schnelleren und preiswerteren Dateidownloads ersetzt wurde, wobei die Musikstücke oftmals illegal kopiert und weitergegeben wurden. Zudem fanden viele Internetdistributoren im Laufe der Zeit Möglichkeiten, die ihnen zur Verfügung stehenden ausführlichen Daten über den Musikgeschmack ihrer Kunden zu nutzen, um ihnen bessere Angebote zu unterbreiten, als es die traditionellen Pipeline-Unternehmen jemals konnten.

Der anhand der vorerwähnten Beispiele dargestellte radikale Wandel ganzer Branchen bestätigt Andreessens Aussage »Software frisst die Welt auf.« Seine damalige Vision ist heutzutage schon ein Klischee und muss inzwischen sogar noch etwas weiter gefasst werden: »Plattformen fressen die Welt auf.« Und damit kommen wir zur zweiten Phase in der Geschichte der revolutionären digitalen Umbrüche, dem *Verdrängen der Pipeline-Unternehmen durch Plattform-Geschäftsmodelle.*

Wie Plattformen die Pipeline-Unternehmen verdrängen

Die Zeichen, die überall um uns herum auf diese neue Phase des radikalen Umbruchs hindeuten, sind unverkennbar. Wie wir gesehen haben, sind sich die Taxiunternehmen – und die Regulierungsbehörden – durchaus bewusst, dass Uber auf bestem Wege ist, das lokale Transportwesen weltweit zu dominieren. In ähnlicher Weise ist das einst von der Beherbergungsbranche belächelte Unternehmen Airbnb inzwischen rapide zu einem weltweiten Anbieter von Unterkünften angewachsen, über den jeden Tag mehr Quartiere gebucht werden als bei den größten global agierenden Hotelketten. Und auch Upwork wandelt sich allmählich von einem Marktplatz für Freiberufler und selbstständige Webworker zu einer Infrastruktur, die es ermöglicht, ganze Unternehmen in der Cloud aufzubauen und die Vernetzung entfernt voneinander arbeitender Freelancer zu gewährleisten, die kein Büro benötigen und daher auch nicht die damit verbundenen Kosten verursachen. Amazon dehnt seinen Einfluss auf das traditionelle Verlagswesen weiter aus und macht auch in Dutzenden anderen Bereichen des Einzelhandels Fortschritte. Und während traditionelle Pipeline-Riesen wie Nokia und Blackberry im vergangenen Jahrzehnt 90 Prozent ihres Börsenwertes verloren haben, dominieren nun die Giganten Apple und Google die Aktienbörsen.

Wie konnte das passieren? Und warum? Sehen wir uns das einmal etwas genauer an.

In der Welt der Plattformen fungiert das Internet nicht mehr nur als Vertriebskanal (als Pipeline) – vielmehr dient es auch als erzeugende Infrastruktur und Koordinierungsmechanismus. Plattformen machen sich diese neue Fähigkeit zunutze, um völlig neue Geschäftsmodelle aus dem Boden zu stampfen. Darüber hinaus ist eine rasche Konvergenz der realen und der digitalen Welt zu beobachten, die es ermöglicht, physische Objekte mit dem Internet zu verbinden und sie darüber zu kontrollieren. So können Sie beispielsweise mit einer Smartphone-App über große Entfernungen hinweg Geräte in Ihrem Haushalt steuern. Gleichzeitig werden auch organisatorische Grenzen neu definiert, wenn Plattformunternehmen externe Ökosysteme einsetzen, um neue Arten der Wertschöpfung zu erzeugen.[7]

In dieser zweiten Phase des Umbruchs haben Plattformen gegenüber Pipelines zwei entscheidende wirtschaftliche Vorteile.

Einer dieser Vorteile ergibt sich aus den günstigeren Grenzkosten bei Produktion und Vertrieb. Wenn Hotelketten wie Hilton oder Sheraton expandieren wollen, müssen sie, wie bereits erwähnt, Gebäude errichten und Mitarbeiter einstellen. Airbnb hingegen kann mit gegen null gehenden Grenzkosten expandieren, da die Kosten für das Hinzufügen einer weiteren Unterkunft zum Netzwerk minimal sind.

Die Fähigkeit einer Plattform, schnell skalierbar zu sein, wird durch Netzwerkeffekte weiter verbessert. Und wenn sich positive Netzwerkeffekte bemerkbar machen, führt der erhöhte produktive Output zu gesteigertem Konsum und umgekehrt. Im Fall von Upwork bedeutet das zum Beispiel, dass eine wachsende Anzahl der teilnehmenden Freelancer die Plattform für Firmen, die Aufträge zu vergeben haben, attraktiver macht, wodurch wiederum mehr Freelancer angezogen werden. Und bei Etsy verhält es sich so, dass eine größere Anzahl von Händlern zusätzliche Kunden anzieht, die wiederum weitere Händler anziehen. Dadurch wird eine selbstverstärkende Feedbackschleife in Gang gesetzt, die das Wachstum der Plattform bei minimalem Kostenaufwand antreibt.

Durch die Nutzung von Netzwerkeffekten sind Plattformen in der Lage, elektronische Ökosysteme mit Hunderten, Tausenden oder Millionen entfernten Teilnehmern aufzubauen. Derartige Systeme können umfassender sein, als dies bei den meisten nach dem Pipeline-Prinzip arbeitenden Unternehmen der Fall ist, und auf mehr Ressourcen zugreifen, als einem traditionellen Pipeline-Unternehmen zur Verfügung stehen. Dementsprechend kann die Wertschöpfung in solch einem Ökosystem auch erheblich größer sein als in einem vergleichbaren traditionellen Unternehmen – und deshalb haben es Firmen, die weiterhin auf der Grundlage firmeneigener Ressourcen konkurrenzfähig zu bleiben versuchen, im Wettbewerb mit Plattformen zunehmend schwerer.

Die Auswirkungen der durch Plattformen ausgelösten Umbrüche auf Wertschöpfung, Wertekonsum und Qualitätskontrolle

Plattformen profitieren also von wirtschaftlichen Vorteilen, die ihnen ein schnelleres Wachstum ermöglichen, als dies bei vergleichbaren Pipeline-Unternehmen der Fall ist. Schon dieses Phänomen allein würde in traditionellen Branchen zu beträchtlichen Umbrüchen führen – während die Plattformunternehmen unterdessen die Pipeline-basierte Konkurrenz von den Spitzenplätzen der Fortune-500-Liste verdrängen. Aber im Zeitalter der Verdrängung von Pipeline-Unternehmen durch Plattformen wird die Geschäftswelt auch auf vielfältige andere Weise umgekrempelt. Schon jetzt wirkt sich der Aufstieg der Plattformen insbesondere auf die wohlbekannten Geschäftsprozesse Wertschöpfung, Wertekonsum und Qualitätskontrolle spürbar umgestalterisch aus.[8]

Umgestaltung der Wertschöpfung zwecks Erschließung neuer Angebotsquellen. Plattformen repräsentieren Selbstbedienungssysteme, deren Markterschließung und Wachstum darauf basiert, dass eine möglichst barrierefreie Anwendbarkeit gewährleistet ist. Jedes Mal, wenn eine Plattform eine Barriere beseitigt, die den

Anbietern die Nutzung erschwert, wird die Wertschöpfung umgestaltet und es ergeben sich neue Angebotsquellen.

Wikipedia war eine der ersten Plattformen, die eine neue Angebotsquelle erschloss, indem sie ein System entwickelte, das es Freiwilligen ermöglichte, das Wissen der Welt zu erfassen und zu organisieren. Und kurz darauf bot YouTube jedem Teenager, der eine Kamera oder ein Smartphone besaß, die Möglichkeit, mit Filmstudios und Fernsehsendern zu konkurrieren.

Heutzutage ist das Phänomen der umgestalteten Wertschöpfung bei den verschiedensten Plattformunternehmen zu beobachten. Die in Singapur ansässige Videostreaming-Plattform Viki setzt auf eine globale Community von Enthusiasten (statt Angestellte zu beschäftigen) und lässt sie koreanische und japanische Videos mit Untertiteln versehen, die dann in den USA vermarktet werden. Nach rasantem Wachstum wurde Viki für 200 Millionen Dollar an das japanische Unternehmen Rakuten verkauft. Facebook verfolgte einen ähnlichen Ansatz, um Übersetzer für seine Website zu finden, anstatt professionelle Übersetzer zu engagieren.

Um die explosionsartige Zunahme neuer Angebotsquellen voranzutreiben, bauen die Plattformunternehmen kontinuierlich sämtliche Hürden ab, die Anbieter möglicherweise abschrecken könnten. Twitter lockte mit seinem neuen Standardformat für Nachrichten – Texte mit einer Länge von höchstens 140 Zeichen – Millionen *Content-Produzenten* an, sprich User, die Inhalte erstellen. Im Vergleich zum traditionellen Bloggen, das deutlich mehr Aufwand und Zeit erfordert, ist der Tweet eine schnelle und einfache Art des Schreibens, und das spornte viel mehr User an, sich selbst an der Erstellung von Inhalten zu versuchen.

Auf ähnliche Weise arbeitet Airbnb daran, Hürden für die Gastgeber abzubauen, indem es regelmäßig Events veranstaltet, die *Best Practices* (bewährte Verfahrensweisen) demonstrieren und erläutern. Uber versucht, wirtschaftliche Hindernisse abzubauen, die potenzielle Fahrer abschrecken könnten und bietet finanzielle Anreize, etwa ein Begrüßungsgeld. Plattformen wie Dribbble, Threadless und 99designs konnten, vornehmlich dank der in den letzten Jahren vollzogenen Demokratisierung der Design- und Drucktools, große Designerökosysteme errichten – ein weiteres Beispiel für den Abbau von Eintrittsbarrieren, der zum Teil durch Plattformtools gestützt wird.

Zudem ermöglicht die Ausbreitung neuer Produktionstechnologien das Entstehen neuer Anbietergruppen. So wie die Smartphone-Kamera den Umfang der Inhalte von Plattformen wie Instagram und Vine anwachsen ließ, wird die zunehmende Verbreitung des 3D-Drucks vermutlich zu neuen Plattformen für Industriedesign führen. Allerdings ist eine neue Technologie oftmals auf die Unterstützung innovativer Geschäftsmodelle angewiesen, um eine spürbare Umgestaltung der Wertschöpfung hervorzurufen. Zum Beispiel gibt es Textverarbeitungen, Satzprogramme und Grafikdesignsoftware seit Jahrzehnten, aber erst Amazons Publikationsplattform Kindle, die es ermöglicht, schnell und unkompliziert eine große Leserschaft zu erreichen, führte zur Entstehung eines völlig neuen Ökosystems von Autoren.

Umgestaltung des Wertekonsums durch die Ermöglichung neuer Formen des Kundenverhaltens. Das Aufkommen der Plattformen verwandelt auch das traditionelle Kundenverhalten und regt Millionen Menschen dazu an, Produkte und Dienstleistungen auf eine Art und Weise zu nutzen, die vor wenigen Jahren noch unvorstellbar war. Oder wie der Journalist Jason Tanz es formuliert:

> *Wir besteigen die Autos von Fremden (Lyft, Sidecar, Uber), heißen sie in unseren freien Zimmern willkommen (Airbnb), überlassen unsere Hunde ihrer Obhut (Dog-Vacay, Rover) und nehmen Speisen in ihren Esszimmern zu uns (Feastly). Wir leihen ihnen unsere Autos (RelayRides, Getaround), unsere Boote (Boarbound), unsere Häuser (HomeAway) und unsere Elektrowerkzeuge (Zilog). Wir vertrauen völlig Unbekannten unsere wertvollsten Besitztümer, unsere privaten Erfahrungen an – praktisch unser ganzes Leben. Damit eröffnen wir ein neues Zeitalter einer durch das Internet ermöglichten Vertrautheit.*[9]

Vor nicht allzu langer Zeit hätte man derartige Handlungsweisen noch als befremdlich betrachtet – wenn nicht sogar als geradezu gefährlich. Heutzutage sind sie dagegen für Millionen Menschen alltäglich, und das haben wir den vertrauensbildenden Maßnahmen zu verdanken, die von den Plattformunternehmen etabliert wurden. Viele neu gegründete Plattformunternehmen, die sich selbst als »das Uber für X« anpreisen, arbeiten daran, das Kundenverhalten in anderen Bereichen zu verändern.[10]

Umgestaltung der Qualitätskontrolle durch Community-getriebene Kuratierung. Wenn neue Plattformen wie YouTube, Airbnb oder Wikipedia launchen, werden sie oft auf breiter Front kritisiert oder sogar verspottet. Das liegt daran, dass sie in der Anfangsphase noch nicht die Qualität und Zuverlässigkeit der traditionellen Wettbewerber bieten: Die anfangs auf YouTube verfügbaren Inhalte grenzten oft an Pornografie, zudem handelte es sich dabei häufig um illegale Kopien. In bei Airbnb gelisteten Appartements wurden Polizeirazzien durchgeführt, weil es Beschwerden über zügellose Feiern gab. Und bei Wikipedia fanden sich Biografien, in denen so manche noch lebende Person für tot erklärt wurde.

Das ist das Problem mit dem Überfluss: Wenn Plattformen neue Angebotsquellen erschließen, geht die Qualität häufig in den Keller – ein Beispiel für die in Kapitel 2 erörterten negativen Netzwerkeffekte.

Die Anfangsphase einer Plattform kann schwierig sein. Wenn allerdings im Laufe der Zeit Kuratierungsmaßnahmen zu greifen beginnen, verbessert sich ihre Fähigkeit, den Kunden passende, relevante und hochwertige Inhalte, Güter und Dienstleistungen der Anbieter zur Verfügung zu stellen. Eine intensive Kuratierung begünstigt erwünschtes Verhalten, sucht unerwünschtes Verhalten zu verhindern und unterbindet es letztendlich. Mit zunehmender Qualität entwickelt eine Plattform auch die Zuverlässigkeit, die notwendig ist, um ein breites Spektrum an Kunden anzuziehen. Und so sehen sich etablierte Marktteilnehmer oft ganz plötzlich damit konfrontiert, dass sie mit neuen Wettbewerbern konkurrieren müssen, die sehr viel schneller wachsen können als sie selbst.

Sobald Plattformen anfangen zu skalieren, müssen sie gewährleisten, dass ihre Kuratierungsmechanismen auch weiterhin funktionieren. Plattformen, die in der Lage sind, ihre Kuratierungsmaßnahmen erfolgreich zu skalieren, können hochwertigere Daten über ihre Kunden sammeln und ihre Übereinstimmungsalgorithmen mit der Zeit verbessern. Sie stellen außerdem sicher, dass manuelle Kuratierungsmaßnahmen allmählich abgebaut und durch automatisierte Kuratierungsmechanismen ersetzt werden, die auf sozial orientierten Feedbackschleifen beruhen. Bei der Frage-und-Antwort-Plattform Quora gab es anfänglich beispielsweise hausinterne Redakteure, die die Inhalte kuratierten. Nachdem jedoch eine gewisse Mindestzahl von Usern erreicht war, wurde die Kuratierung weitgehend einem Algorithmus überlassen, der auf Beurteilungen durch die Community beruht.

Der Aufstieg der Plattformen bedeutet also nicht einfach nur, dass neue Unternehmen auftauchen, die mit den alteingesessenen traditionellen Firmen konkurrieren, sondern auch, dass neue Formen von Geschäftsaktivitäten in Erscheinung treten, wie die soeben beschriebene Umgestaltung von Wertschöpfung, Wertekonsum und Qualitätskontrolle belegt.

Strukturelle Auswirkungen der durch Plattformen verursachten Umbrüche

Der Vormarsch der Plattformunternehmen gestaltet die Struktur des wirtschaftlichen Umfeldes auf drei verschiedene, weitgehend unmerkliche Arten um. Wir bezeichnen diese drei Formen der plattformgetriebenen Umbrüche als *Entkopplung von Anlagegegenständen und Wertschöpfung, Reintermediation (Wiedereinführung von Vermittlern)* und *Marktaggregation.*

Entkopplung von Anlagegegenständen und Wertschöpfung. Die vertrautesten Beispiele für Plattformen – Airbnb, Uber, Amazon – entstammen dem Bereich des Endkundengeschäfts (*Business-to-Consumer, B2C*). Aber wie kann man im B2C-Bereich ein Produkt in eine Plattform umwandeln? Viele Unternehmen besitzen unbewegliche Anlagegegenstände wie Kraftwerke, Kernspintomografen oder landwirtschaftliche Nutzflächen. Wie kann man daraus eine Plattform machen?

Die Antwort lautet: Durch die Entkopplung des Eigentums an Anlagegegenständen von der Wertschöpfung, die sie erzeugen. Auf diese Weise können die Anlagegegenstände voneinander unabhängig *bestmöglich* gehandhabt und eingesetzt werden – sprich so, dass sie den größten wirtschaftlichen Gewinn einbringen –, anstatt auf eine bestimmte eigentümerspezifische Nutzung beschränkt zu sein. Wirtschaftlichkeit und Wertschöpfung steigen dadurch drastisch.

Geoff Parker und Marshall Van Alstyne, zwei der Autoren dieses Buches, verfolgten diesen Ansatz, als sie auf Anfrage des Bundesstaates New York am Aufbau eines Marktes zur Integration der wachsenden Zahl seiner weit verstreuten Energiequellen mitwirkten. Dazu gehören sowohl Solardächer, Batteriespeicher und Kleinkraftwerke für Haushalte als auch die Energie, die aufgrund der thermischen Trägheit in Gebäuden gespeichert ist. Gebäude lassen sich um einige Grad vorheizen oder kühlen und das Aufheizen bzw. Abkühlen um einige Grad kann verzögert vollzogen werden, ohne dass die Behaglichkeit der Bewohner dadurch beeinträchtigt wird. Zusammengenommen bilden diese Systeme Ressourcen, die dabei helfen, die New Yorker Energieversorgungssysteme an die Fluktuationen des Energiebedarfs und -angebots anzupassen, die durch den natürlichen Tag/Nacht-Zyklus und den Jahreszeitenwechsel entstehen. Das funktioniert jedoch nur, wenn ein System vorhanden ist, das die Koordinierung übernimmt. Gegenwärtig liefert der systemweite Großhandelsmarkt die Preissignale, die allerdings zusammengefasst werden und so die deutlicheren Signale verschleiern, die lokale Daten liefern würden.

Zur Lösung dieses Problems empfahlen wir eine Plattform, die Anlagegegenstände und die durch sie erzeugte Wertschöpfung (die produzierte Energie) voneinander trennt. Eine solche Plattform würde es vielen kleinen Anbietern ermöglichen, die Nachfrage der Käufer größerer Energiemengen zu befriedigen, die diese dann den Endkunden zur Verfügung stellen. Damit die User der Plattform nicht permanent die Preise überprüfen müssen, sollte das System automatisch Signale erzeugen, sodass die Rechner der Verkäufer darauf programmiert werden können, eigenständig auf die über die Plattform verbreiteten lokal relevanten Preis- und Nachfrageinformationen zu reagieren.

Sollte das New Yorker System implementiert werden, würde dies zu beträchtlichen Einsparungen führen, denn dadurch könnten Investitionen in neue Übertragungs-, Verteilungs- und Erzeugungskapazitäten aufgeschoben oder sogar ganz vermieden werden. Darüber hinaus könnte sich das hochflexible und schnell reagierende System besser an den Einsatz zusätzlicher erneuerbarer Energiequellen anpassen, als es das derzeitige System vermag, weil dieses beim Reagieren auf die Fluktuationen von Angebot und Nachfrage auf Großkraftwerke angewiesen ist.

Die Entkopplung von Anlagegegenständen und Wertschöpfung erlaubt es außerdem, kostspielige medizinische Geräte wie Kernspintomografen (die jeweils 3 bis 5 Millionen Dollar kosten) wirtschaftlicher einzusetzen. Ein einzelnes Krankenhaus nutzt vielleicht 40 bis 50 Prozent der eigenen Kernspintomografie-Kapazität. Hier bietet sich als Lösung an, die Nutzung in Zeitfenster aufzuteilen und diese auf einem Markt für andere Krankenhäuser und kleinere Kliniken anzubieten, die sich keine eigenen Tomografen leisten können. Den Anlagegegenstand auf diese Weise von der durch ihn erzeugten Wertschöpfung zu trennen, kann den Auslastungsgrad auf 70 oder vielleicht sogar 90 Prozent erhöhen und dem Eigentümer erhöhte Einnahmen bescheren.

Es ist nur noch ein kleiner weiterer Schritt von einem lokalen zu einem regionalen oder landesweiten Markt. Und tatsächlich ist eine Firma namens Cohealo aus Boston bereits seit Mitte 2015 im Begriff, ebendiesen Schritt zu unternehmen und hat sich zum Ziel gesetzt, zum Airbnb für teure medizinische Geräte zu werden.

Das Konzept, Anlagegegenstände von der Wertschöpfung zu entkoppeln, rettete die australischen Farmer in der Vergangenheit bereits vor den Folgen einer noch schlimmeren Dürre als derjenigen, die 2015 Kalifornien traf. Wie Kalifornien litt auch Australien früher an einem Wasserrechtssystem, das einem Flickenteppich gleichkam und die Wassernutzung darauf beschränkte, was der jeweilige Rechteinhaber nach seinem Gutdünken festlegte. 2003 wurde dieses System jedoch reformiert, indem das Eigentum an Ländereien von den Wasserrechten getrennt wurde. Mithilfe eines Privatunternehmens namens Waterfind richtete Australien eine Plattform für den Handel mit Wasser ein, die dafür sorgte, dass sich die Wirtschaftlichkeit der Wassernutzung stark erhöhte. So kann ein Farmer, der lediglich minderwertige Feldfrüchte anbaut, die Landwirtschaft gegebenenfalls aufgeben und stattdessen sein Wasser an einen Farmer mit hochwertigerem Feldanbau oder eine kommunale Wasserbehörde in Transportreichweite verkaufen. Dieses System sorgte dafür, dass die australischen Farmer im Jahr 2006, als wieder eine große Dürre auftrat, viel weniger darunter zu leiden hatten als die Landwirte in Kalifornien. Inzwischen ist Waterfind im Begriff, eine Niederlassung in Sacramento zu gründen und beabsichtigt, dieselbe plattformgestützte Lösung auch auf die amerikanische Landwirtschaft anzuwenden.[11]

Reintermediation. In der ersten Phase der durch das Internet ausgelösten Umbrüche gingen viele Beobachter davon aus, dass die größte Auswirkung dieser neuen Informations- und Kommunikationstechnologie eine weitreichende *Disintermediation* sein würde – Mittelsmänner oder zwischengeschaltete Vermittlerstellen in den verschiedenen Branchen würden abgeschafft und stattdessen würden Anbieter und Kunden direkt miteinander in Kontakt treten. Experten verwiesen in diesem Zusammenhang auf die rückläufige Entwicklung traditioneller Geschäftsbereiche wie Reisebüros oder Versicherungsagenturen, weil sich die Kunden schnell daran gewöhnt hatten, Flugtickets zu kaufen und Versicherungen abzuschließen, ohne dabei auf Vermittler zurückzugreifen. Demzufolge wurde erwartet, dass solch eine Disintermediation im Laufe der Zeit auch in vielen anderen Branchen stattfinden würde.

Die Realität stellt sich allerdings etwas anders dar. In zahlreichen Branchen haben Plattformen vielmehr zu einer *Reintermediation* der Märkte geführt, also einer *Wiedereinführung von Vermittlern*, und dabei neue Arten von Mittelsmännern geschaffen, anstatt die zwischengeschalteten Schichten von Marktteilnehmern einfach auszugrenzen. Bei der Reintermediation werden typischerweise nicht skalierbare und ineffiziente Vermittlungsschichten durch oftmals automatisierte Online-Tools ersetzt, die den Teilnehmern auf beiden Seiten der Plattform neue Waren und Dienstleistungen mit einem Mehrwert bieten.

Vernetzte Plattformen dienen dank ihrer Fähigkeit, skalierbare marktübergreifende Mechanismen zu nutzen, als effizientere Vermittler. Während traditionelle Mittelsmänner auf manuelle Bemühungen angewiesen waren, verwenden zwischengeschaltete Plattformen Algorithmen und soziales Feedback, die beide gut skalieren. Darüber hinaus ermöglicht die Fähigkeit einer Plattform, langfristig Daten anzusammeln, die das System intelligenter machen, das Skalieren ihrer Vermittlerrolle am Markt auf eine Art und Weise, die für traditionelle Mittelsmänner unmöglich war.

Die Vermittlung durch Plattformunternehmen gestaltet Branchen um und schafft neue Märkte, deren Teilnehmer mit größerer Leistungsfähigkeit und Effizienz interagieren können als je zuvor. In der Musikindustrie gibt es sogenannte A&R-Manager (*Artist and Repertoire* = Künstler und Repertoire, sozusagen das Pendant der Musikbranche für Forschung und Entwicklung), die traditionell für größere Musiklabels tätig waren, um Talente zu finden und zu fördern. Mittlerweile sind sie jedoch als unabhängige Agenten tätig und halten auf Plattformen wie YouTube und SoundCloud Ausschau nach neuen Talenten. Literaturagenten suchen auf Content-Plattformen wie Quora oder Medium nach vielversprechenden Autoren. Kleine Firmen starten Anzeigekampagnen, ohne dabei auf traditionelle Werbeagenturen oder Medienkanäle zu setzen, sondern nutzen stattdessen Googles AdWords-Plattform. Und das wiederum hat in Asien zur Entstehung einer völlig neuen Art vermittelnder Agenturen geführt, die AdWords-Kampagnen für einen Bruchteil des früher üblichen Preises verwalten. Während Plattformen also große und ineffiziente Vermittler ersetzen, ermöglichen sie es andererseits kleineren und flexiblen Anbietern, ihre Dienstleistungen über die Plattform für Endkunden bereitzustellen.

Bei einer anderen Form der Reintermediation erzeugen Plattformen durch die Verwendung des sozialen Feedbacks über die Anbieter eine neue Schicht mit Informationen über deren Reputation. Plattformen wie Yelp, Angie's List und TripAdvisor haben eine völlig neue Branche aus dem Boden gestampft, die darauf beruht, die Qualität von Produkten und Dienstleistern zu bescheinigen – und dabei haben sie auch einige traditionelle Branchenbewerter aus dem Markt verdrängt (wie etwa Reiseführer und Herausgeber von Verbrauchermagazinen).

Die von Plattformen veranlasste Reintermediation verändert außerdem die Wirtschaftlichkeit der Teilnahme für Anbieter und Kunden, wobei es sowohl neue Gewinner als auch neue Verlierer gibt. Beispielsweise behalten beim traditionellen Buchhandel die Verleger einen Großteil der mit Büchern getätigten Umsätze ein (und geben einen Großteil davon auch wieder aus). Die Autoren erhalten im Allgemeinen ein Honorar, das zwischen 10 und 15 Prozent des Umsatzes beträgt. Im Gegensatz dazu erhalten die Autoren bei Amazons Plattform für den Selbstverlag im Allgemeinen 70 Prozent des Umsatzes. Natürlich müssen sie dort allerdings auch viele der anderen Kosten tragen, die sonst ein traditioneller Verlag übernimmt, wie etwa für das Lektorat, das Design, die Öffentlichkeitsarbeit und das Marketing – was die Benennung von »Gewinnern« und »Verlierern« in diesem Fall verkompliziert.

Ein ähnlicher wirtschaftlicher Wandel zugunsten von App-Entwicklern wurde durch das Aufkommen der App-Ökosysteme von iPhone und Android in Gang gesetzt. Dieser für die Teilnehmer vorteilhafte Umbruch wurde überhaupt erst aufgrund der überlegenen wirtschaftlichen Randbedingungen der Plattform-Geschäftsmodelle möglich.[12]

Marktaggregation. Darüber hinaus bewirken Plattformen auch dadurch Effizienzsteigerungen, dass sie unorganisierte Märkte vereinigen. Die *Marktaggregation* ist ein Prozess, der es Plattformen ermöglicht, weit verstreuten Einzelpersonen und Organisationen einen zentralisierten Markt zu bereiten. Eine Marktaggregation stellt den Usern einer Plattform, die zuvor planlos und oftmals ohne Zugriff auf verlässliche oder aktuelle Marktdaten an Interaktionen teilnahmen, Informationen und erweiterte Möglichkeiten zur Verfügung.

Betrachten Sie in diesem Zusammenhang beispielsweise den Busverkehr in Indien. Verschiedene Busflotten befahren Fernstraßen, die Orte eines Bundesstaates mit anderen Orten innerhalb dieses Bundestaates oder mit Orten in anderen Bundesstaaten verbinden, sowie weitere Routen. Es gibt eine Vielzahl verschiedener Busmodelle und die Preise schwanken extrem. Die Branche ist stark fragmentiert und unorganisiert, daher ist der Aufwand, Fahrtarife zu überprüfen und Kaufentscheidungen zu treffen, hoch.[13] Inzwischen sammelt jedoch ein Plattformunternehmen namens redBus die relevanten Informationen von allen indischen Busbetreibern in einer zentral zugänglichen Infrastruktur. Kaufentscheidungen zu treffen, funktioniert für die Kunden somit nun schneller und einfacher, die Preise sind günstiger und langfristig wird der indische Verkehrsmarkt stabilisiert.

Viele der erfolgreichen Plattformen führen vergleichbare Marktaggregationen durch. So stellen Amazon Marketplace, Alibaba und Etsy Websites bereit, auf denen Anbieter aus aller Welt und Tausenden von Branchen den Usern ihre Waren zum Kauf anbieten. Und Dienstleistungsplattformen wie Upwork vereinen

Tausende von Fachkräften unter einem Dach und machen es potenziellen Auftraggebern leicht, sie zu bewerten, zu vergleichen und zu engagieren.

Die Alteingesessenen schlagen zurück: Pipelines werden zu Plattformen

Plattformunternehmen stellen also die traditionelle Unternehmenslandschaft auf vielfältige Weise auf den Kopf – nicht nur dadurch, dass sie einige der größten angestammten Firmen der Welt verdrängen, sondern auch durch die Umgestaltung wohlbekannter Geschäftsprozesse wie Wertschöpfung und Konsumentenverhalten sowie der bisherigen Strukturen bedeutender Industriezweige.

Doch wie können die alteingesessenen Unternehmen darauf reagieren? Sind etablierte Firmen, die nach dem wohlbekannten Pipeline-Prinzip verfahren, dazu verdammt zu kapitulieren, während sich Plattformen formieren und schließlich ihre Branche übernehmen?

Nicht unbedingt. Aber wenn die etablierten Unternehmen dem Umbruchpotenzial der Plattformen etwas entgegensetzen wollen, müssen sie ihre gegenwärtigen Geschäftsmodelle überdenken. Beispielsweise müssen sie sämtliche Transaktionskosten unter die Lupe nehmen – also wie viel Geld für Aufgaben wie das Marketing, den Vertrieb, die Auslieferung von Produkten und den Kundendienst ausgegeben wird – und nach Möglichkeiten suchen, wie sich diese Kosten in einer zunehmend nahtlos vernetzten Welt reduzieren oder vermeiden lassen. Darüber hinaus müssen sie die Gesamtheit aller Individuen und Organisationen, mit denen sie in Kontakt stehen, überprüfen und neue Vernetzungsmethoden finden, um neue Formen der Wertschöpfung zu schaffen.[14] Sie müssen sich Fragen wie diese stellen:

- Welche Geschäftsprozesse, die wir derzeit hausintern handhaben, können an externe Partner delegiert werden, seien es nun Lieferanten oder Kunden?
- Wie können wir externe Partner in die Lage versetzen, Produkte und Dienstleistungen zu erzeugen, die für unsere vorhandene Kundschaft neue Formen der Wertschöpfung hervorbringen?
- Gibt es Möglichkeiten, sich mit Wettbewerbern zu vernetzen, um werthaltige neue Dienstleistungen für unsere Kunden zu erbringen?
- Wie lässt sich der Wert der aktuell von uns bereitgestellten Waren und Dienstleistungen durch neue Datenströme, zwischenmenschliche Kontakte und Kuratierungstools erhöhen?

Nike hat sich als eine der verständigsten etablierten Firmen herausgestellt und sucht seit einiger Zeit nach neuen Möglichkeiten, in der Welt der Plattformen zu überleben und Erfolg zu haben. Manche der Schritte, die das Unternehmen zur

Steigerung seiner Wettbewerbsfähigkeit unternommen hat, scheinen auf der Hand zu liegen, ganz so einfach ist es jedoch nicht.

Pipeline-Unternehmen wie Nike wachsen traditionell auf eine von zwei Arten: Einige expandieren, indem sie einen größeren Teil der Wertschöpfungs- und Auslieferungskette übernehmen und in den Geschäftsablauf integrieren – z.B. durch den Kauf von Zulieferern am Anfang der Pipeline oder Distributoren am Ende der Pipeline. Man spricht hier von *vertikaler Integration*. Andere setzen bei der Expandierung hingegen auf eine Verbreiterung der Pipeline, um auf diese Weise einen größeren Durchsatz an Waren und Dienstleistungen zu erzielen. Hierbei handelt es sich um die *horizontale Integration*. Wenn Anbieter von Konsumgütern dadurch wachsen, dass sie neue Produkte und Marken auf den Markt bringen, ist das ein Beispiel für eine horizontale Integration.

Im Januar 2012 stellte Nike ein sogenanntes *Wearable*, also ein am Körper zu tragendes Gerät vor, das FuelBand, das die Fitnessaktivitäten des Anwenders überwacht, wie etwa die Anzahl der gelaufenen Schritte und die verbrannten Kalorien. Wie viele andere Firmen auch, hat Nike Apps entwickelt – in diesem Fall Apps für Sport und Fitness. Auf den ersten Blick sieht das ganz nach einer traditionellen Erweiterung der Produktlinie aus, die eine horizontale Integration bewirken soll. Tatsächlich testet das Unternehmen hier jedoch einen Ansatz, der, sofern er sich als erfolgreich erweist, zu einer neuen Form des Wachstums führt – einer Wachstumsvariante, für die Plattformunternehmen wie Apple die Vorreiter waren.

Im Laufe des vergangenen Jahrzehnts ist Apple teilweise dadurch gewachsen, dass es seine Produkte und Dienstleistungen in der Cloud miteinander verknüpfte. Die Möglichkeit, Inhalte und Daten über iTunes und iCloud zu synchronisieren, stellte für den Besitz mehrerer Apple-Produkte einen echten Mehrwert dar. Damit war es viel nützlicher, mehrere Produkte von Apple zu besitzen als (beispielsweise) von Sony, Toshiba oder anderen Elektronikherstellern. Die Daten fungieren hier als eine Art integrierendes Bindemittel, das die Geräte und Dienstleistungen nahtlos zusammenarbeiten lässt.

Eine neue Form des Wachstums war geboren. Wenn mehrere Produkte und Dienstleistungen durch die Verwendung von Daten miteinander verknüpft werden und interagieren können, wird es für Pipeline-Unternehmen möglich, sich wie Plattformen zu verhalten, neue Formen der Wertschöpfung zu schaffen und die User zu weiteren Interaktionen zu bewegen.

Ebenso wie eine Reihe von Apple-Produkten sind auch Nikes per FuelBand angebundene Laufschuhe und mobile Apps nicht mehr einfach nur verschiedene Produkte und Dienstleistungen, die lediglich den Markennamen gemeinsam haben. Vielmehr arbeiten sie kontinuierlich zusammen und liefern den Usern Informationen und Hinweise zu ihrer sportlichen Leistung, ihren Fitnessaktivitäten und den gesundheitlichen Zielen. Im Gegensatz zu den traditionellen Sportartikelherstellern baut Nike anhand der erfassten Daten ein User-Ökosystem auf und kann die gesammelten Daten dann verwenden, um den Usern ein auf sie abgestimmtes sportliches Erlebnis zu bieten und sie zu vernetzen und miteinander interagieren zu lassen.

Nike ist nicht das einzige Unternehmen, das erste Schritte unternimmt, das traditionelle Pipeline-Geschäft zu einem Plattformgeschäft umzugestalten. Under Armour, auf dem Markt für Sport- und Freizeitbekleidung ein Konkurrent von Nike, hat schnell reagiert und sein eigenes Fitness-Ökosystem aufgebaut. Im November 2013 kaufte Under Armour das Unternehmen MapMyFitness, eine führende Plattform für die Überwachung von Sport- und Fitnessaktivitäten. Und im Februar 2015 wurden zwei weitere Fitnessplattformen übernommen: MyFitnessPal, das den Fokus auf die Ernährungsweise legt, und Endomondo, der »Trainer für die Hosentasche«, der vornehmlich Kunden in Europa bedient. Der Kaufpreis für die drei Unternehmen betrug insgesamt stolze 70 Millionen Dollar. Ein Beobachter kommentierte: »Das eigentlich Erstaunliche ist, dass keins der übernommenen Unternehmen selbst Geräte herstellt. Alles dreht sich nur um Plattform und Daten. Und – noch wichtiger – um die User.« Zusammengenommen umfassen die drei Übernahmen 130 Millionen Plattformbenutzer.[15] Ebenso wie Nike erwartet auch Under Armour, dass Plattformen die Zukunft ihrer Branche sein werden, die dadurch auf den Kopf gestellt wird.

Ähnliche Schritte zur Steigerung der Wettbewerbsfähigkeit werden auch in anderen Bereichen unternommen. Industrielle Giganten wie General Electric, Siemens und Haier verbinden ihre Geräte zu dem im Entstehen begriffenen *Internet der Dinge*.[16] Die so vernetzten »Dinge« (wie z.B. Wearables) übermitteln kontinuierlich Daten an eine zentrale Plattform, die es ihnen erlaubt, miteinander zu interagieren und voneinander zu lernen.[17] Der Zugriff auf die Daten dieses Netzwerks erlaubt es den einzelnen Geräten, die vorhandenen Ressourcen besser einzusetzen und verlässlichere Dienste bereitzustellen.

Aber können alle Produkte und Dienstleistungen zur Grundlage eines Plattformgeschäfts werden? Das lässt sich leicht feststellen: Wenn eine Firma entweder Informationen oder die Community dazu nutzen kann, eine Wertschöpfung für ihr Produkt zu erreichen, dann ist das Potenzial vorhanden, eine tragfähige Plattform daraus zu machen. Für viele Unternehmen eröffnen sich dadurch gewaltige Möglichkeiten.

Betrachten Sie etwa McCormick Foods, ein 126 Jahre altes Unternehmen, das Kräuter, Gewürze und Würzsoßen anbietet. 2010 waren die traditionellen Wachstumsstrategien der Firma ausgereizt: McCormick hatte bereits ein allumfassendes Sortiment an Gewürzen und war an der gesamten Lieferkette beteiligt, bis hin zu den landwirtschaftlichen Betrieben und der Lebensmittelzubereitung. Doch nun waren dem Unternehmen schlicht und einfach die Möglichkeiten ausgegangen.

Dann hörte CIO Jerry Wolfe von Nikes Vorstoß, eine Plattform aufzubauen. Könnte McCormick das nicht auch machen?

Wolfe wandte sich an Barry Wacksman, einen der Teilhaber der erfolgreichen New Yorker Designfirma R/GA, die Nike bei der Gestaltung der Plattform unterstützt hatte. Gemeinsam verfielen sie auf die Idee, Rezepte und Geschmacksprofile zu verwenden, um eine Lebensmittelplattform aufzubauen. In McCormicks Lebensmittellabor arbeiteten Wolfe und Wacksman drei Dutzend grundlegende Geschmacksrichtungen aus – etwa Minze, Zitrus, Knoblauch, Fleisch –, die zur Beschreibung nahezu jeglichen Rezepts dienen. So kann das System anhand der persönlichen Vorlieben Rezepte für Gerichte vorhersagen, die einem User vermutlich gut schmecken würden. Die Teilnehmer der McCormick-Plattform können Rezepte bearbeiten und neue Rezeptvarianten hochladen, beinahe unbegrenzte Würzmöglichkeiten erfinden und neue Ernährungstrends entdecken – und sie liefern dadurch Informationen, die nicht nur für die User der Plattform nützlich sind, sondern auch für die Inhaber von Lebensmittelgeschäften, für Nahrungsmittelhersteller und für Restaurantbetreiber.[18]

Wie diese Beispiele zeigen, ist der Einsatz von Plattformen nun nicht mehr den Start-ups im Silicon Valley vorbehalten. Und die Reaktion der etablierten Unternehmen auf die umwälzenden Kräfte ist auch nicht mehr nur darauf beschränkt, sich gegen den zunehmenden Druck der Plattformen zu stemmen – oder zu versuchen, meist vergeblich, überhastet eine nachgeahmte Plattform aufzubauen, nachdem ihre Branche bereits eingenommen wurde.

Die Führungsetagen der alteingesessenen Unternehmen, die das neue Geschäftsmodell begriffen haben, können nun anfangen, die zukünftigen Plattformen aufzubauen, und zwar so, dass die vorhandenen Vermögensgegenstände nicht nur Verwendung finden, sondern gestärkt und gestützt werden.

•••

Plattformen fressen also *tatsächlich* die Welt auf. Die Umbrüche, die sie vorantreiben, erreichen eine Branche nach der anderen und werden früher oder später wahrscheinlich alle informationsintensiven Geschäftsbereiche betreffen. In der Medien- und Telekommunikationsbranche konnten wir dies bereits beobachten. Der Einzelhandel, das Transportwesen in Großstädten und das Beherbergungsgewerbe stehen derzeit unter Beschuss. Und es steht zu erwarten, dass auch Banken sowie das Bildungs- und Gesundheitswesen den Druck bald zu spüren bekommen werden. Diese Branchen sind hochgradig informationsintensiv, konnten den durch Plattformen ausgelösten Umbrüchen jedoch bislang standhalten – vor allem dank schutzgebender Regulierungsbehörden und dem durch höheres Risikobewusstsein verursachten Konservatismus der Kunden. Wenn YouTube einem User ein geschmackloses oder illegal kopiertes Video zeigt, hält

sich der Schaden in Grenzen. Viel schlimmer ist es dagegen, wenn eine mangelhaft kuratierte Plattform einen Darlehensnehmer mit einem Kredithai zusammenbringt, eine Bildungsplattform einem Studenten fehlerhafte mathematische
oder wissenschaftliche Informationen liefert oder ein Patient auf einer medizinischen Plattform auf einen inkompetenten Arzt trifft. Dessen ungeachtet nagen
Unternehmen wie Lending Club, Udemy und Jawbone auch an diesen Märkten
und dringen dabei schnell vor.

Natürlich ist es *keine* vornehmlich technologische Herausforderung, die von
Plattformen ausgehenden Umbrüche in diese und andere Branchen zu tragen.
Innovatoren, die hoffen, die nächste großartige Plattform der Zukunft zu erschaffen, müssen sich vielmehr auf die Schlüsselinteraktionen der Marktplätze konzentrieren, die sie erobern wollen, und die Hindernisse analysieren, die sie dabei
einschränken. Denn erst die Überwindung dieser Hürden wird den Aufbau plattformbasierter Ökosysteme in diesen Märkten ermöglichen. Im letzten Kapitel dieses Buches werden wir dieses Thema eingehender untersuchen und erläutern, wie
wir über die Zukunft der Plattformenwelt denken.

Zusammenfassung

❏ Plattformen sind aufgrund der vorteilhafteren Grenzkosten und der Wertschöpfung durch positive Netzwerkeffekte in der Lage, Pipelines aus dem Feld
zu schlagen. Plattformen wachsen daher schneller als Pipelines und haben in
früher von Pipeline-Unternehmen dominierten Branchen die Führungsposi-
tion übernommen.

❏ Durch den Aufstieg der Plattformen wird die Geschäftswelt auch auf andere
Weise umgekrempelt. Plattform-Geschäftsmodelle bewirken eine Umgestaltung der Wertschöpfung, um neue Angebotsquellen zu erschließen. Außerdem ermöglichen sie neue Formen des Konsumentenverhaltens, die wiederum
zu einer Umgestaltung des Wertekonsums führen. Und eine Community-getriebene Kuratierung sorgt für eine Umgestaltung der Qualitätskontrolle.

❏ Der Vormarsch der Plattformen zieht in vielen Branchen strukturelle Änderungen nach sich – insbesondere durch die Phänomene Reintermediation,
Trennung von Eigentümerschaft und Kontrolle sowie Marktaggregation.

❏ Alteingesessene Unternehmen können sich gegen die von den Plattformen
ausgelösten Umbrüche zur Wehr setzen, indem sie ihre Branche aus der Perspektive einer Plattform betrachten und ihr eigenes Ökosystem zur Wertschöpfung aufbauen, wie es Nike und McCormick vormachen.

5

LAUNCH
Henne oder Ei? Acht Möglichkeiten für den Launch einer erfolgreichen Plattform

D er Herbst 1998 war für die Businesswelt eine aufregende Zeit: Angetrieben durch das erstaunliche Wachstum des Internets schossen technologie-basierte Unternehmen wie Pilze aus dem Boden. Viele davon wurden überschwänglich gepriesen und erfreuten sich schnell ansteigender Unternehmensbewertungen, die in keinem Verhältnis zu den tatsächlichen Umsätzen (die oft nur minimal waren) und (häufig nicht vorhandenen) Gewinnen standen. Beflügelt durch die mit Unternehmen wie AOL und Amazon gemachten Erfahrungen, waren viele Hightech-Firmengründer und ihre medialen Cheerleader der Überzeugung, dass der Schlüssel zu langfristigem Erfolg ein Wachstum um jeden Preis sei – und so verbrannten viele von ihnen bei dem Versuch, dieses Ziel zu erreichen, Millionen von Dollar. Andererseits häuften ehrgeizige Nerds von Mitte zwanzig und Anfang dreißig jedoch riesige Vermögen an – zumindest auf dem Papier.

In diesem turbulenten Umfeld betraten zwei junge Firmengründer die Bühne des explosionsartig wachsenden Internets. Der 31-jährige Peter Thiel wurde in Deutschland geboren und wuchs in Kalifornien auf, wo er zu einem der besten jugendlichen Schachspieler wurde und in den Ranglisten ganz weit oben stand. Später studierte er an der Stanford University Philosophie und Jura. Als erklärter Anhänger des Libertarismus gründete er 1987 *The Stanford Review*, eine konservative Campuszeitung, die die an der Universität vorherrschende linksliberale Kultur infrage stellte.

Max Levchin, damals 23 Jahre alt, wurde in der Ukraine geboren und erhielt politisches Asyl, als er mit seiner Familie in die USA einwanderte. Levchin wuchs in Chicago auf und studierte Informatik an der University of Illinois Champaign-Urbana, wo er eine Leidenschaft für die Kryptografie entwickelte – der Wissenschaft, die sich mit der Verschlüsselung und dem Knacken von Codes befasst.

1998 war er soweit, dass er seine Begabung für die Entwicklung sicherer Kommunikationsmethoden in der Geschäftswelt einsetzen konnte.

Gemeinsam gründeten Thiel und Levchin (sowie ein dritter Partner, John Bernard Powers, der jedoch schon bald wieder fortging) die Firma Confinity – ein Start-up, das sich zum Ziel gesetzt hatte, Geldtransfers auf Palm Pilots und vergleichbaren PDAs (*Personal Digital Assistants*) zu ermöglichen, die über eine Infrarotschnittstelle verfügen. Zum damaligen Zeitpunkt war der Palm Pilot ein außerordentlich beliebtes Mobilgerät, von dem man annahm, dass es sich schnell verbreiten würde. Ein Zahlungssystem für ein Mobilgerät zu launchen, das die Leute immer bei sich hatten, ergab daher Sinn. Die Confinity zugrunde liegende Geschäftslogik war unstrittig. Die Vorstellung eines Zahlungssystems, das potenziell Millionen Menschen von der Abhängigkeit eines staatlich gesteuerten Währungssystems befreien könnte, kam zudem der libertären Ader des idealistischen Thiels entgegen – ganz so, wie eine andere ambitionierte Zahlungsplattform namens Bitcoin ein Jahrzehnt später die Fantasie der Anhänger des Libertarismus anregen sollte.

Dessen ungeachtet konnte Confinity allerdings nur wenige User für sich gewinnen: Nach zwei Jahren waren nur 10.000 Anmeldungen zu verzeichnen – also schalteten Levchin und Thiel Confinity ab.

Unterdessen ersannen die beiden allerdings ein erheblich vielversprechenderes Geschäftsmodell. Im Oktober 1999 hatte einer der Confinity-Programmierer eine Online-Demo zusammengeschustert, die Zahlungen per E-Mail akzeptierte. Dieses Nebenprojekt stellte eine beträchtliche potenzielle Verbesserung hinsichtlich der Verarbeitung von Zahlungsvorgängen dar. Im Gegensatz zu früheren Online-Zahlungssystemen gestattete es Usern auf der ganzen Welt, Online-Zahlungen von anderen zu empfangen, ohne dass es erforderlich war, die umständlicheren Zahlungssysteme für Überweisungen von einem Konto auf ein anderes benutzen zu müssen. Levchin und Thiel erkannten, dass es durchaus möglich war, aus dieser neuen Art der Online-Zahlung ein eigenständiges Geschäft zu machen, das für Millionen Kunden und die von ihnen betriebenen Online-Geschäfte interessant wäre.

Also dachten sie sich einen Namen für diesen Dienst aus – PayPal – und schickten sich an, ein passendes Unternehmen zu gründen. Der Zeitpunkt für die Einführung eines solchen Dienstes war allerdings denkbar ungünstig, weil damals gerade das Damoklesschwert des drohenden Platzens der sogenannten Internetblase über der Hightech-Industrie schwebte. Und tatsächlich kam es innerhalb weniger Monate zu einem jähen Niedergang des Aktienindex NASDAQ, der diese Bedrohung Realität werden ließ. Thiel und Levchin waren sich darüber im Klaren, dass sie PayPal *schnell* erfolgreich machen mussten, was den Druck noch verstärkte: Sie gaben monatlich rund 10 Millionen Dollar für den Dienst aus – und das ist in der Plattformwelt, in der großer Kapitalaufwand für gewöhnlich nicht erforderlich ist, schon eine Menge Geld.[1]

Darüber hinaus war ihnen auch bewusst, dass sie eine der hartnäckigsten Hürden beim Aufbau eines jeden Geschäfts, das beide Seiten des Marktes bedient, überwinden mussten: das *Henne-Ei-Problem*. Beim Aufbau eines zweiseitigen Marktes, dessen beide Seiten gleichermaßen wichtig sind ... welche hat dann Vorrang? Und wie kann die eine Seite des Marktes Teilnehmer auf der anderen Seite anlocken?

Im Falle eines neuen Zahlungssystems ist das Henne-Ei-Problem besonders offensichtlich und ausgeprägt: Ohne Verkäufer, die bereit sind, das neue Zahlungssystem zu akzeptieren, werden die Käufer es nicht nutzen. Wenn aber die Käufer das neue Bezahlsystem nicht nutzen, werden die Verkäufer auch nicht dazu bereit sein, Zeit, Arbeit und Geld zu investieren, um es akzeptieren zu können. Wie also soll man eine neue Bezahlplattform launchen, wenn es keine Teilnehmer gibt, weder Verkäufer noch Käufer? Wenn keine der involvierten Seiten einen Grund sieht, dem System beizutreten, bevor es die andere zuerst tut?

Vom Standpunkt einfacher Logik aus betrachtet, erscheint das Henne-Ei-Problem unlösbar – PayPal konnte es allerdings durch eine Reihe einfallsreicher Strategien dennoch lösen.

Zunächst einmal sorgte das Unternehmen dafür, dass es beim Akzeptieren von Online-Zahlungen möglichst wenige Reibungspunkte gab. Alles, was ein User benötigte, war eine E-Mail-Adresse und eine Kreditkarte. Diese Einfachheit stand in krassem Gegensatz zu anderen Zahlungssystemen, die mehrere Überprüfungen verlangten, bevor auch nur ein Userkonto eingerichtet werden konnte und so schon gleich die ersten potenziellen Anwender verschreckte. PayPals benutzerfreundliches, nahezu reibungslos arbeitendes System zog dagegen bereits in der Anfangsphase eine beträchtliche Anzahl von Anwendern an – für sich allein genommen aber immer noch nicht genug, um die Plattform für Online-Händler attraktiv zu machen.

In einem Vortrag, den er später in Stanford hielt, erläuterte Peter Thiel, was als Nächstes geschah:

PayPals größte Herausforderung bestand darin, neue Kunden anzuziehen. Wir probierten es mit Anzeigen, das war jedoch zu teuer. Wir versuchten Wirtschaftsförderungsvereinbarungen mit großen Banken abzuschließen, was eine lustige bürokratische Odyssee nach sich zog ... bis wir schließlich zu einer wichtigen Erkenntnis gelangten: Solche Maßnahmen funktionierten nicht. Was wir brauchten, war ein organisches, virales Wachstum. Also mussten wir den Leuten Geld geben.

Und das haben wir dann auch getan. Neukunden erhielten bei der Anmeldung 10 Dollar gutgeschrieben, Bestandskunden bekamen für jeden angeworbenen Neukunden ebenfalls 10 Dollar. Das Wachstum entwickelte sich exponentiell und PayPal musste für jeden Neukunden letztlich 20 Dollar bezahlen. Man hatte den

Eindruck, dass es funktionierte und gleichzeitig doch auch nicht funktionierte: 7 bis 10 Prozent tägliches Wachstum und 100 Millionen User waren gut – keine Umsätze und eine exponentiell wachsende Kostenstruktur waren dagegen weniger gut. Alles wirkte irgendwie instabil. PayPal brauchte Aufmerksamkeit, um mehr Kapital aufzutreiben und weiterzumachen. (Letztendlich ist die Rechnung aufgegangen. Das soll aber nicht heißen, dass dies die beste Methode ist, ein Unternehmen zu leiten. Tatsächlich ist sie das vermutlich nicht.)[2]

Thiels Schilderung beschreibt sowohl die Verzweiflung in dieser Anfangsphase als auch die fast willkürlichen Experimente, auf die das Unternehmen bei dem Versuch zurückgriff, PayPal zum Laufen zu bekommen. Aber am Ende ist diese Strategie aufgegangen: PayPal konnte die Anzahl seiner Kunden drastisch erhöhen, indem es Anreize für neue User schuf.

Die wichtigste Erkenntnis aufseiten des PayPal-Teams war jedoch, dass es nicht ausreichte, die Kunden einfach nur zur Anmeldung zu bewegen – sie mussten den Zahlungsdienst auch verwenden, um dessen Nutzwert erkennen und daraufhin zu regelmäßigen Usern werden zu können. Soll heißen: Die User bei der Stange zu halten, ist sogar von noch größerer Bedeutung, als sie nur anzuwerben. Aus diesem Grund schuf PayPal geeignete Anreize, um neue Kunden zu aktiven Usern zu machen. Die Prämien erweckten nicht nur den Eindruck, dass der Beitritt zu PayPal risikolos und attraktiv war, vielmehr garantierten sie in gewisser Weise auch, dass sich neue User an Interaktionen beteiligten – und sei es auch nur, um die auf ihren Konten gutgeschriebenen 10 Dollar auszugeben.

PayPals explosionsartiges Wachstum setzte eine Kette von positiven Feedbackschleifen in Gang: Nachdem die User erst einmal den Komfort des Dienstes erkannt hatten, bestanden sie beim Online-Shopping immer häufiger auf diese Zahlungsmethode, was wiederum weitere Verkäufer dazu animierte, sich anzumelden. Neue User sorgten durch Mund-zu-Mund-Propaganda dafür, dass ihre Bekannten von PayPal erfuhren. Und die Verkäufer versahen ihre Produktseiten mit dem PayPal-Logo, um Kaufinteressenten darüber zu informieren, dass sie diese Zahlungsmethode unterstützten. Dadurch wurden wiederum weitere Käufer auf den PayPal-Dienst aufmerksam und ebenfalls animiert, sich dort anzumelden. Und zu guter Letzt führte PayPal auch noch eine Empfehlungsprovision für Verkäufer ein, was den Anreiz schuf, abermals weitere Verkäufer und Käufer anzuwerben. Durch diese Feedbackschleifen begann das PayPal-Netzwerk für sich selbst zu arbeiten – es erfüllte die Anforderungen der User (Käufer und Verkäufer) und trieb gleichzeitig das eigene Wachstum voran.

Für die Unternehmensleitung war dies aber noch lange kein Grund, sich zurückzulehnen und zuzusehen, wie das Wachstum allein durch positive Feedbackschleifen gefördert wurde. Stattdessen suchte man nun nach Möglichkeiten, die Wachstumsrate weiter zu steigern.

Anfang 2000 bemerkte das PayPal-Team, dass sich sein Dienst zunehmender Beliebtheit auf eBay erfreute, der populärsten Website für Online-Auktionen. eBay ist für PayPal ein bestens geeignetes Forum, denn die meisten Verkäufer dort sind keine hauptberuflichen Händler, sondern normale Leute, die nicht die Möglichkeit haben, Kreditkartenzahlungen oder andere Online-Zahlungsmittel zu akzeptieren.

Das Marketingteam von PayPal war nur allzu gern bereit, seine Bemühungen darauf zu konzentrieren, Zahlungen auf eBay zu ermöglichen. Neben anderen Verfahren setzten sie zur Simulation der Kundennachfrage auch einen Bot (ein automatisiertes Softwaretool) ein, der bei eBay Waren erwarb und darauf bestand, zur Bezahlung dieser Transaktionen PayPal zu verwenden. Als die eBay-Verkäufer auf die scheinbar wachsende Nachfrage nach dieser Zahlungsmethode aufmerksam wurden, meldeten sich viele von ihnen bei PayPal an – wodurch es wiederum noch bekannter und attraktiver für Käufer wurde. Die Verkäufer gingen nun dazu über, PayPal-Logos auf ihren Seiten zu platzieren, was es den Käufern gestattete, mit nur einem Mausklick auf das Zahlungssystem zuzugreifen und zudem die verbliebenen Reibungspunkte weiter reduzierte.[3]

Innerhalb der darauffolgenden drei Monate stieg die Anzahl der PayPal-Kunden von 100.000 auf eine Million an.

Der Unternehmensleitung von eBay war allerdings nicht entgangen, auf welche Art und Weise PayPal sein Plattformgeschäft teilweise auf eBays Rücken aufgebaut hatte. Besorgt über die womöglich drohende Konkurrenz durch ein Unternehmen, das eigenständige Verbindungen zu eBay-Kunden knüpfte (und nicht zuletzt einen Teil der Umsätze von eBay-Transaktionen abgriff), versuchte das Unternehmen sich zu wehren und richtete in Zusammenarbeit mit der Wells Fargo Bank ein eigenes Zahlungssystem namens Billpoint ein. eBay bewarb Billpoint aggressiv und zwang Händler, die sowohl Billpoint als auch PayPal als Zahlungsmethoden anboten, zeitweilig sogar dazu, auf ihren Produktseiten für Billpoint *größere* Icons anzuzeigen. Trotz dieser Bemühungen fand Billpoint bei den eBay-Usern jedoch keinen Anklang, zum Teil wegen der verspäteten Markteinführung, zum Teil aber auch aufgrund der unbedachten Schritte, die eBay unternahm – beispielsweise die Entscheidung, Geschäfte zu untersagen, die die Verwendung von Billpoint durch nicht bei eBay aktive Händler vorangetrieben hätten.

PayPal wuchs dagegen immer weiter. Als Confinity Ende 2000 das Palm-Pilot-Geschäft aufgab, existierten bei seinem Abkömmling PayPal bereits drei Millionen Userkonten – mehr als dreihundert Mal so viele wie beim Mutterunternehmen. Seit der Einführung der allerersten Kreditkarte, Diners Club, hatte kein Zahlungssystem eine derartig rasante weltweite Verbreitung gefunden. Und im Februar 2002 ging PayPal dann an die Börse.

Im Oktober 2002 gab eBay Billpoint schließlich auf und übernahm PayPal für 1,4 Milliarden Dollar in Aktien – nach heutigem Maßstab ein bescheidener Betrag, damals jedoch eine beträchtliche Summe. Zum Zeitpunkt der Übernahme konnte bei 70 Prozent aller eBay-Auktionen mit PayPal bezahlt werden, und bei rund 25 Prozent der abgeschlossenen Auktionen kam das Zahlungssystem auch zum Einsatz. Heute ist PayPal für einen beträchtlichen Anteil der Umsätze und Gewinne von eBay verantwortlich und ermöglicht es Hunderttausenden kleinen Händlern, ihre Online-Geschäfte einfacher, effizienter und profitabler auszuüben als je zuvor.

Der Kern des Plattformmarketings: Die Planung viralen Wachstums

An der Entwicklung von PayPal wird deutlich, dass sich der Aufbau eines Plattformgeschäfts vom traditionellen Produktmarketing oder Pipeline-Marketing in vielerlei Hinsicht unterscheidet. Zunächst einmal sind beim Plattformmarketing nicht die *Push*-Strategien, sondern die *Pull*-Strategien am effektivsten und von größter Bedeutung.

Das industrielle Umfeld von Pipelines stützt sich vornehmlich auf Push-Strategien: Die Kunden werden über bestimmte Marketing- und Kommunikationskanäle angesprochen, die ein Unternehmen betreibt oder für die es zahlt. In einem Umfeld der Verknappung waren die Möglichkeiten begrenzt und es reichte oft aus, sich irgendwie bemerkbar zu machen, damit die Kunden den Marketingexperten und ihren Botschaften Beachtung schenkten. Unter diesen Bedingungen konzentrierten sich die traditionellen Werbe- und Öffentlichkeitsarbeitsbranchen fast ausschließlich darauf, ein Markenbewusstsein zu erzeugen – die klassische Vorgehensweise, um ein Produkt oder eine Dienstleistung in das Bewusstsein des potenziellen Kunden zu »pushen«.

Diese Marketingmethode funktioniert in der vernetzten Welt, in der Marketing- und Kommunikationskanäle demokratisiert sind, jedoch nicht mehr – wie beispielsweise die virale weltweite Popularität von YouTube-Videos wie PSYs »Gangnam Style« oder Rebecca Blacks »Friday« belegen. In dieser Welt des Überflusses – mit ihrer praktisch unbegrenzten Verfügbarkeit von sowohl Produkten als auch den dazugehörigen Werbebotschaften – sind die Leute durch das endlose Angebot miteinander wetteifernder Optionen, die nur einen Mausklick oder ein Wischen entfernt sind, stärker abgelenkt. Das alleinige Erzeugen eines Markenbewusstseins reicht nicht aus, um die Akzeptanz und die Nutzung voranzutreiben. Den Kunden Waren und Dienstleistungen bereitzustellen, ist nicht mehr der Schlüssel zum Erfolg – stattdessen müssen ebendiese Waren und Dienstleistungen so attraktiv gemacht werden, dass sie die Kunden von ganz allein in ihren Bann ziehen.

Bei einem Plattformgeschäft sind zudem die Userbeteiligung sowie die aktive Nutzung und nicht die Anzahl der Anmeldungen oder der Anwender die wahren Indikatoren für die erzielte Userakzeptanz. Aus diesem Grund sind Plattformen darauf angewiesen, User mithilfe von Belohnungen zur aktiven Teilnahme an dem Plattformgeschäft zu bewegen – vorzugsweise durch Anreize, die in unmittelbarem Zusammenhang mit den durch die Plattform ermöglichten Interaktionen stehen. Traditionell werden Marketingaufgaben vom eigentlichen Produkt getrennt gehandhabt – bei Netzwerken muss das Marketing dagegen Teil der Plattform sein.

Diese neue Denkweise in Bezug auf das Marketing spiegelt sich auch in den von der PayPal-Unternehmensleitung angewendeten Strategien wider, die zum Erfolg der Plattform führten: Anstatt PayPal durch Maßnahmen wie Fernsehwerbung, Anzeigen in Printmedien oder E-Mail-Kampagnen im Bewusstsein der User zu verankern, schufen sie Anreize, die der Plattform selbst Attraktivität verliehen – dazu gehören sowohl die Unkompliziertheit des Dienstes als auch die Geldprämien, mit denen User belohnt wurden, die weitere User anwarben. Die Plattform konnte Verkäufer für sich gewinnen, indem Nachfrage nach den Diensten von PayPal erzeugt wurde – sowohl unter den Käufern als auch durch die mit dem eBay-Bot simulierte Nachfrage. Und je mehr User sich anmeldeten, desto mehr stieg PayPals Attraktivität, bis letzten Endes konkurrierende Zahlungsdienste hinweggefegt waren – ein Beleg für die Macht von Pull-Strategien.

Aber auch traditionelle Push-Strategien bleiben in der Plattformwelt weiterhin von Bedeutung. Beispielsweise wurde die Instagram-App an ihrem Erscheinungstag mehrere Zehntausend Mal heruntergeladen, weil sie in Apples iTunes Store in der Rubrik »Highlights« auftauchte – das ist die Art von Push-Strategie, die Pipeline-Unternehmen seit Jahrzehnten einsetzen. Und Twitter gelangte, wie wir später noch erörtern werden, vornehmlich aufgrund einer außerordentlich erfolgreichen PR-Veranstaltung zum Erfolg – eine weitere Variante der Push-Strategie.

Ein rasantes, skalierbares und nachhaltiges Wachstum wird in der Plattformwelt jedoch zumeist durch Pull-Prozesse erzielt.

Der Vorteil der Alteingesessenen: Realität oder Illusion?

Das Henne-Ei-Problem und die Schwierigkeiten, eine große Anzahl von Usern anzuziehen, werfen die Frage auf: Warum sollten die etablierten Unternehmen mit riesigen Kundenstämmen die Plattformwelt denn nicht erobern können? Tatsächlich ist es vielleicht nur noch eine Frage der Zeit, bis Unternehmen wie Walmart, Samsung und General Electric ihren Vorsprung dazu nutzen, die Wettbewerber zu zerquetschen.

Große Unternehmen haben beim Launch von Plattformen einige Vorteile: Sie verfügen bereits über Wertschöpfungsketten, mächtige Allianzen und Partnerschaften mit anderen Unternehmen, eine Vielzahl von Nachwuchskräften und ein ganzes Arsenal weiterer Ressourcen – wie einen treuen Kundenstamm.

Allerdings können diese Vorteile auch zu einer gewissen Selbstgefälligkeit führen. In der von Produkten und Pipelines dominierten traditionellen Geschäftswelt hat man für gewöhnlich die Zeit, den Aufstieg von Konkurrenten zu beobachten und darauf zu reagieren. Und die meisten großen Unternehmen haben sich an diese relativ langsame Gangart des Wandels angepasst: Vorgänge wie die strategische Planung, die Selbstbeurteilung und Kurskorrekturen finden in einem gemächlichen jährlichen oder höchstens vierteljährlichen Rhythmus statt. In der von rasant und unvorhersehbar miteinander interagierenden Netzwerken dominierten Plattformwelt kann sich der Markt jedoch schnell ändern – und die Erwartungen der Kunden können sich sogar noch schneller ändern. Die Managementsysteme müssen also dementsprechend angepasst werden.

Etablierte Unternehmen, die sich für die Plattformwelt neu erfinden, sehen sich der gleichen Situation ausgesetzt wie schlanke, flexible Start-ups. In einer Welt des demokratisierten Netzwerkzugangs und des Pull-Marketings haben die durch Größe, Erfahrung und Ressourcen früher vorhandenen Vorteile an Bedeutung verloren.

Wenn Sie also im Begriff sind, eine Firma zu gründen oder dies gern tun würden oder in einem Unternehmen kleiner bis mittlerer Größe tätig sind, das die Möglichkeit für ein Plattformgeschäft wittert, sollten Sie sich nicht von dem Ausblick einschüchtern lassen, dass sich ein riesiger Konkurrent in diesem Geschäftsfeld ausdehnt. Für das Wachstum gelten neue Spielregeln, und wenn Sie diese Regeln verstehen und sie sich zu eigen machen, haben Sie – wie jeder andere auch – gute Chancen, zu überleben und Erfolg zu haben.

Die vielen Möglichkeiten, eine Plattform zu launchen

Man gerät leicht in die Versuchung anzunehmen, dass die Strategie, die beim Launch von Plattform A funktioniert hat, auch für Plattform B geeignet ist. Allerdings zeigen die Erfahrungswerte der Vergangenheit, dass dem nicht so ist. Tatsächlich müssen womöglich sogar direkt miteinander im Wettbewerb stehende Plattformen auf unterschiedliche Launch-Strategien zurückgreifen, um sich sichere und einzigartige Positionen im Feld der Wettbewerber zu erobern. Diese Tatsache lässt sich durch die nähere Betrachtung der Geschichte dreier konkurrierender Videoplattformen – YouTube, Megaupload und Vimeo – anschaulich illustrieren.

YouTube war die erste »demokratische« Videoplattform (d.h., jeder durfte Videos hochladen), die von der breiten Masse genutzt wurde – nicht zuletzt, weil sie sich voll und ganz auf die *Content-Produzenten*, also die Ersteller bzw. Anbieter der Inhalte konzentrierte. In der Anfangsphase veranstaltete YouTube sogar Wettbewerbe, die kreativen Usern einen Anreiz boten, ihre Videos hochzuladen. Darüber hinaus war es den Content-Produzenten gestattet, ihre Videos auch in andere

Webseiten außerhalb der Plattform einzubetten – was in der Konsequenz dazu führte, dass YouTube rasend schnell bekannt wurde. Für bestimmte potenzielle User war die neue Plattform hochinteressant. Das seinerzeit sehr beliebte soziale Netzwerk Myspace war zum Beispiel vorrangig auf Indie-Bands ausgerichtet. Im Vergleich zu Myspace stellte YouTube für die Musiker aber bereits eine bessere Alternative dar, weil diese Plattform mit einem Klick abspielbare Flash-Videos ermöglichte, was es den Bands leichter machte, ihre eigenen Musikvideos hochzuladen. So wurde recht schnell ein solider Anfangsbestand an Inhalten generiert, und gleichzeitig zogen die Anbieter wiederum User an, von denen einige später selbst zu Content-Produzenten wurden. Um den Fokus auf die Anbieter noch zu verstärken, gestand YouTube den erfolgreichsten Content-Produzenten sogar den Status von Partnern zu, die einen Anteil an den Werbeeinnahmen erhielten.

YouTubes zielstrebige Fokussierung auf die Anbieter war gleich in vierfacher Hinsicht hilfreich: Erstens wurde die Plattform mit Inhalten gefüllt. Zweitens entstand so eine dynamische Kuratierung, durch die hochwertige Inhalte der Plattform identifizierbar wurden, weil die User Gelegenheit hatten, die von ihnen angesehenen Videos positiv oder negativ zu bewerten. Drittens zogen die Anbieter neue User an. Und viertens – ganz besonders wichtig – bildete sich auf diese Weise eine Gruppe von Content-Produzenten heraus, die in die Plattform investiert bzw. darauf aufgebaut haben und im Laufe der Zeit eine größere Gefolgschaft um sich scharen konnten, die nur schwer dazu zu bewegen wäre, auf eine andere Plattform zu wechseln.

Megaupload sah sich indes mit dem Problem der Nachzügler konfrontiert: Beim Launch 2005 waren die meisten Content-Produzenten schon bei YouTube aktiv – und grundsätzlich gab es keinen Anlass für sie, an einer neuen Plattform mit weniger Zuschauern teilzunehmen. Als »Nachahmer« konnte Megaupload nicht direkt mit dem Marktpionier konkurrieren und auf dieselbe Strategie zur Userakquise setzen. Deshalb wurde hier ein anderes Konzept angewandt: Megaupload konzentrierte sich vollständig auf die User (also die Zuschauer) und übernahm die Bestückung der Plattform mit Inhalten selbst – insbesondere in Kategorien, die bei YouTube immer stärker reglementiert wurden, inklusive illegal kopierter Videos und Pornografie. Indem es die offenbar nicht ausreichend befriedigte Nachfrage in diesen Segmenten bediente, konnte Megaupload deutlich Fahrt aufnehmen – allerdings sah sich das Unternehmen in der Folge mehreren Gerichtsverfahren und Negativschlagzeilen ausgesetzt.

Der dritte Akteur am Markt der Videoplattformen, Vimeo, trat ebenfalls erst spät (im November 2004) in den Wettbewerb ein, hatte aber dennoch mit einer Strategie Erfolg, die die Anbieter in den Vordergrund stellt und somit in unmittelbarer Konkurrenz zu YouTube steht. Entscheidend war in diesem Fall die Bereitstellung hochwertiger Tools, die eine bestimmte Usergruppe, die sich bei YouTube nicht gut aufgehoben fühlte, besonders ansprachen.

In der Anfangsphase stellte YouTubes Infrastruktur zum Speichern und Übertragen von Videos in Verbindung mit dem einbettbaren Videoplayer für die Anbieter einen überzeugenden Mehrwert dar. Nachdem die Plattform dann bei den Content-Produzenten Fuß gefasst hatte, verlagerte sich der Fokus jedoch von der Verbesserung der Infrastruktur zum Speichern der Videos (ein Mehrwert für die Anbieter) hin zur Optimierung des Auffindens relevanter Videos seitens der User (sprich auf die Suche nach Videos und einen Videofeed).

Vimeo reagierte auf die Veränderungen bei YouTube, indem es den Anbietern nun seinerseits eine überlegene Infrastruktur zur Verfügung stellte, inklusive integrierter Unterstützung der Wiedergabe von hochauflösenden Videos (HD-Videos) und einem besser einzubettenden Videoplayer für den Einsatz in Blogs. Damit konnte Vimeo auf der Jagd nach Content-Produzenten, die langfristig und nachhaltig Videos erstellen wollten, erfolgreich mit YouTube konkurrieren.

Diese verschiedenen Beispiele zeigen: Beim Launch einer Plattform kann die Kenntnis der Mehrwerte, die Wettbewerber bieten, nicht nur hilfreich sein, um die eigenen Leistungsversprechen zu strukturieren, sondern ermöglicht es auch, kaum bediente Marktnischen zu besetzen – selbst wenn sich das eigene Angebot und das der Wettbewerber oberflächlich betrachtet ähneln.

Acht Strategien zur Überwindung des Henne-Ei-Problems

Die Bedeutung der Pull-Strategie in einem Plattformmarkt zu verstehen und sich der Notwendigkeit bewusst zu sein, das Design der Geschäftsmodelle der Konkurrenz analysieren und darauf reagieren zu müssen, sind wichtige Faktoren einer jeden Launch-Strategie. Aber das Dilemma, das wir als Henne-Ei-Problem bezeichnen, droht dennoch praktisch allen Plattformgründern. Wie kann man den Kundenstamm für einen zweiseitigen Markt aufbauen, wenn beide Seiten des Marktes von der vorausgehenden Existenz der jeweils anderen Seite abhängig sind?

Eine Möglichkeit, dieses Problem anzugehen, besteht darin, es von vornherein ganz und gar zu vermeiden, indem man die Plattform auf der Grundlage eines bereits vorhandenen Pipeline- oder Produktgeschäfts aufbaut. Dieser Ansatz ist auch unter der folgenden Bezeichnung bekannt:

1. Die Follow-the-Rabbit-Strategie

Setzen Sie ein Demoprojekt ein, das keine Plattform ist, um die Erfolgschancen auszuloten, um dann sowohl User als auch Anbieter auf eine neue Plattform zu locken, die auf der erprobten Infrastruktur dieses Demoprojekts aufbaut.

Denken Sie beispielsweise einmal an Amazon, das nie mit einem Henne-Ei-Problem konfrontiert war, weil das Unternehmen als erfolgreicher Online-Händler bereits ein effektives Pipeline-Geschäft betrieb, das online geführte Produktlisten nutzte, um Kunden anzulocken. Mit seinem prächtig gedeihenden Kundenstamm wandelte sich Amazon dann in eine Plattform, indem es sein System einfach auch externen Anbietern zugänglich machte. Das Ergebnis ist der Amazon Marketplace, der es Tausenden von Händlern ermöglicht, ihre Produkte an Millionen Kunden zu verkaufen – wobei Amazon bei jeder Transaktion ein wenig mitverdient.

Im B2B-Bereich sah sich Intel im Rahmen der Demonstration des Nutzwertes drahtloser Technologien mit einer ähnlichen Herausforderung konfrontiert. Niemand braucht einen Laptop mit drahtlosem Netzwerkzugang, wenn es keine Anbieter drahtloser Dienste gibt – und kein Anbieter gibt Geld für drahtlose Router aus, wenn kein Kunde danach verlangt. Also ging Intel eine Partnerschaft mit dem japanischen Telekommunikationsunternehmen NTT ein, um zu demonstrieren, dass es sehr wohl einen Markt dafür gibt. Und nachdem NTT erfolgreich bewiesen hatte, dass sich mit der Bedienung dieses Marktes Geld verdienen lässt, zogen Dutzende anderer Unternehmen nach. Tatsächlich stammt der Name »Follow-the-Rabbit« (Folge dem Hasen) zur Beschreibung dieser Strategie von Intel selbst.

Die Anwendung der Follow-the-Rabbit-Strategie ist allerdings nicht in jedem Fall möglich, manchmal muss eine Plattform auch von Grund auf neu errichtet werden – und das bedeutet, dass unvermeidlicherweise ein Weg gefunden werden muss, einen Kundenstamm auf beide Seiten des Marktes zu locken.[4]

Inzwischen wurden eine Reihe verschiedener effektiver Strategien zur Überwindung des Henne-Ei-Problems entwickelt und getestet, die sich im Allgemeinen die folgenden Verfahren zunutze machen:

1. **Inszenierung des Mehrwerts.** Die Plattformbetreiber ermöglichen das Erstellen von Werteinheiten, die eine oder mehrere Usergruppen anziehen, und demonstrieren auf diese Weise die potenziellen Vorteile der Teilnahme an der Plattform.[5] Diese ersten User erzeugen dann wiederum weitere Werteinheiten, ziehen neue User an und setzen eine positive Feedbackschleife in Gang, die zu einem kontinuierlichen Wachstum führt.[6] Die amerikanische Online-Zeitung *Huffington Post* verfolgte diese Strategie, indem sie Autoren engagierte, um einen Anfangsbestand von hochwertigen Blogbeiträgen für die Website zu erzeugen, die Leser anlocken sollten. Daraufhin gingen manche Leser dazu über, eigene Beiträge für das Blog zu schreiben, und das führte dann wiederum zu der allmählichen Entwicklung eines größeren Netzwerks von Content-Produzenten und lockte noch mehr Leser an.

2. **Die Plattform für eine bestimmte Usergruppe attraktiv gestalten.** Die Plattform ist dafür ausgelegt, Tools, Produkte, Dienstleistungen oder andere Mehrwerte bereitzustellen, die eine bestimmte Usergruppe anziehen – entweder Kunden oder Anbieter. Das Vorhandensein einer »kritischen Masse« auf einer Seite eines Marktplatzes zieht auf der anderen Seite User an und führt so zu einer positiven Feedbackschleife. Wie wir im Folgenden noch erörtern werden,

bediente sich die Restaurantreservierungsplattform OpenTable dieser Strategie, indem sie nützliche elektronische Tools für Restaurantbetreiber zur Verfügung stellte. Und nachdem eine größere Anzahl von Restaurants mitmachte, wurden auch die Kunden zunehmend auf die Website aufmerksam und nutzten sie, um ihre Restaurantbesuche zu planen.

3. **Zeitgleicher Beitritt von Anbietern und Kunden.** Eingangs stellt die Plattform Rahmenbedingungen bereit, die die Generierung von für die User relevanten Werteinheiten erlauben, selbst wenn das Netzwerk insgesamt klein ist. Die Plattform ist dann bestrebt, eine Vielzahl von Aktivitäten auszulösen, die gleichzeitig sowohl Kunden als auch Anbieter in hinreichend großer Zahl anzieht, um weitere Werteinheiten und wertschöpfende Interaktionen zu erzeugen, sodass Netzwerkeffekte in Erscheinung treten können. Später in diesem Kapitel werden wir aufzeigen, wie Facebook diese Strategie eingesetzt hat, um sein heranreifendes soziales Netzwerk für User attraktiv zu machen, obwohl die Anzahl der potenziellen Kontakte noch sehr gering war – denn Facebook war zunächst tatsächlich auf die Studenten einer einzigen Universität beschränkt.

Diese drei Verfahren sind einzeln oder gemeinsam einsetzbar, und unter den passenden Umständen gibt es eine Vielzahl von effizienten Kombinationsmöglichkeiten. Im Folgenden beschreiben wir einige der Varianten, auf die wir gestoßen sind. Sollten Sie gerade damit befasst sein, eine neue Plattform zu entwickeln oder zu launchen, könnte Ihnen vielleicht eine davon als Anregung für Ihre eigene Henne-Ei-Strategie dienen.

2. Die Huckepack-Strategie

Nehmen Sie Kontakt mit dem bereits vorhandenen Kundenstamm einer anderen Plattform auf und inszenieren Sie den Mehrwert (die Erzeugung von Werteinheiten), um die User zur Teilnahme an der Plattform zu bewegen.

Hierbei handelt es sich um eine klassische Strategie, die beim Launch vieler erfolgreicher Plattformen zum Einsatz kommt – wie wir zuvor in diesem Kapitel gesehen haben, machte schon PayPal Gebrauch davon, um sich von eBays Online-Auktionsplattform »Huckepack« tragen zu lassen.

Ein weiteres Beispiel für die Anwendung dieser Strategie ist auch Justdial, der größte lokale kommerzielle Handelsplatz Indiens, der seinen Usern Transaktionen mit mehr als vier Millionen kleineren Händlern ermöglicht. Die ursprüngliche Datenbank wurde einerseits durch die Übertragung von Einträgen aus herkömmlichen Branchenbüchern bestückt und andererseits um relevante Geschäftsinformationen ergänzt, die Außendienstmitarbeiter im Rahmen von Haustürbefragungen zusammengetragen hatten. Auf der Basis dieses Datenbestandes wurde Justdial anfänglich als Telefonverzeichnisdienst gestartet: Interessierte Kunden konnten den Dienst in Anspruch nehmen, um nach lokalen Anbietern zu suchen – beispielsweise einem Catering-Service für ein Hochzeitsbankett – und Justdial leitete den Kundenkontakt dann weiter – in diesem Fall an geeignete Catering-Dienstleister am Wohnort des Kunden. In Anerkennung dieser Form von Kundenvermittlung meldeten sich so wiederum auch einige der Anbieter bei Justdial an. Zur Förderung der aktiven Teilnahme lokaler Händler – viele von ihnen waren noch nie zuvor irgendwo online aufgeführt gewesen –, bot Justdial ihnen sehr einfache Beitrittsmöglichkeiten in Form eines simplen Online-Formulars, mittels telefonischer Anfrage oder auch per SMS.

Nach dem erfolgreichen Börsengang im Mai 2014 ist Justdial weiterhin die dominierende Plattform für lokale Händler in Indien – seine bescheidenen Anfänge nahm das Unternehmen dabei jedoch auf der Grundlage einer Sammlung von Geschäftsdaten, die einer schon vorhandenen Plattform »entliehen« worden waren, nämlich den örtlichen Branchenbüchern.

In den USA verfolgen Start-ups eine ganz ähnliche Huckepack-Strategie, indem sie sich der Anzeigenwebsite Craigslist bedienen: Die neue Plattform schürft auf Craigslist nach Daten und setzt dabei automatisierte Softwaretools zum Sammeln von Informationen über Händler und Dienstleister ein. Diese Informationen werden anschließend auf der eigenen Plattform bereitgestellt, sodass die User den Eindruck bekommen, die betreffenden Anbieter seien Teilnehmer der Plattform. Wenn ein User dann einen bestimmten Anbieter anfragt, leitet die Plattform die Anfrage an diesen weiter und lädt ihn schließlich auch ein, der Plattform beizutreten.

Ein weiteres überzeugendes Beispiel der Huckepack-Strategie, das bereits an anderer Stelle in diesem Kapitel beschrieben wurde, ist die Art und Weise, wie YouTube sich von der Erfolgswelle des sozialen Netzwerks Myspace mittragen ließ – indem es leistungsfähige Videotools anbot, um die dort teilnehmenden Indie-Bands anzulocken. Und als YouTube erst einmal Zugang zu den Millionen Myspace-Usern gefunden hatte, entwickelte sich die Akzeptanzrate in der Folge viral. 2006 war es schließlich soweit, dass YouTube Myspace überholt hatte, und seitdem wird der Abstand zwischen den Userzahlen immer größer.

3. Die Seeding-Strategie

Erzeugen Sie für mindestens eine Usergruppe relevante Werteinheiten. Sobald diese User auf die Plattform gelockt worden sind, werden andere Usergruppen folgen, die mit ihnen in Interaktion treten wollen.

In vielen Fällen übernimmt das Plattformunternehmen selbst die Aufgabe, für eine Wertschöpfung zu sorgen und fungiert als erster Anbieter, um die Plattform zunächst einmal in Gang zu setzen. Diese Strategie gestattet es dem Plattformbetreiber außerdem, die Art und Qualität der Werteinheiten vorzugeben, die er auf der Plattform gern hätte und fördert so eine Kultur hochwertiger Beiträge der nachfolgenden Anbieter.[7]

Nach dem Release des Smartphone-Betriebssystems Android, das mit Apples iOS konkurrieren sollte, sorgte Google für einen Anschub des Marktes, indem es Preisgelder in Höhe von fünf Millionen Dollar für die Entwickler der besten Apps in zehn verschiedenen Kategorien wie etwa Spiele, Produktivität, soziale Netzwerke und Unterhaltung aussetzte. Die Gewinner dieses »Wettbewerbs« erhielten nicht nur das Preisgeld, sie wurden letztlich auch zu Marktführern der jeweiligen App-Kategorien und lockten dementsprechend viele Kunden an.

Oftmals werden die Werteinheiten aber auch anderen Quellen »entliehen« und nicht vom Plattformentwickler selbst erzeugt. Für die Markteinführung des heute allgegenwärtigen Dateiformats PDF war es zum Beispiel zweifelsohne hilfreich, dass Adobe seinerzeit die Online-Bereitstellung sämtlicher offiziellen US-amerikanischen Steuerformulare aushandeln konnte. Das Ausmaß dieses unmittelbar vorhandenen Marktes war enorm, umfasste er doch alle Einzelpersonen und Unternehmen, die in den USA Steuern zahlten. Letztlich konnte Adobe die amerikanische Steuerbehörde IRS mit dem Hinweis auf Einsparungen von Druck- und Portokosten in Höhe von mehreren Millionen Dollar von der Zusammenarbeit überzeugen. Und die Steuerzahler erhielten ihrerseits schnellen und bequemen Zugang zu Dokumenten, die jeder mindestens ein Mal im Jahr benötigt – ein so beeindruckender Mehrwert, dass viele von ihnen Adobe als ihre Formular- und Dokumentenplattform auserwählten.

In anderen Fällen erfolgt der Anschub der Plattform wiederum durch simulierte (im Grunde genommen gefälschte) Werteinheiten. Diese Strategie kam, wie zuvor beschrieben, auch bei PayPal zur Anwendung, indem ein Bot programmiert wurde, der bei eBay Einkäufe tätigte und dadurch Verkäufer auf die PayPal-Plattform lockte. Besonders geschickt daran war, dass der Bot nach Abschluss einer solchen Transaktion gleich die Seite wechseln und die soeben erworbene Ware sofort wieder zum Kauf anbieten konnte. Auf diese Weise waren beide Seiten des zweiseitigen Marktes abgedeckt – und PayPal musste sich weder um die Lagerhaltung noch um den Warenversand kümmern.

Dating-Dienste nutzen häufig frei erfundene Profile und Unterhaltungen, um einen anfänglichen Kundenstamm zu simulieren. Vielfach werden diese Profile in der Absicht, vor allem männliche User anzulocken, zudem so hingebogen, dass insbesondere attraktive Frauen in den Vordergrund gerückt werden. Die Besucher der Website werden dann auf diese Informationen aufmerksam und so dazu verleitet, auf der Seite zu verweilen.

Reddit ist eine äußerst beliebte Linksharing-Community, in der Unmengen an Webcontent zirkulieren. Zum Launch wurde die Website von den Betreibern selbst mit einigen frei erfundenen Profilen bestückt, die jeweils Links zu der Art von Inhalten und Beiträgen »posteten«, die sich die Gründer auf ihrer Plattform wünschten. Und das hat dann auch funktioniert: Die ersten verfügbaren Inhalte zogen User an, die ihrerseits an ähnlichem Content interessiert waren (und wiederum entsprechende Links posteten). So entwickelte sich eine Kultur hochwertiger Community-Beiträge – und die Mitglieder lernten im Laufe der Zeit, sich im Hinblick auf die Bewertung dessen, was lesens- und ansehenswert war und was nicht, aufeinander zu verlassen. (Aber natürlich schützen auch Reddits erfolgreicher Launch und dessen Verbreitung das Unternehmen nicht vor Kontroversen, wie an den verbalen Schlachten über angeblich rassistische Inhalte der Website im Jahr 2015 deutlich wurde.)

In der Startphase des Wissensportals Quora stellten ebenfalls zunächst einmal die Redakteure des Betreibers die ersten Fragen – und beantworteten diese auch gleich selbst, um Aktivitäten auf der Plattform zu simulieren. Als dann die ersten Fragen von »echten« Usern gestellt wurden, blieb man zur Veranschaulichung der beabsichtigten Plattformdynamik vorerst bei der Taktik, die Beantwortung den hauseigenen Redakteuren zu überlassen. Allmählich übernahmen dann aber die User das Zepter, sodass sich weitere Bemühungen zum »Ankurbeln« der Plattformfrequentierung vonseiten der Quora-Mitarbeiter erübrigten.

4. Die Testimonial-Strategie

Stellen Sie Anreize bereit, um Mitglieder einer maßgeblichen Usergruppe auf die Plattform zu locken.

In vielen Fällen gibt es eine einzelne Usergruppe, deren Teilnahme für den Erfolg einer Plattform von entscheidender Bedeutung ist. Insofern könnte es für die Plattformbetreiber sinnvoll sein, einen besonderen Anreiz für ebendiese Usergruppe zu schaffen, sei es durch eine Prämienzahlung oder durch andere spezielle Vorteile.

Im Bereich der Spielkonsolen haben Unternehmen wie Microsoft (Xbox), Sony (PlayStation) und Nintendo (Wii) Geräte auf den Markt gebracht, die als Schnittstelle zwischen den Anwendern und den von Spieleentwicklern erzeugten Inhalten dienen. Der führende Entwickler im Bereich der Sportspiele ist Electronic Arts (EA). Das Unternehmen entwickelt beispielsweise Simulationen zu den Sparten NFL Football, NBA Basketball, NHL Hockey und anderen Sportarten (wie z.B. Tiger Woods Pro Golf Tour). Diese Spiele werden alljährlich in einer neuen Version aufgelegt und verkaufen sich seit Jahren besser als die Spiele aller anderen Entwickler. Dementsprechend gibt sich auch kein Spielkonsolenhersteller der Illusion hin, überleben zu können, ohne dass zumindest eine Auswahl der attraktiven EA-Spiele für seine Plattform verfügbar ist. Aus diesem Grund waren Microsoft, Sony und Nintendo auch bereit, großzügige Partnerschaftsvereinbarungen einzugehen, damit EA weiterhin Spiele für deren jeweilige Plattformen entwickelt oder portiert, deren Release dann zumeist zeitgleich mit der Markteinführung der neuen Geräte erfolgt.

Eine Variante dieser Strategie besteht darin, dass ein Plattformunternehmen einen »Vorzeigeanbieter« akquiriert, um exklusiven Zugriff auf die von ihm erzeugten Inhalte zu erlangen. Der Softwarehersteller Bungie hatte sich zunächst einige Jahre lang auf Spiele für Apple-Computer spezialisiert, wie etwa das populäre *Marathon*. Im Jahr 2000, kurz bevor die Xbox auf den Markt kam, wurde Bungie dann von Microsoft aufgekauft – und so wurde das zu diesem Zeitpunkt unter dem Titel *Halo: Combat Evolved* in Entwicklung befindliche Spiel einem neuen Zweck als Exklusiv-Release für die Xbox zugeführt. Halo wurde zur Vorzeige-App, dank der Hunderttausende Xbox-Geräte verkauft wurden und die dem Konzern außerdem Milliarden Dollar durch Franchising einbrachte.

Manchmal sind die Testimonials, deren Teilnahme für den Erfolg einer Plattform unverzichtbar ist, allerdings keine Anbieter, sondern Kunden bzw. User. Das war beispielsweise bei PayPal der Fall – und nicht zuletzt auch ausschlaggebend dafür, dass die Firma finanzielle Anreize anbot, um Käufer dazu zu verleiten, ihr Online-Zahlungssystem zu benutzen.

2009 entschloss sich die Schweizerische Post, eine digitale Plattform für Nachrichtenzustellungen einzurichten. Die Technologie zur Dokumentenerfassung und -archivierung lieferte das in Seattle ansässige Unternehmen Earth Class Mail.[8] Die Schweizerische Post erkannte schnell, wie wichtig es war, Tausende von Kunden, denen die herkömmliche Art des Briefpostversands noch immer lieber war, auf die Plattform zu holen. Also ließ man sich etwas einfallen: Um diese Verweigerer aus der Reserve zu locken, verschenkte das Unternehmen Tausende von iPads an Haushalte in entlegenen Gegenden. So ermunterte man die auf dem Land lebenden Schweizer Familien auch gleich, statt Papier und Umschlag doch öfter mal E-Mail zu benutzen. In der Folge konnten die für die Auslieferung der Briefpost erforderlichen Ressourcen tatsächlich drastisch verringert werden und darüber hinaus mauserte sich die Schweizerische Post ganz nebenbei auch noch zum größten Lieferanten von Apple-Produkten im Land – eine nicht unerhebliche zweite Einnahmequelle für das Unternehmen.[9]

5. Die Single-Side-Strategie

Entwickeln Sie ein Geschäftsmodell mit Waren und Dienstleistungen, die auf eine einzelne Usergruppe zugeschnitten sind. Später wird das Unternehmen dann in ein Plattformmodell umgewandelt, indem das Interesse einer zweiten Usergruppe geweckt wird, mit der ersten in Interaktion zu treten.

Der Launch einer Plattform zum Buchen von Dienstleistungen wie OpenTable – ein System für Online-Restaurantreservierungen – bringt das klassische Henne-Ei-Problem mit sich: Warum sollten die Restaurantgäste eine Website wie OpenTable besuchen, solange nicht eine hinreichend große Zahl an Restaurants auf dieser Plattform vertreten ist? Aber wird die Plattform andererseits nicht von genügend potenziellen Gästen frequentiert, sehen die Restaurants ebenfalls keinen Grund für eine Teilnahme. OpenTable überwand dieses Dilemma, indem es zunächst einmal eine Software verteilte, mit der Restaurants die in ihren Räumlichkeiten verfügbaren Tische bzw. Sitzplätze verwalten und reservieren konnten. Und als schließlich genügend Restaurants mitmachten, baute OpenTable die Kundenseite aus, sodass die User nun die Möglichkeit hatten, ihre Tischreservierungen online vorzunehmen – und OpenTable eine Vermittlungsgebühr von den Restaurants verlangen konnte.

Die indische Busticketplattform redBus konnte auf ähnliche Weise Fuß fassen: Sie stellte den Busbetrieben zunächst ein System zur Verwaltung der Sitzplätze zur Verfügung und machte die Plattform den Kunden erst dann zugänglich, als die Busbetriebe bereits angefangen hatten, die Software aktiv zu nutzen.

Bei Delicious handelt es sich um ein soziales Netzwerk, das eine Website betreibt, auf der die User Lesezeichenlisten miteinander teilen können (*Social Bookmarking*) – also Links auf Webcontent, der bestimmten Teilnehmern besonders gut gefällt, sodass sie ihn immer wieder aufsuchen möchten. Die Plattform nahm in der Anfangsphase Fahrt auf, indem sie es den ersten Usern ermöglichte, wertvollen Content in einem eigenständigen Modus zu erstellen und mit Delicious Lesezeichen für den persönlichen Gebrauch in der Cloud zu speichern. Und nachdem die Userzahl schließlich eine kritische Masse erreicht hatte, wurden allmählich auch die Social-Bookmarking-Dienste in Anspruch genommen – und der Mehrwert des Netzwerks stieg mit wachsender Userzahl rapide an. Durch das Sharing der von den Usern angelegten Lesezeichen war Delicious schnell zu einem beliebten Tool für die Verbreitung von Internet-Memes und -Trends geworden.

6. Die Anbieter-als-Zugpferd-Strategie

Gestalten Sie die Plattform so, dass Anbieter angelockt werden, die dann wiederum ihre Kunden dazu bewegen können, der Plattform beizutreten.

Plattformen, die Unternehmen Tools für das *Customer Relationship Management* (CRM) zur Verfügung stellen, können das Henne-Ei-Problem häufig dadurch lösen, dass sie einfach eine bestimmte Usergruppe – in diesem Fall Anbieter – anlocken, die dann ihrerseits eine zweite Usergruppe – hier die Käufer – ihres eigenen Kundenstamms dazu bewegt, der Plattform ebenfalls beizutreten. Die Plattform unterstützt die Anbieter bei der Pflege und Betreuung ihrer bereits vorhandenen Kunden, und die Anbieter profitieren zudem langfristig von einer datengestützten »Kreuzbestäubung«, also dem gegenseitigen Austausch der User im Netzwerk, die letztlich dazu führt, dass sich auch andere Kunden für ihre Produkte und Dienstleistungen interessieren.

Crowdfunding-Plattformen wie Indiegogo und Kickstarter gedeihen, indem sie auf Anbieter abzielen, die eine Projektfinanzierung benötigen und diesen eine Infrastruktur zum Hosten und Verwalten entsprechender Kampagnen bieten, die es ihnen erleichtert, in effizienter Art und Weise mit ihrer Klientel in Kontakt zu treten. Auch Bildungsplattformen wie Skillshare und Udemy wachsen durch die Befürwortung der Anbieter. In diesem Fall werden allerdings in erster Linie engagierte Lehrkräfte angesprochen, denen hier die Möglichkeit geboten wird, auf unkomplizierte Art Online-Kurse anzubieten und ihre Schüler so ebenfalls zur Teilnahme an der Plattform zu animieren.

In vergleichbarer Weise können Marktplätze für Fachleute und Experten eine Userbasis aufbauen, indem sie die von den Anbietern unter ihren Teilnehmern zur Verfügung gestellten Kundenlisten nutzen. Die Plattform Clarity, die sich selbst als Online-Marktplatz bezeichnet, der Expertenratschläge für Firmengründer liefert, ermöglicht es beispielsweise Bloggern und anderen Fachleuten, ihre Teilnahme an dieser Plattform zu monetarisieren, indem sie ein Clarity-Widget nutzen, das es Hilfe suchenden Start-up-Aspiranten ermöglicht, kostenpflichtige telefonische Beratungsgespräche mit ihnen zu buchen. Der Nutzen für Clarity besteht auf der anderen Seite darin, dass mit jedem Telefonat, das die Anbieter führen, neue User hinzugewonnen werden, die nachfolgend wieder an andere Anbieter verwiesen werden können.

Mercateo, eine deutsche B2B-Beschaffungsplattform für Geschäftskunden (Bürobedarf, Industriebedarf, Hardware, Elektronik usw.), verfolgt eine Anbieter-als-Zugpferd-Strategie mit einem gewissen Etwas. Sie macht Anbietern das folgende raffinierte Angebot: »Bringen Sie Ihre Kunden zu uns, und Sie haben bei jedem Bieterwettbewerb das letzte Wort ... allerdings nur bei den Kunden, die Sie mitbringen.« Für die Anbieter wird also ein Anreiz geschaffen, ihre Kunden einzuladen, der Plattform Mercateo beizutreten – und zwar schnell, bevor ein Wettbewerber das tut und an ihrer Stelle in den Vorteil des »letzten Wortes« bei Bieterwettbewerben gelangt.

7. Die Big-Bang-Strategie

Setzen Sie eine oder mehrere Push-Marketingstrategie/n ein, um Interesse zu schüren und Aufmerksamkeit auf das Plattform-Geschäftsmodell zu ziehen. Dadurch wird eine Art Kettenreaktion erzeugt, die simultane Beitritte zur Plattform veranlasst, sodass quasi über Nacht ein nahezu vollständig ausgebildetes Netzwerk entsteht.

Wie bereits erwähnt, erweisen sich Push-Strategien in unserem heutigen überfrachteten, vollständig vernetzten und hochgradig wettbewerbsorientierten Umfeld als immer ineffizienter, wenn es darum geht, Unternehmen ein rasches Wachstum zu ermöglichen. Gelegentlich gibt es jedoch auch Ausnahmen. Twitters Durchbruch erfolgte zum Beispiel im Rahmen des interaktiven Film-, Musik-und Medienfestivals *South by Southwest (SXSW)* im März 2007. Der Mikroblog-ging-Dienst war sieben Monate zuvor gelauncht, fand aber zunächst nur geringe Akzeptanz. Deshalb suchten Jack Dorsey und die anderen Twitter-Gründer nach einer Möglichkeit, eine kritische Masse an Usern auf die Plattform zu holen. Und in Anbetracht der Tatsache, dass die Aktivitäten auf Twitter in Echtzeit stattfinden, wurde ihnen bald bewusst, dass dafür sowohl eine zeitliche als auch eine räumli-che Konzentration der Nachrichtenübermittlungen notwendig war.

Also investierte das Unternehmen rund 11.000 Dollar, um zwei riesige Flach-bildschirme in der Haupthalle des SXSW installieren zu lassen – und sobald ein User nun den Text »Join sxsw« an Twitters SMS-Kurzwahl (40404) sendete, erschien dieser sogenannte *Tweet* augenblicklich auf besagten Displays. Dank der großformatigen und damit sehr präsenten Anzeige der Kurznachrichten in Echt-zeit versuchten sich schnell Tausende von Festivalbesuchern – und damit neuen Usern – an dieser neuen Kommunikationsform, was in der Folge für viel Furore sorgte und dazu beitrug, dass Twitter binnen kürzester Zeit zur angesagtesten Website im Cyberspace aufstieg. So wurde die Twitter-Plattform am Ende des Fes-tivals nicht nur mit dem SXSW Web Award für die beste Online-Innovation ausge-zeichnet – darüber hinaus hatte sich die Nutzungsrate des Dienstes zudem von 20.000 Tweets auf sage und schreibe 60.000 pro Tag verdreifacht.

Andere Netzwerke verfolgten ähnliche Strategien wie Twitter, um sich am Markt zu etablieren. So erzielte die Blogging-Plattform Foursquare beim SXSW-Festival 2009 einen vergleichbaren Durchbruch. Und auch Tinder, eine ortsab-hängige Dating-App, brachte seine Plattform mit einem großen Knall zum gewünschten Erfolg, als sich die Betreiber entschlossen, ihre App im Rahmen einer Campusparty der University of Southern California zu launchen – ohnehin ein Nährboden für junge Leute auf der Suche nach Flirtbekanntschaften und flüchtigen sexuellen Abenteuern. Da der Zweck des Tinder-Dienstes darin besteht, dieses Unterfangen einfacher zu gestalten, wundert es nicht, dass die kritische Masse während dieser Party an einem relativ kleinen, überschaubaren Schauplatz erreicht werden konnte.

Allerdings können sich nicht alle Plattformen eine Big-Bang-Strategie zunutze machen, wie Twitter, Foursquare und Tinder es vorgemacht haben. Das South-by-Southwest (SXSW)-Festival ist inzwischen ebenfalls gewachsen, und so ist auch die Anzahl der Unternehmen, die versuchen, es als Vehikel für den Start ihrer Plattformen zu nutzen, mittlerweile an einem Punkt angelangt, an dem es prak-tisch keine Möglichkeit mehr gibt, im Getöse der Masse Gehör zu finden.[10] Und eine passende Gelegenheit für einen explosionsartigen Anstieg des öffentlichen Interesses, wobei schlagartig Tausende von potenziellen Usern in Echtzeit angezo-gen werden, bietet sich auch nicht immer.

Dessen ungeachtet wird ein cleverer Plattformbetreiber solch eine Gelegenheit, sofern sie sich denn – wie im Fall von Tinder – in irgendeiner Form bietet, aber natürlich sofort beim Schopf packen.

8. Die Mikromarkt-Strategie

Konzentrieren Sie sich anfangs auf einen winzigen Markt, der aus Teilnehmern besteht, die bereits miteinander interagieren. Dadurch wird es der Plattform ermöglicht, schon in den frühen Wachstumsphasen beim Matchmaking von Kunden und Anbietern so effektiv zu sein wie ein großer Markt.

Die Aussichten für Facebook waren ursprünglich denkbar schlecht. Friendster hatte innerhalb weniger Monate nach dem Launch im Jahr 2002 mehr als drei Millionen User angezogen und auch Myspace wuchs schnell. Für Unternehmen, die dem Markt erst spät beitreten, sind soziale Netzwerke vermutlich das gnadenloseste aller Plattform-Geschäftsmodelle: Sofern es nicht etwas wirklich Außergewöhnliches zu bieten hat, sind die User kaum bereit, zu einem neuen »Social Network« zu wechseln. Hier zeigt sich wieder die Macht des Netzwerkeffekts.

Da der Wert von sozialen Netzwerken in so hohem Maße von Netzwerkeffekten abhängt, ist das Erreichen der kritischen Usermasse bei dieser Art von Plattform besonders wichtig. Wäre Facebook weltweit gelauncht und hätte schnell ein paar Hundert oder sogar ein paar Tausend Anmeldungen erreicht, dann wäre es nicht so erfolgreich geworden – denn die weltweit zufällig verstreuten User hätten nicht miteinander interagiert.

Facebooks Entscheidung, mit der geschlossenen Community der Harvard University zu starten, war nicht nur eine Frage der Bequemlichkeit – es war vielmehr ein Geniestreich, der es dem sozialen Netzwerk erlaubte, das Henne-Ei-Problem zu lösen. Dass die ersten 500 User alle der geografisch und sozial überschaubaren Harvard-Community angehörten, gewährleistete das Entstehen einer aktiven Online-Community bei der Markteinführung. Facebook nutzte Harvard als bereits vorhandenen Mikromarkt und konnte Fuß fassen, indem die Qualität der Interaktionen zwischen den Netzwerkteilnehmern verbessert wurde. Die Konzentration auf einen Mikromarkt verringert die für Interaktionen erforderliche kritische Masse und macht es erheblich einfacher, passende Teilnehmer zusammenzubringen.

Als Facebook über Harvard hinauswuchs, musste an jeder neuen Universität, an der das Netzwerk zum Einsatz kam, eine neue Userbasis aufgebaut werden, wobei es häufig bereits vorhandene konkurrierende Campusnetzwerke gab. Ursprünglich waren die verschiedenen Universitäten nicht miteinander verbundene Knoten im Facebook-Netzwerk. Als Facebook dann jedoch auch Campusübergreifende Freundschaften zuließ, explodierte das Wachstum – denn dadurch erübrigte sich die Notwendigkeit, das Henne-Ei-Problem bei jedem hinzukommenden Campus aufs Neue zu lösen: User, die sich dem Netzwerk auf einem neuen Campus anschlossen, verfügten über eine Liste vorhandener Kontakte an anderen Universitäten, mit denen sie interagieren konnten, während sie darauf warteten, dass Kommilitonen ihres eigenen Campus dem Netzwerk beitraten.

Der geografische Aspekt ist aber nicht die einzige Möglichkeit, einen Mikromarkt einzugrenzen. Stack Overflow war ursprünglich zum Beispiel ein Frage- und-Antwort-Forum zum Thema Softwareentwicklung (Themenfokussierung). Später kam dann auf Wunsch der User ein zweites Thema hinzu: das Kochen. Inzwischen wurde bei Stack Overflow sogar ein Abstimmungsmechanismus eingeführt, der es der Community ermöglicht, für sie interessante Themen auszuwählen.

Virales Wachstum: Der User-to-User-Launch-Mechanismus

Durch *virales Wachstum* kann die Ausweitung einer Plattform enorm beschleunigt werden. Dieser Mechanismus stellt eine Ergänzung für alle anderen Launch-Strategien dar, die wir in diesem Kapitel erörtert haben.

Das virale Wachstum ist ein Pull-basierter Vorgang, der darauf beruht, die User zu ermuntern, Mund-zu-Mund-Propaganda zu betreiben und andere potenzielle User über die Plattform zu informieren. Wenn die User von sich aus andere auffordern, dem Netzwerk beizutreten, wird das Netzwerk selbst zum Motor des eigenen Wachstums.

Der Ausdruck »virales Wachstum« enthält eine Metapher: Er stellt eine Analogie zwischen dem Wachstum der Plattform und der Ausbreitung einer ansteckenden Krankheit her. In der Natur sind vier Faktoren an der Ausbreitung einer Krankheit beteiligt: ein Infizierter, ein Krankheitserreger, ein Übertragungsmedium und ein Empfänger. Ein Infizierter niest oder verbreitet auf andere Art Krankheitserreger in der Umgebung. Die Krankheitserreger breiten sich dann in einem Übertragungsmedium aus, etwa in der Luft. Der Empfänger inhaliert nun die Krankheitserreger oder nimmt sie auf andere Weise auf und wird so infiziert. Damit ist wiederum der Empfänger zum Infizierten geworden und der ganze Vorgang wiederholt sich.

Damit das virale Wachstum einer Plattform einsetzen kann, sind ebenfalls vier Schlüsselelemente erforderlich: der *Sender*, die *Werteinheit*, das *externe Netzwerk* und der *Empfänger*. Sehen wir uns einmal das virale Wachstum von Instagram an:

- **Sender.** Ein Instagram-User teilt ein Foto, das er soeben aufgenommen hat. Hiermit beginnt der Kreislauf, der letztlich dazu führt, dass sich ein neuer User anmeldet.
- **Werteinheit.** Im Fall von Instagram stellt das Foto, das der User mit Freunden teilt, die Werteinheit dar.

▪ **Externes Netzwerk.** Bei Instagram dient Facebook als außerordentlich effektives externes Netzwerk, das es ermöglicht, Werteinheiten (Fotos) zu verbreiten und sie potenziellen Usern zu präsentieren.

▪ **Empfänger.** Und schließlich zeigt sich ein Facebook-User an dem Bild interessiert und besucht Instagram. Dieser User könnte nun selbst ein Foto aufnehmen bzw. teilen und den Kreislauf dadurch erneut in Gang setzen. Damit würde dann der Empfänger zum Sender.

Wohl kaum jemandem dürfte Instagrams rasantes Wachstum entgangen sein – mehr als 100 Millionen aktive User in weniger als zwei Jahren –, das im April 2012 zur milliardenschweren Übernahme durch Facebook führte. Weniger bekannt ist hingegen, dass Instagram dieses Wachstum erzielte, *ohne auch nur einen einzigen traditionellen Marketingexperten zu beschäftigen* – und das lag primär daran, dass die Plattform von vornherein sorgfältig für ein inhärentes virales Wachstum konzipiert worden war, das daher praktisch zwangsläufig eintreten musste.

Im Gegensatz zu seinem Wettbewerber Hipstamatic ermöglichte Instagram nicht nur das Speichern, Organisieren und Filtern von Fotos, sondern ermunterte seine User außerdem, ihre Fotos auf externen Netzwerken wie Facebook zu teilen – so wurde die Aktivität eines einzelnen Users zu einer sozialen Mehrbenutzer-Aktivität. Im Grunde genommen machte Instagram alle seine User zu Vermarktern.

Dieser Kreislauf viralen Wachstums – eine Wachstumsvariante, die in einem auf Pipelines und Produkten beruhenden wirtschaftlichen Umfeld in dieser Form nicht umsetzbar ist –, erklärt auch den Erfolg vieler anderer Plattform-Start-ups: Airbnb unterstützte User mit freien Zimmern (*Sender*) dabei, ihre Angebote (*Werteinheiten*) auf Craigslist (*externes Netzwerk*) zu veröffentlichen. Und die Leute, die auf diese Zimmerangebote aufmerksam wurden (*Empfänger*) und an einer Buchung interessiert waren, wurden damit ebenso zu Airbnb-Usern – wobei viele von ihnen später selbst Zimmer vermieteten und so das Wachstum der Plattform weiter vorantrieben. Auf ähnliche Weise ermunterte auch OpenTable die teilnehmenden Restaurants (*Sender*), ihre Reservierungen (*Werteinheiten*) per E-Mail oder Facebook (*externes Netzwerk*) mit Freunden und Kollegen (*Empfänger*) zu teilen, die sich ihren Restaurantbesuchen anschlossen.

Wenn Sie als Plattformbetreiber auf ein virales Wachstum wie bei Instagram, Airbnb oder OpenTable hoffen, müssen Sie ein Regelwerk und Tools entwickeln, die dem Kreislauf Starthilfe geben. Ihr Ziel besteht darin, ein Ökosystem zu gestalten, in dem die Sender ein Interesse daran haben, Werteinheiten über ein externes Netzwerk an eine Vielzahl von Empfängern zu übermitteln – was letzten Endes dazu führt, dass viele dieser Empfänger ebenfalls zu Usern Ihrer Plattform werden. Sehen wir uns die vier Designelemente doch einmal im Einzelnen an.

Der Sender

Sender zur Verbreitung von Werteinheiten zu bewegen, ist *nicht* dasselbe wie die aus dem traditionellen Marketing bekannte übliche Taktik der Mund-zu-Mund-Propaganda. Diese findet statt, wenn User dermaßen von Ihrer Plattform begeistert sind, dass sie gar nicht mehr aufhören können, darüber zu reden. Werden User hingegen zu Sendern, dann sprechen sie nicht über Ihre Plattform – vielmehr nutzen sie sie, um ihre eigenen Werke darüber zu verbreiten – und tragen damit auf indirekte Weise nicht nur zur Erhöhung ihres Bekanntheitsgrades bei, sondern erzeugen auch ein potenzielles Interesse daran.

Im Allgemeinen verbreiten die User selbst erstellte Werteinheiten, um ein soziales Feedback zu erhalten, das ihnen im besten Fall das Gefühl von Freude, Bekanntheit, Anerkennung, Wohlstand oder eine Mischung aus diesen »Belohnungen« beschert. So machen die Betreiber von YouTube-Kanälen oftmals gleich in mehreren externen Netzwerken auf ihre Videos aufmerksam, um Zuschauer zu gewinnen. Die Entwickler der SurveyMonkey-Umfragen verbreiten diese dagegen meist per E-Mail, über Blogs oder in sozialen Netzwerken, um Antworten zu erhalten, die Aufschluss darüber geben, was der Fragenkatalog zu beantworten versucht. Und Erfinder, die auf Kickstarter nach einer Finanzierungsmöglichkeit für ihre Projekte suchen, veröffentlichen über soziale Netzwerke Links auf ihre Projektseiten, um sich so genügend finanzielle Unterstützung für die Fertigstellung ihrer Arbeiten zu sichern und ein Publikum für sich zu gewinnen, das ihr fertiges Produkt schlussendlich hoffentlich zu schätzen weiß.

Diese Beispiele zeigen, wie wohldurchdachte Plattformen auf natürliche Weise einen Anreiz für User schaffen, Inhalte miteinander zu teilen. Als Grundregel gilt hierbei, dass Plattformdesigner dafür sorgen müssen, dass der Verbreitung von Werteinheiten nichts im Wege steht. Der Vorgang, diese Werteinheiten an externe Netzwerke wie Facebook zu übermitteln, sollte den User nicht von der Nutzung der Plattform ablenken, sondern sich vollständig in den Workflow der Plattform einfügen. Und je besser dieser Prozess an den eigentlichen Zweck der Plattform angepasst ist, desto wahrscheinlicher ist es, dass die Plattform viral wachsen kann.

Eine Plattform könnte auch gewollt (künstliche) Anreize bieten, um die Verbreitung von Werteinheiten zu fördern, die dann allerdings sorgfältig strukturiert sein müssen. So können beispielsweise finanzielle Zuwendungen zu einem Fass ohne Boden werden, sobald das virale Wachstum einer Plattform einsetzt. Dropbox, der beliebte cloudbasierte Dienst zum Speichern und Teilen von Daten, leistet im Hinblick auf die Strukturierung solcher Anreize gute Arbeit: Der Dienst bietet sowohl dem Sender als auch dem Empfänger zusätzlichen kostenlosen Speicherplatz, wenn der Empfänger sich als User registriert. Mund-zu-Mund-Propaganda für Dropbox zu betreiben, wird also nicht durch Geldzahlungen belohnt, die nur die Kassen des Unternehmens leeren würden, sondern durch die Möglichkeit einer noch intensiveren Inanspruchnahme des Dropbox-Dienstes. Dadurch wird das Wachstum weiter stimuliert und die User werden motiviert, die Plattform in noch größerem Umfang zu nutzen.

Die Werteinheit

Die Werteinheit ist für die Viralität von grundlegender Bedeutung: Sie repräsentiert den Nutzungsgrad einer Plattform, der sich auf externe Netzwerke ausdehnen kann und somit den Mehrwert der Plattform demonstriert. Allerdings sind nicht alle auf einer Plattform vorhandenen Werteinheiten auf anderen Netzwerken teilbar. Beispielsweise möchten die User einer Geschäftsplattform, die den Austausch nichtöffentlicher Dokumente erlaubt, sicher nicht, dass ihre vertraulichen Informationen auf dieselbe Weise verbreitet werden, wie Instagram-User ihre Schnappschüsse teilen. Die Gestaltung *teilbarer Werteinheiten* ist daher ein entscheidender Schritt in Richtung Viralität.

Eine teilbare Werteinheit könnte beispielsweise hilfreich sein, um Interaktionen auf einem externen Netzwerk zu starten – etwa in der Art und Weise, wie Instagram-Fotos auf Facebook zu Unterhaltungen zwischen mehreren Usern führen, die von den betrachteten Bildern angetan sind. Sie könnte auch die Möglichkeit schaffen, unvollständige Interaktionen abzuschließen – etwa so, wie eine unbeantwortete Frage auf Quora nach sozialem Feedback in Form einer Antwort verlangt oder neue Umfragen auf SurveyMonkey zur Teilnahme auffordert. Den Usern die Erstellung und Verbreitung teilbarer Werteinheiten zu erleichtern, hilft Ihnen dabei, eine Plattform aufzubauen, die schnell wächst und stark frequentiert wird. Natürlich sind jedoch nicht alle Werteinheiten teilbar, wie das oben genannte Beispiel der Geschäftsplattform zum Austausch vertraulicher Dokumente zeigt. Dass es bei für teilbare Werteinheiten ungeeigneten Plattformen zu viralem Wachstum kommt, ist unwahrscheinlich, daher müssen sich deren Betreiber nach anderen Möglichkeiten umsehen, um Wachstum zu generieren.

Das externe Netzwerk

Viele Plattformen greifen zur Generierung von Wachstum auf andere Plattformen zurück. So haben beispielsweise Instagram, Twitter, Zynga, Slide und andere ihr virales Wachstum in erster Linie Facebook zu verdanken, während sich Airbnb Craigslist zunutze machte und OpenTable auf das E-Mail-System baute.

Allerdings ist es beim Aufsetzen auf ein externes Netzwerk nicht damit getan, einen »Auf Facebook teilen«-Button einzurichten und zu erwarten, dass daraufhin millionenfach User auftauchen. Im Gegenteil: Externe Netzwerke führen oft sogar Beschränkungen ein, je mehr Drittanbieter-Anwendungen sie zur Förderung ihres Wachstums benutzen. So hat Facebook beispielsweise diverse Auflagen für

Spiele-Apps eingeführt, die seinen Usern von Drittfirmen angeboten werden. In anderen Fällen sind User, die mit einem konstanten Zustrom von Einladungen zu kämpfen haben, in denen Drittanbieter sie auffordern, ihre Waren oder Dienstleistungen zu testen, allmählich so abgestumpft, dass sie gar nicht mehr darauf reagieren. Um derlei Effekte zu verhindern, müssen die Betreiber von Plattform-Start-ups bei der Identifizierung von externen Netzwerken, auf die sie ihr eigenes Wachstum aufbauen können, strategisch vorgehen und nach kreativen, wertschöpfenden Wegen suchen, um mit ihren Usern in Kontakt zu treten.

Als LinkedIn im Jahr 2003 gelauncht wurde, gelang es den meisten sozialen Netzwerken Fuß zu fassen, indem sie die Hotmail- oder Yahoo-Kontaktlisten neuer User integrierten und diese aufforderten, ihre Kontakte per E-Mail auf die Plattform einzuladen. Dieser ursprünglich von Michael Birch (bekannt als Mitbegründer des kurzlebigen sozialen Netzwerks Bebo) konzipierte Hack verhalf vielen der ersten sozialen Netzwerke zu Wachstum. LinkedIn entschloss sich jedoch stattdessen, eine technisch herausfordernde Integration mit Microsoft Outlook zu entwickeln – der Software, die die meisten Geschäftskontakte der Art beherbergt, auf die LinkedIn gezielt zugreifen wollte. Der Integrationsprozess war zeitraubend und kostenintensiv, am Ende war diese Strategie aber sehr hilfreich, damit sich LinkedIn als erstrangiges soziales Netzwerk für Geschäftskontakte etablieren konnte.

Der Empfänger

Wenn der User einer Plattform einem Freund oder Bekannten eine Werteinheit sendet, wird der Empfänger, sofern er sie für bedeutsam, bemerkenswert, nützlich, unterhaltsam oder in sonstiger Weise werthaltig hält, darauf reagieren. Sind solche Werteinheiten interessant genug, dann werden die Empfänger sie weiterverbreiten, was gelegentlich auch Anlass für weitere Interaktionen in einem anderen Netzwerk gibt. Medienunternehmen wie Upworthy oder BuzzFeed sind fast ausschließlich aufgrund der starken Auswirkungen der von Usern veranlassten viralen Ausbreitung gewachsen.

Da die Werteinheiten von den Usern erstellt werden, können die Plattformbetreiber sie leider nur in begrenztem Maße beeinflussen. Instagram wählt keine Fotos aus oder retuschiert sie, um sie attraktiver erscheinen zu lassen. YouTube führt keine Regie bei den Uservideos und bearbeitet sie auch nicht. Und Facebook kuratiert keine Userbeiträge, um langweilige auszusortieren. Allerdings kann eine Plattform den Usern in manchen Fällen den richtigen Weg in Bezug darauf weisen, wie die Inhalte gestaltet sein sollten, damit sie für andere User attraktiver sind. Beispielsweise stellt Instagram Bildbearbeitungswerkzeuge zur Verfügung, um den Usern zu helfen, das Aussehen der von ihnen geposteten Fotos zu verbessern. Darüber hinaus wird auch Hilfestellung bei der Kennzeichnung der Bilder mit möglichst eindeutigen und aussagekräftigen Hashtags angeboten – etwa #VWBus für ein Foto eines Volkswagens, statt des allgemeineren #Lieferwagen oder (noch schlimmer) des nichtssagenden #Foto.[11]

Darüber hinaus können Plattformbetreiber die Werteinheiten mit einer Handlungsaufforderung verknüpfen – einer Botschaft, die gewährleistet, dass der User erkennt, von welcher Plattform die Werteinheit stammt und dass er die Möglichkeit hat, ihr beizutreten. Als bei der Kommunikationsplattform Hotmail virales Wachstum einsetzte, wurde an jede E-Mail der Text »P.S.: I love you. Get your FREE email at Hotmail.« (zu Deutsch: P.S.: Ich liebe dich. Hol dir ein KOSTENLOSES E-Mail-Konto bei Hotmail.) angehängt. Kostenlose E-Mail-Konten für die Kunden waren damals ein Novum, und somit handelte es sich um ein überzeugendes Angebot. Diese einfache Botschaft sorgte für Tausende neue User.

Ein virales Wachstum ist nicht allen aufkeimenden Plattformen vergönnt – wenn sich jedoch die Gelegenheit bietet, kann aus einer langsamen, aber stetigen Expansion ein geradezu kometenhafter Aufstieg werden, der eine Plattform zu einem nationalen oder globalen Phänomen macht, das über das Potenzial verfügt, seinen Markt in den kommenden Jahren zu dominieren.

Zusammenfassung

❑ Es gibt einen wichtigen Unterschied zwischen Plattformgeschäften und traditionellen Pipeline-Geschäften: In der Plattformwelt sind Pull-Strategien, die dafür ausgelegt sind, ein virales Wachstum zu ermöglichen, von größerer Bedeutung als die im konventionellen Marketing eingesetzten Push-Strategien (wie Anzeigenwerbung oder Öffentlichkeitsarbeit).

❑ Zur Überwindung des Henne-Ei-Problems verfolgen erfolgreiche Plattformen eine von acht bewährten Strategien: die *Follow-the-Rabbit-Strategie*, die *Huckepack-Strategie*, die *Seeding-Strategie*, die *Testimonial-Strategie*, die *Single-Side-Strategie*, die *Anbieter-als-Zugpferd-Strategie*, die *Big-Bang-Strategie* oder die *Mikromarkt-Strategie*.

❑ Die Expansionsgeschwindigkeit einer Plattform kann durch virales Wachstum beschleunigt werden. Hierfür sind vier Schlüsselelemente erforderlich: *Sender*, *Werteinheit*, *externes Netzwerk* und *Empfänger*.

6

MONETARISIERUNG
Wertschöpfung durch Netzwerkeffekte

V or einiger Zeit wurde Marshall Van Alstyne von zwei Unternehmensgründern angesprochen, die kurz vor einem Meeting mit einer Gruppe von Risikokapitalgebern standen. Sie hatten ein neues Plattform-Businesskonzept entwickelt, dem wir an dieser Stelle einmal den fiktiven Namen »Ad World« geben wollen, und hofften darauf, die versammelten Investoren mit ihrem cleveren Geschäftsmodell zu beeindrucken und so eine erhebliche Summe als Anschubfinanzierung zu erhalten.

»Unsere Idee sieht folgendermaßen aus«, erklärte einer der beiden Herren. »Unsere neue Plattform Ad World stellt einen Dienst für Unternehmen zur Verfügung, die Werbeagenturen suchen. Wir bieten einerseits Firmen, die Marketingkampagnen starten möchten, eine einfache Möglichkeit, ihre Angebotsanfragen einzustellen und ermöglichen es andererseits Werbeagenturen, auf ebenso einfache Weise entsprechende Angebote dafür abzugeben, die sich die Unternehmen dann ansehen und auf die sie reagieren können. So ähnlich wie bei 99Designs, wo kreative Grafiker mit Kunden in Kontakt treten können, die Hilfe bei künstlerischen Projekten benötigen, nur für den B2B- statt den B2C-Bereich.«

»Okay«, sagte Marshall. »Ich verstehe. Und wie kann ich Ihnen behilflich sein?«

»Wir möchten Folgendes wissen«, antwortete der Unternehmer. »Wir sind ziemlich sicher, dass Ad World für unsere User einen Mehrwert darstellt und auf reges Interesse stoßen wird. Allerdings fragen wir uns, wie wir am besten vorgehen sollten, um Einnahmen damit zu erzielen. Sollen wir von den Werbeagenturen eine Gebühr verlangen, um der Plattform beizutreten und ihre Profile einzustellen? Oder von den Unternehmen, die nach geeigneten Dienstleistern suchen? Oder sollten wir vielleicht die Auflistung einzelner Projekte kostenpflichtig gestalten? Eventuell sogar alle drei Leistungen?«

»Und wir brauchen eine schnelle Antwort«, warf sein Partner ein. »Wir müssen uns eine Strategie zurechtlegen, um Berechnungen anstellen zu können, damit wir den Risikokapitalgebern bei der Erläuterung unseres Geschäftsmodells Zahlen nennen können.«

Die beiden angehenden Plattform-Mogule starrten Marshall so erwartungsvoll an, dass es ihn regelrecht schmerzte, ihren Traum zerplatzen lassen zu müssen, aber ihm blieb keine andere Wahl. Also antwortete er so behutsam wie möglich: »Sie haben drei Optionen aufgezählt, um Ad World zu monetarisieren und mich gebeten, eine davon auszuwählen – oder Ihnen vielleicht sogar alle drei zu bestätigen. Meiner Ansicht nach sollten Sie jedoch keinen der genannten Ansätze verfolgen.«

Die beiden Gründer aus dieser Geschichte waren intelligente, talentierte und umsichtige Unternehmer, die ihre Hausaufgaben in Bezug auf die Beschaffenheit des Plattformökosystems durchaus gemacht hatten. Grundsätzlich war ihnen schon klar, wie Plattformunternehmen funktionieren, und ihnen war auch bewusst, dass für das Zustandekommen stabiler Interaktionen beide Seiten des Marktes gleichermaßen angesprochen werden müssen. Was die Monetarisierung anging, stellten sie jedoch schlichtweg die falschen Fragen.

Die Plattformbetreiber sollten die Listung auf der Plattform für *keine* der beiden Seiten kostenpflichtig machen. Ein solches Vorgehen würde ein übles Hindernis für den Beitritt zu diesem Ökosystem darstellen, das viele potenzielle User von vornherein von einem Beitritt abhalten würde. Für das Listen von Angeboten Geld zu verlangen, führt bloß dazu, dass die Leute weniger Angebote einstellen – und das ist schlecht, denn dies verringert das potenzielle Interaktionsvolumen, von den tatsächlich ausgeführten Interaktionen ganz zu schweigen. Außerdem wird dadurch auch der Umfang der auf der Plattform verfügbaren Daten reduziert – dringend benötigter Daten, die es bei diesem Geschäftsmodell überhaupt erst ermöglichen, bestens zueinander passende Kunden und Anbieter aufzuspüren und zusammenzubringen.

Tatsächlich sollten die Plattformbetreiber, anstatt von den Usern *Geld* für den Beitritt *zu verlangen*, deren Teilnahme *subventionieren* – etwa durch die Bereitstellung von Tools und Diensten, die ein schnelles, einfaches und effektives Vervollständigen der Profile ermöglichen.

Eine völlig überraschende Erkenntnis war das für die beiden Geschäftsleute aber wohl nicht. Zumindest in Teilen müssen sie schon so etwas geahnt haben, wie Marshall daran erkennen konnte, dass sie zur Erstellung von Userprofilen sogenannte *Scraper* (automatisierte Softwaretools zum Datensammeln im Internet) eingesetzt hatten. Sie wussten also, dass der Aufbau eines Kundenstamms ihre erste und größte Herausforderung war und dass die Errichtung jedweder Hürde – wie etwa das kostenpflichtige Registrieren – ein ernsthafter Fehler wäre.

Wie also könnten die Betreiber ihr Plattform-Geschäftsmodell monetarisieren? Die Antwort lautet: Selbstverständlich *können* sie sich den Mehrwert, den ihr

Ökosystem den Usern bietet, vergüten lassen – aber erst bei Vertragsabschluss und nicht schon für das bloße Listen der Angebote. Auf diese Weise ermöglichen sie den Anbietern eine risikolose Unterbreitung ihrer Angebote, weil eine Gebühr effektiv erst dann anfällt, wenn alle Beteiligten gefunden haben, was sie suchen. Diese Zahlung beruht also auf der erbrachten Leistung und erscheint somit vernachlässigbar, da sie nur einen Bruchteil des Wertes einer Transaktion ausmacht, die ohnehin stattfindet.

Darüber hinaus könnte sich allerdings auch eine von den beiden Unternehmensgründern überhaupt nicht in Betracht gezogene Strategie als die beste Alternative erweisen: Warum den Werbeagenturen nicht einen kostenpflichtigen Dienst anbieten, der es ihnen ermöglicht, im Nachhinein zu analysieren, warum sie einen Auftrag *nicht* erhalten haben? Eine Gebührenerhebung dieser Art würde keine Hürde für einen Vertragsabschluss darstellen, sondern den Wert des bereitgestellten Feedbacks widerspiegeln. Außerdem wäre damit nicht nur ein einmaliger Umsatz gewährleistet, vielmehr kämen wiederkehrende Einnahmen zustande. Und schließlich könnte ein solcher Service den Werbeagenturen auch dabei behilflich sein, die Qualität ihrer Angebote zu verbessern, was sich langfristig vorteilhaft auf die Wertigkeit der ausgeführten Interaktionen auswirken würde.

Die Geschichte dieser neu begründeten Plattform und der strategischen Herausforderungen, mit denen sich die beiden Unternehmer konfrontiert sahen, illustriert sowohl die Komplexität von Plattformunternehmen als auch die Kreativität, die deren Betreiber aufbringen müssen, wenn sie das Wertschöpfungspotenzial des von ihnen aufzubauenden Ökosystems vollständig umsetzen wollen. Die Monetarisierung ist in der Tat eine der schwierigsten – und faszinierendsten – Aufgaben, mit der sich jedes Plattformunternehmen auseinandersetzen muss.

Die Wertschöpfung und die Herausforderung der Monetarisierung von Netzwerkeffekten

Der inhärente Wert eines Plattformunternehmens besteht also vornehmlich aus den Netzwerkeffekten, die es erzeugt – deren Monetarisierung stellt allerdings eine besondere Herausforderung für sich dar. Netzwerkeffekte beschreiben die Attraktivität einer Plattform, indem sie selbstverstärkende Feedbackschleifen erzeugen, die die Userbasis vergrößern, häufig sogar ohne nennenswerten Aufwand aufseiten des Betreibers. Eine umfassendere Wertschöpfung durch die Anbieter auf einer Plattform zieht weitere Kunden an, die ihrerseits neue Anbieter anlocken und so wiederum für zusätzliche Wertschöpfung sorgen.

Dennoch gestaltet diese außerordentlich positive Wachstumsdynamik die Monetarisierung paradoxerweise sehr knifflig. Jede Form von Kosten, die den Usern auferlegt werden, trägt dazu bei, dass diese möglicherweise ganz von einer

Teilnahme an der Plattform absehen: Eine Gebühr für den Zugang zu einer Plattform zu erheben, könnte dazu führen, dass die User sie ganz meiden, während eine Nutzungsgebühr eine häufigere Teilnahme verhindern könnte. Gebührenzahlungen von Anbietern zu fordern, reduziert die Wertschöpfung und macht die Plattform für Kunden weniger attraktiv – und die Berechnung von Nutzungsgebühren wirkt sich nachteilig auf den Konsum aus und macht die Plattform folglich auch für Anbieter weniger attraktiv. Hierbei handelt es sich um genau das Dilemma, mit dem die Gründer von Ad World in dem vorgenannten Beispiel zu kämpfen hatten.

Wie also monetarisiert man eine Plattform, ohne die Netzwerkeffekte, deren Aufbau so mühsam war, zu beeinträchtigen oder sogar zunichte zu machen?

Manche Beobachter des Plattform-Business kommen zu dem Schluss, dass online vertriebene Waren und Dienstleistungen aufgrund der von Zusammenarbeit geprägten Art der Wertschöpfung im Internet naturgemäß kostenlos zu haben sein sollten. Allerdings wird ein Unternehmen, das für die Vorteile, die es bietet, kein Geld verlangt, natürlich kaum sehr lange überleben, da es keine für die Aufrechterhaltung oder Verbesserung der Geschäftstätigkeit erforderlichen Ressourcen generiert. Und für Investoren besteht kein Anreiz, das für ein Wachstum der Plattform benötigte Kapital bereitzustellen.

Manche Elemente einer solchen Gratiskultur können beim Aufbau von Netzwerkeffekten für ein Plattformunternehmen durchaus nützlich sein. Man sollte jedoch die verschiedenen Modelle kennen, in deren Kontext eine *teilweise* kostenlose Bereitstellung von Waren und Dienstleistungen das Wachstum vorantreiben kann. Jeder Student der Betriebswirtschaft kennt das Verkaufsmodell für Rasierapparate, das 1901 von dem Unternehmer King Gillette begründet wurde: Die Rasierapparate selbst werden verschenkt – oder zu einem sehr geringen, subventionierten Preis abgegeben –, die Rasier*klingen* kosten hingegen Geld.

Eine Untersuchung von Randal C. Picker, Rechtsprofessor an der University of Chicago Law School, stellt die wohlbekannte Geschichte von Gillettes Preisgestaltung für Rasierapparate und -klingen übrigens infrage: Picker konstatierte, dass weder die Zeitpunkte der Preisänderungen für Gillette-Rasierapparate und -Rasierklingen, noch das Ablaufdatum des Patents für Gillettes Sicherheitsrasierer die These belegen, dass sein Unternehmen das sogenannte Köder-und-Haken-Geschäftsmodell tatsächlich in der Form angewandt hat, wie man bislang annahm.[1] Dessen ungeachtet symbolisiert die vertraute Geschichte jedoch in anschaulicher Weise eine Strategie, die in einer Reihe von Märkten verfolgt wird, beispielsweise auch im Druckersegment: Die Verkäufe der kostspieligen Tonerkartuschen erzielen höhere Gewinne als die im Verhältnis dazu preiswerten Drucker.

Eine andere Variante dieser Strategie ist das Freemium-Modell, bei dem die Grundausführung eines Dienstes bzw. Produkts zunächst einmal kostenlos zur

Verfügung gestellt wird, um User anzulocken, während die vollumfängliche Nutzung sowie Erweiterungen kostenpflichtig sind. Viele Plattformen für Online-Dienste gehen auf diese Weise vor, z.B. Dropbox und MailChimp. Sowohl das Razor-and-Blade- als auch das Freemium-Modell monetarisieren dieselbe Userbasis (oder Teile davon).

Mitunter verhält es sich auch so, dass Plattformen einer bestimmten Usergruppe kostenlose oder subventionierte Dienste und Produkte anbieten, für die sie einem völlig anders zusammengesetzten Userkreis den vollen Preis berechnen. Durch diese Verfahrensweise wird die Gestaltung von Monetarisierungsmodellen allerdings verkompliziert, denn hierbei muss die Plattform gewährleisten, dass die auf der einen Seite verschenkten Werte auf der anderen Seite gewinnbringend einsetzbar sind. Auf diesem Gebiet wurde beträchtliche wissenschaftliche Arbeit geleistet. Geoff Parker und Marshall Van Alstyne gehörten zu den Ersten, die eine Theorie der Preisgestaltung in zweiseitigen Märkten entwickelten.[2] Diese Theorie führte unter anderem auch zu der Verleihung des Wirtschaftsnobelpreises 2014 an Jean Tirole, einen weiteren Wegbereiter auf dem Gebiet der Ökonomie zweiseitiger Märkte.[3]

Ein ausgewogenes Verhältnis für all die komplizierten Faktoren zu finden, die bei der Preisgestaltung in zweiseitigen Märkten eine Rolle spielen, ist nicht ganz einfach. Netscape, einer der Pioniere des Internetzeitalters, »verschenkte« seine Browser in der Hoffnung, dadurch die hauseigenen Webserver zu verkaufen. Leider gab es jedoch keine proprietäre Verknüpfung zwischen Browsern und Servern, die das Unternehmen verlässlich hätte steuern können. Stattdessen konnten die User genauso gut den Webserver von Microsoft oder den kostenlosen Apache-Webserver einsetzen – und deshalb ist es Netscape auch nie gelungen, die andere Seite des Browsergeschäfts zu monetarisieren. Wie dieses Beispiel zeigt, müssen Plattformunternehmen, deren Strategie eine teilweise kostenlose Bereitstellung ihrer Waren und Dienstleistungen vorsieht, gewährleisten können, dass die geschaffenen Werte, die sie zu monetarisieren hoffen, auch tatsächlich vollständig unter der Kontrolle der Plattform stehen.

Um die Herausforderung, die eine Monetarisierung darstellt, annehmen zu können, muss zuallererst eine Analyse der von der Plattform erzeugten Werte erstellt werden. Traditionelle Geschäftsmodelle ohne Plattformkonzept – sprich Pipelines – liefern den Kunden Werte in Form von Produkten oder Dienstleistungen, das heißt, sie verlangen zum Beispiel für die Ware selbst Geld, wie es etwa die Firma Whirlpool tut, wenn sie einen Geschirrspüler verkauft, oder aber für den Gebrauch des Produkts, wie z.B. GE Aviations, die sich die Montage und regelmäßige Wartung ihrer Flugzeugtriebwerke bezahlen lässt.

Ebenso wie Whirlpool und GE sind auch Plattformunternehmen mit der Gestaltung und Entwicklung von Technologie befasst. Doch statt die Technologie kostenpflichtig anzubieten, fordern sie die User auf, der Plattform beizutreten – und versuchen dann, Letztere zu monetarisieren, indem sie für die Werte, die die Plattformtechnologie den Usern bietet, eine Bezahlung verlangen. Diese Werte lassen sich in vier umfassende Kategorien unterteilen:

- **Für User: Zugang zu den auf der Plattform erzeugten Werten.** Für die Zuschauer sind die Videos auf YouTube von Wert. Android-User finden Gefallen an den verschiedenen Aktivitäten, die Apps ihnen ermöglichen. Und für Schüler stellen die bei Skillshare angebotenen Kurse einen Wert dar.
- **Für Anbieter oder Drittanbieter: Zugang zu einer Community oder einem Markt.** Airbnb ist für Gastgeber von Wert, weil es den Zugang zu einem globalen Markt von Reisenden bereitstellt. LinkedIn ist für Personalvermittler wertvoll, weil es ihnen ermöglicht, mit potenziellen Arbeitskräften in Kontakt zu treten. Und Alibaba bringt Händlern einen Mehrwert, weil sie ihre Waren mithilfe dieser Plattform an Kunden in der ganzen Welt verkaufen können.
- **Sowohl für User als auch für Anbieter: Zugang zu Tools und Dienstleistungen, die Interaktionen ermöglichen.** Plattformen erzeugen Werte, indem sie Reibungspunkte und Hürden abbauen, die Anbieter und User an der wechselseitigen Interaktion hindern. Kickstarter hilft kreativen Firmengründern dabei, Kapital für neue Projekte zu sammeln. eBay ermöglicht in Kombination mit PayPal jedem Interessierten, einen Online-Shop zu eröffnen, auf den User weltweit zugreifen können. YouTube gestattet es Musikern, ihre Fans mit Videos von ihren Auftritten zu versorgen, ohne physische Produkte (CDs oder DVDs) produzieren und über Zwischenhändler verkaufen zu müssen.
- **Sowohl für User als auch für Anbieter: Zugang zu Kuratierungsverfahren zur Qualitätsverbesserung von Interaktionen.** Die User wissen den Zugang zu hochwertigen Waren und Dienstleistungen zu schätzen, die ihre persönlichen Bedürfnisse und Interessen bedienen. Für Anbieter ist wiederum der Zugang zu Usern von Wert, die auf ihre Angebote zugreifen möchten und bereit sind, dafür faire Preise zu bezahlen. Vernünftig betriebene Plattformen entwickeln und pflegen Kuratierungssysteme, die User schnell und einfach mit geeigneten Anbietern zusammenbringen.

Diese vier Wertarten würde es ohne die Plattform nicht geben, daher könnten sie auch als die *Quellen des außerordentlichen Mehrwerts* beschrieben werden, den die Plattform generiert. Die meisten vernünftig gestalteten Plattformen erzeugen viel mehr Werte, als sie unmittelbar erfassen – und ziehen dadurch eine große Zahl von Usern an, die sich darüber freuen, all die Vorteile dieser »kostenlos« dargebotenen Werte nutzen zu können. Eine clevere Strategie zur Monetarisierung berücksichtigt zunächst alle vier Wertarten und ermittelt dann, welche Quellen des außerordentlichen Mehrwerts von der Plattform genutzt werden können, ohne dass das kontinuierliche Wachstum der Netzwerkeffekte behindert wird.

Zahlen sind nicht genug:
Den Wert von Netzwerkeffekten entdecken

Das 2005 von Ethan Stock gegründete Zvents war ursprünglich eine Art Veranstaltungskalender für die Metropolregion San Francisco Bay. Die Plattform wuchs schnell, expandierte auch über Kalifornien hinaus und wurde zur größten Website ihrer Art, die Hunderte von Märkten bediente und jeden Monat mehr als 14 Millionen Besucher verzeichnete. Sie war ein echter Hit – sowohl für die Anbieter, sprich die örtlichen Veranstalter, die ihre Konzerte, Shows, Messen, Festivals und andere Events auf der Website bewarben, als auch für die User, die sich bei Zvents anmeldeten, um sich über interessante Veranstaltungen zu informieren, die sie nach Feierabend oder am Wochenende besuchen konnten.

Stock schien den Silicon-Valley-Traum zu erleben: Nach dem Aufbau einer Plattform, die von Millionen Menschen regelmäßig genutzt wurde, blieb nur noch die Herausforderung zu meistern, sie auch zu monetarisieren. Das allerdings sollte sich als alles andere als einfach erweisen.

»Nachdem wir die kritische Masse erreicht hatten«, erinnert sich Stock, »und abzusehen war, dass wir zum Marktführer aufsteigen würden, gingen wir davon aus, dass die Event-Veranstalter nun auch zahlungswillig wären ... allerdings steht dem Geldverdienen in manchen Geschäftsbereichen ein entscheidendes K.O.-Kriterium im Weg: der Anspruch auf Vollständigkeit.«

Das Problem bestand darin, dass die Besucher der Zvents-Plattform erwarteten, eine vollständige Liste aller lokalen Veranstaltungen vorzufinden. Wäre nur ein Teil des gesamten Event-Angebots aufgeführt worden, hätte sich das Interesse der Besucher schnell verflüchtigt. Zvents hatte also kaum eine Handhabe, um die Veranstalter zur Entrichtung einer Gebühr zu bewegen: Hätten sie in Erwägung gezogen, nicht zahlungswillige Veranstalter von ihrer Liste zu streichen, wäre das äußerst kontraproduktiv gewesen, denn schließlich war die Vollständigkeit der Event-Liste ja gerade das, was den Mehrwert von Zvents ausmachte. Den Zugang zu dieser Plattform für die Anbieter kostenpflichtig zu gestalten, würde somit nicht funktionieren.

Also experimentierte Zvents mit einem anderen Monetarisierungsverfahren, auf das wir später in diesem Kapitel noch zu sprechen kommen, indem man von den Anbietern eine Gebühr für einen erweiterten Zugang zu der Plattform erhob. Es gelang ihnen auch, einige der Veranstalter dazu bewegen, für eine bessere Positionierung ihrer Event-Ankündigungen zu bezahlen, an der Zahl der Besucher bzw. der verkauften Eintrittskarten gemessen jedoch mit nur mäßigem Erfolg. Zvents Umsätze tröpfelten lediglich vor sich hin, anstatt zu dem erhofften reißenden Absatzstrom anzuwachsen. Im Juni 2013 gab Stock seinen Traum von der Errichtung eines lukrativen Plattformimperiums, das es mit Google oder Facebook aufnehmen könnte, endgültig auf und verkaufte sein Unternehmen an eBay, das Zvents seither in Verbindung mit seiner Ticketbörse StubHub als Bulletin-Board- bzw. Pinnwand-System für Kunstausstellungen und Unterhaltungsveranstaltungen einsetzt.

Und welche Lehren lassen sich nun daraus ziehen? Netzwerkeffekte spiegeln, *allein an der Anzahl der Besucher gemessen*, nicht unbedingt den monetären Wert einer Plattform wider. Die ermöglichten Interaktionen müssen einen beträchtlichen Mehrwert erzeugen, der von der Plattform abgeschöpft werden kann, ohne einen negativen Einfluss auf die Netzwerkeffekte zu haben. Ist das nicht der Fall, könnte eine Monetarisierung unmöglich sein.

Die paradoxe Beziehung zwischen Netzwerkgröße und Monetarisierungspotenzial hat damit aber noch kein Ende. In manchen Fällen *steigen* die Chancen für die Monetarisierung einer Plattform drastisch, wenn die Anzahl der User *sinkt* – das spiegelt dann wiederum die Kraft *negativer* Netzwerkeffekte wider, den Wert einer Plattform zu beeinflussen.

2002 wurde das Social-Media-Portal Meetup gelauncht, um es Menschen zu ermöglichen, sich online zu Interessensgruppen zusammenzufinden, Kontakt aufzunehmen und Offlinetreffen (»Meetups«) zu organisieren. Einer der Mitbegründer, Scott Heiferman, erzählte, dass ihn die spontanen Community-Zusammenschlüsse, die nach den Terroranschlägen am 11. September 2001 in New York zu beobachten waren, auf diese Idee gebracht hatten.

Als kostenlose Plattform konnte Meetup schnell Fuß fassen, das Platzen der Dotcom-Blase Ende der 1990er-Jahre war den Betreibern jedoch ein stetes Mahnmal, das sie daran erinnerte, letztlich auch ein tragfähiges Monetarisierungsmodell entwickeln zu müssen. Zunächst versuchten sie, über die Leadgenerierung (bzw. die Interessentengewinnung) Einnahmen zu erzielen, indem sie von den Anbietern, bei denen die Treffen stattfanden (wie Restaurants oder Bars), Gebühren erhoben, die sich an der Anzahl der Teilnehmer bemaßen. In einer Welt, in der es noch keine Smartphones gab, funktionierte dieses Monetarisierungsmodell jedoch nicht besonders gut: Die Anzahl der angemeldeten und der tatsächlich bei einer Veranstaltung erscheinenden Teilnehmer unterschied sich, und Meetup hatte keine Möglichkeit, eine verlässliche Zählung vorzunehmen, um angemessene Gebühren zu ermitteln.

Also gab man dieses Modell auf und experimentierte mit anderen Methoden, um den Dienst zu monetarisieren. Meetup probierte es nun mit Werbung, es gelang jedoch nicht, genügend Anzeigenkunden anzulocken. Dann versuchte das Unternehmen, ein Premiumprodukt namens Meetup Plus anzubieten, doch der gebotene Mehrwert stieß nur auf geringes Interesse. (Wohl nicht ganz grundlos: Als Heifermann Jahre später in einem Interview gebeten wurde, die erweiterten Dienste von Meetup Plus zu erklären, musste er lachen und sagte: »Meine Güte, ich kann mich nicht einmal mehr daran erinnern, welchen Mehrwert der Dienst bot. Sie konnten dann ... Keine Ahnung! Ich weiß es nicht mehr.«) Und schließlich startete man auch den Versuch, Gebührenzahlungen von politischen Organisationen zu fordern, die damals einen zunehmend wachsenden Teil der Plattform darstellten, doch auch damit wurden lediglich bescheidene Umsätze erzielt. Allmählich gingen den Betreibern die Optionen aus.

Unterdessen sah sich Meetup außerdem mit einem anderen Problem konfrontiert – das paradoxerweise dazu beitragen sollte, das Unternehmen zu retten: der Zunahme negativer Netzwerkeffekte. In der Wachstumsphase der Plattform konnte die Planung der Treffen relativ restriktionsfrei erfolgen, weshalb viele der Zusammenkünfte anfangs kein klares Ziel oder hinreichende Konzepte aufwiesen. Dementsprechend fand sich recht viel »Rauschen« auf der Plattform, das für User, die sich für ein Treffen angemeldet hatten und dann feststellen mussten, dass es kaum weitere Teilnehmer gab und nur minimale Aktivität zustande kam, zu enttäuschenden Erfahrungen führte.

Als Reaktion darauf traf die Unternehmensleitung die riskante Entscheidung, von den Organisatoren der Treffen Gebühren zu erheben – trotz der potenziellen Gefahr, dass die Plattform dadurch stark schrumpfen und die Netzwerkeffekte geschwächt werden könnten. Man hatte sich überlegt, dass man auf diese Art einerseits das Monetarisierungsproblem lösen und andererseits gleichzeitig auch die Organisatoren von Treffen ohne klare Zielsetzungen loswerden könnte. Und so wurden sämtliche Organisatoren schriftlich darüber in Kenntnis gesetzt, dass sie künftig 19 Dollar pro Monat zahlen müssten, wenn sie den Meetup-Dienst weiterhin in Anspruch nehmen wollten.

Das Echo auf diese Ankündigung war gewaltig. Nachdem *Businessweek* einen Artikel über die neue Strategie von Meetup veröffentlicht hatte, erhielt das Magazin zahllose E-Mails von Plattformusern, die den Untergang des Dienstes voraussagten. Ein User aus London schrieb: »Ich denke, man kann guten Gewissens behaupten, dass so ziemlich alle Organisatoren schockiert waren. Die meisten, mit denen ich gesprochen habe, werden den Dienst für ihre Gruppentreffen nicht mehr nutzen ... Heutzutage kann das, was Meetup leistet, ohnehin von allen Usern selbst und sogar effizienter erledigt werden. Außerdem gibt es haufenweise Open-Source-Software, mit der man eigene Websites erstellen kann.«[4]

Doch trotz dieser Reaktionen ging die Strategie des Unternehmens auf: Die Anzahl der Treffen, die über die Website beworben wurden, sank zwar drastisch, dafür verbesserte sich die Qualität der Zusammenkünfte – und damit auch die Qualität der Interaktionen – aber beträchtlich. Fünf Jahre später erklärte Heiferman in einem Interview: »Das Fazit, das wir aus dem Umstieg von einem kostenlosen zu einem kostenpflichtigen Modell ziehen können, lautet: Ja, die Website hat 95 Prozent an Aktivität eingebüßt, allerdings ist das, was jetzt dort passiert, erheblich werthaltiger als vorher. Inzwischen verläuft die Hälfte der organisierten Treffen erfolgreich – früher waren es nur 1 bis 2 Prozent.[5]

Wie wir bereits erörtert haben, besteht die Zielsetzung einer Plattform nicht nur einfach darin, die Anzahl der Teilnehmer und Interaktionen in die Höhe zu treiben. Darüber hinaus muss sie auch die nötigen Schritte unternehmen, um die jeweils erwünschten Interaktionen zu fördern und die unerwünschten zu verhindern. Und genau das wurde mit dem Monetarisierungsmodell von Meetup erreicht: Durch die Abschreckung derjenigen Organisatoren, die mit ihren Treffen keine klaren und ernst zu nehmenden Zielsetzungen verfolgten, konnte mithilfe der neuen Preisgestaltung eine Qualitätskultur auf der Plattform geschaffen werden.

Es wäre ein Fehler anzunehmen, dass sich Netzwerkeffekte immer optimieren lassen, indem man darauf verzichtet, von den Usern Gebührenzahlungen zu verlangen. Zur Analyse der Herausforderung, die eine Monetarisierung darstellt, gibt es einen besseren Ansatz. Stellen Sie sich die folgenden Fragen: Wie können wir Umsätze erzielen, ohne die positiven Netzwerkeffekte zu beeinträchtigen? Können wir eine Form der Preisgestaltung finden, die unsere positiven Netzwerkeffekte verstärkt und gleichzeitig die negativen Netzwerkeffekte reduziert? Können wir eine Strategie entwickeln, die erwünschte Interaktionen fördert und unerwünschte verhindert?

Monetarisierungsmethoden (1): Erhebung von Transaktionsgebühren

Bei der nachfolgenden Erkundung verschiedener Möglichkeiten zur Entwicklung effektiver Monetarisierungsstrategien blicken wir noch einmal auf die vier Arten des Mehrwerts zurück, die eine Plattform erzeugt: Wertschöpfung, Marktzugang, Zugang zu Tools und Kuratierung. Alle vier werden letztlich durch eine Interaktion abgeschlossen – und in vielen Fällen gehört die finanzielle Transaktion einfach dazu, beispielsweise wenn ein Uber-Kunde einen Fahrer für eine Tour bezahlt, wenn ein eBay-Käufer dem Verkäufer eines Produkts den Kaufpreis zukommen lässt oder wenn Upwork einen Freelancer für ein beendetes Projekt entlohnt. Plattformen, die derartige Zahlungsvorgänge gestatten, können die erzeugten Werte monetarisieren, indem sie eine Transaktionsgebühr erheben, die z.B. in Form eines prozentualen Anteils am Umsatz berechnet wird oder als Pauschalpreis pro Transaktion zu entrichten ist. Das letztgenannte System, das einfacher zu handhaben ist, ist insbesondere dann attraktiv, wenn mit einer großen Zahl von Transaktionen zu rechnen ist, ohne dass sich deren Umfang stark ändert.

Das Erheben von Transaktionsgebühren ist eine gute Möglichkeit, die von der Plattform erzeugten Werte zu monetarisieren, ohne den Zuwachs der Netzwerkeffekte zu behindern. Da Käufer und Verkäufer nur dann zahlen müssen, wenn auch tatsächlich eine Transaktion stattgefunden hat, werden sie zudem nicht verunsichert oder gar davon abgehalten, der Plattform beizutreten und Teil des Netzwerks zu werden. Fällt die Transaktionsgebühr allerdings übertrieben hoch aus, könnte dadurch das Zustandekommen von Transaktionen verhindert werden. Plattformbetreiber müssen hier gegebenenfalls ein wenig experimentieren, um ein Gebührenniveau zu finden, bei dem ein fairer Prozentsatz des erzeugten Wertes abgeschöpft wird, ohne dass die User abgeschreckt werden.

Eine schwierigere und beständigere Herausforderung ist allerdings, dafür zu sorgen, dass die auf der Plattform durchführbaren Interaktionen auch wirklich auf selbiger stattfinden. Käufer und Verkäufer, die über die Plattform zueinander gefunden haben, werden naturgemäß versuchen, die anschließenden Transaktionen, sofern möglich, außerhalb dieses Umfeldes vorzunehmen, um so die anfallenden Gebühren zu sparen.

Dieses Problem ist bei Plattformen, die Dienstanbieter mit Dienstnutzern zusammenbringen, besonders stark verbreitet. Mit dem Aufkommen von Freelance Economy und Shareconomy sind Plattformunternehmen wie Airbnb und Uber oder auch TaskRabbit (eine Art Online-Jobbörse für Freiberufler) und Upwork entstanden, die Dienstleistungen vermitteln – und die meisten davon sehen sich auch mit der Frage konfrontiert, wie sie die komplette Durchführung der Interaktion auf der Plattform selbst forcieren können. In der Regel kann eine Interaktion überhaupt erst stattfinden, nachdem sich der Anbieter (der die Dienstleistung bereitstellt) und der User (der die Dienstleistung in Anspruch nimmt) auf die genauen Bedingungen geeinigt haben. Dazu ist es aber für gewöhnlich bereits erforderlich, dass beide Seiten direkt miteinander interagieren. Zudem findet die dazugehörige finanzielle Transaktion meist erst nach der Bereitstellung der Dienstleistung statt, wobei beide Beteiligte ebenfalls wieder direkt miteinander interagieren müssen. Und eben diese direkten Interaktionen sind es, die die Wertschöpfung auf der Plattform erschweren, weil sie den beiden beteiligten Parteien Gelegenheit bieten, außerhalb der Plattform Absprachen miteinander zu treffen. Und die Folge ist dann oft, dass der Empfänger der Dienstleistung durch die so eingesparte Transaktionsgebühr einen Preisnachlass erhält und der Bereitsteller einen größeren Teil der Transaktionssumme einbehält. Der einzige Verlierer dabei ist das Plattformunternehmen.

Plattformen wie Fiverr (ein Marktplatz für internetbasierte Dienstleistungen), Groupon (eine Website für Gutschein- und Rabattangebote) und Airbnb lösen dieses Problem, indem sie die gegenseitige Kontaktaufnahme der Beteiligten vorübergehend verhindern: Hier wird versucht, sämtliche Informationen bereitzustellen, die ein User benötigt, um eine Entscheidung bezüglich der durchzuführenden Interaktion treffen zu können, ohne sich mit dem Anbieter in

Verbindung setzen zu müssen. Groupon erreicht das durch weitgehend standardisierte Dienstleistungen, während die weniger normierten Plattformen Airbnb und Fiverr einen Bewertungsmechanismus und andere Kennwerte zur Verfügung stellen, die auf die Zuverlässigkeit eines Dienstleistungsanbieters schließen lassen. Die Notwendigkeit einer unmittelbaren Kontaktaufnahme zwischen den beiden Parteien ist dadurch kaum noch gegeben.

Manchmal sind Strategien wie diese jedoch unzureichend. Das gilt insbesondere für Plattformen, die einen Markt für professionelle Dienstleistungen schaffen, für deren Bereitstellung es oft erforderlich ist, sich abzusprechen, sich auszutauschen und Workflows zu managen. Daher ist es aus Sicht der Plattform vielleicht auch gar nicht möglich, die Kontrolle über die Kommunikation zwischen Anbieter und User zu behalten – und dem User die Gebühren vorab in Rechnung zu stellen, ist meist ebenfalls keine Option.

In solchen Fällen muss die Plattform bei der Ermöglichung von Interaktionen zusätzliche, Mehrwert schaffende Aktivitäten anbieten. Upwork stellt beispielsweise Tools zur Verfügung, um den Dienstleistungsanbieter aus der Ferne zu überwachen. Dadurch können User, die professionelle Dienstleistungen in Anspruch nehmen, die Fortschritte eines Projekts verfolgen und ihre Zahlungen nach dem tatsächlichen Lieferzeitpunkt ausrichten.

Die Plattform Clarity, die Ratsuchende mit geeigneten Experten zusammenbringt, setzt einen ähnlichen Mechanismus ein, um die Kontrolle über die Interaktionen zu behalten. Früher stellten Plattformen dieser Art lediglich den Kontakt zwischen den beiden beteiligten Parteien her, berechneten eine Vermittlungsgebühr und gestatteten dann die Durchführung der Transaktion auch außerhalb der Plattform. Clarity bietet hingegen zusätzlich Verwaltungsfunktionen für Telefonie und Rechnungserstellung, die dazu dienen, dass Interaktionen unmittelbar auf der Plattform selbst stattfinden: Auf der einen Seite wird den Anbietern hier die Möglichkeit geboten, den gesamten Abrechnungsvorgang direkt über die Plattform vorzunehmen, was es den Beratern erleichtert, auch durch kleine, einmalige Aufträge Einnahmen zu erzielen. Und auf der anderen Seite profitieren die User von einer minutengenauen Telefonie-Gebührenerfassung und haben die Möglichkeit, Beratungsgespräche, die sich nicht als zielführend erweisen, ohne Weiteres jederzeit abbrechen. Auf diese Weise wird beiden beteiligten Parteien ein hinreichend großer Mehrwert geboten, damit sie Clarity auch nach der eigentlichen Kontaktanbahnung weiterhin nutzen, weil es eigentlich keinen Anlass gibt, die darauffolgenden Interaktionen außerhalb der Plattform durchzuführen.

Diese Beispiele zeigen, dass Plattformen für die Vermittlung von Dienstleistungen, die Interaktionen zu monetarisieren beabsichtigen, Tools und Services bereitstellen müssen, die für beide beteiligten Parteien von Vorteil sind, indem sie

Reibungspunkte beseitigen, Risiken minimieren und Interaktionen allgemein erleichtern.

Zusätzliche Vorteile wie diese sind allerdings nicht immer ausreichend, um allen Vermittlungsplattformen auch tatsächlich zum Erfolg zu verhelfen. Plattform-Geschäftsmodelle, die vergleichsweise einfache lokale Dienstleistungen (wie Klempner- oder Malerarbeiten) vermitteln, haben weiterhin damit zu kämpfen, dass die Interaktionen auch wirklich unmittelbar auf der Plattform selbst stattfinden. Die mit derartigen Interaktionen verbundenen Risiken sind geringer als dies bei der Beauftragung eines professionellen Freelancers der Fall ist, denn: Die Beteiligten lernen einander persönlich kennen, die Arbeit ist einfacher, die Leistungsqualität schwankt nicht so stark, und da die Tätigkeit selbst außerhalb der Plattform ausgeführt wird, für gewöhnlich sogar unter Aufsicht des Kunden, kann der Dienstleister überwacht werden, ohne dass dazu auf Softwaretools zurückgegriffen werden muss. Manche dieser Plattformen müssen gegebenenfalls auf das Modell des *erweiterten Zugangs* zurückgreifen, das später in diesem Kapitel noch erläutert wird.

Monetarisierungsmethoden (2): Gebühren für den Marktzugang

In manchen Fällen ist es möglich, eine Plattform zu monetarisieren, indem von den Anbietern eine Gebühr für den Zugang zu einer Community von Usern erhoben wird, die der Plattform *nicht* zum Zweck der Interaktion mit den Anbietern beigetreten sind, sondern aus irgendwelchen anderen Gründen.

Dribbble hat in der Design-Community rasch an Bekanntheit gewonnen und gilt als hochwertige Plattform für Kreativschaffende aller Art – Künstler, Illustratoren, Logogestalter, Grafikdesigner, Typografen und andere –, die dort ihre Arbeiten zur Schau stellen und so an die Öffentlichkeit treten und sich einen Namen machen sowie wertvolles Feedback von ihren Kollegen erhalten können. Die Dribbble-User verwenden den Basketballjargon und bezeichnen neue Bilder als »Shots«, Bildkategorien als »Buckets« und erneut gepostete beliebte Bilder als »Rebounds«. Auch dieser eigentümliche Sprachgebrauch hat zur Entwicklung einer höchst engagierten Community beigetragen, der viele der besten Designer unserer Zeit angehören.

Die Betreiber von Dribbble sind sehr darauf bedacht, den langfristigen Wert dieser spezialisierten Community zu schützen. Dementsprechend erheben sie von den Mitgliedern keine Gebühr für den Zugang zur Plattform, weil dies die Netzwerkeffekte schwächen könnte. Des Weiteren haben sie beschlossen, auch keine gesponserten Bilder zuzulassen, die einen erweiterten Zugang zur Community ermöglichen (beispielsweise indem sie unaufgefordert auf der Homepage eines Users angezeigt werden), weil das in der Wahrnehmung der Mitglieder das Prestige der Seite schmälern würde. (Die Strategie des erweiterten Zugangs kommt später noch etwas ausführlicher zur Sprache.) Zwecks Monetarisierung der Website gewährt Dribbble jedoch Dritten den Zugang zur Community gegen Bezahlung. In diesem Fall müssen Unternehmen, die nach Designern suchen, also eine Gebühr entrichten, um Stellenangebote in der Jobbörse der Website posten zu können.

Diese Form der Monetarisierung erzeugt letztlich Interaktionen, die für beide Seiten von Vorteil sind: Die Designer werden motiviert, ihre besten Arbeiten bei Dribbble zu präsentieren, weil sie auf diese Weise Kontakte zu neuen Auftraggebern knüpfen können – und die Unternehmen erhalten Zugang zu den besten Kreativen, deren Portfolios bereits durch die Design-Community kuratiert wurden.

Man könnte Dribbbles Monetarisierungsmethode auch schlicht mit dem Begriff »Advertising« beschreiben, allerdings stellen die hochspezialisierten Stellenanzeigen auf dieser Site im Gegensatz zu den meisten herkömmlichen Ads einen Mehrwert für die Community dar, unterstreichen die Schlüsselinteraktion und verstärken die Netzwerkeffekte, statt nur ein wertminderndes Rauschen hinzuzufügen.

Auf ähnliche Weise gestattet es LinkedIn Personalvermittlern, anderen Mitgliedern Stellenangebote zu präsentieren und bietet Unternehmen die Möglichkeit, Geschäftskontakte oder potenzielle Mitarbeiter anhand ihres Werdegangs und ihrer beruflichen Referenzen zu vergleichen und dann zu kontaktieren. LinkedIns Leistungsfähigkeit als Rekrutierungsplattform animiert die User, ihre Profile häufiger zu aktualisieren, und dadurch bleibt die Plattform aktiv und rege.

Wir haben in diesem Kapitel immer wieder festgestellt, dass ein Monetarisierungsmodell nur dann tragfähig ist, wenn es Netzwerkeffekte verstärkt (statt sie zu schwächen). Den Zugang zu einer Community für Drittanbieter kostenpflichtig zu gestalten, ist nur dann effektiv, wenn die neu hinzukommenden Inhalte – wie die Stellenangebote bei Dribbble – den Wert der Plattform für die User erhöhen.

Monetarisierungsmethoden (3): Gebühren für erweiterten Zugang

Unter bestimmten Umständen kann eine Plattform, die Zahlungsvorgänge ermöglicht, nicht in der Lage sein, die Transaktionen selbst durchzuführen und sie daher auch nicht monetarisieren. Sie könnte aber stattdessen von den Anbietern eine Gebühr für den erweiterten Zugang zu den Kunden erheben. Hierbei handelt es sich um Tools, die es einem Anbieter auf einer zweiseitigen Plattform ermöglichen, aus der breiten Masse herauszuragen und wahrgenommen zu werden, um so trotz der zahlreichen rivalisierenden Anbieter und dem damit einhergehenden intensiven Wettbewerb Kunden anzuziehen. Plattformen, die von den Anbietern eine Gebühr für zielgerichtetere Botschaften, eine bessere Positionierung oder Interaktionen mit einer besonders attraktiven Klientel erheben, setzen den erweiterten Zugang als Monetarisierungsmethode ein.

Das Verfahren zur Monetarisierung über den erweiterten Zugang wirkt sich im Allgemeinen nicht nachteilig auf die Netzwerkeffekte aus, weil allen Anbietern und Kunden weiterhin die offene Teilnahme an der Plattform (ohne erweiterten Zugang) möglich ist. Diejenigen Marktteilnehmer, die von dem Mehrwert eines erweiterten Zugangs besonders stark profitieren, können jedoch auf Wunsch gegen Gebühr davon Gebrauch machen – wodurch ein Teil dieses Mehrwerts dann wiederum auch dem Plattformunternehmen zugutekommt.

So finanzierten sich beispielsweise Lokalzeitungen jahrzehntelang durch das traditionelle Kleinanzeigengeschäft mit kommerziellen Werbebotschaften. Heutzutage nutzen Online-Plattformen ein ähnliches Geschäftsmodell, indem sie sich die prominentere Platzierung ebensolcher Botschaften von den Anbietern bezahlen lassen. Zum Beispiel bietet Yelp Restaurants eine erhöhte Wahrnehmung und ein besseres Branding auf der Plattform in Form einer kostenpflichtigen Premiumlistung in den Suchergebnissen an. Und die Restaurants sind durchaus bereit, die dafür anfallenden Gebühren zu entrichten, weil es ihnen dadurch erleichtert wird, aus der breiten Masse herauszuragen und die Aufmerksamkeit der wertvollsten potenziellen Kunden auf sich zu ziehen.

Das Google-Suchsystem kann in vergleichbarer Weise betrachtet werden: Jeder Websitebetreiber kann durch Suchmaschinenoptimierung, ein autonomes Websitedesign und eigenen Code selbst eine bessere Platzierung seiner Website erreichen, ohne dass Google dadurch irgendwelche Einnahmen erwirtschaftet – und doch entschließen sich manche Betreiber, durch die Inanspruchnahme von Google Adwords für eine bessere Platzierung zu zahlen. Auch Tumblr, eine 2013 von Yahoo übernommene Microblogging-Plattform, ermöglicht es den Usern, ihre Posts gegen Gebühr einem breiteren Publikum zugänglich zu machen. Und Twitter unterstützt ebenfalls gesponserte Inhalte am Anfang des Feeds.

Eine weitere Möglichkeit, einen erweiterten Zugang zu monetarisieren, besteht darin, den Abbau bzw. die Reduzierung der ansonsten oftmals zwischen Usern existierenden Barrieren kostenpflichtig zu gestalten. Beispielsweise ist es Männern auf Dating-Portalen zwar häufig erlaubt, die Profile von Frauen einzusehen, allerdings ohne dass dabei irgendwelche Details preisgegeben werden, die zur Identifizierung der Damen dienen könnten. User, die ein kostenpflichtiges Abonnement abgeschlossen haben, erhalten hingegen Zugang zu weiteren Informationen, die es ihnen ermöglichen, andere User, an denen sie Interesse haben, direkt zu kontaktieren.

Die Monetarisierung des erweiterten Zugangs für User muss allerdings wohldurchdacht sein: Wenn hier Fehler unterlaufen, kann sich dadurch das Rauschen auf der Plattform erhöhen, was dann zu den in Kapitel 2 beschriebenen negativen Netzwerkeffekten führt.

Als wichtige Grundregel muss gewährleistet sein, dass die User mühelos zwischen Inhalten unterscheiden können, die aufgrund kostenpflichtiger Werbeaktivitäten in der Rangliste aufgestiegen sind oder anderweitig hervorgehoben wurden, und solchen Inhalten, deren hohe Platzierung oder Beliebtheit auf natürliche oder – wie es in der Fachsprache heißt – *organische* Weise zustande gekommen ist. Die Premiumlisten bei Yelp und die bezahlten Anzeigen in den Suchergebnissen von Google sehen anders aus als die organischen Ergebnisse – und das wiederum vermittelt ein Gefühl von Transparenz, das bei den Usern Vertrauen erweckt. Fast alle Suchmaschinen vor Google, die diesen Grundsatz missachteten, verwirrten und verärgerten die User und beeinträchtigten dadurch den Wert der eigenen Plattform. Die Verfahren des sogenannten *Native Advertising* (getarnte Werbung), bei dem bezahlte Internetinhalte so gestaltet werden, dass sie unbezahlten Inhalten möglichst ähnlich sehen, laufen Gefahr, als betrügerisch zu erscheinen und User zu vertreiben.

Plattformbetreiber müssen außerdem darauf achten, dass bei der Monetarisierung des erweiterten Zugangs nicht der Eindruck entsteht, der Zugang der User sei eingeschränkt. Als größtes soziales Netzwerk der Welt erzeugt Facebook einen enormen Mehrwert für Markenanbieter, die mit bereits vorhandenen und potenziellen Kunden in Kontakt treten möchten. Manche dieser Brands erreichen eine riesige Zahl von Facebook-Mitgliedern. Allerdings wurde Facebook 2014 und 2015 weithin dafür kritisiert, bei der Kuratierung Änderungen vorgenommen zu haben, um die Markenreichweite auf der Plattform zu beschränken – mit Ausnahme derjenigen Anbieter, die für den Zugang zu einem breiteren Publikum zu zahlen bereit waren. Es entstand der Eindruck, dass Facebook die Anzahl der den Plattformteilnehmern zur Verfügung stehenden Dienste verringerte, um zusätzliche Umsätze erzielen zu können. Das schiere Ausmaß des Facebook-Netzwerks und die damit verbundenen enormen Netzwerkeffekte erlaubten es dem Unternehmen allerdings, die Vorwürfe achselzuckend hinzunehmen – jedenfalls bis jetzt. Aber nur wenige andere Plattformen wären in der Lage, mit solch einer Handlungsweise davonzukommen.

Und schließlich müssen Plattformbetreiber sicherstellen, dass die üblichen Regeln der Kuratierung auch strikt auf die Inhalte derjenigen Anbieter angewendet werden, die für einen erweiterten Zugang zahlen. Facebooks Mehrwert beruht auf der Relevanz der Newsfeeds – eine Lawine gesponserter Beiträge, denen diese Relevanz fehlt, könnte die User letzten Endes von der Plattform vertreiben.

Monetarisierungsmethoden (4): Gebühren für erweiterte Kuratierung

Wenn wir an Netzwerkeffekte denken, neigen wir zu der Annahme, dass mehr auch besser ist. Allerdings haben wir in den Kapiteln 2 und 3 festgestellt, dass für positive Netzwerkeffekte nicht nur die Quantität, sondern auch die Qualität verantwortlich ist. Wenn die Menge der auf einer Plattform verfügbaren Inhalte so riesengroß wird, dass es den Usern immer schwerer fällt, den erwünschten hochwertigen Inhalt zu finden, nach dem sie suchen, sinkt dadurch aus ihrer Sicht der Mehrwert der Plattform. Und wenn das geschieht, sind die User womöglich bereit, für den Zugang zu garantierter Qualität – mit anderen Worten: für eine erweiterte Kuratierung – zu zahlen.

Die an anderer Stelle bereits erwähnte Plattform Sittercity fordert von den Eltern eine Gebührenzahlung für den Zugang zu ihrem Dienstleistungsangebot. Um ein hohes Qualitätsniveau sowie eine breit gefächerte Auswahl zu gewährleisten, findet sowohl eine strikte Kuratierung als auch eine strenge Überprüfung der Babysitter statt, die zu der Plattform zugelassen werden – eine Quelle beträchtlichen Mehrwerts für Eltern, die sich um das Wohlbefinden ihrer Kinder sorgen. Und eben dieser Mehrwert erlaubt es Sittercity, anstelle der auf Dienstleistungsplattformen sonst üblichen Transaktionsgebühr eine Abonnementgebühr zu erheben.

Sangeet Choudary hat als Berater bei der Bildungsplattform Skillshare daran mitgewirkt, den Übergang von einem reinen Transaktionsgebührenmodell zu einem Abonnementmodell zu vollziehen, das einen Mehrwert bietet, sobald eine entsprechende Gebühr dafür bezahlt wird. Skillshare ermöglicht es den Lernenden, für jeden belegten Kurs separat zu zahlen – und seit die Betreiber eine erhebliche Anzahl hochwertiger Kurse kuratiert haben, können die Schüler darüber hinaus gegen Zahlung einer monatlichen Abonnementgebühr auch Zugang zu mehreren verschiedenen Kursen gleichzeitig erhalten. In diesem System werden einerseits die Lehrer mit »Tantiemen« vergütet, die anhand der Anzahl der Abonnenten, die sich für ihre Kurse angemeldet haben, berechnet werden – und die wachsende Schar der Schüler, die sich für dieses Modell entscheiden, erhält andererseits pro belegtem Kurs einen höheren Mehrwert und sorgt für kontinuierliche Umsätze der Plattform.

Wer soll Zahlungen leisten?

Auf einer typischen Plattform finden sich mehrere Usertypen, die verschiedene Rollen einnehmen können. In Anbetracht der Unterschiede zwischen den Usern (wirtschaftliche Lage, Motivation, Ziele, Anreize, Art und Menge des Mehrwerts, den die Plattform ihnen liefert) kann die Entscheidung, wer Gebühren zahlen soll und wer nicht, kompliziert sein – insbesondere auch deswegen, weil sich jede Entscheidung hinsichtlich des Umgangs mit einer Userkategorie auf nicht zwangsläufig offenkundige Art und Weise auch auf andere Usertypen auswirken könnte.

Das übergeordnete Ziel der Förderung positiver Interaktionen, die für alle Teilnehmer einen Mehrwert schaffen, gestattet es uns ebenso wie die aus der Beobachtung des Werdegangs erfolgreicher Plattformunternehmen gewonnenen Erkenntnisse aber dennoch, ein paar nützliche Faustregeln dafür aufzustellen, wann eine bestimmte Preisgestaltung angemessen ist und wann nicht.

- **Von allen Usern Gebühren erheben.** Wie bereits erwähnt, kommt es bei Plattformunternehmen – anders als bei Pipeline-Unternehmen – nur selten vor, dass alle User bezahlen müssen. Diese allumfassende Form der Gebührenerhebung würde in den meisten Fällen zu einer geringeren Teilnahme führen und dadurch die Netzwerkeffekte reduzieren oder sogar zunichtemachen. Bei einigen wenigen Ausnahmen kann es jedoch tatsächlich zu einer Verbesserung der Netzwerkeffekte kommen, wenn alle User eine Gebühr entrichten müssen. In der Offlinewelt gibt es beispielsweise angesehene Organisationen, wie etwa Country-Clubs, die von sämtlichen Mitgliedern einen Beitrag verlangen. Hohe Mitgliedsbeiträge (sowie Zulassungskontrollen, wie etwa die Notwendigkeit der Empfehlung eines existierenden Mitglieds) dienen als Kuratierungsverfahren, die ein hohes Mitgliederniveau gewährleisten sollen. Auch einige Online-Plattformen nutzen dieses Modell – beispielsweise Carbon NYC, eine Plattform für in New York City ansässige Multimillionäre. In vielen sozialen und geschäftlichen Umfeldern sind »Zahlungsbereitschaft« und »Qualität« bzw. »Niveau« jedoch keinesfalls miteinander gleichzusetzen, sodass dieses Preissystem gezielt und mit Bedacht eingesetzt werden muss.

- **Von einer Seite Gebührenzahlungen verlangen und die andere subventionieren.** Manche Plattformen können von Usern einer bestimmten Kategorie (nennen wir sie A) unter der Voraussetzung Gebühren erheben, dass sie den Usern einer anderen Kategorie (B) die kostenlose Teilnahme gestatten – oder sie sogar subventionieren oder belohnen. Das Ganze funktioniert dann, wenn die User der Kategorie A ein großes Interesse daran haben, mit den Usern der Kategorie B in Kontakt treten zu können – dies in umgekehrter Richtung aber nicht der Fall ist. Wie bereits erwähnt, setzen in der Offlinewelt Bars und Kneipen seit Langem auf diese Strategie, indem sie Frauen im Rahmen einer *Ladies Night* Getränke zu reduzierten Preisen anbieten. Viele Dating-Websites verfolgen eine ähnliche Strategie und schaffen Anreize für die Mitgliedschaft von Frauen, um männliche Mitglieder anzuziehen, die den vollen Preis zahlen müssen.

- **Von den meisten Usern den vollen Preis verlangen und »Stars« subventionieren.** Bestimmte Plattformen sind dazu übergegangen, sogenannte »Stars« zu subventionieren oder zu belohnen – spezielle User, deren Anwesenheit auf der Plattform eine große Zahl anderer User anzieht. Aus der Offlinewelt ist bekannt, dass Einkaufszentren beliebten Händlern wie Target besonders attraktive Bedingungen anbieten, weil deren Präsenz die Laufkundschaft garantiert, für die andere im Einkaufszentrum anwesende kleinere Geschäfte gerne bereit sind, einen höheren Preis zu zahlen. Auf ähnliche Weise unternehmen Online-

Plattformen wie Skillshare oder Indiegogo große Anstrengungen, um promi-
nente Lehrer und Kampagnenentwickler anzuwerben, weil deren Bekannt-
heitsgrad andere Anbieter sowie eine große Zahl neugieriger User anzieht.
Auch Microsoft lernte diese Lektion, und zwar beim Aufbau seiner Xbox-Spiele-
plattform. Die ursprüngliche Monetarisierungsstrategie des Unternehmens
sah eine einmalige Zahlung an die Spieleentwickler (die Anbieter) vor, während
Microsoft selbst kontinuierlich Gebühren von den Usern erheben wollte. Doch
der Superstar unter den Spieleentwicklern, Electronic Arts, weigerte sich, unter
diesen Bedingungen mit Microsoft zusammenzuarbeiten und drohte damit,
stattdessen für Sony zu entwickeln. Schließlich musste Microsoft nachgeben
und stimmte speziellen Bedingungen für EA zu, über deren Details allerdings
Stillschweigen vereinbart wurde.

■ **Von den meisten Usern die volle Gebühr verlangen und preissensible User subventionieren.** User, die einer besonders hohen Preissensibilität unterliegen,
neigen am ehesten dazu, die Plattform zu verlassen, wenn Gebührenzahlungen
von ihnen verlangt werden – und dadurch gehen dann selbstverständlich auch
die zugehörigen Netzwerkeffekte verloren. Deshalb ist es im Allgemeinen sinnvoll, den preissensiblen Usern einen Nachlass zu gewähren oder sie sogar zu
subventionieren, während von den übrigen Usern der volle Betrag erhoben
wird. In der Praxis zeigt sich allerdings, dass eine probate Einschätzung hinsichtlich dessen, welche Seite eines Plattformmarktes preissensibler ist, knifflig
sein kann. Beispielsweise gab es in den 1990er-Jahren auf dem Immobilien-
markt in Denver ein Überangebot an zu vermittelnden Objekten, sodass die
Eigentümer händeringend nach Mietern suchten. Dies führte dazu, dass
Immobilienmakler von den Eigentümern Provisionszahlungen verlangten,
während die Mieter ihre Dienste gebührenfrei in Anspruch nehmen konnten.
Im Gegensatz dazu herrschte jedoch zur gleichen Zeit in Boston eine Immobi-
lienknappheit vor: Hier waren es die Mieter, die Schwierigkeiten hatten, Wohnraum zu finden – und dementsprechend forderten die Immobilienmakler in
diesem Fall Gebührenzahlungen von den Mietern, während die Eigentümer
ihre Immobilien kostenlos anbieten konnten.

Wie Sie sehen, ist die Entscheidungsfindung bezüglich der Frage, wer letztlich
mit Gebühren belastet werden soll, ein heikler Balanceakt. Die Notwendigkeit, die
Plattform zu monetarisieren, muss sorgfältig gegen die potenziellen Reibungspunkte abgewogen werden, die mit dem Auferlegen von Kosten unweigerlich verbunden sind. Herauszufinden, wo genau das System Barrieren verkraftet – und
wie hoch diese Hürden sein dürfen, ohne dass das Wachstum der Netzwerkeffekte
beeinträchtigt wird –, ist alles andere als einfach.

Manchmal lässt sich eine suboptimale Monetarisierungsstrategie aber auch
durch Einfallsreichtum zum Funktionieren bringen. In den ersten Jahren war es

dem E-Commerce-Plattformunternehmen Alibaba, das bereits als Chinas symbiotische Version von Amazon und eBay gehandelt wurde, nicht möglich, Transaktionsgebühren zu erheben, weil die von dem Unternehmen eingesetzte primitive Software Probleme hatte, den Flow der online getätigten Geschäftsabschlüsse nachzuhalten. Deshalb sah sich CEO Jack Ma gezwungen, stattdessen eine Mitgliedsgebühr einzuführen – was er aufgrund der Tatsache, dass er damit zugleich eine Barriere für den Beitritt zur Plattform errichtete, lieber hätte vermeiden sollen. Letztlich konnte Alibaba dieses Dilemma jedoch überwinden, indem es Händlern, die andere zum Plattformbeitritt bewegten, beträchtliche Provisionen zahlte. Und nachdem bekannt geworden war, dass einige Händler auf diese Weise Provisionen von mehr als einer Million Yuan (rund 100.000 €) eingestrichen hatten, wurde die Bereitschaft, trotz der fälligen Beitrittsgebühr Mitglieder anzuwerben, nur noch weiter vorangetrieben. Bis heute erhebt Alibaba keine Transaktionsgebühren, sondern schafft es, die Plattform allein durch Werbung zu monetarisieren – das ist beinahe so, als würden Amazon und eBay ihre Gewinne wie Google durch den Verkauf von Anzeigen erzielen.

Von kostenlos zu kostenpflichtig: Wie Designentscheidungen den Übergang zur Monetarisierung beeinflussen

Viele der in diesem Kapitel genannten Fälle – ebenso wie eine Reihe weiterer bekannter Beispiele aus der Praxis – legen nahe, dass die Notwendigkeit, Netzwerkeffekte zu erzeugen und zu fördern, die Plattformbetreiber dazu veranlasst, ihre Dienste zunächst einmal kostenlos anzubieten. Den Usern einen Mehrwert bereitzustellen, ohne eine Gegenleistung dafür zu fordern, ist oft eine gute Methode, um Mitglieder anzuziehen und zur Teilnahme zu bewegen. Das Motto lautet: »Erst die User, dann die Monetarisierung.« Oder wie es der Plattformstratege des chinesischen Fertigungsunternehmens Haier Group ausgedrückt hat: »Man verlangt niemals zuallererst Geld.« Soll heißen: Erst nachdem Werteinheiten erzeugt und ausgetauscht worden sind und das Ergebnis sowohl den Anbieter als auch den Kunden zufriedenstellt, sollte das Plattformunternehmen versuchen, einen Teil dieses Wertes einzubehalten.

Es sind schon einige äußerst vielversprechende Plattformen erfolglos geblieben, weil sie diese Regel missachtet und stattdessen versucht haben, ihr Angebot verfrüht zu monetarisieren. Sean Percival, ehemaliger Vizepräsident für Online-Marketing bei dem gescheiterten sozialen Netzwerk Myspace, erinnert sich an die schlimmen Folgen des Kostendrucks, der nach der Übernahme der Plattform durch Rupert Murdochs News Corporation herrschte. Der Todesstoß wurde der Plattform versetzt, so Percival, als Murdoch den Aktienanalysten bei der Bekanntgabe der Geschäftszahlen versprach, dass Myspace im laufenden Jahr eine Milliarde Dollar Umsatz machen würde – zu einem Zeitpunkt, als der reale Umsatz lediglich ein Zehntel davon betrug. Das hatte zur Folge, dass die Myspace-Manager wie verrückt alle möglichen Programme und Dienste akzeptierten, solange nur irgendjemand bereit war, sie zu sponsern – egal, wie dumm sie auch waren. Und das war letztlich wiederum einer der Gründe, die schlussendlich dazu führten, dass die User Myspace zugunsten von Facebook aufgaben.[6]

Wie wir gesehen haben, gibt es eine Reihe verschiedener Möglichkeiten, durchaus auch später noch zu einem Monetarisierungsmodell zu wechseln, das es dem Plattformunternehmen gestattet, einen Teil der Wertschöpfung einzubehalten. Der Weg dorthin ist jedoch oft mit Schwierigkeiten gepflastert. Die Grundprinzipien des Plattformdesigns helfen dabei zu gewährleisten, dass der Übergang zur Monetarisierung (oder »*From free to fee*«, wie es Heiferman vom Plattformunternehmen Meetup bezeichnet) erfolgreich durchgeführt werden kann.

- **Erheben Sie, sofern möglich, keine Gebühren für Mehrwerte, die den Usern vorher kostenlos zur Verfügung standen.** Die Leute nehmen es im Allgemeinen übel, wenn man ihnen sagt, dass sie für eine Ware oder eine Dienstleistung bezahlen sollen, die vorher umsonst erhältlich war – wie wir im Fall von Meetup beobachten konnten. Und nicht alle Plattformunternehmen waren bei der Handhabung dieses Übergangs so erfolgreich wie Meetup. Andere, wie Zvents, scheiterten auf der ganzen Linie oder waren gezwungen, die Art ihres Angebots drastisch zu ändern.

- **Vermeiden Sie es außerdem, den Zugang zu Mehrwerten, an die sich die User gewöhnt haben, einzuschränken.** Wie zuvor erwähnt, bot Facebook einen enormen kostenlosen Mehrwert, den das Unternehmen später jedoch beschränken musste, als es beschloss, die Promotion von Premiuminhalten nur noch zahlenden Anbietern zu gestatten. Das führte zu Beschwerden sowohl von Anbieter- als auch von Userseite. Dass Facebook diese Kurskorrektur überlebte, ist allein seinen enormen Netzwerkeffekten zu verdanken, für viele kleinere Plattformen hätte eine solche Vorgehensweise hingegen das Ende bedeutet.

- **Bemühen Sie sich, beim Übergang von kostenlos zu kostenpflichtig einen neuen zusätzlichen Mehrwert zu schaffen, der den Preis rechtfertigt.** Wenn Sie die Bereitstellung qualitativ hochwertigerer Inhalte kostenpflichtig gestalten, müssen Sie diese natürlich auch gewährleisten und entsprechenden Kontrollen unterziehen. Beispielsweise wird Uber von Kritikern vorgeworfen, dass das Unternehmen zwar *Safe-Rides*-Gebühren (»sichere Fahrten«) kassiert, die für die Überprüfung des gesellschaftlichen Hintergrunds der Fahrer und andere Sicherheitsmaßnahmen eingesetzt werden sollen, gleichzeitig aber offenbar in genau diesen Bereichen Abstriche zu machen scheint.

- **Schenken Sie bei der Auswahl des anfänglichen Plattformdesigns potenziellen Monetarisierungsstrategien Beachtung.** Eine Plattform sollte zum Zeitpunkt des Launches so aufgebaut sein, dass sie die Kontrolle über mögliche Monetarisierungsquellen gestattet. Dadurch wird unmittelbar beeinflusst, wie offen oder geschlossen sie ist. Wenn sich die Plattformbetreiber beispielsweise erhoffen, mit Transaktionsgebühren Geld zu verdienen, dann müssen sie auch gewährleisten, dass das Plattformdesign die Erfassung von Transaktionen ermöglicht. Und wenn sie den Zugang zum Kundenstamm kostenpflichtig gestalten wollen, muss die Plattform dafür ausgelegt sein, dass eine Steuerung der Kanäle möglich ist, über die die Inhalte zu den Usern gelangen und der Informationsfluss über die User selbst stattfindet.

Dieses Kapitel hat gezeigt, dass die Monetarisierung eine komplizierte Aufgabe ist – und zwar eine, die letzten Endes über Gedeih und Verderb der Plattform entscheiden kann. Wer eine erfolgreiche Plattform launchen möchte, kann es sich nicht leisten, die Monetarisierung betreffende Fragen zu ignorieren oder sich erst nach dem Eintreten der Netzwerkeffekte damit zu befassen. Vielmehr sollten Plattformbetreiber von Anfang an über potenzielle Monetarisierungsstrategien nachdenken und ihre Designentscheidungen so treffen, dass möglichst viele Monetarisierungsoptionen so lange wie möglich offenstehen.

Zusammenfassung

❏ Eine vernünftig betriebene Plattform kann auf vier Arten Mehrwert schaffen: durch Wertschöpfung, durch Gewährung eines Marktzugangs, durch den Zugang zu Tools und durch Kuratierung. Bei der Monetarisierung geht es darum, einen Teil des geschaffenen Mehrwerts einzubehalten.

❏ Es gibt verschiedene Monetarisierungsmethoden: Transaktionsgebühren sowie Gebühren für den erweiterten Zugang, für den Zugang zur Community von Drittanbietern und für die erweiterte Kuratierung.

❏ Bei der Monetarisierung ist die Frage, wer Zahlungen leisten soll, von entscheidender Bedeutung, denn aufgrund der verschiedenen Rollen, die Plattformuser einnehmen, können völlig unterschiedliche Netzwerkeffekte eintreten.

❏ In Anbetracht der Komplexität, die eine Monetarisierung darstellt, sollten Plattformbetreiber bei allen Entscheidungen hinsichtlich des Plattformdesigns auch den potenziellen Monetarisierungsstrategien Beachtung schenken.

7

OFFENHEIT
Festlegen, was Plattformusern und Partnern erlaubt und verboten ist

Die Wikipedia stellt in der Plattformwelt ein echtes Phänomen dar: eine quelloffene Enzyklopädie, die sämtliche traditionellen Datenlieferanten binnen nur weniger Jahre komplett in den Schatten stellte und zur populärsten Nachschlage-Website der Welt aufstieg. Millionen Menschen nutzen sie als praktische, universell zugängliche und nahezu unerschöpfliche Informationsquelle, die im Allgemeinen äußerst zuverlässig ist.

In manchen Fällen aber auch nicht ... und das kann dann fatale Folgen haben.

Viele Wikipedia-User können von ihren ganz eigenen Erfahrungen mit abenteuerlichen Fehlinformationen berichten, die ihnen auf dieser Website mitunter begegnet sind. Der vielleicht bekannteste Eintrag dieser Art trägt den Titel »*Murder of Meredith Kercher*« (dt. *Mordfall Meredith Kercher*). Bekannter sind hierbei allerdings die Namen der beiden Menschen, die des Verbrechens verdächtig sind: die amerikanische Studentin Amanda Knox und ihr italienischer Freund Raffaele Sollecito. Wikipedia verfährt nach dem Grundsatz, dass Artikel im Wesentlichen ohne Einschränkungen von Interessierten bearbeitet werden können, und so ist dieser spezielle Eintrag inzwischen mehr als 8.000 Mal von mehr als 1.000 verschiedenen Usern editiert worden – allerdings fast ausschließlich von Leuten, die seit dem Tatgeschehen im Jahr 2007 von Anfang an fest davon überzeugt waren, dass Knox und Sollecito schuldig sind. Während der langwierigen Gerichtsverhandlung, bei der es zu einer Verurteilung kam, die dann in zweiter Instanz durch ein weiteres Urteil aufgehoben wurde, überarbeiteten diese selbsternannten Redakteure den Eintrag ständig und entfernten jegliche potenziell entlastende Beweisführung, um so die Wahrscheinlichkeit der Schuld der Beklagten zu unterstreichen.

Die Kontroverse über diesen Artikel nahm ein solches Ausmaß an, dass sich sogar der Wikipedia-Gründer Jimmy Wales persönlich mit dieser Angelegenheit befasste und dann Folgendes erklärte: »Ich habe mir den Artikel gerade von Anfang bis Ende durchgelesen und befürchte, dass ein Großteil der aus verlässlichen Quellen stammenden, ernstzunehmenden Kritik an dem Gerichtsverfahren entfernt wurde oder bewusst negativ dargestellt wird.« Kurze Zeit später schrieb er außerdem: »Ich finde es besorgniserregend, dass sogar ich, seitdem ich das Thema zur Sprache gebracht habe, als eine Art Verschwörungstheoretiker verunglimpft werde.« Am beunruhigendsten aber war, dass einige der Bearbeiter des Eintrags, die daran beteiligt gewesen waren, den Kercher-Fall einseitig darzustellen, auch Beiträge zu anderen Websites geliefert hatten, die sich dem Hass auf Amanda Knox verschrieben hatten – und damit war die Illusion der Objektivität bei der Informationsweitergabe nachhaltig erschüttert.[1]

Die Probleme, mit denen Wikipedia zu kämpfen hat, um einerseits die hohe Qualität aufrechtzuerhalten, andererseits aber auch allen Usern, die Beiträge liefern möchten, maximale Zugriffsmöglichkeiten zu bieten, veranschaulichen die Herausforderungen, die mit der Umsetzung eines offenen Plattform-Geschäftsmodells einhergehen. Die auf der Hand liegende Lösung, das Modell zu ändern und eine strikte Kontrolle über die Teilnahme auszuüben, hat allerdings einen großen Nachteil: Zusätzliche Barrieren bei der aktiven Nutzung einer Plattform reduzieren unweigerlich die Zahl der Teilnehmer und können sogar das Potenzial einer Plattform, einen Mehrwert zu schaffen, vollständig zugrunde richten.

Wie offen? Wie geschlossen? Der Drahtseilakt

Im Rahmen einer der ersten, im Jahre 2009 geführten Diskussionen über die Offenheit von Plattformen haben Geoffrey Parker und Marshall Van Alstyne in Zusammenarbeit mit Thomas Eisenmann eine grundlegende Definition dieses Konzepts vorgelegt:

> *Eine Plattform ist »offen«, wenn es 1.) für die Teilnehmer keine Beschränkungen bei der Entwicklung, Kommerzialisierung oder Nutzung gibt oder 2.) alle Beschränkungen – wie beispielsweise die Notwendigkeiten, technische Standards einzuhalten oder Lizenzgebühren zu zahlen – angemessen und diskriminierungsfrei sind, also einheitlich für alle potenziellen Teilnehmer der Plattform gelten.[2]*

Geschlossenheit bedeutet im Kontext einer Plattform aber nicht etwa einfach nur, dass externe Teilnehmer komplett tabu sind. Vielmehr kann es hierbei auch darum gehen, beispielsweise umständliche Regeln für die Teilnahme aufzustellen, die beitrittswillige User abschrecken, oder dermaßen exorbitant hohe Gebühren zu erheben, dass die Gewinnspannen potenzieller Teilnehmer massiv reduziert werden und somit auf ein nicht mehr tragfähiges Niveau absinken.[3] Die Wahl zwischen Offenheit und Geschlossenheit ist keine Entscheidung zwischen Schwarz und Weiß – es gibt ein breites Spektrum zwischen diesen beiden Extremen.

Das richtige Maß an Offenheit zu finden, ist zweifelsohne nicht nur eine der kompliziertesten, sondern auch eine der wichtigsten Entscheidungen, die ein Plattformunternehmen treffen muss.[4] Sie wirkt sich auf die Nutzung, die Teilnahme von Entwicklern, die Monetarisierung und die Regulierung aus. Steve Jobs hatte im Laufe seiner gesamten Karriere mit dieser Art von Herausforderung zu kämpfen: In den 1980er-Jahren beging er den Fehler, den Apple Macintosh zu einem geschlossenen System zu machen. Der Wettbewerber Microsoft öffnete sein weniger elegantes System dagegen für externe Entwickler und lizenzierte es an eine Reihe von Computerherstellern – und die daraus resultierende Flut an Innovationen ermöglichte es Windows, einen Marktanteil zu erzielen, demgegenüber der von Apple verblasste. In den 2000er-Jahren gelang es Jobs jedoch schließlich, ein ausgewogeneres Marktverhältnis herzustellen: Er öffnete das Betriebssystem des iPhones für Entwickler, machte iTunes für Windows verfügbar und holte sich den Löwenanteil des Smartphone-Marktes von Rivalen wie Nokia und Blackberry.[5]

Jobs umschrieb das Dilemma zwischen Offenheit und Geschlossenheit gern als eine Wahl zwischen »fragmentiert« und »integriert« – zwei Begriffe, die die Debatte auf subtile Weise in die Richtung eines geschlossenen, kontrollierten Systems rückten. Und damit lag er auch keineswegs völlig falsch: Tatsächlich fragmentiert ein System umso stärker, je offener es wird. Außerdem gestaltet sich die Monetarisierung eines offenen Systems für dessen Betreiber schwieriger, und das geistige Eigentum, das dem System zugrunde liegt, ist ebenfalls schwieriger zu kontrollieren. Aber Offenheit fördert auch Innovationen.

Hier einen Kompromiss zu finden, ist nicht leicht. Zudem können die mit der Wahl eines falschen Maßes an Offenheit (in *beiden* Richtungen!) verbundenen Konsequenzen dramatisch sein, wie die Geschichte des Aufstiegs und Untergangs des sozialen Netzwerks Myspace zeigt.

Auch wenn diese Tatsache inzwischen ein wenig in Vergessenheit geraten ist, so war Myspace vor dem Launch von Facebook im Jahr 2004 doch das seinerzeit weltweit führende soziale Netzwerk – und blieb es bis 2008 auch. Schon in der Anfangsphase stellte diese Plattform einen Großteil der Funktionalitäten zur Verfügung, die für die User heutiger sozialer Netzwerke ganz selbstverständlich sind. Die hauseigenen Mitarbeiter entwickelten eine große Vielfalt an Features wie etwa Instant Messaging, Kleinanzeigen, Videowiedergabe, Karaoke, »*Self-Service Ads*«, die sich sehr einfach über simple Online-Menüs erwerben und schalten ließen, und vieles mehr.

Aufgrund der begrenzten Entwicklungsressourcen waren diese Features allerdings oft fehlerhaft und führten zu einer mangelhaften User Experience.[6] Und durch die unglückliche Entscheidung, die Website nicht für externe Entwickler zugänglich zu machen, war es praktisch unmöglich, dieses Problem zu lösen. Chris

DeWolfe, Mitbegründer von Myspace, erinnerte sich 2011 in einem Interview an die fehlgeleitete Grundeinstellung des Unternehmens: »Wir versuchten alle erdenklichen Features zu implementieren und sagten uns: ›Okay, das können wir alles selbst. Warum sollten wir uns öffnen und es von Drittanbietern erledigen lassen?‹ Stattdessen hätten wir einfach 5 bis 10 Features auswählen und uns vollkommen darauf konzentrieren sollen. Alles Übrige hätten dann andere erledigen können.«

Facebook beging diesen Fehler nicht. Ursprünglich war auch dieses soziale Netzwerk wie Myspace nicht für externe Entwickler zugänglich, doch 2006 öffnete es sich für Dotcom-User – und dadurch gelang es dem Netzwerk, allmählich in Konkurrenz zu Myspace treten zu können. Diesen Trend spiegelt Abbildung 7.1 wider: Sie zeigt die durchschnittliche tägliche Reichweite der beiden Plattformen unter dem Aspekt der prozentualen Anteile der Internetuser zwischen 2006 und Anfang 2007, als Myspace die Nase noch deutlich vorn hatte.

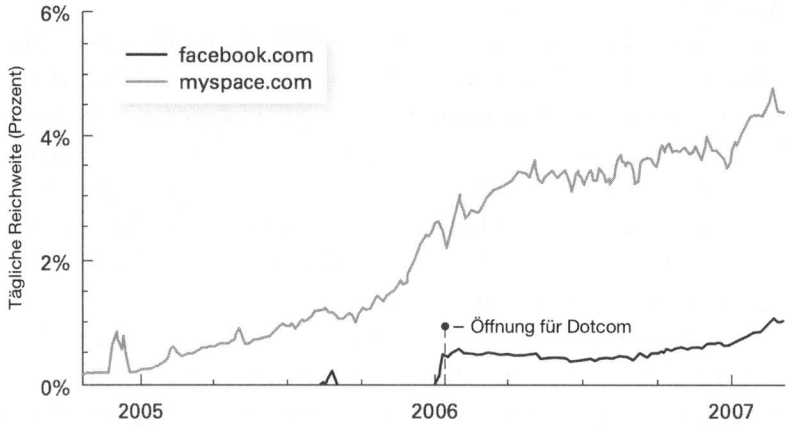

Abb. 7.1: Die Marktdominanz von Myspace gegenüber Facebook im Jahr 2006 und Anfang 2007. © 2015, Alexa Internet (*www.alexa.com*)

Als Facebook im Mai 2007 *Facebook Platform* launchte, um Entwickler bei der App-Programmierung zu unterstützen, begann schließlich der Umschwung. Ein Ökosystem von Entwicklern, die bereit waren, die Fähigkeiten von Facebook zu erweitern, konnte schnell Fuß fassen:[7] Im November 2007 gab es bereits 7.000 Apps von externen Entwicklern auf der Website.[8] Nachdem deutlich geworden war, in welchem Ausmaß diese Flut von Apps die Anziehungskraft des Rivalen steigerte, reagierte Myspace darauf, indem es sich im Februar 2008 ebenfalls für Entwickler öffnete. Zu diesem Zeitpunkt hatte sich das Blatt allerdings schon gewendet, wie in Abbildung 7.2 zu sehen ist. Facebook überholte Myspace im April 2008 und erfreut sich im Bereich der sozialen Netzwerke bis heute einer unangefochtenen Vorherrschaft.

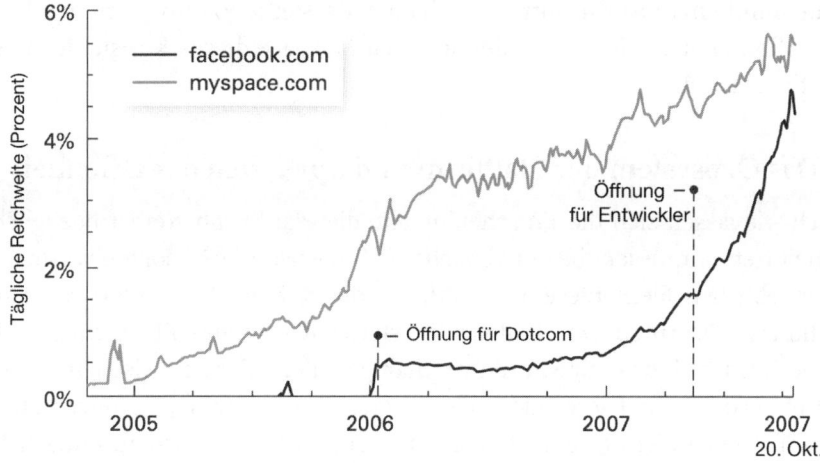

Abb. 7.2: Facebook konnte Myspace sehr schnell überholen, nachdem sich die Plattform im Mai 2007 für Entwickler geöffnet hatte. © 2015, Alexa Internet (*www.alexa.com*)

Hätte sich Myspace früher für Beiträge vonseiten der Community externer Entwickler geöffnet – insbesondere für diejenigen, die erstklassige Technologien für bestimmte Funktionen wie Kleinanzeigen, einen effektiven Spamfilter und benutzerfreundliche Kommunikationstools hätten beisteuern können, die man ohnehin ausbauen wollte –, wäre es vermutlich wettbewerbsfähiger gewesen. Vielleicht würden Myspace und Facebook dann heute noch immer auf Augenhöhe miteinander konkurrieren.

Auf den ersten Blick scheinen die Probleme von Myspace aus genau der entgegengesetzten Richtung zu stammen wie die Schwierigkeiten der Wikipedia: Das internetbasierte Nachschlagewerk hat mit den Folgen einer zu umfassenden Offenheit zu kämpfen, wohingegen Myspace scheiterte, weil es sich nicht weit genug öffnete. In gewisser Hinsicht stimmt das auch, allerdings ist die Angelegenheit in ihrer Gesamtheit dann doch etwas komplizierter – in anderen wichtigen Bereichen zeigte sich Myspace nämlich tatsächlich *zu* offen.

Die Self-Service Ads boten beispielsweise eine allzu einfache Möglichkeit, eine beträchtliche Menge unangemessener Inhalte zu verbreiten, darunter auch Pornografie, die für Plattformnutzer aller Altersgruppen zugänglich war. Die fehlende Kontrolle über derartigen Content machte Myspace in der Folge für viele User unattraktiv und gab sogar Anlass für mehrere staatsanwaltschaftliche Untersuchungen. Letztendlich führte das Fehlen einer sachdienlichen Kuratierung solcher Inhalte in Kombination mit der zögerlichen Öffnung für externe App-Entwickler dazu, dass sich der Zusammenbruch der Wettbewerbsfähigkeit der Plattform beschleunigte.

Nun könnte man es für unmöglich halten, dass eine Plattform zu geschlossen und zu offen zugleich ist – aber dennoch hat Myspace dieses Kunststück tatsächlich fertiggebracht.

Das Ökosystem der Plattform und Spielarten der Offenheit

Doch wie lassen sich die Entscheidungen, die Plattformbetreiber bezüglich der Offenheit treffen müssen, besser verstehen? Zunächst einmal sollten wir uns dazu die maßgeblichen Elemente einer Plattform, die in Kapitel 3 erörtert wurden, ins Gedächtnis zurückrufen. Dort hatten wir festgestellt, dass eine Plattform grundsätzlich eine Infrastruktur darstellt, die werthaltige Interaktionen zwischen Anbietern und Usern ermöglicht. Diese beiden elementaren Teilnehmertypen nutzen die Plattform, um miteinander in Kontakt zu treten und sich auszutauschen: Zunächst werden Informationen ausgetauscht und dann erfolgt, sofern erwünscht, die Bereitstellung von Waren oder Dienstleistungen gegen Bezahlung in irgendeiner Form von Währung. Die Teilnehmer finden auf der Plattform zueinander, um sich an einer Schlüsselinteraktion zu beteiligen, die im Zentrum der Wertschöpfung der Plattform steht. Im Laufe der Zeit können außerdem weitere Interaktionen hinzukommen, die den Nutzen der Plattform erhöhen und auch andere Teilnehmer anziehen.

In Anbetracht dieser grundlegenden Struktur steht außer Frage, dass eine lebhafte und solide Plattform von den durch externe Partner geschaffenen Werten abhängig ist. Ist sie zu geschlossen, sind die Partner nicht in der Lage oder auch nicht willens, einen Mehrwert beizutragen, der jedoch erforderlich ist, um einen für beide beteiligten Seiten lohnenden Austausch zu ermöglichen.[9]

Denken Sie z.B. an Googles YouTube. Das System ist in hohem Maße offen und daher zu einem Kanal für sowohl kommerzielle Videos als auch Amateurvideos geworden, die ein breites Spektrum an Inhalten abdecken, das von albern oder praktisch bis hin zu politisch und inspirativ reicht. Ohne diese große Vielfalt von userseitig bereitgestelltem Content wäre YouTube von einem oder von einigen wenigen Unternehmen abhängig, die Videomaterial lieferten – und damit würde es sich im Laufe der Zeit vermutlich eher zu einer Art Verteilungssystem entwickeln, wie beispielsweise Hulu, und nicht zu einer echten Plattform.

Wie wir jedoch gesehen haben und wie die Beispiele Wikipedia und Myspace zeigen, ist die Offenheit einer Plattform keine Frage von Schwarz oder Weiß. Entscheidungen über deren Ausmaß und Art zu treffen, ist wichtig und oft schwierig.

Hierbei gilt es für Plattformdesigner und -manager, sich mit drei verschiedenen Entscheidungsbereichen auseinanderzusetzen:

- der Beteiligung von *Managern und Sponsoren*
- der Beteiligung von *Entwicklern*
- der Beteiligung von *Usern*

Sie alle bringen jeweils eigene Auswirkungen und Effekte mit sich, die wir nun der Reihe nach betrachten wollen.

Beteiligung von Managern und Sponsoren

Hinter jeder Plattform stehen zwei Organisationen, die für die Struktur und den Betrieb verantwortlich sind: das Unternehmen, das die Plattform managt und direkt mit den Usern in Kontakt tritt, sowie ein weiteres Unternehmen, das die Plattform sponsert und die rechtliche Kontrolle über die verwendete Technologie besitzt. Oftmals werden diese beiden Organisationen durch ein und dasselbe Unternehmen verkörpert: Firmen wie Facebook, Uber, eBay, Airbnb, Alibaba und viele andere sind sowohl Manager als auch Sponsor ihrer Plattformen, die damit der vollständigen Kontrolle des Manager/Sponsor-Unternehmens unterstehen – und dazu gehören dann auch die Entscheidungen bezüglich der Offenheit.

In anderen Fällen sind Manager und Sponsor der Plattform allerdings nicht identisch. Im Allgemeinen organisiert und steuert der Plattformmanager die Interaktionen zwischen Anbietern und Usern, während der Sponsor für die Gesamtarchitektur der Plattform, das zugrunde liegende geistige Eigentum (wie die für den Betrieb erforderliche Software) sowie die Kompetenzverteilung zuständig ist. Werden Management und Sponsoring von verschiedenen Unternehmen wahrgenommen, steht der Manager sowohl der Beziehung zwischen Anbieter und User als auch den Drittentwicklern, die Beiträge zur Plattform leisten, näher und hat dadurch erheblichen Einfluss auf den alltäglichen Plattformbetrieb. Andererseits hat jedoch der Sponsor in rechtlichen und wirtschaftlichen Fragen im Allgemeinen den größeren Einfluss auf die Plattform und übt somit auch mehr Macht bei der Festlegung der langfristigen Strategie aus.

Mitunter kann das Management ebenso wie das Sponsoring aber auch von einzelnen Firmen oder Firmengruppen übernommen werden – und das wirkt sich dann ebenfalls auf die Kontrollausübung und die Offenheit der Plattform aus.[10]

In Abbildung 7.3 sind vier Modelle für das Plattform-Management und -Sponsoring dargestellt. In einigen Fällen managt und sponsert eine einzelne Firma die Plattform. Diese Variante wird als *proprietäres Modell* bezeichnet. So stehen beispielsweise sowohl Hard- und Software als auch die technischen Standards des Macintosh-Betriebssystems sowie des mobilen iOS allesamt unter der Kontrolle von Apple.

Es kommt auch vor, dass eine Plattform zwar von einer Firmengruppe gemanagt, aber nur von einer einzelnen Firma gesponsert wird. Hierbei handelt es sich um das *Lizenzierungsmodell*. Zum Beispiel sponsert Google das »nackte« Android-Betriebssystem, unterstützt jedoch andere Hardwarehersteller dabei, Geräte zu entwickeln, die User mit der Plattform verbinden. Diese Gerätehersteller, wie etwa

Samsung, Sony, LG, Motorola, Huawei oder Amazon, erhalten per Lizenzfreigabe von Google die Erlaubnis, eine Schnittstelle zwischen Anbietern und Usern bereitzustellen.

	PLATTFORM-MANAGEMENT	
	EINE FIRMA	MEHRERE FIRMEN
EINE FIRMA	Proprietäres Modell *Beispiele:* Macintosh PlayStation Monster.com Federal Express Visa (nach 2007)	Lizenzierungsmodell *Beispiele:* Microsoft Windows Google Android Palm OS MBNA-Karten der Marke Amex Scientific Atlanta Settops Qualcomms Standards zur Funkübertragung
MEHRERE FIRMEN	Joint-Venture-Modell *Beispiele:* CareerBuilder Orbitz Visa (vor 2007)	Gemeinschaftliches Modell *Beispiele:* Android (Open Source) Linux DVD UPC-Strichcode RFID-Standards zur Inventarüberwachung

(Linke Achsenbeschriftung: PLATTFORM-SPONSORING)

Abb. 7.3: Vier Modelle zum Managen und Sponsern von Plattformen. Nach »Opening Platforms: How, When and Why« von Thomas Eisenmann, Geoffrey Parker und Marshall Van Alstyne[11]

In wieder anderen Fällen verhält es sich genau umgekehrt, d.h., eine einzelne Firma managt die Plattform und eine Firmengruppe sponsert sie – das *Joint-Venture-Modell*. Die Reisebuchungsplattform Orbitz wurde 2001 als Joint Venture gelauncht und von einer Gruppe größerer Fluggesellschaften gesponsert, um mit dem Marktneuling Travelocity zu konkurrieren. Ebenso wurde die Jobbörse CareerBuilder 1995 (ursprünglich unter dem Namen NetStart) von drei Verlagsgruppen gemeinsam als Plattform für Stellenanzeigen gegründet.

Und schließlich kann eine Plattform in manchen Fällen von einer Firmengruppe gemanagt und von einer weiteren gesponsert werden – das *gemeinschaftliche Modell*. Beispielsweise gibt es viele Sponsoren und Manager des Open-Source-Betriebssystems Linux, das wie Mac- und iOS-Systeme als Plattform dient, um App-Entwickler und andere Anbieter mit Millionen von Usern zu verbinden. Zu den Unternehmen, die Linux sponsern, gehören unter anderem IBM, Intel, HP, Fujitsu, NEC, Oracle, Samsung und viele weitere. Zu den Managerfirmen gehören insbesondere Dutzende Gerätehersteller, z.B. TiVo, Roomba, Ubuntu, Qualcomm und viele weitere.

Wenn es die geschäftlichen Anforderungen erforderlich machen und sich die Struktur des Marktplatzes wandelt, kann es gelegentlich vorkommen, dass eine Plattform zu einem anderen Modell wechselt. Betrachten Sie beispielsweise das Kreditkartenunternehmen Visa, eine Plattform, die es Händlern und Kunden ermöglicht, Zahlungstransaktionen miteinander abzuwickeln. Es wurde 1958 als proprietäre Plattform unter dem Namen BankAmericard gegründet und von der Bank of America gesponsert und gemanagt. In den 1970er-Jahren nahm es den Markennamen Visa an und wandelte sich zu einem unabhängig gemanagten Joint Venture, das von mehreren Banken gesponsert wurde. 2007 wurde Visa wieder zu einem eigenständigen Unternehmen und kehrte zum proprietären Modell zurück. Nun sponsert es sich selbst, statt von externen Institutionen unterstützt zu werden.

Wie Sie sehen, sind diese vier Modelle der Beteiligung am Plattform-Management und -Sponsoring faktisch verschiedene Varianten der Offenheit. Das proprietäre Modell bietet die umfassendste Kontrolle und ermöglicht die abgeschlossenste Betriebsstrategie, wie Apples Management des Mac-Betriebssystems beispielhaft zeigt. Die Lizenzierungs- und Joint-Venture-Modelle sind de facto auf der einen Seite offen und auf der anderen Seite geschlossen. Und das gemeinschaftliche Modell, für das beispielgebend Linux steht, führt schließlich zu einer Plattform, die für ein breites Spektrum an Sponsoren und Managern offen ist.

Wer gewinnt? Wer verliert?

Welches dieser vier Modelle ist für Sponsoren einer Plattform am vorteilhaftesten? Welches ist am besten für Manager einer Plattform geeignet? Und welches davon generiert die meisten prognostizierbaren und steuerbaren Einnahmen? Es wäre schön, wenn sich diese Fragen eindeutig und allgemeingültig beantworten ließen, doch wie so oft im Geschäftsleben lautet die Antwort: »Es kommt darauf an.«

Das proprietäre Modell, das Apple mit enormem Erfolg einsetzt, scheint der Traum aller Plattformunternehmen zu sein – schließlich ermöglicht es die vollständige Eroberung eines Marktes und das Einstreichen sämtlicher davon generierten Gewinne. Um dieses Ziel zu erreichen, muss man einen neuen Technologiestandard entwickeln und dafür sorgen, die alleinige Kontrolle über ihn zu behalten. Unmöglich ist das nicht – aber in der Realität nicht immer dauerhaft wirtschaftlich rentabel.

Ein klassisches Beispiel hierfür ist der sogenannte »Videorecorder-Krieg« in den 1970er- und 1980er-Jahren, in dem zwei Technologieplattformen gegeneinander antraten: der von Sony gesponserte Betamax-Standard und der von JVC gesponserte VHS-Standard. Im Gegensatz zu den meisten heutigen Plattformen gab es für diese beiden im noch internetlosen Zeitalter keine Möglichkeit, Anbieter und Kunden online zusammenzubringen, damit sie interagieren konnten. Dennoch handelte es sich auch hier um Plattformen, denn sie etablierten Technologien, die es mehreren Anbietern (hauptsächlich Film- und Fernsehstudios) ermöglichten, ihrer Klientel Produkte zu verkaufen – und dementsprechend sahen sie sich mit ähnlichen strategischen Herausforderungen konfrontiert, mit denen auch die heutigen Internetplattformen zu kämpfen haben.

Hinsichtlich der technischen Qualität war die Betamax-Plattform der VHS-Plattform leicht überlegen: Sie lieferte schärfere Bilder und ermöglichte eine längere Aufnahmedauer. Den Ausgang dieses Krieges bestimmten jedoch die unterschiedlichen Sponsoring- und Managementstrategien, die beide Rivalen verfolgten.

Sony hielt am Betamax-Standard fest und entschied sich aufgrund der theoretischen Annahme, dass sich das qualitativ überlegene System langfristig am Markt durchsetzen würde, für das proprietäre Plattformmodell. Es sollte jedoch anders kommen. Der Konkurrent JVC verfolgte indes das Lizenzierungsmodell und konnte viele Elektronikgerätehersteller dazu bewegen, VHS-Aufnahme- und Wiedergabegeräte zu produzieren. In der Folge führten steigende Stückzahlen zu sinkenden Preisen und machten VHS-Geräte für die Endverbraucher attraktiver. Und weil der VHS-Standard inzwischen von diversen Geräteherstellern unterstützt wurde und es nun immer mehr Haushalte mit VHS-Geräten gab, lieferten die Filmstudios und andere Anbieter von Inhalten ihrerseits ebenfalls mehr Produkte im VHS-Format als im Betamax-Format aus. Es wurde also eine Feedbackschleife in Gang gesetzt, die VHS einen großen und stetig wachsenden Vorteil gegenüber Betamax verschaffte. Mitte der 1980er-Jahre wurde der Markt schließlich von Geräteherstellern beherrscht, die sich für den VHS-Standard entschieden hatten. Ironischerweise konnte sich JVC selbst nur bescheidener Gewinne erfreuen – trotz allem hatte die Entwicklung des ursprünglichen VHS-Standards dem Unternehmen nicht zu einer riesigen oder zumindest dauerhaften Einkommensquelle verholfen.

Jahre später wurde Sony erneut in einen Formatkrieg verwickelt – der zwar einen anderen Ausgang für den japanischen Konzern nahm, langfristig aber auch nicht zufriedenstellender war. Mitte der 2000er-Jahre, als Videokassetten allmählich von DVDs verdrängt wurden, konkurrierte Sonys hochauflösender Videostandard Blu-ray mit dem von Toshiba entwickelten HD-DVD-Standard. Sony entschied sich abermals für das proprietäre Modell, das es schon für Betamax gewählt hatte. In diesem Fall gewann das Unternehmen den Kampf größtenteils dank der erfolgreichen Einführung der Spielkonsole PlayStation 3, die auch Blu-ray-Videos abspielen konnte – denn dadurch wurde das Format auf einen Schlag Millionen von Kunden präsentiert und zur Verfügung gestellt.

Dieser Triumph sollte sich für Sony jedoch leider als recht kurzlebig herausstellen. Heutzutage, einige Jahre nach dem Siegeszug der Blu-ray, kehren die Kunden optischen Medien zugunsten des Videostreamings zunehmend den Rücken – und das Blu-ray-Format wird somit immer bedeutungsloser. Was kann man daraus lernen? Wenn man sich wie Sony auf einen Formatkrieg einlässt, um proprietäre Kontrolle über einen Markt zu erlangen, dann sollte man ihn besser auch gewinnen – und zwar schnell, bevor das »nächste große Ding« die Technologie ersetzt, deren Markt man zu beherrschen trachtet.

Die Geschichte von Visa – einer weiteren Plattform, die vor der Ära des Internets entstand – illustriert einige der anderen Herausforderungen, denen sich die verschiedenen Management- und Sponsoring-Modelle stellen müssen. Während der Jahre des Sponsorings durch ein Konsortium großer Banken konnte Visa als eins der führenden Kreditkartenunternehmen beträchtliche Erfolge erzielen. Im Laufe der Zeit erwies sich dieses Modell jedoch als problematisch, denn: Wenn eine Plattform durch mehrere Unternehmen gesponsert wird, gehört sie diesen Unternehmen auch. Wichtige Entscheidungen müssen von einem Komitee der verschiedenen Eigner abgesegnet werden, die oftmals unterschiedliche Ziele und Vorlieben haben – ein inhärent ineffizientes Managementsystem. Aus diesem Grund kamen die Eigentümer schließlich auch überein, Visa als eigenständiges Unternehmen weiterzuführen, um ihm die Möglichkeit zu geben, schneller Wettbewerbsvorstöße starten zu können.

Die umständliche Entscheidungsfindung im Falle der Beteiligung mehrerer Sponsoren kann die Eleganz, die Einfachheit und die Benutzerfreundlichkeit der Technologie in Mitleidenschaft ziehen. Der langwährende Wettbewerb zwischen Apples proprietärem Modell und Microsofts sogenanntem *Wintel-Standard* lässt deutlich erkennen, dass ein von einer einzelnen Firma mit einheitlichen ästhetischen und technischen Vorstellungen kontrollierter Standard attraktivere und intuitivere Tools bieten kann als ein Konglomerat konkurrierender Firmen, die jeweils ihren eigenen Designansatz verfolgen. Darüber hinaus ist Apple sehr viel profitabler und wertvoller geworden als irgendein Unternehmen aus der Wintel-Welt – und das, obwohl sein Marktanteil nie den des PCs erreicht hat.

Auch das iPhone von Apple gilt im Allgemeinen als eleganter und benutzerfreundlicher als alle Smartphones, die den weniger streng kontrollierten Android-Standard aus dem Hause Google nutzen. In Anbetracht der *Android Open Source Platform* (AOSP), die Amazon für das Kindle Fire und das chinesische Unternehmen Xiaomi für seine Mobiltelefone einsetzt, gilt dies heute sogar umso mehr.

Das soll aber nicht heißen, dass Apples proprietäre iPhone-Strategie unbedingt »besser« ist als Googles offenere Strategie. Tatsächlich handelt es sich hier um eine ziemlich komplizierte Geschichte, denn obwohl Apples iPhone im Vergleich zu konkurrierenden Android-Smartphones weiterhin als das elegantere Gerät gilt, haben die Innovationen verschiedener Smartphone-Hersteller Android einen Marktanteil von 80 Prozent (Stand 2014) eingebracht. Zum Vergleich: Apples Marktanteil beträgt nur 15 Prozent.[12]

Ist Google also der große Gewinner? Keineswegs. Denn das AOSP-Betriebssystem leitet den User Traffic ja nicht automatisch an die Google-eigenen Online-Dienste weiter. Und das wiederum bedeutet, dass die AOSP-Geräte dem Unternehmen keine Umsätze und Datenverkehr bescheren, obwohl es der Urheber von Android ist. Google hat darauf mit einem Kurswechsel reagiert und gestaltet Android nun geschlossener, um wieder mehr Kontrolle über das System zu erlangen.[13] (Wir kommen später in diesem Kapitel noch einmal auf dieses Thema zurück.)

Letzten Endes geht es bei der Auswahl eines Sponsoring- oder Managementmodells natürlich darum, welchem Zweck die Plattform dienen soll und welche Ziele die Entwickler verfolgen. Die RFID-Technologie (*Radio Frequency Identification*) setzt zur Inventarüberwachung Transponder ein, sogenannte *Smarttags*, die millionenfach an Produkten angebracht werden. Auf diese Weise wird das RFID-System zu einer Inventarmanagementplattform, auf die Einzelhändler bei der Verwaltung der von ihnen vertriebenen Produkte zurückgreifen können.

Die RFID-Plattform wurde von einem großem Händlerkonsortium gesponsert, und die Transponder werden inzwischen von vielen verschiedenen Unternehmen hergestellt, die preislich und auch in Bezug auf das Design miteinander konkurrieren. Das gemeinschaftliche Modell der Sponsorings und des Managements hat zur Folge, dass die RFID-Technologie selbst niemandem große Gewinne bringt – die Transponder kosten nur ein paar Cent pro Stück –, aber das ist ganz im Sinne der Sponsoren, denn ihr ursprüngliches Ziel war es ja schließlich, die Technologie so einfach, so zugänglich und so preiswert wie möglich zu machen.

Beteiligung der Entwickler

Wie Sie wissen, steht am Anfang des Designs und Aufbaus einer Plattform eine Schlüsselinteraktion. Doch im Laufe der Zeit expandieren viele Plattformen und bieten weitere Arten von Interaktionen, die zusätzlichen Mehrwert für die User schaffen und neue Arten von Teilnehmern anziehen. Solche Interaktionen werden von Entwicklern erstellt, denen ein mehr oder weniger offener Zugang zu der Plattform und ihrer Infrastruktur gewährt wird. Wir bezeichnen die drei Entwicklertypen als *Kernentwickler* (Core Developers), *Erweiterungsentwickler* (Extension Developers) und *Datenaggregatoren* (Data Aggregators).

Kernentwickler erstellen die Kernfunktionen der Plattform, die Teilnehmern einen Mehrwert bieten. Sie sind im Allgemeinen Angestellte des Unternehmens, das die Plattform managt. Ihre Hauptaufgabe besteht darin, den Usern die Plattform zugänglich zu machen und durch Tools und Rahmenbedingungen einen

Mehrwert bereitzustellen, der die Schlüsselinteraktion einfach und für die Beteiligten zufriedenstellend gestaltet.

Die Kernentwickler sind für die elementaren Fähigkeiten der Plattform verantwortlich. Airbnb stellt eine Infrastruktur zur Verfügung, die es Gästen und Gastgebern erlaubt, mithilfe der Systemressourcen miteinander zu interagieren – so z.B. die Suchmöglichkeiten und die Datendienste, die es den Gästen gestatten, attraktive Unterkünfte zu finden sowie die für den Abschluss der Transaktion erforderliche Zahlungsmethode zu wählen. Hinter den Kulissen managt Airbnb zusätzliche Funktionen, die zur Verringerung des Transaktionsaufwands für Gäste und Gastgeber beitragen. So stellt die Plattform beispielsweise Standardversicherungsverträge für beide Seiten zur Verfügung, die Gäste gegen Unfälle und Verbrechen und Gastgeber gegen unachtsames Verhalten vonseiten der Gäste schützen. (Allerdings sind die von diesen Versicherungen abgedeckten Schäden oft unzulänglich, wie wir in Kapitel 11 noch erörtern werden.) Außerdem werden die Identitäten der Beteiligten überprüft, damit das Reputationssystem Aussagekraft über das Userverhalten erlangt. Die Entwicklung, die Feinabstimmung, die Wartung und die kontinuierliche Verbesserung dieser Systeme gehören zu den Aufgaben der Kernentwickler von Airbnb.

Erweiterungsentwickler fügen der Plattform Features und Mehrwert hinzu und erweitern die Funktionalität. In der Regel handelt es sich hierbei um externe Dritte und nicht um Angestellte des Unternehmens, das die Plattform managt. Sie finden Möglichkeiten, einen Teil des von ihnen geschaffenen Mehrwerts abzuschöpfen und erzielen so einen Gewinn aus den Vorteilen, die sie ihren Kunden zu bieten haben. Eine wohlbekannte Gruppe von Erweiterungsentwicklern sind die Einzelpersonen und Unternehmen, die die im iTunes Store verkauften Apps entwickeln – Spiele, Tools für die Informationsbeschaffung, zur Erhöhung der Produktivität oder Förderung sportlicher Aktivität und so weiter. Eine der wichtigsten Entscheidungen, die ein Plattformbetreiber treffen – und bei einem Wandel des Marktes oftmals überdenken – muss, ist der Umfang, in dem sich die Plattform für Erweiterungsentwickler öffnet.

An der Mehrwertsteigerung der Airbnb-Plattform hat eine ganze Reihe von Erweiterungsentwicklern mitgewirkt. So haben Airbnbs eigene Untersuchungen ergeben, dass Unterkunftsangebote, die mit Fotos in professioneller Qualität präsentiert werden, von den angehenden Mietern doppelt so oft aufgerufen werden wie diejenigen mit Bildern von niedrigerer Qualität. Darauf hat ein Erweiterungsentwickler reagiert, indem er nun in der Rubrik AIRBNB-FOTOGRAFENSERVICE professionelle Unterstützung beim Erstellen überzeugender Fotos anbietet, die Airbnb-Gastgebern zu mehr Erfolg verhelfen sollen.

Ein anderer Erweiterungsentwickler namens Pillow (ehemals Airenvy) unterstützt Gastgeber auf der Plattform durch die Bereitstellung von Tools, die die Listung und Vermarktung der Unterkünfte, den Check-in der Gäste, die Reinigung der Unterkunft oder die Bereitstellung von Bettwäsche einfacher gestalten. Weitere Entwickler, etwa Urban Bellhop und Guesthop, übernehmen Reisearrangements für die Gäste, also etwa Restaurantreservierungen oder das Engagieren eines Babysitters. Dank der Unterstützung durch externe Firmen kann ein Airbnb-Gastgeber eine Dienstleistungspalette anbieten, die der eines echten Hotels ebenbürtig ist.

Um diese erweiterten Plattformfunktionalitäten zu ermöglichen, muss sich Airbnb den Entwicklern dieser Erweiterungen gegenüber öffnen. Ein ausgewogenes Maß an Offenheit zu finden, stellt für das Unternehmen jedoch eine Herausforderung dar: Ist die Plattform zu geschlossen – wenn es also für die Entwickler zu mühsam ist, ihre Erweiterungen dort anzubieten –, geht die Möglichkeit verloren, den Plattformusern praktische neue Dienstleistungen anzubieten und dadurch werden dann vielleicht sogar Teilnehmer vertrieben. Ist die Plattform hingegen zu offen – wenn es den Erweiterungsentwicklern also zu leicht gemacht wird, auf der Plattform in Erscheinung zu treten –, werden womöglich Dienstanbieter minderwertiger Qualität der Plattform beitreten und dadurch könnte dann wiederum sowohl der Ruf von Airbnb als auch das Ansehen anderer Entwickler Schaden nehmen. Darüber hinaus kann übertriebene Offenheit dazu führen, dass zu viele Anbieter dieselben Dienstleistungen bereitstellen, was die Gewinne der einzelnen Anbieter schmälert und den Anreiz für die Erweiterungsentwickler verringert, ihre Dienste an die Bedürfnisse der Airbnb-User anzupassen.

Plattformen, die sich dafür entscheiden, Erweiterungsentwickler zu fördern, indem sie ihnen ein hohes Maß an Offenheit bieten, stellen üblicherweise eine API (*Application Programming Interface*, Programmierschnittstelle) zur Verfügung. Dabei handelt es sich um einen der Mechanismen, die ein Plattformbetreiber einsetzen kann, um den offenen Zugang zu seinem System zu reglementieren. Eine API besteht aus standardisierten Befehlen, Protokollen und Tools zum Erstellen von Softwareanwendungen und erleichtert es externen Programmierern, Code zu schreiben, der sich nahtlos in die Infrastruktur der Plattform einfügt.

Nun hat Airbnb zwar eine API entwickelt, diese steht derzeit allerdings nicht allen Entwicklern zur Verfügung, die der Plattform beitreten möchten – ein Zeichen dafür, dass die Plattformbetreiber hinsichtlich der Teilnahme von Entwicklern einen Mittelweg einschlagen wollen.

Manche Unternehmen errichten hohe Hürden für Erweiterungsentwickler – und das nicht nur um die Qualität der Plattforminhalte zu schützen. Sie versuchen dadurch auch, die Kontrolle über die Art der Umsätze zu behalten, die ihre Plattform erzeugt. Im Fall von Myspace haben wir in der Vergangenheit bereits sehen können, inwiefern diese Strategie ins Auge gehen kann. Und in der heutigen Zeit könnte den beliebten Kaffeemaschinenhersteller Keurig dasselbe Schicksal ereilen – dessen Plattform sozusagen dem Aufbrühen von Heißgetränken gewidmet ist. In Kapitel 8 werden wir noch genauer auf die Geschichte dieses Unternehmens eingehen.

Im Vergleich dazu hat sich die britische Tageszeitung *The Guardian* genau in die entgegengesetzte Richtung bewegt. Sie erfreut sich einer beträchtlichen internationalen Leserschaft und hat sich Usern gegenüber stets offen gezeigt, indem sie ihnen von jeher freien Zugriff auf die von den hauseigenen Redakteuren verfassten und bearbeiteten Inhalte gewährt. Erweiterungsentwicklern war die Website früher allerdings nicht zugänglich. In Anerkennung des Wertes, den die gesammelten Informationen und Konzepte des Guardian darstellen, sowie der potenziellen Vorteile, die sich daraus ergeben könnten, die Website der Zeitung in eine Plattform zu verwandeln, betrieb die Verlagsleitung monatelange strategische Planspiele, in deren Verlauf rege diskutiert und analysiert wurde, welche Auswirkungen ein solcher Schritt haben würde. Nachdem dann schließlich die möglichen Risiken und die zu erwartenden Vorteile gegeneinander abgewogen waren, entschlossen sich die Guardian-Verantwortlichen dazu, die Website sowohl nach innen als auch nach außen zu öffnen, indem zum einen mehr Daten und Anwendungen von außerhalb zugelassen wurden und es zum anderen externen Partnern gestattet wurde, Produkte anzubieten, die Inhalte und Dienste des Guardian auf anderen digitalen Plattformen nutzen.

Zur Umsetzung dieser Öffnung nach außen stellt die Plattform eine Reihe von APIs bereit, die externen Dritten leichten Zugang zu deren Content bieten. Diese Schnittstellen verfügen über drei verschiedene Zugangsstufen: Die niedrigste Stufe, die vom Guardian als »Keyless« (schlüssellos) bezeichnet wird, gestattet es allen Usern, Guardian-Schlagzeilen, Metadaten sowie die »Informationsarchitektur« (also die Software und Designelemente, die Guardian-Daten strukturieren sowie den Zugriff, die Analyse und die Nutzung vereinfachen) zu verwenden, ohne eine Genehmigung einholen oder irgendeinen Anteil von möglicherweise auf dieser Grundlage erzielten Gewinnen entrichten zu müssen. Die zweite Zugangsstufe namens »Approved« (freigegeben) erlaubt es registrierten Entwicklern – mit gewissen Einschränkungen hinsichtlich Dauer und Art der Nutzung –, komplette Guardian-Artikel anzubieten. Durch Anzeigen erzielte Einnahmen teilen sich die Zeitung und die Entwickler. Die dritte und höchste Zugangsstufe »Bespoke« (maßgeschneidert) bietet ein umfangreiches Paket, das – gegen Entgelt – den Zugang zu sämtlichen Guardian-Inhalten umfasst.

Einige der ersten veröffentlichten Produkte, die auf dem neuen Plattform-Geschäftsmodell des Guardian beruhten, enthielten eine Content-API, die Zugriff auf mehr als eine Million Guardian-Artikel bot, eine Politik-API, die Wahlergebnisse und Informationen über die Kandidaten lieferte, sowie einen Datenspeicher, der den Zugang zu Datensätzen und Visualisierungen ermöglichte, die von tabellarischen Gegenüberstellungen der gesetzlichen Vorschriften über die Todesstrafe in verschiedenen Ländern bis hin zu den farbenprächtigen Bildern der Zeitreisen des TV-Serienstars Doctor Who reichen. Darüber hinaus gab es ein Framework, das die Entwicklung von Apps ermöglichte und es erleichterte, mit dem System zu experimentieren und Apps dafür zu entwickeln. In den ersten zwölf Monaten registrierten sich mehr als 2.000 Erweiterungsentwickler.

Die Anziehungskraft von APIs auf Erweiterungsentwickler (und die damit verbundene mögliche Wertschöpfung) ist enorm. Vergleichen Sie einmal die Finanzergebnisse zweier großer Einzelhändler: des traditionellen Giganten Walmart und der Online-Plattform Amazon. Amazon bietet rund 33 APIs sowie mehr als 300 sogenannte API-»Mashups« (miteinander kombinierte Tools, die zwei oder mehr APIs umfassen), die E-Commerce, Cloud-Dienste, Messaging, Suchmaschinenoptimierung und Zahlungsvorgänge ermöglichen. Im Gegensatz dazu bietet Walmart nur eine einzige API an, ein E-Commerce-Tool.[14] Dieser Unterschied ist mitverantwortlich dafür, dass Amazons Börsenwert den von Walmart im Juni 2015 erstmals übertroffen hat. Hier spiegelt sich die positive Sicht der Wall Street auf Amazons zukünftiges Wachstum wider.[15]

Andere Plattformunternehmen konnten dank ihrer APIs ähnliche Erfolge einfahren: Salesforce, die Plattform für Cloud Computing und andere Computerdienste, erzielt 50 Prozent ihres Umsatzes durch APIs, bei der Reiseplattform Expedia sind es sogar 90 Prozent.[16]

Die dritte Entwicklerkategorie, die zum Mehrwert der Interaktionen auf einer Plattform beiträgt, besteht aus den *Datenaggregatoren*. Sie verbessern die Suchfunktion der Plattform, indem sie ihr Daten aus vielfältigen Quellen hinzufügen. Mit Genehmigung des Plattformbetreibers sammeln sie Daten über die Plattformuser und die Interaktionen, an denen sie teilnehmen. Im Allgemeinen verkaufen sie diese Daten dann an andere Unternehmen weiter, die sie für Zwecke wie gezielt platzierte Werbung einsetzen. Die als Datenquelle fungierende Plattform erhält einen Teil des auf diese Weise erzielten Gewinns.

Wenn die durch Datenaggregatoren bereitgestellten Dienste wohldurchdacht sind, können sie Plattformuser mit Anbietern zusammenbringen, deren Produkte und Dienstleistungen für sie interessant und potenziell werthaltig sind. Wenn beispielsweise ein Facebook-User in einem Beitrag verkündet, dass er einen Frankreichurlaub plant, könnte ein Datenaggregator diese Information an eine Werbeagentur verkaufen, die ihrerseits Neuigkeiten und Meldungen über Pariser Hotels, Stadtführer, vergünstigte Flugreisen oder andere Themen erzeugt, die vermutlich von Interesse sind.

Die Datenaggregation als solches findet inzwischen in vielen Geschäftsbereichen statt, sowohl auf digitalen Plattformen als auch jenseits davon. Wenn sie gut funktioniert, führt das zu einem Resultat, das Kunden als nahtlos oder sogar angenehm empfinden: »Woher haben die nur gewusst, dass ich Küchenfliesen in genau diesem Blauton suche?« Ist sie allerdings ungelenk – was viel zu oft der Fall ist –, wirkt das Ergebnis aufdringlich oder sogar unheimlich.

Eine – vermutlich erfundene – Geschichte, von der Charles Duhigg in der New York Times berichtet hat, schildert den Fall des verärgerten Vaters einer Teenagerin, der in ein Ladengeschäft von Target (dem zweitgrößten Discounthändler Amerikas nach Walmart) stürmt und vom Filialleiter wissen will, warum seine Tochter Gutscheine für Babyausstattungsprodukte erhalten hat. »Wollen Sie meine Tochter etwa dazu ermutigen, schwanger zu werden?« Der Filialleiter entschuldigt sich und ruft ein paar Tage später bei der Familie an, um den Vorfall zu besprechen. Dem Vater war die Sache offenbar peinlich, denn er erzählte kleinlaut: »Ich habe mit meiner Tochter gesprochen. Ihr Baby kommt im August.«

Wie konnte Target von der Schwangerschaft des Mädchens eher »wissen« als die Familie? Duhigg beschreibt Targets System zur Analyse des Kundenverhaltens als den Versuch, den zukünftigen Bedarf und die Kaufnachfrage einschätzen zu können. Wenn nun also eine (hypothetische) Kundin ihre Target-Filiale aufsucht, eine kakaobutterhaltige Lotion, eine zu der Größe von Windeln passende Handtasche, Zink- und Magnesiumpräparate sowie eine hellblaue Wolldecke kauft, dann ermittelt Targets Algorithmus eine 83%ige Wahrscheinlichkeit, dass sie schwanger ist – daher die Gutscheine für Babyausstattungsprodukte.[17]

Datenaggregationssysteme wie dieses werden von Plattformen, die sie bereitstellen, wohl aus gutem Grund nicht an die große Glocke gehängt – denn wenn sie wüssten, in welchem Ausmaß ihr persönliches Verhalten überwacht wird, hätten viele Kunden ein mulmiges Gefühl. Da die Datenaggregation für Plattformunternehmen jedoch eine bedeutende und wachsende Einnahmequelle darstellt, ist deren angemessene Handhabung eine enorme ethische, rechtliche und geschäftliche Herausforderung. Wir werden uns mit diesem Thema in den Kapiteln 8 und 11, die die Governance und die Regulierung von Plattformen zum Inhalt haben, noch eingehender befassen.

Was soll zugänglich sein? Und was nicht?

Wir haben gesehen, dass Innovationen, die für die Plattformuser einen Mehrwert bedeuten, vielen verschiedenen Quellen entstammen können. Manche dieser Innovationen werden von Kernentwicklern erstellt und stehen daher unter der Kontrolle des Plattformunternehmens selbst. Andere werden hingegen von Erweiterungsentwicklern beigetragen und unterstehen somit der Kontrolle externer Entwickler. Das wirft folgende Fragen auf: Wann wird der Einfluss externer Entwickler für die Plattform selbst bedrohlich? Und wie sollte der Plattformbetreiber darauf reagieren, wenn es soweit kommt?

Die Antworten auf diese Fragen hängen davon ab, wie groß der Mehrwert ist, den eine bestimmte Erweiterungs-App mitbringt. Als Plattformbetreiber haben Sie in aller Regel kein Interesse daran zuzulassen, dass ein außenstehender Dritter die Kontrolle über die Quelle eines der primären Mehrwerte erhält, die ihre Plattform den Usern zu bieten hat. Wenn das geschieht, müssen Sie etwas unternehmen, um die fragliche App unter Ihre eigene Kontrolle zu bringen – in den meisten Fällen wird dann die App oder deren Eigentümer aufgekauft. Liefert eine Erweiterungs-App dagegen nur einen bescheidenen Mehrwert, ist es vollkommen sicher und im Allgemeinen sehr effizient, dem externen Entwickler weiterhin die Kontrolle darüber zu überlassen.

Betrachten Sie an dieser Stelle beispielsweise einmal Apples Entscheidungen hinsichtlich der Eigentümerschaft und der Kontrolle des iPhone-Betriebssystems. Apple war sehr darauf bedacht, den Großteil der auf dem iPhone vorinstallierten Anwendungen, wie etwa die Apps für die Musikwiedergabe, das Fotografieren und die Sprachaufzeichnung, selbst zu liefern. SRI International, das Unternehmen, das die Technologie für die »virtuelle persönliche Assistentin« Siri entwickelt hat, wurde von Apple übernommen.[18] Die genannten Features bieten ausnahmslos einen echten Mehrwert und haben beträchtlichen Einfluss auf den Markt für das iPhone – daher ist Apple auch so sehr daran interessiert, sie selbst zu liefern und die Kontrolle darüber zu besitzen. Im Gegensatz dazu gibt sich YouTube damit zufrieden, Eigentümer des Videovertriebskanals und der Wiedergabetechnologie zu sein, überlässt die Kontrolle über die Millionen auf der Plattform verfügbaren Videoclips jedoch den Usern und Organisationen, die sie hochgeladen haben. Nun könnte man zwar annehmen, dass weltweit populäre Videos wie der koreanische Pop-Hit »Gangnam Style« für YouTube-User einen beträchtlichen Mehrwert bedeuten, dieser ist allerdings nur vorübergehender Natur (das populärste Video dieses Jahres wird schnell durch das populärste des kommenden Jahres verdrängt) und stellt lediglich einen winzigen Bruchteil des gesamten Mehrwerts der YouTube-Inhalte dar. In Fällen wie diesem gibt es für den Plattformbetreiber keinen triftigen Grund, die Kontrolle über die einzelnen Elemente, die den Mehrwert ausmachen, selbst zu besitzen.

Es gibt zwei weitere Prinzipien, denen Plattformbetreiber Beachtung schenken müssen, wenn sie versuchen einzuschätzen, ob eine Erweiterungs-App eine Bedrohung für ihre wirtschaftliche Leistungsfähigkeit darstellt.

Wenn eine bestimmte App das Potenzial besitzt, selbst zu einer Plattform zu werden, sollten die Betreiber der diese App beherbergenden Plattform versuchen, die Kontrolle darüber zu erlangen – oder aber sie durch eine App zu ersetzen, die unter der eigenen Kontrolle steht.

Google Maps war 2012 für die Nutzer von Mobiltelefonen zum vorrangigen Anbieter von Kartendiensten und Ortungsdaten geworden. Das sind Features, die sich auch bei Usern von Apples iPhone großer Beliebtheit erfreuten. Da allerdings immer mehr User Mobilgeräte verwendeten und zunehmend Ortungsfunktionen nutzten, musste Apple feststellen, dass Google Maps allmählich zu einer erheblichen Bedrohung für die langfristige Rentabilität der eigenen mobilen Plattform wurde. Es bestand die ernstzunehmende Gefahr, dass Google aus der Kartentechnologie eine gesonderte Plattform machen würde, indem es die wertvollen Kundenkontakte und deren geografische Daten an Händler vermarkten und die damit verbundenen potenziellen Umsatzquellen somit Apple entziehen würde.

Apples Entscheidung, einen eigenen konkurrierenden Kartendienst anzubieten, war aus strategischer Sicht durchaus sinnvoll – auch in Anbetracht der Tatsache, dass der Dienst anfangs unter Kinderkrankheiten litt, die für Apple ziemlich peinlich waren: Die neue App kategorisierte Kindertagesstätten irrtümlich als Flughäfen und Städte fälschlicherweise als Krankenhäuser, schlug Fahrtstrecken vor, die über offene Gewässer führten (hoffentlich fahren Sie ein Amphibienfahrzeug!) und ließ unachtsame Reisende in der australischen Wüste ganze siebzig Kilometer vom eigentlichen Zielort entfernt Schiffbruch erleiden. Unter den iPhone-Usern herrschte ein Heulen und Zähneklappern, die Medien hatten ihren Spaß daran, Apple durch den Kakao zu ziehen, und Apples CEO Tim Cook sah sich zu einer öffentlichen Entschuldigung gezwungen.[19] Apple nahm es hin, in der Öffentlichkeit ein schlechtes Bild abzugeben, wohl in dem Glauben, dass sich die Qualität schnell auf ein akzeptables Niveau heben ließe – und so kam es dann im Wesentlichen auch. Die iPhone-Plattform ist jetzt nicht mehr von Googles Kartendiensten abhängig, und die Karten-App, die einen beträchtlichen Mehrwert bietet, steht unter der Kontrolle von Apple.

Wenn zum anderen eine bestimmte Funktionalität gleich von mehreren Erweiterungsentwicklern angeboten wird und bei den Plattformusern allgemein Akzeptanz findet, dann sollte sich der Plattformbetreiber diese Funktionalität zu eigen und sie über eine offen zugängliche API verfügbar machen. Besonders nützliche Funktionen, wie beispielsweise die Wiedergabe von Audio und Video, die Bearbeitung von Fotos, das Ausschneiden und Einfügen von Text sowie Sprachbefehle, wurden häufig von Erweiterungsentwicklern erfunden. Nachdem sie deren vielfältigen Einsatzmöglichkeiten erkannt hatten, sind die Plattformbetreiber dazu übergegangen, derartige Funktionen zu standardisieren und sie in Form von APIs umzusetzen, die alle Entwickler nutzen können. Dadurch werden Innovationen beschleunigt und eine Verbesserung der Dienste ermöglicht, von der alle Plattformuser profitieren.

Beteiligung der User

Die dritte Art der Offenheit, die Plattformbetreiber unter ihre Kontrolle bringen müssen, ist die Beteiligung der User – insbesondere die *Offenheit gegenüber*

Anbietern, also deren Berechtigung, der Plattform nach eigenem Gutdünken Inhalte hinzuzufügen. Denken Sie daran, dass viele Plattformen dafür ausgelegt sind, einen Seitenwechsel zu ermöglichen, der es Usern gestattet, zu Anbietern zu werden (und umgekehrt), d.h., dieselben Einzelpersonen, die Werteinheiten auf der Plattform konsumieren, können selbst Werteinheiten erzeugen, die wiederum von anderen konsumiert werden: YouTube-User können sich die Videos anderer User ansehen und selbst Videos hochladen, Airbnb-Gäste können Gastgeber werden, Etsy-Kunden können ihre eigenen Werke auf der Website anbieten.

Die Zielsetzung des Öffnens der Plattform gegenüber diesen Usern ist, die Generierung und Bereitstellung möglichst vieler hochwertiger Inhalte zu ermöglichen. Diese Maßgabe – dass möglichst *hochwertiger* Content entstehen soll – ist natürlich der Grund dafür, dass die meisten Plattformen die Strategie verfolgen, sich hinsichtlich der Beteiligung der User nicht bedingungslos zu öffnen.

Nach dem Launch strebte Wikipedia zunächst eine vollkommene Offenheit an: Die Aufrechterhaltung der Qualität sollte ausschließlich in den Händen der Plattformuser liegen, die es auf sich nehmen würden, die Inhalte der Website zu überwachen, Fehler zu beseitigen und voreingenommene oder einseitige Darstellungen zu verhindern.

Dabei handelte es sich jedoch um eine utopische Vorstellung, die davon ausging, dass alle Wikipedia-User nur die besten Absichten verfolgen. Oder, eine Spur weniger idealistisch betrachtet, dass sich die verschiedenen, manchmal miteinander in Konflikt stehenden Beweggründe und Ansichten letztendlich ausgleichen und so Inhalte zustande kommen, die das gesammelte Wissen der gesamten Community repräsentieren – in etwa so, wie in der Theorie des Kapitalismus eine »unsichtbare Hand« in den Markt eingreift und dafür sorgt, dass durch die Interaktionen zahlloser eigene Interessen verfolgender Marktteilnehmer maximale Vorteile für alle erzielt werden.

Allerdings lehrt uns die Realität, dass demokratische Systeme wie freie Märkte chaotisch sein können – insbesondere dann, wenn damit große Leidenschaft oder Parteinahme einhergehen. Aus diesem Grund haben wir am Anfang dieses Kapitels von dem Wikipedia-Artikel über den Tod von Meredith Kercher berichtet, der von Amanda-Knox-Hassern »gekapert« wurde, die zielgerichtet die Absicht verfolgten, ihr eindeutig die Schuld zuzuweisen und jegliche Anzeichen von anderslautenden Meinungen zu beseitigen.

Der Mordfall Meredith Kercher ist aber keineswegs das einzige Thema, bei dem Wikipedia in eine Kontroverse verwickelt wurde. In einem Wikipedia-Artikel mit dem Titel »*Wikipedia: List of controversial issues*« (zu Deutsch etwa »Wikipedia: Liste kontrovers diskutierter Themen«) sind mehr als 800 Themen aufgeführt, die »kontinuierlich in widersprüchlicher Weise überarbeitet werden oder in anderer Form im Zentrum von ›Bearbeitungskriegen‹ stehen bzw. deren Bearbeitung eingeschränkt ist.« Sie sind in Kategorien unterteilt, die von Wirtschaft und Politik, Geschichte, Wissenschaft, Biologie, Gesundheit, Philosophie und Medien bis hin zu Kultur reichen. Es geht darin beispielsweise um Themen wie Anarchismus, Verleugnung des Holocausts, die »Occupy Wall Street«-Bewegung, die Vortäuschung der Mondlandung oder um Hare Krishna, Chiropraktik, den Meeres-Themenpark SeaWorld und Diskomusik.

Begrenzen der Öffnung durch geschickte Kuratierung. Wie kann Wikipedia einen hohen Qualitätsstandard für die Inhalte der Plattform aufrechterhalten, wenn einige User beabsichtigen, sie aus Eigeninteresse zu manipulieren? Einfach ist das nicht. Die Plattformbetreiber versuchen, sich vornehmlich auf die Standards der Community und sozialen Druck zu verlassen. Die Richtlinien werden in Artikeln wie »*Wikipedia: Grundprinzipien*« publik gemacht, in dem eins dieser Prinzipien wie folgt erläutert wird:

> *Neutralität: Mittels eines neutralen Standpunktes versucht man, eine Thematik so zu präsentieren, dass sowohl deren Gegner als auch deren Befürworter die Darstellung tolerieren können. Er erfordert nicht die Akzeptanz aller; dies wird man selten erreichen, zumal manche Ideologien alle anderen Standpunkte außer ihrem eigenen ablehnen. Daher sollte das Ziel darin bestehen, eine für alle rational denkenden Beteiligten tolerable Beschreibung zu formulieren.*

Dennoch gibt es Situationen, in denen der durch die Community ausgeübte Druck nicht ausreicht. Wenn die Qualität eines bestimmten Artikels wiederholt durch voreingenommene oder unehrliche Inhalte herabgesetzt wird, greifen andere Mechanismen zum Schutz der Integrität der Wikipedia. Dazu gehört etwa VandalProof (»Schutz vor Vandalen«), eine speziell für die Wikipedia entwickelte Software zur Identifizierung von Artikeln, die von bekanntermaßen unzuverlässig arbeitenden Usern editiert wurden. Darüber hinaus werden zudem Markierungstools verwendet, die die Aufmerksamkeit auf potenziell problematische Artikel lenken, damit andere Bearbeiter sie überprüfen und gegebenenfalls korrigieren können. Und dann gibt es noch eine Reihe von Blockierungs- und Schutzmechanismen, die nur von Usern eingesetzt werden können, die sich durch die allgemeine Zustimmung der Wikipedia-Community besondere Rechte erworben haben.

Diese komplexe, weitgehend selbstorganisierte Struktur miteinander verzahnter Systeme für die Gewährleistung der Wikipedia-Inhalte ist eine Form der Kuratierung – sie ist zum Schutz der Inhalte unverzichtbar und muss fein abgestimmt werden, um das richtige Maß an Offenheit gegenüber den Autoren zu bieten.

Für gewöhnlich findet die Kuratierung in Form eines *Screenings* der wichtigsten Zugangspunkte der Plattform statt, auf das entsprechendes *Feedback* gegeben wird. Das Screening entscheidet darüber, wer Zugang zur Plattform erhält – das Feedback hingegen soll das erwünschte Verhalten derjenigen Teilnehmer fördern, denen der Zugang bereits gewährt wurde. Die Reputation eines Users wird durch sein früheres Verhalten auf und jenseits der Plattform geprägt und ist bei der Kuratierung für gewöhnlich der entscheidende Faktor: Von der übrigen Community positiv bewertete User werden mit höherer Wahrscheinlichkeit das Screening passieren und wohlwollendes Feedback erhalten als diejenigen mit schlechter Reputation.

Die Kuratierung kann durch menschliche Gatekeeper erfolgen – durch Moderatoren, die persönlich User überprüfen, Inhalte bearbeiten und Feedback geben, das dazu geeignet ist, die Qualität zu fördern. Diese Vorgehensweise wird häufig von Medienplattformen wie Blogs oder Online-Magazinen eingesetzt. Die Einstellung von Moderatoren, die von dem Plattformunternehmen ausgebildet und bezahlt werden müssen, ist jedoch zeitraubend und kostspielig. Ein besseres System – dessen Design und Implementierung allerdings eine Herausforderung darstellen kann – beruht darauf, dass die User sich selbst kuratieren, und zwar im Allgemeinen durch Softwaretools, die schnell Feedback sammeln und dieses bei der Kuratierung als Entscheidungsgrundlage nutzen.

Wie wir bereits gesehen haben, setzt Wikipedia diese durch Softwaretools ermöglichte Form der Kuratierung durch die User selbst ein. Auf ähnliche Weise verlässt sich Facebook darauf, dass User anstößige Inhalte wie Hassreden, Belästigungen, anrüchige Bilder oder Gewaltandrohungen als solche kennzeichnen. Dienstleistungsplattformen wie Uber und Airbnb nutzen die Kundenbewertungen in ihren Softwaretools, damit User und Anbieter fundierte Entscheidungen treffen können, mit wem sie interagieren.

Narrensicher sind Kuratierungssysteme jedoch nicht. Wenn die entsprechenden Tools im Zweifel der Offenheit den Vorzug geben, können potenziell anstößige oder sogar gefährliche Inhalte durchschlüpfen. Sind sie hingegen übertrieben restriktiv, werden womöglich gutmeinende User verprellt und angemessene Inhalte zurückgewiesen – wie im Fall der Algorithmen sozialer Netzwerke, die bei dem Versuch Pornografie zu entfernen, Lehrmaterial zu Themen wie der Früherkennung von Brustkrebs blockierten. Die Plattformbetreiber müssen beträchtliche Zeit und Ressourcen aufbringen – dazu gehören auch von Menschen vorgenommene Sichtkontrollen und fundierte Beurteilungen –, um die Grenzen ihrer Plattform zwischen Offenheit und Geschlossenheit kontinuierlich zu überwachen und dadurch zu gewährleisten, dass sie angemessen sind.

Gleichartige Plattformen konkurrieren durch den unterschiedlichen Grad ihrer Offenheit

Im selben Bereich tätige Plattformen können sich durch die Art und den Grad ihrer Offenheit voneinander abgrenzen. Diese verschiedenen Ausprägungen ziehen dann eine unterschiedliche Art und Anzahl von Teilnehmern an, generieren eigene Ökosystemkulturen und führen letztendlich zu voneinander abweichenden Geschäftsmodellen.

Wir haben vorhin festgestellt, dass es sich bei Apples Mac-Betriebssystem/ Hardware und Microsofts Windows-Betriebssystem um zwei Plattformen handelt, die in den 1980er- und 1990er-Jahren hinsichtlich der Offenheit sehr unterschiedliche Entscheidungen getroffen haben. Auch wenn einige Kritiker Windows ebenfalls als geschlossenes System bezeichnen, so zeigte es sich im Vergleich zu Apple aber doch sehr viel offener. Apple traf die Entscheidung, von den Erweiterungsentwicklern für die SDKs (*System Development Kits*) relativ happige 10.000 Dollar zu verlangen. Dadurch war gewährleistet, dass es nur einen kleinen Kreis ausgewählter externer Softwareentwickler gab. Im Gegensatz dazu verschenkte Microsoft die SDKs praktisch und konnte so eine sehr viel größere Zahl von Entwicklern für sich gewinnen.

Unterdessen hatte IBM die Kontrolle über den Hardwarestandard verloren – zum Teil aufgrund regulatorischer Maßnahmen, die es allen Herstellern ermöglichten, den PC-Markt zu betreten, woraufhin die Preise schnell sanken. Die Kombination einer großen Anzahl von Entwicklern und preiswerter Hardware überzeugte die Kunden, und die sogenannte Wintel-Plattform dominierte den Markt fast zwanzig Jahre lang, während der Marktanteil des geschlossenen Apple-Systems kontinuierlich abnahm. In diesem Fall scheint es klar zu sein, dass die Strategie der Offenheit sehr viel erfolgreicher war als die Strategie der Geschlossenheit.

In jüngerer Zeit war zu beobachten, dass Apple und Google bezüglich der Offenheit ihrer mobilen Plattformen unterschiedliche Entscheidungen trafen. Google gestattete die Entwicklung einer Open-Source-Version von Android, die allen Herstellern kostenlos zur Verfügung steht. Apple hingegen sponserte das proprietäre Betriebssystem iOS und übte strikte Kontrolle über die Hardware aus, sodass das Unternehmen der einzige Gerätehersteller und damit auch der einzige Manager des Systems ist.

Auf den ersten Blick scheint sich hier der PC-Krieg zwischen Microsoft und Apple zu wiederholen. Apple ist zwar sehr viel geschlossener als Google – beispielsweise behält es die volle Kontrolle über die Herstellung seines erfolgreichsten Geräts, anstatt auch andere Hersteller zuzulassen –, ist aber doch offener als in der vorangegangenen Technologiegeneration. Nachdem das Unternehmen das System gerade so weit geöffnet hat, um Entwickler anzuziehen, unterstützt es sie nun mit leistungsfähigen Entwickler-Toolkits und gewährt ihnen über den iTunes Store Zugang zum Kundenstamm. Das Ergebnis ist eine Unmenge verfügbarer Apps.

Google hingegen musste sich offener geben, weil es den Markt erst nach Apple betrat. Das hatte zur Folge, dass sich die AOSP schon bald der Kontrolle des

Unternehmens entzog, was es wiederum dazu veranlasste, den Zugang zu seiner Plattform durch eine Reihe verschiedener Mechanismen zu beschränken. Weil das zugrunde liegende Betriebssystem frei zugänglich ist, kann Google die AOSP nicht ohne Weiteres geschlossen gestalten, doch nahezu dasselbe Ziel lässt sich auch erreichen, indem man Kontrolle über die entscheidenden Funktionen ausübt. Der Journalist Ron Amadeo hat beschrieben, wie Google Android-Apps bei Funktionen wie Suche, Musik, Kalender, Tastatur und Kamera abschottet und gleichzeitig hart daran arbeitet, die Gerätehersteller davon zu überzeugen, der sogenannten *Open Handset Alliance* beizutreten, einem Unternehmenskonsortium, das die Schaffung von offenen Hard- und Softwarestandards für Mobilgeräte zum Ziel hat.

Amadeo erläutert die Auswirkungen, die Googles Schritt in Richtung der Geschlossenheit der AOSP auf Erweiterungsentwickler hat:

> *Wenn Sie irgendeine Google-API nutzen und versuchen, Ihre App auf einem Kindle oder irgendeiner anderen AOSP-Version auszuführen, die nicht von Google stammt: Überraschung! Die App funktioniert nicht. Googles Android macht einen sehr hohen Prozentsatz des Android-Marktes aus, und die Entwickler sind eigentlich nur daran interessiert, dass ihre Apps schnell und einfach genutzt werden können, dass sie gut funktionieren sowie ein großes Publikum erreichen. Mit Googles API lässt sich all das erreichen, sie hat aber die Nebenwirkung, dass das Funktionieren der App nun davon abhängt, dass auf dem Gerät eine Google-Apps-Lizenz vorhanden ist.*[20]

Für den Zugang zu Google Play, dem offiziellen App Store der AOSP, das Vorhandensein einer Lizenz zu verlangen, versetzt das Unternehmen in die Lage, den Zugriff auf die Plattform zu kontrollieren, obwohl die zugrunde liegende Technologie als Open Source verfügbar ist. Auf diese Weise kann Google potenzielle Wettbewerber in Schach halten und gleichzeitig eine geordnetere Technologieumgebung für User und Entwickler gewährleisten.

Geschichten wie diese illustrieren die komplizierten Wettbewerbsfaktoren, die bei der Entscheidung für Offenheit eine Rolle spielen ebenso wie den nicht enden wollenden Drahtseilakt, den Sponsoren und Manager einer Plattform vollführen müssen, um sicherzustellen, dass ihre Plattform nicht an Bedeutung verliert, lebhaft bleibt und einer steigenden Zahl von Usern einen Mehrwert bietet.

Allmähliche Öffnung: Vorteile und Risiken

Wir haben gesehen, dass Plattformen expandieren und starke Netzwerkeffekte entwickeln können, indem sie sich allmählich öffnen. Dass eine Plattform wie im Fall von Android im Lauf der Zeit geschlossener wird, kommt allerdings seltener vor.

Die Entscheidung, ob eine Plattform offener oder geschlossener werden soll, ist davon abhängig, ob sie ursprünglich als proprietäre oder als gemeinschaftliche Plattform konzipiert wurde. Eine proprietäre Plattform, die von einer einzigen Firma gesponsert und gemanagt wird sowie vollständig unter ihrer Kontrolle steht, kann naturgemäß nur offener werden. Im Gegensatz dazu kann eine vollkommen offene gemeinschaftliche Plattform (wie z.B. Linux) nur geschlossener werden.

In Kapitel 5, das sich mit dem Launch von Plattformen beschäftigt, haben wir festgestellt, dass eine neue Plattform sich oft dafür entscheidet, praktisch alle Vorgänge intern zu handhaben, weil es schlicht und einfach keine Partner gibt, die bereit sind, die erforderlichen Investitionen zu tätigen. In solchen Fällen müssen die Mitarbeiter Inhalte sowohl erstellen als auch kuratieren. Wenn die Plattform im Laufe der Zeit wächst und externe Entwickler anzieht, kann sich die Art der Offenheit ändern und die Kuratierung muss daran angepasst werden.

Ein vorausschauendes Plattform-Managementteam muss nach Wegen suchen, den Grad der Offenheit der Plattform kontinuierlich zu bewerten. Sie sollte bevorzugt konsistente strategische Rahmenbedingungen bieten, um Entscheidungen über die allmähliche Öffnung treffen zu können. Wenn die heranreifende Plattform schließlich Prozesse von den eigenen Mitarbeitern zu externen Partner verlagert, könnte es erforderlich sein, zwecks Automatisierung der Kuratierung Algorithmen zu entwickeln oder sie zu dezentralisieren, indem sie der Gesamtheit der User überlassen werden. YouTube setzt bei der Bewertung der Inhalte, der Bereitstellung von Feedback und der Kennzeichnung anstößiger Inhalte inzwischen ganz auf die User.

Bei der Fortentwicklung der Richtlinien für die Offenheit besteht die Herausforderung stets darin, ausgewogen zu bleiben. Ist eine Plattform zu geschlossen – indem sie beispielsweise überhöhte Einnahmen durch unzumutbar hohe oder willkürliche Gebühren erzielt –, könnten sich die Partner weigern, in sie zu investieren. Andererseits haben Plattformen auch mit Schwierigkeiten zu kämpfen, wenn Erweiterungsentwickler anfangen, sich zu aggressiv zwischen die Plattform und die User zu drängen. Wenn es einem bestimmten Entwickler gelingt, die anderen Wettbewerber aus dem Feld zu schlagen, sollte der Plattformbetreiber darauf achten, dass der Entwickler nicht versucht, die Plattform selbst zu verdrängen.

Es gibt eine ganze Reihe von Beispielen für ein solches Ringen um den Kundenstamm einer bestimmten Plattform. Betrachten Sie etwa SAP, den deutschstämmigen internationalen Konzern, der Software für Großunternehmen anbietet, die zur Verwaltung der internen Vorgänge, für Customer Relationship Management und für andere Prozesse eingesetzt wird. SAP betreibt eine große Plattform für Geschäftsprozesse und hat sich mit der US-amerikanischen Firma ADP verbündet, um seinen Usern die Abwicklung von Gehaltszahlungen anbieten zu können – teilweise auch aus dem Grund, ADPs hervorragenden Zugang zu Cloud-Computing-Diensten zum eigenen Vorteil nutzen zu können. Allerdings bietet ADP selbst ein umfangreiches Customer Relationship Management an und könnte als Plattform dienen, die Kunden mit einer Reihe von Anbietern für Daten-/Computing-/Speicherdienste zusammenbringt. Diese Partnerschaft eröffnet ADP also die Möglichkeit, SAP als primären Anbieter des Customer Relationship Managements zu ersetzen. In diesem Fall läuft somit der Plattformbetreiber (SAP) Gefahr, die Kontrolle über die Verbindung zu seinen Kunden an einen Erweiterungsentwickler (ADP) abzugeben.

Für die einzigartige Leistungsstärke und den Mehrwert einer Plattform ist ihre Fähigkeit verantwortlich, Verbindungen zwischen Beteiligten außerhalb der Plattform zu ermöglichen. Genau festzulegen, wer Zugang zu ihr erhält und wie diese Beteiligung im Einzelnen aussieht, ist allerdings eine äußerst komplexe Aufgabe, die kontinuierlich wechselnde strategische Auswirkungen mit sich bringt. Aus diesem Grund muss die Frage der Offenheit bei jedem Plattformbetreiber ganz oben auf der Liste stehen – nicht nur im Rahmen des ursprünglichen Designs, sondern während der gesamten Lebensdauer der Plattform.

Zusammenfassung

❏ Bezüglich der Offenheit müssen Plattformbetreiber drei Entscheidungen treffen, nämlich wie die Beteiligung von Managern und Sponsoren, Entwicklern sowie Usern gestaltet wird.

❏ Das Management und das Sponsoring werden von einer einzelnen Firma, von mehreren verschiedenen Firmen oder von einer Firmengruppe übernommen. Die vier möglichen Kombinationen bilden verschiedene Muster der Offenheit und der Kontrolle, die jeweils diverse Vor- und Nachteile mit sich bringen.

❏ Die Zweiteilung Offenheit/Geschlossenheit ist keine Frage von Schwarz oder Weiß. Es gibt ein breites Spektrum von Grautönen, die verschiedene Vor- und Nachteile besitzen. In manchen Fällen entscheiden sich gleichartige Plattformen dafür, durch einen unterschiedlichen Grad an Offenheit miteinander zu konkurrieren.

❏ Heranreifende Plattformen entwickeln sich häufig in Richtung einer größeren Offenheit. Zu diesem Zweck ist eine kontinuierliche Neubewertung und Anpassung der Kuratierung erforderlich, die eine gleichbleibend hohe Qualität der Plattforminhalte und des gebotenen Mehrwerts gewährleistet.

8

GOVERNANCE
Richtlinien zur Erhöhung des Mehrwerts und zur Verbesserung des Wachstums

Im ersten Quartal 2015 hatte Brian P. Kelly, CEO des Kaffeemaschinenherstellers Keurig Green Mountain, einiges zu erklären. Das Unternehmen hatte gerade die Keurig 2.0 vorgestellt, eine Kaffeemaschine der nächsten Generation, die als künftige Königin des Kaffeebrühens beworben wurde. Die bisherige Königin Keurig 1.0 hatte in Privathaushalten, Büros und Hotels weite Verbreitung gefunden – und die nicht gerade preiswerten dazugehörigen Kaffeekapseln der hauseigenen Marke Green Mountain, die sogenannten *K-Cups*, hatten enorm zum Wachstum des einstigen kleinen regionalen Kaffeerösters beigetragen, der inzwischen mehr als 18 Milliarden Dollar wert war.

Doch trotz der Vorstellung der Keurig 2.0 stiegen die Verkaufszahlen plötzlich nicht mehr – vielmehr sanken sie um 12 Prozent.

Seinen Anfang nahm dieses Problem im Jahr 2012, als entscheidende Patente für das Design der K-Cups abliefen. Das machten sich konkurrierende Hersteller zunutze und boten nun ihrerseits Kapseln an, die mit den Keurig-Kaffeemaschinen kompatibel waren – allerdings zu erheblich günstigeren Preisen. Diese Wettbewerber waren mit Erweiterungsentwicklern vergleichbar, die den Keurig-Kunden neue Quellen eines Mehrwerts boten, aber natürlich verursachte das Konkurrenzgeschäft, das sie in diesem Fall für die Original-K-Cups darstellten, einen Einbruch des Marktanteils von Keurig.

Um sich dagegen zur Wehr zu setzen, baute das Unternehmen in die Version 2.0 der Kaffeemaschine einen Scanner ein, der ausschließlich die Verwendung von Kaffeekapseln zuließ, die eine spezielle Kennzeichnung aufwiesen. Die Kunden waren außer sich und viele ließen ihrem Unmut gegen Keurig in ihren Kommentaren auf Shopping-Websites freien Lauf. YouTube-Videos, die zeigen sollten, wie man das System überlisten und auch von Keurig nicht zugelassene

Kaffeekapseln verwenden konnte, wurden tausendfach angeklickt. Die Käufer schimpften über die »unglaubliche Gier« des Unternehmens und beklagten sich darüber, dass Amazons Bewertungssystem es nicht ermöglichte, die Keurig 2.0 mit null Sternen zu bewerten.[1]

Durch den Versuch, einen noch größeren Anteil am Gewinn der Kaffeemaschinen-Plattform einzustreichen, hatte Keurig Green Mountain die Community verärgert und musste spürbare Umsatzeinbußen hinnehmen. Der Kaffeekönig hatte gleich drei fundamentale Regeln der *Good Governance* missachtet:

■ Schaffe immer einen Mehrwert für deine Kunden.
■ Missbrauche deine Macht nicht, um die Spielregeln zum eigenen Vorteil zu ändern.
■ Behalte nicht mehr als einen fairen Teil des Mehrwerts ein.

Die Governance beschreibt die Rahmenbedingungen, die festlegen, wer an einem Ökosystem beteiligt ist, wie der geschaffene Mehrwert aufgeteilt wird und wie man Konflikte beilegt.[2] Zum Verständnis einer guten Community-Governance gehört allerdings auch, das Regelwerk für die Orchestrierung eines Ökosystems zu verstehen.[3]

Keurig Green Mountain hat bei der Governance des Ökosystems versagt. Die verschiedenen Keurig-Kaffeemaschinenmodelle stellen eine einfache Produktplattform dar, einen einzigen einseitigen Markt, der eine Community von Kaffeetrinkern bedient. Das Unternehmen könnte als Plattform für Heißgetränke sehr viel erfolgreicher sein, wenn es noch andere Mehrwerte anbieten würde, etwa eine Liste autorisierter Kapselhersteller oder eine Reihe weiterer hochwertiger Dienstleistungen, die seine Kunden zu schätzen wüssten. Stattdessen zog man es jedoch vor, Hersteller auszuschließen, die für die Kunden einen Mehrwert bedeuteten und ihnen die Vielfalt und die Freiheit der Wahl zu nehmen, um die Kontrolle zu behalten. Das Unternehmen hatte es mit seinem Anteil an dem vom System erzeugten Mehrwert zu weit getrieben und die eigenen Interessen einseitig in den Vordergrund gestellt. Die Käufer der Keurig-Kaffeemaschinen gehörten dabei zu den Verlierern – und schon bald darauf auch das Unternehmen Keurig Green Mountain.

Die Bedeutung der Governance: Plattformen als Staaten

Das Ziel der *Good Governance* ist es, Vermögen zu schaffen, das fair unter allen dazu beitragenden Beteiligten aufgeteilt wird. In Kapitel 2 haben wir gesehen, wie die technologiegetriebenen Communitys, die wir als Plattformunternehmen bezeichnen, außerhalb des Unternehmens großes Vermögen hervorbringen, das durch die Plattform neu entsteht. Diese externen Vorteile müssen fair aufgebaut und gehandhabt werden. Und da solche Werte schaffenden Netzwerke außerhalb der Firma schneller wachsen als intern, muss bei der Regulierung des Ökosystems größter Wert darauf gelegt werden, dass nicht eigennützig agiert wird.

Wenn die Governance schon für einseitige Plattformen wie das System der Keurig-Kaffeemaschinen problematisch ist, so wird es ungleich schwieriger, wenn es sich um mehrseitige Plattformen handelt – denn schließlich werden hier zahlreiche nicht aufeinander abgestimmte Interessen mit in die Waagschale geworfen. Dadurch wird es den Plattformbetreibern erschwert zu gewährleisten, dass die verschiedenen Beteiligten Werte füreinander schaffen. Zudem steigt auch die Wahrscheinlichkeit, dass Konflikte auftreten, die mithilfe der Governance-Regeln so fair und effizient wie möglich beigelegt werden müssen.

Hierbei handelt es sich um einen Balanceakt, den selbst Giganten und Überflieger oft nicht hinbekommen. Facebook beispielsweise hat User mit seinen Datenschutzrichtlinien verprellt.[4] LinkedIn hat seine Entwickler dadurch verärgert, dass ihnen der Zugriff auf die APIs entzogen wurde.[5] Und Twitter hat von Mitgliedern seines Ökosystems entwickelte Technologien zwangsenteignet und lässt gleichzeitig zu, dass Twitter-User einander belästigen. Oder wie Twitters CEO Dick Costolo es formuliert hat: »Wenn es um Missbrauch geht, sind wir wirklich schlecht.«[6]

Angesichts der Komplexität der Probleme, die bei der Governance in auftreten, haben die größten Plattformunternehmen von heute in gewisser Weise Ähnlichkeit mit Nationalstaaten. Mit mehr als 1,5 Milliarden Usern betreut Facebook eine »Bevölkerung«, die größer ist als die von China. Google wickelt 64 Prozent aller Suchanfragen in den USA ab, in Europa sind es sogar 90 Prozent. Bei Alibaba finden pro Jahr Transaktionen im Wert von einer Billion Yuan (162 Milliarden Dollar) statt. Außerdem ist das Unternehmen für 70 Prozent aller kommerziellen Lieferungen verantwortlich.[7] Plattformunternehmen dieser Größenordnungen kontrollieren Wirtschaftssysteme, die umfangreicher sind als die meisten Volkswirtschaften. Da überrascht es nicht, dass Brad Burnham, einer der leitenden Investoren bei Union Square Ventions, auf die Vorstellung von Facebook Credits (ein virtuelles Währungssystem für den Einsatz in Online-Spielen, das nur kurze Zeit existierte) damit reagierte, dass er sich fragte, was dieser Schritt wohl über Facebooks »Finanzpolitik« aussagen würde.[8] Ebenso könnten wir fragen: Welche Art von »Außenpolitik« verfolgt Apple, wenn es (wie in Kapitel 7 erörtert), anstatt mehrere Standards zu unterstützen, einseitige Softwarestandards zur Anwendung bringt? Folgt Twitter einer »Industriepolitik«, die darauf beruht, in »staatseigene« Dienste zu investieren oder auf die dezentralisierte Entwicklung durch Dritte zu setzen? Und was verrät uns Googles Haltung zu der Zensur in China über die »Menschenrechtspolitik« des Unternehmens?

Ob es einem gefällt oder nicht: Unternehmen wie die vorgenannten fungieren bereits als inoffizielle und demokratisch nicht legitimierte Regulierer der Lebenssituation von Millionen von Menschen. Aus diesem Grund haben die Plattformen noch viel von Städten und Staaten zu lernen, die Jahrtausende lang Zeit hatten, die Prinzipien einer vernünftigen Governance zu entwickeln. Wie die heutigen Plattformunternehmen mussten auch Städte und Staaten lange mit der Frage ringen, wie man am besten Wohlstand schafft und ihn fair verteilt. Die Hinweise und Belege, dass eine gerechte Governance für die Fähigkeit eines Staates, Wohlstand zu generieren, ein äußerst bedeutender Faktor ist, verdichten sich zunehmend – er ist sogar von größerer Bedeutung als auf der Hand liegende Faktoren wie natürliche Ressourcen (z.B. Bodenschätze), schiffbare Wasserwege und der Landwirtschaft zuträgliche Bedingungen.

Betrachten Sie beispielsweise den heutigen Stadtstaat Singapur. Als Lee Kuan Yew 1959 Premierminister wurde, besaß Singapur so gut wie keine natürlichen Ressourcen. Die Verteidigung und die Trinkwasserversorgung oblagen der Föderation Malaya, dem Vorläufer des 1963 gegründeten Malaysia. Die Korruption griff um sich. Das Bruttoinlandsprodukt pro Kopf lag bei weniger als 430 Dollar.[9] Ethnische Konflikte zwischen Malaien und Chinesen, religiöse Unruhen zwischen Muslimen und Buddhisten und politischer Unfriede zwischen Kapitalisten und Kommunisten lähmten den Fortschritt.

Lee Kuan Yew gelang es jedoch, Singapurs Wirtschaft zu beleben, indem er das Governance-System veränderte. Er hatte an der London School of Economics studiert und besaß einen Abschluss in Rechtswissenschaften des Fitzwilliam College in Cambridge. Und nun führte Yew das britische Rechtssystem sowie ein Strafjustizwesen ein und nahm den Kampf gegen die Korruption auf. Um Bestechungsgelder weniger attraktiv zu machen, erhöhte er die Gehälter der Staatsbediensteten auf dasselbe Niveau, das für vergleichbare Tätigkeiten in der Privatwirtschaft gezahlt wurde. Neue Staatsdiener mussten zum Zeichen der Reinheit bei ihrem Amtsantritt weiße Kleidung tragen. Die Bestimmungen zur Korruptionsbekämpfung wurden streng durchgesetzt – was gar dazu führte, dass der Umweltminister, ein vehementer Anhänger Yews, es vorzog, sich das Leben zu nehmen, als eine Anklage wegen Bestechungsvorwürfen über sich ergehen zu lassen.[10] Die Gründung eines multikulturellen Rats sollte den religiösen und ethnischen Gruppen, die zu einer Zusammenarbeit bereit waren, eine Stimme verleihen und so einen fairen, offeneren Regierungsstil fördern. Inzwischen kann Singapur eine Regierung vorweisen, die zusammen mit Neuseeland und den skandinavischen Ländern auf der Liste der Staaten mit der geringsten Korruption ganz oben zu finden ist. Das ist auch deshalb von Bedeutung, weil jeder Prozentpunkt, um den die Korruption und der Missbrauch politischer Macht zurückgeht, einen Anstieg des Bruttoinlandsprodukts von 1,7 Prozent nach sich zieht.[11]

Westliche Beobachter werfen Yew zwar vor, die politische Opposition zu unterdrücken, aber die wirtschaftlichen Ergebnisse, die seine Governance-Kampagne erbracht hat, sind dennoch beeindruckend: Im Jahr 2015 betrug das Bruttoinlands-produkt pro Kopf 55.182 Dollar – und damit lag es höher als in den Vereinigten Staaten. Während der 55 Jahre zwischen 1960 und 2015 betrug die durchschnittli-che jährliche Wachstumsrate Singapurs 6,69 Prozent, also fast 2 Prozent mehr als die von Malaysia, von dem sich das Land 1965 abgespalten hatte.[12]

Vergleichbare Hinweise auf die Bedeutung der Good Governance für das Errei-chen von Wohlstand finden sich auch, wenn man die Wachstums- und Innova-tionsraten der kommunistischen Staaten DDR und Nordkorea mit denen ihrer Geschwisterstaaten BRD und Südkorea vergleicht.[13] Die Einhaltung bzw. Umset-zung des Konzepts der Good Governance macht in der Tat einen großen Unter-schied.

Marktversagen und dessen Ursachen

Die Good Governance ist für Nationalstaaten und Plattformunternehmen gleichermaßen von Bedeutung, weil vollkommen freie Märkte, auf denen Ein-zelpersonen und Organisationen ohne Regeln, Einschränkungen oder Vorsichts-maßnahmen miteinander interagieren, nicht immer gewährleisten können, dass ein für alle Beteiligten faires und zufriedenstellendes Ergebnis erzielt wird.

Betrachten wir dazu beispielsweise einmal eBay. Manche der Beteiligten verfü-gen unweigerlich über ein umfangreicheres Wissen, bessere Marktkenntnisse und mehr Verhandlungsgeschick als andere. In den meisten Fällen verlaufen die sich ergebenden Interaktionen durchaus fair, selbst wenn es bei einer bestimmten Interaktion einen »Gewinner« und einen »Verlierer« gibt. Doch manchmal füh-ren sie zu Ergebnissen, die manipuliert oder sogar betrügerisch erscheinen. Bei-spielsweise bemerkte eine Gruppe von eBay-Usern, dass unerfahrene Verkäufer oftmals dazu neigten, fehlerhafte Warenbezeichnungen zu verwenden – etwa indem sie Louis Vuitton mit nur einem »t« oder statt Abercrombie and Fitch »Abercrombee« oder »Fich« schrieben. Das nutzten diese User aus, um sich als »Zwischenhändler« zu betätigen: Sie suchten gezielt nach fehlerhaft bezeichneten Artikeln, die irgendwo auf der Auktionswebsite unbemerkt ihr Dasein fristeten, erwarben sie zu Schnäppchenpreisen und verkauften sie dann mit hohem Preis-aufschlag unter ihrer korrekten Bezeichnung weiter.

Ein berühmtes Beispiel hierfür ist die Geschichte des Eigentümers einer alter-tümlichen Bierflasche, die seine Familie seit 50 Jahren verwahrt hatte. Er bot sie bei eBay zum Verkauf an, ohne um den wahren Wert seines Erbstücks zu wissen. Das Bier wurde in den 1850er-Jahren im Rahmen eines Brauwettbewerbs herge-stellt, bei dem es darum ging, die Mitglieder einer Arktisexpedition, die sich auf die Suche nach der legendären Nordwestpassage vom Atlantik zum Pazifik bege-ben wollte, mit einem »lebenserhaltenden Bier« zu versorgen. (Man glaubte

damals – irrtümlich –, dass Bier dem Skorbut vorbeugt.)[14] Die Expedition scheiterte, doch einige der Bierflaschen hatten sie heil überstanden. Zum Zeitpunkt der
eBay-Auktion war die Existenz von zwei dieser Flaschen bekannt, die bei Samm-
lern und Geschichtsinteressierten natürlich hochbegehrt waren.

In Unkenntnis dieser Tatsachen – und völlig unbekümmert – bot der Verkäufer seine wertvolle Flasche unter der Bezeichnung »Allsop's Arctic Ale – mit voll-
ständigem Inhalt, verkorkt und mit Wachs versiegelt« zu einem Einstiegspreis von
299 Dollar an. Der Markenname hätte allerdings »Allsopp's« geschrieben werden
müssen, also mit einem zweiten »p« – ein harmloser kleiner Fehler, der jedoch
ausreichte, um die ernsthaft an dem Objekt interessierten Sammler fernzuhalten.
Allerdings wurde ein verschlagener Aasgeier auf der Suche nach fehlerhaft
bezeichneten Waren auf das Angebot aufmerksam und trat als einziger Bieter auf.
Er erwarb die Flasche für 304 Dollar und bot sie drei Tage nach Erhalt unter der
korrekten Bezeichnung erneut auf eBay zum Verkauf an. Und nachdem die
Sammler darauf aufmerksam geworden waren, erzielte das Gebräu Gebote von
mehr als 78.100 Dollar.[15]

Der beschriebene Fall ist ein Beispiel für ein *Marktversagen* – eine Situation, in
der »gute« Interaktionen (fair und für beide Seiten zufriedenstellend) nicht stattfinden bzw. »schlechte« Interaktionen es tun: Wenn Sie einen beliebigen
erwünschten Artikel bei eBay nicht finden können, ist das Zustandekommen
einer guten Interaktion fehlgeschlagen. Haben Sie hingegen den gewünschten
Artikel gefunden, wurden dann jedoch belogen, betrogen oder hereingelegt, dann
hat eine schlechte Interaktion stattgefunden. Es gibt im Allgemeinen vier Ursachen für ein Marktversagen: *Informationsasymmetrien, externe Effekte, Monopolstellungen* und *Risiken*.

Eine *Informationsasymmetrie* tritt auf, sobald eine der an einer Interaktion beteiligten Parteien über Kenntnisse verfügt, die für die anderen Parteien nicht verfügbar sind, und dieses Wissen zum eigenen Vorteil nutzt. Betrachten Sie z.B. das
Problem gefälschter Waren: Der Verkäufer weiß, dass es sich um Fälschungen
handelt, informiert den Käufer aber nicht darüber. Für Skullcandy-Kopfhörer mit
miserablem Klang, Gucci-Handtaschen mit geplatzten Nähten, Duracell-Batterien
mit viel zu niedriger Kapazität, Gehäuse für Mobiltelefone von OtterBox, die einen
Sturz nicht überstehen, und unwirksames Viagra sind Fälschungen verantwortlich. Das Volumen des weltweiten Marktes für gefälschte Produkte wird auf 350
Milliarden Dollar geschätzt – das übersteigt sogar den Handel mit illegalen Dro-
gen (geschätzte 321 Milliarden Dollar).[16]

Externe Effekte treten auf, wenn für eine an einer bestimmten Interaktion nicht
beteiligte Partei zusätzliche Kosten oder Vorteile entstehen. Stellen Sie sich z.B.
vor, dass einer Ihrer Bekannten im Austausch für ein paar Bonuspunkte Ihre persönlichen Kontaktdaten ohne Ihr Wissen an einen Spielehersteller weitergibt.

Dabei handelt es sich natürlich um eine schlechte Interaktion, weil Ihre Privatsphäre dadurch verletzt wird. Dieser Vorgang stellt somit ein Beispiel für einen *negativen externen Effekt* dar.

Das Konzept eines *positiven externen Effekts* ist nicht ganz so eindeutig. Überlegen Sie doch einmal, was passiert, wenn Netflix die Sehgewohnheiten eines Users analysiert, der dieselben Vorlieben besitzt wie Sie, und diese Daten dazu nutzt, Ihnen passendere Empfehlungen zu geben. Das wäre ein positiver externer Effekt, denn er bietet Ihnen einen Vorteil, der auf einer Interaktion beruht, an der Sie gar nicht unmittelbar beteiligt sind. Die von positiven externen Effekten profitierenden User werden sich wohl kaum beschweren, sie werden aus Sicht des Geschäftsmodells aber dennoch als Problem betrachtet, weil sie einen Wert widerspiegeln, der von der Plattform nicht vollständig erfasst wird. In einer perfekten Welt müssten alle hervorgebrachten Werte – zumindest aus der Perspektive der Wirtschaftstheorie – auf irgendeine Weise berücksichtigt und sorgfältig einem Verantwortlichen zugeordnet werden.

Ein eng mit den positiven externen Effekten verwandtes Konzept ist das *öffentliche Gut*, dessen Wert ebenfalls nicht vollständig von der Partei erfasst wird, die dafür verantwortlich ist. Einzelpersonen erzeugen im Allgemeinen zu wenig öffentliche Güter, sofern es keinen steuernden Mechanismus gibt, der dafür ausgelegt ist, sie zu erkennen und zu belohnen.

Eine *Monopolstellung* entsteht, wenn in einem Ökosystem ein Anbieter zu mächtig wird, weil er die Kontrolle über das Angebot eines weithin begehrten Guts besitzt und diese Vormachtstellung dazu nutzt, höhere Preise zu verlangen oder besondere Bedingungen durchzusetzen. Auf dem Gipfel seiner Popularität (2009 bis 2010) wurde der Spielehersteller Zynga auf Facebook geradezu übermächtig, was in der Folge zu Konflikten führte, die Fragen wie die Weitergabe von Userdaten, die Aufteilung der mit Spielen erzielten Umsätze und die von Zynga zu zahlenden Preise für Anzeigen in dem sozialen Netzwerk betrafen. eBay hat beim Umgang mit sogenannten Power-Sellern ähnliche Problem erlebt.

Risiken beschreiben die Möglichkeit, dass etwas Unerwartetes und grundsätzlich nicht Vorhersehbares eintritt und eine Beeinträchtigung oder gar ein Scheitern der Interaktion zur Folge hat. Eine gute Interaktion wird so zu einer schlechten. Risiken stellen nicht nur für Plattformen, sondern auf allen Märkten cin dauerhaftes Problem dar. Ein wohldurchdachter Markt entwickelt im Allgemeinen Tools und Mechanismen, die dazu dienen, die Effekte von Risiken abzufedern und die Marktteilnehmer so zu weiteren Interaktionen zu bewegen.

Instrumente der Governance:
Gesetze, Normen, Architektur und Märkte

Die Literatur über Corporate Governance ist umfangreich, insbesondere auf dem Gebiet des Finanzwesens. Bei Plattformen spielen allerdings Designprinzipien eine Rolle, die in der traditionellen Finanztheorie unberücksichtigt bleiben. Der am häufigsten zitierte Artikel über Corporate Governance ist eine Literaturübersicht, die sich auf »die Methoden, mit denen die Geldgeber von Unternehmen sicherstellen, dass sich ihre Investition auch auszahlt«[17] beschränkt. Der Fokus liegt hierbei auf der Informationsasymmetrie, die durch die Trennung von Eigentümerschaft und Kontrollausübung entsteht – ein entscheidendes Element bei der Gestaltung der Governance, das allein jedoch bei Weitem nicht ausreicht.[18] Die zwischen der User Community und dem Unternehmen bestehende Informationsasymmetrie ist ebenfalls von Bedeutung und auch deren unterschiedlichen Interessen müssen aufeinander abgestimmt werden.

Darüber hinaus müssen die Regeln der Governance im Fall von Plattformen den externen Effekten besondere Berücksichtigung zuteilwerden lassen. Diese treten, wie wir bei der Untersuchung der Netzwerkeffekte gesehen haben, in vernetzten Märkten auf, da die von den Usern generierten *Spillover-Effekte* (Übertragungseffekte) eine Quelle der Wertschöpfung auf der Plattform darstellen. Diese Erkenntnis erzwingt eine Verlagerung der Corporate Governance von einem engen Fokus auf den Shareholder Value auf eine breitere Sicht des Stakeholder Values.

Der Ökonom Alvin Roth, Marktdesigner und Nobelpreisträger, hat ein Modell der Governance beschrieben, das vier umfangreiche Instrumente nutzt, um das Problem des Marktversagens anzugehen.[19] Ein wohldurchdachter Markt erhöht Roth zufolge die *Sicherheit* des Marktes durch Transparenz, Qualität oder Versicherungen und ermöglicht so das Zustandekommen guter Interaktionen. Er bietet eine gewisse *Breite*, die es den Beteiligten verschiedener Seiten eines mehrseitigen Marktes erleichtert, zueinanderzufinden. Darüber hinaus verringert er die Anzahl der *Engpässe*, die erfolgreiche Suchvorgänge verhindern, wenn es zu viele Teilnehmer oder ein Überangebot an minderwertiger Qualität gibt. Und außerdem minimiert er *unerwünschte Aktivitäten* – was erklärt, warum die jeweiligen Plattformdesigner bei iTunes Pornografie untersagten, bei Alibaba keinen Handel mit menschlichen Organen zuließen und bei Upwork Kinderarbeit verboten. Roth zufolge tritt Good Governance dann auf, wenn die Marktdesigner diese Instrumente nutzen, um ein Marktversagen zu verhindern.

Eine breitere Sicht auf die Governance einer Plattform macht sich auch die Erkenntnisse aus den Vorgehensweisen von Nationalstaaten zunutze, so wie sie vom Staatsrechtswissenschaftler Lawrence Lessig modelliert wurden. Lessig zufolge sind an einem Kontrollsystem vier Instrumente beteiligt: *Gesetze, Normen, Architektur* und *Märkte.*[20]

Zur Verdeutlichung ihrer Funktionsweise soll im Folgenden ein vertrautes Beispiel dienen. Nehmen wir an, die Führungspersonen eines bestimmten Ökosystems möchten die schädlichen Auswirkungen des Rauchens verringern. Man könnte Gesetze verabschieden, die den Verkauf von Tabakwaren an Minderjährige untersagen oder das Rauchen in öffentlichen Räumen verbieten. Normen – inoffizielle Verhaltensregeln, die von der Kultur geprägt werden – könnten dazu dienen, sozialen Druck auszuüben oder Anzeigenkampagnen könnten das Rauchen als »uncool« darstellen. Architektur steht dafür, Geräte zu entwickeln, die den schädlichen Effekt des Rauchens verringern – beispielsweise Rauchfilter zur Reinigung der Luft oder rauchfreie Geräte, die Zigaretten ersetzen. Und Marktmechanismen könnten genutzt werden, um Tabakwaren zu besteuern oder Raucherentwöhnungsprogramme zu fördern. In der Vergangenheit wurden alle vier Instrumente wiederholt zur Steuerung des Sozialverhaltens genutzt – auch von Plattformbetreibern.

Betrachten wir also einige der Möglichkeiten, wie Plattformbetreiber diese vier Instrumente als Teil der Governance einsetzen können.

Gesetze. Natürlich gelten die von Nationalstaaten erlassenen klassischen Gesetze auch für Plattformunternehmen und deren Teilnehmer. In manchen Fällen kann es jedoch schwierig sein, sie wie vorgesehen anzuwenden bzw. umzusetzen. So sind beispielsweise rechtliche Sanktionen zur Bestrafung von Übeltätern eine traditionelle Methode, um bestimmten Gefährdungen zu begegnen. Zur Anwendung dieser Sanktionen ist es jedoch erforderlich herauszufinden, wer für die entstandenen Probleme verantwortlich ist und wer dann die Schuld dafür trägt – und das ist nicht immer ganz einfach oder unkompliziert.

Wenn es um Plattformunternehmen geht, ist die Durchsetzung von Gesetzen allerdings alles andere als eine akademische Frage. Wir haben bereits einige der ernsthaften rechtlichen Probleme erwähnt, mit denen sich Plattformen konfrontiert sehen: Die Wohnungen von Leuten, die bei Airbnb als Gastgeber auftraten, wurden als Freudenhäuser und für wilde Partys missbraucht und Leute, die bei Craigslist persönliche Dienstleistungen anboten, wurden gar ermordet.[21] Der Rechtsprechung nach sind Plattformbetreiber nicht grundsätzlich für die Vergehen der User verantwortlich, obwohl sie manchmal durchaus in der Lage wären, deren Verhalten zu kontrollieren und zu steuern. Das Risiko müssen also für gewöhnlich die einzelnen Plattformteilnehmer tragen, zumindest soweit nationale und lokale Gesetze und Vorschriften betroffen sind. (Wir kommen in Kapitel 11, das sich mit der Regulierung befasst, auf dieses Thema zurück.)

Wenn man Lessigs »Gesetze«-Konzept auf die Governance *innerhalb* des Plattformunternehmens anwendet, sieht die Sache schon anders aus: Die »Gesetze« einer Plattform sind die ausdrücklich genannten Regeln – beispielsweise die von Juristen verfassten Nutzungsbedingungen oder die vom Plattformbetreiber erstellten Vorschriften für bestimmte Interessengruppen. Diese Regeln gelten sowohl für den individuellen User als auch für das Ökosystem insgesamt. Beispielsweise erlaubt Apple dem einzelnen User, digitalen Content auf bis zu sechs Geräten zu nutzen oder sie mit bis zu sechs Familienmitgliedern zu teilen. Das verhindert zum einen die uneingeschränkte Weitergabe und bietet gleichzeitig einen Anreiz, Apples Dienst in Anspruch zu nehmen, zum anderen ist es aber auch bequem möglich, Inhalte in vernünftigem Maß zu teilen.[22] Auf der Ebene des gesamten Ökosystems erhält Apple durch die hauseigene Regel, die App-Entwickler dazu zwingt, ihren vollständigen Code zur Überprüfung einzureichen, in Kombination mit der Regel, die das Unternehmen selbst von jeglicher Vertraulichkeitspflicht entbindet, so die Möglichkeit, bewährte Verfahren zu favorisieren.[23]

Die »Gesetze« einer Plattform sollten transparent sein – und sind es für gewöhnlich auch. Bei Stack Overflow, der erfolgreichsten Online-Community zur Beantwortung von Fragen rund ums Programmieren, gibt es eine Liste mit Regeln, die ausdrücklich festlegen, wie man Punkte sammelt und zu welchen besonderen Berechtigungen diese Punkte den Usern verhelfen: Ein Punkt verleiht das Recht, Fragen zu stellen und zu beantworten. Fünfzehn Punkte gestatten es, Beiträge anderer User positiv zu bewerten. Mit 125 Punkten haben Sie die Berechtigung erworben, andere Beiträge negativ zu bewerten – was allerdings auch einen Punkt kostet. Und wenn Sie 200 Punkte erreichen, haben Sie so viel Mehrwert geschaffen, dass Ihnen weniger Werbung angezeigt wird. Dieses System expliziter, transparenter Regeln löst das Problem der öffentlichen Güter, indem es die Mitglieder dazu animiert, ihre Erkenntnisse mit allen anderen Plattformusern zu teilen.[24]

Eine Ausnahme vom Transparenzprinzip bilden Regeln, die unerwünschtes Verhalten begünstigen. Das mussten Dating-Websites auf die harte Tour erfahren: Sobald sie Regeln einführten, die dafür sorgten, dass Stalker bei jeglichem Fehlverhalten sofort abgemahnt wurden, passten sich diese schnell an die Situation an und fanden Mittel und Wege, die speziellen Auslöser, durch die sie als Stalker identifiziert wurden, zu umgehen. Verzögerten die Plattformen das negative Feedback jedoch ein wenig, war es für die Stalker sehr viel schwieriger zu erkennen, was sie verraten hatte bzw. wie sie erwischt worden waren, was schlussendlich zu einer besseren und dauerhaften Abschreckung führte.

Wenn man auf Websites mit von den Usern erstellten Inhalten die Konten sogenannter Trolle löscht, kehren diese häufig recht schnell mit einer neuen Identität zurück. Clevere Plattformbetreiber kamen daher auf die Idee, belästigende Beiträge für alle User auszublenden – nur nicht für die Trolle, die sie posteten. So waren sie nicht mehr in der Lage, die Stimmung weiter anzuheizen und zogen sich daraufhin dauerhaft zurück.

Das grundsätzliche Prinzip lautet: Bei der Anwendung von Regeln, die vernünftiges Verhalten festlegen, sollte schnell offenes Feedback geliefert werden –

bei der Anwendung von Regeln zur Bestrafung schlechten Verhaltens sollte hinge-gen nur verzögertes, unklares Feedback erfolgen.

Normen. Eine eigene engagierte Community zählt zu den bedeutendsten Gütern, die eine Plattform – tatsächlich ein jedes Unternehmen – »besitzen« kann. Communitys entstehen jedoch nicht von allein. Eine lebhafte Community wird von fähigen Plattformbetreibern sorgfältig gepflegt, damit sich Normen, Kul-turen und Erwartungen entwickeln, die dauerhafte Quellen von Mehrwerten erzeugen.

iStockphoto, heutzutage einer der größten Online-Märkte für von der Commu-nity erstellte Fotos, wurde ursprünglich von Bruce Livingstone gegründet, um CD-ROM-Sammlungen mit Fotos per Postversand zu vertreiben. Nachdem diese Geschäftsidee jedoch Schiffbruch erlitten hatte, wollten Bruce und seine Partner ihre Arbeit dennoch nicht verlorengeben, und beschlossen daher, ihre Fotos online zu vertreiben.[25] Innerhalb weniger Monate wurde ihre Website von Tau-senden Menschen entdeckt, die nicht nur Bilder herunterluden, sondern darüber hinaus darum baten, auch ihre eigenen Fotos mit anderen teilen zu dürfen. Um das bisherige Qualitätsniveau, auf das Bruce sehr großen Wert legte, aufrechtzuer-halten und Spam, Pornografie und Urheberrechtsverletzungen zu verhindern, sorgte er dafür, dass jedes einzelne Bild zunächst einmal von einem iStockphoto-Kontrolleur in Augenschein genommen wurde. Dieser Vorgang war jedoch ziem-lich mühevoll und aufwendig, sodass sich Bruce nun 16-Stunden-Arbeitstagen ausgesetzt sah.[26]

Nachdem ihm schließlich klar geworden war, dass die individuelle Überprü-fung durch Menschen nicht skalierbar ist, entschloss sich Bruce, die Kuratierung der Community zu überlassen. Er entwickelte ein System, dass Leuten, die qualita-tiv hochwertige Inhalte hochluden, die Möglichkeit bot, zu Kontrolleuren und Organisatoren der Community zu werden. Schon bald entstanden Gruppen, die sich mit speziellen Bildkategorien befassten – beispielsweise Fotos, die mit bestimmten Orten wie »New York« oder Rubriken wie »Speisen & Getränke« in Zusammenhang standen. Bruce selbst arbeitete unterdessen unermüdlich daran, Lob zu verteilen, Feedback zu liefern und seine Community aufzubauen. Unter dem Pseudonym *Bitter* schrieb er auf der Homepage der Plattform regelmäßig Kommentare, um die Mitglieder und ihre Arbeit zu fördern, wie z.B. »Tolle neue Sachen von Delirium und eine Bilderserie zum Thema ›Speisen & Getränke‹ von Izuzek, die einem das Wasser im Munde zusammenlaufen lässt.«[27]

Diese Bemühungen führten letztendlich zur Etablierung eines Satzes von fortan für die iStockphoto-Community verbindlichen Normen. Hierzu gehörten die Bereitstellung von Feedback, qualitativ hochwertige Inhalte, offenes Engage-ment und ein allmählicher Aufstieg in der Mitgliederhierarchie, der mit zusätzli-chen Berechtigungen einherging. Dank dieser Normen gelang es der Community, eine bemerkenswerte Sammlung von Fotos zusammenzutragen – ein klassisches und wertvolles öffentliches Gut.

Die Geschichte von iStockphoto legt nahe, dass Normen nicht einfach aus dem Nichts heraus entstehen. Vielmehr spiegeln sie Verhaltensweisen wider, und das bedeutet, dass sie durch die intelligente Anwendung eines sogenannten *Verhaltensdesigns* aufgebaut werden können.

Nir Eyal, der sowohl in der Werbebranche und auch als Spieleentwickler tätig war, beschreibt das Verhaltensdesign als eine sich wiederholende Folge von *Auslöser, Handlung, Belohnung* und *Investition*.[28]

Der Auslöser ist ein Signal, eine Meldung oder ein (von der Plattform ausgehender) Hinweis wie etwa eine E-Mail, ein Weblink, eine Nachrichtenmeldung oder eine Benachrichtigung durch eine App. Der Plattformuser wird so aufgefordert, in irgendeiner Weise darauf zu reagieren. Diese Handlung wirkt wiederum wie eine Belohnung für den User – die für gewöhnlich von unerwartetem bzw. variablem Wert ist, denn solche variablen Belohnungsmechanismen machen, ähnlich wie Geldspielautomaten oder Lotterien, leicht »süchtig«. Schließlich fordert die Plattform den User auf, Zeit, Daten, soziale Währung oder Geld zu investieren. Und diese Investition vertieft die Bindung des Teilnehmers und verstärkt die Verhaltensmuster, die Plattformbetreiber sich wünschen.

Betrachten Sie im Folgenden einmal ein konkretes Beispiel, das demonstriert, wie dieser Vorgang abläuft: Barbara ist Mitglied bei Facebook. Eines Tages erscheint ein interessantes Foto in ihrem Newsfeed, vielleicht das Foto eines tollen, sonnigen Strandes auf Maui, Barbaras Lieblingsurlaubsort – hierbei handelt es sich um den Auslöser. Die Handlung, die daraufhin erfolgen soll, muss möglichst einfach und reibungslos durchführbar sein. Das animiert Barbara dann dazu, den nächsten Schritt zu unternehmen, der in diesem Fall darin besteht, das Foto anzuklicken. Barbara landet nun bei Pinterest, der Plattform zum Teilen von Bildern, von der sie vorher noch nie gehört hatte. Dort erhält sie ihre Belohnung: eine Reihe weiterer betörend schöner und sorgfältig kuratierter Fotos, die speziell zu dem Zweck ausgewählt wurden, ihre Neugier zu wecken. (Stellen Sie sich an dieser Stelle eine Fotosammlung mit dem Titel »Die zehn schönsten unbekannten Traumstrände im Südpazifik« vor.) Schließlich fordert Pinterest die soeben belohnte Barbara auf, eine kleine Investition zu tätigen. Vielleicht wird sie gebeten, Freunde einzuladen, ihre Vorlieben anzugeben, virtuelle Werte anzulegen oder neue Pinterest-Features kennenzulernen.[29] Jede dieser Handlungen sorgt wiederum dafür, dass sowohl für Barbara als auch für andere neue Auslöser entstehen – und der Kreislauf beginnt von vorn.

Im Fall von Pinterest haben die durch dieses System geförderten Normen einen Inhalt entstehen lassen, der ein wertvolles öffentliches Gut darstellt. Aber natürlich dient das Verhaltensdesign nicht ausschließlich dazu, den Teilnehmern

Vorteile zu verschaffen. Es kann auch zur Verkaufsförderung und zur Manipulation eingesetzt werden – und das ist einer der Gründe dafür, warum die User ihrerseits wissen sollten, wie solche Governance-Mechanismen funktionieren.

Grundsätzlich ist eine Beteiligung der User an der Ausgestaltung des Systems, das ihnen Regeln auferlegt, wünschenswert. Elinor Ostrom, die erste Frau, die den Nobelpreis für Wirtschaftswissenschaften erhielt, machte die Beobachtung, dass die Entstehung und Verwaltung öffentlicher Güter durch Communitys verschiedenen regelmäßigen Mustern folgt. Klar definierte Grenzen legen fest, wer die Vorteile einer Community für sich in Anspruch nehmen darf und wer nicht. Die von Entscheidungen bezüglich der Verwendung von Community-Ressourcen betroffenen Personen haben anerkannte Mittel und Wege, die Entscheidungsfindung zu beeinflussen. Die Leute, die das Verhalten von Community-Mitgliedern überwachen, sind der Community gegenüber verantwortlich. Wer gegen die Regeln der Community verstößt, muss mit stufenweisen Sanktionen rechnen. Den Mitgliedern stehen preiswerte Konfliktbeilegungssysteme zur Verfügung. Und wenn die Ressourcen der Community anwachsen, sollte die Governance in Form verschachtelter Abstufungen strukturiert werden, wobei kleine, lokale Usergruppen für bestimmte einfache Probleme zuständig sind und zunehmend komplexere, globale Probleme von größeren, auf formalere Weise organisierten Gruppen gehandhabt werden.[30] Die in den Communitys erfolgreicher Plattformen entstehenden Normen folgen im Allgemeinen dem von Ostrom skizzierten Muster.

Jeff Jordan, ehemals leitender Angestellter bei eBay, berichtet von den Schwierigkeiten, auf die das Unternehmen traf, als es versuchte, neben den traditionellen Auktionen auch Festpreise zu etablieren.[31] Die beiden Hauptkategorien der Marktteilnehmer reagierten völlig unterschiedlich auf diesen Plan: Den Käufern gefiel die Vorstellung von fixen Preisen, die Verkäufer hingegen, die Gebühren an eBay zahlen, befürchteten, dass durch die Festpreise de facto das Huhn geschlachtet würde, das goldene Eier legt, weil die bei Auktionen üblichen Preiseskalationen entfielen.

Bei der Schlichtung dieses Konflikts durch Jordan spielten auch einige der Ideen Ostroms eine Rolle. eBay setzte Fokusgruppen ein und sammelte Meinungen, um die Ansichten der User einzuschätzen und das Ausmaß der Stimmungslage beurteilen zu können. Jordans Team setzte auf wohldurchdachte Kommunikation, um Käufer und Verkäufer über die Regeländerungen zu informieren. Sie erprobten sie zunächst in kleinen Gruppen und machten sie wieder rückgängig, wenn sie zu schlechten Ergebnissen führten. Letzten Endes stellten sich die Führungskräfte von eBay auf die Seite der Käufer, denn man hatte sich überlegt, dass die Verkäufer der Plattform voraussichtlich ohnehin treu bleiben würden, weil sich »Anbieter nun mal dorthin begeben, wo Kunden sind«.[32] Und diese Entscheidung erwies sich als richtig. Heutzutage sind »Jetzt kaufen«-Festpreise bei eBay für etwa 70 Prozent des Bruttoumsatzes in Höhe von 83 Milliarden Dollar verantwortlich.

Architektur. In der Welt der Plattformunternehmen bezieht sich der Begriff der »Architektur« vornehmlich auf Programmcode. Wohldurchdachte Softwaresysteme verbessern sich selbst: Sie fördern und belohnen vernünftiges Verhalten, was zu weiterem erwünschten Verhalten dieser Art führt.

Plattformen für Online-Geldgeschäfte wie solche, auf denen User anderen Usern Geld leihen, setzen Algorithmen ein, um die traditionelle, arbeitsintensive und kostspielige Kreditsachbearbeitung zu ersetzen. Sie errechnen die Wahrscheinlichkeit, dass ein Kreditnehmer sein Darlehen zurückzahlt, sowohl anhand herkömmlicher Daten wie der Bonität als auch mithilfe unkonventioneller Daten wie etwa Bewertungen auf Yelp (bei einem Restaurant), der Langlebigkeit der E-Mail-Adresse des Kreditnehmers, seiner Verbindungen auf LinkedIn und sogar anhand dessen, wie sorgfältig der Darlehensnehmer mit dem Beurteilungssystem interagiert, bevor er den Kredit beantragt.[33] Und je besser die Plattformarchitektur das Verhalten der Kreditnehmer vorhersagen kann, desto mehr sinkt das Risiko für Geldverleiher, und das zieht dann wiederum weitere Kreditgeber an. Unterdessen gestatten die geringen Kosten für den Verwaltungsaufwand der Plattform, niedrigere Zinsen zu verlangen, was wiederum weitere Kreditnehmer anzieht. Die größere Anzahl der Beteiligten verbessert den Datenfluss weiter – der Kreislauf kann sich wiederholen.

Es überrascht nicht, dass Plattformen, auf denen User anderen Usern Geld leihen, wie zum Beispiel das britische Unternehmen Zopa, beachtliche Erfolge erzielen konnten. Als Zopa stolz verkündete, mehr als eine Milliarde Dollar an Krediten vergeben zu haben, gratulierte Sangeet Choudary der Unternehmensleitung und erkundigte sich höflich, ob die Kreditausfallquote nicht ein geeigneteres Erfolgskriterium sei. Zopa reagierte darauf, indem es publizierte, dass seine Kreditausfallquote in den vorangegangenen drei Jahren von 0,6 auf 0,2 Prozent zurückgegangen war.[34]

Die Architektur kann auch dazu eingesetzt werden, Marktversagen vorzubeugen oder es zu korrigieren. Denken Sie noch mal an die Vermittler auf eBay zurück, die sich fehlerhafte Schreibweisen zunutze machten: Obwohl man durchaus beklagen könnte, dass die glücklosen Verkäufer die Gelegenheit verpasst haben, einen fairen Handel abzuschließen, so sorgten diese »Zwischenhändler« doch für Marktliquidität (oder »Breite«, wie Alvin Roth sagen würde), und zwar durch einen Vorgang, der als *Arbitrage* bezeichnet wird. Wenn niemand für die falschgeschriebenen Artikel bietet, findet auch keine Interaktion statt – so gesehen, stellen Arbitrageure einen wertvollen Dienst bereit. Dennoch ist das Vorhandensein von Möglichkeiten zur Arbitrage ein Hinweis auf Marktineffizienzen.

eBay setzt inzwischen ein automatisiertes System ein, das die User bei der korrekten Schreibweise unterstützt, sodass die Verkäufer nun besser darauf vertrauen können, einen fairen Preis für die von ihnen angebotenen Artikel zu erzielen. In einem Fall wie diesem könnte eine gut durchdachte Governance dafür sorgen, dass bestimmten Interessengruppen – wie hier den Arbitrageuren – Berechtigungen entzogen werden, um den allgemeinen Zustand des Ökosystems zu verbessern.

Ein weiteres Beispiel ist der Hochfrequenzhandel (engl. *High-frequency Trading*) an der New Yorker Börse. Firmen wie Goldman Sachs setzen Hochleistungsrechner ein, um zu ermitteln, wann sich eine auf einem Markt platzierte Order auf einem anderen Markt auswirkt. Und dann wird die Order zurückgehalten, bis zu einem niedrigen Kurs gekauft und zu einem höheren Kurs verkauft werden kann – während die Differenz dabei als Gewinn abgeschöpft wird. Diese Vorgehensweise verschafft einigen wenigen Marktteilnehmern, die sich enorme Rechenkapazitäten leisten können, gegenüber den anderen einen unfairen Vorteil.[35] Eine derartige Ungleichverteilung der Marktmacht birgt allerdings die Gefahr, dass Marktteilnehmer vertrieben werden, weil sie sich betrogen fühlen. Und um diesem Problem zu begegnen, setzen konkurrierende Börsen, wie das alternative Handelssystem IEX, ihre eigenen Hochleistungsrechner ein, damit die Gebote präzise in chronologischer Reihenfolge ausgeführt werden um den Vorteil, über den Firmen wie Goldman Sachs verfügen, wettzumachen.[36] Die Architektur kann Wettbewerbsverzerrungen ausgleichen und so Märkte konkurrenzfähiger und fairer gestalten.

2008 trat dann eine der innovativsten Formen der architektonischen Steuerung in Erscheinung, die je erfunden wurde. Ein unter dem Pseudonym Satoshi Nakamoto auftretendes Programmiergenie veröffentlichte in einem Forum für Kryptografie einen Artikel, der das digitale Zahlungssystem *Bitcoin* und das dazugehörige sogenannte *Blockchain-Protokoll* beschrieb. Bitcoin ist die erste fälschungssichere digitale Währung von Bedeutung, die nicht unter der Kontrolle von Staaten und Banken steht – aber die Blockchain ist wahrhaft revolutionär. Sie ermöglicht vollständig dezentralisierte und absolut vertrauenswürdige Interaktionen, ohne dass irgendwelche Treuhänder oder andere Zahlungsgarantien erforderlich sind.

Die Blockchain (»Blockkette«) ist ein verteilt gespeichertes öffentliches Journal, in dem alle Bitcoin-Transaktionen verzeichnet werden. Sie ermöglicht das Speichern von Daten in Containern (den Datenblöcken), die mit anderen Containern verknüpft sind (die Kette).[37] Diese Daten können alles Mögliche beinhalten: einen datierten Nachweis einer Erfindung, den Rechtsanspruch auf ein Auto oder digitale Münzen. Jedermann kann überprüfen, dass Sie Daten in einem der Container gespeichert haben, denn jeder Eintrag ist mit einer öffentlichen Signatur versehen. Um auf den Inhalt zuzugreifen oder ihn zu transferieren, wird jedoch Ihr privater Schlüssel benötigt. Ein Blockchain-Container ähnelt in gewisser Weise einer Wohnadresse, die ebenfalls öffentlich ist und nachweislich zu Ihnen gehört, aber dennoch besitzen nur von Ihnen autorisierte Personen einen Schlüssel, der den Zutritt zur Wohnung gestattet.[38]

Das Blockchain-Protokoll ermöglicht eine dezentralisierte Governance. Wenn Sie einen Vertrag unterschreiben, müssen Sie sich normalerweise entweder darauf verlassen, dass sich Ihr Vertragspartner an die Vereinbarung hält, oder Sie vertrauen einer zentralen Autorität wie dem Staat oder einem Treuhänder wie eBay, um den Deal um- und durchzusetzen. Dadurch, dass die Blockchain öffentlich zugänglich ist, besteht die Möglichkeit, sogenannte sich selbst durchsetzende *Smart Contracts* zu erstellen, deren Vertragsklauseln automatisch Gültigkeit erlangen, sobald Ansprüche aus der Vereinbarung entstehen. Keine der beteiligten Parteien kann einfach aus dem Vertrag aussteigen, weil er dezentral und öffentlich ist und nicht unter der Kontrolle der Beteiligten steht – er gilt schlicht und einfach. Solche smarten autonomen Verträge können sogar Leute für ihre Arbeitsleistung bezahlen – de facto stellen die Maschinen Menschen an, nicht umgekehrt, wie sonst üblich. Stellen Sie sich beispielsweise einen Smart Contract zwischen einem Hochzeitsfotografen und einem Paar vor, das seine Hochzeitsfeier plant. In dem in der Blockchain gespeicherten Vertrag wird vereinbart sein, dass der Fotograf automatisch sein Honorar erhält, sobald das jungvermählte Paar die Fotodateien auf elektronischem Wege erhalten hat. Dieser automatische digitale Auslöser gewährleistet, dass es sich für den Fotografen lohnt, die Fotos möglichst schnell abzuliefern. Außerdem braucht er sich keine Sorgen zu machen, dass seine Kunden womöglich nicht zahlen.

Nakamotos Erfindung hat eine neue Art Plattform hervorgebracht, die eine offene Architektur und ein Governance-Modell besitzt, aber keine zentral zuständige Institution. Da keine Gatekeeper erforderlich sind, wird sie vorhandene Plattformen, die ihrerseits auf kostspielige Gatekeeper angewiesen sind, ernsthaft unter Druck setzen. Finanzdienste, die für die einfache Durchführung von Transaktionen 2 bis 4 Prozent der Transaktionssumme verlangen, werden zukünftig Schwierigkeiten haben, diese Methode des Geldabschöpfens zu rechtfertigen.

Während sich die meisten Plattformen mit dem Problem der Vormachtstellung bestimmter Marktteilnehmer auseinandersetzen, befasst sich Nakamotos Erfindung mit dem Monopolproblem der Plattform als solches. Nicht einmal Nakamoto selbst, dessen wahre Identität weiterhin im Dunkeln liegt, könnte die Spielregeln des Open-Source-Codes ändern, um einen Marktteilnehmer gegenüber den anderen zu bevorzugen.

Märkte. Märkte können das Verhalten durch die Gestaltung verschiedener Mechanismen und weiterer Anreize steuern – nicht nur allein durch Geld, sondern auch durch eine Kombination menschlicher Motivationen, die man kurz als Freude, Ruhm und Erfolg zusammenfassen kann. Tatsächlich spielt Geld auf vielen Plattformen eine viel unbedeutendere Rolle als immaterielle, subjektive Werte, die wir als *soziale Währung* bezeichnen.

Dahinter steht die Idee, etwas zu geben, um etwas zu erhalten. Wenn Ihnen ein Foto Freude bereitet, können Sie die Leute dazu bringen, es zu teilen. Zur sozialen Währung, gemessen als der ökonomische Wert einer Beziehung, gehören eigene Vorlieben und das Teilen.[39] Und auch die Reputation, die eine Person durch gute Interaktionen auf eBay, vernünftige Reddit-Beiträge oder kenntnisreiche Antworten auf Stack Overflow aufbaut, gehört dazu. Sie umfasst die Anzahl der Follower, die ein User auf Twitter anzieht, ebenso wie die Anzahl der bei LinkedIn aufgeführten Qualifikationen.

iStockphoto entwickelte einen nützlichen, auf sozialer Währung beruhenden Marktmechanismus zum Austausch von Fotos: Das Herunterladen eines Fotos kostete den User einen Leistungspunkt, der demjenigen gutgeschrieben wurde, der das Foto ursprünglich hochgeladen hatte.[40] Leistungspunkte konnten auch für 25 Cents das Stück gekauft werden. Und die Fotografen erhielten Zahlungen, sobald sie Leistungspunkte im Wert von 100 Dollar (oder mehr) gesammelt hatten. Durch dieses System entstand ein fairer, sozialer Austausch, der es professionellen Fotografen und Nicht-Fotografen ermöglichte, am selben Markt teilzunehmen. Dieser Mechanismus förderte das Angebot und die »Breite« des Marktes zugleich und legte letztendlich das Fundament für die Branche der Micro-Bildagenturen.

Soziale Währungen besitzen eine Reihe von bemerkenswerten und oft unterschätzten Eigenschaften. Wir können sie sogar dazu benutzen, um Brad Burnhams in Abschnitt *Die Bedeutung der Governance: Plattformen als Staaten* erläuterte interessante Frage zur »Finanzpolitik« einer Plattform zu beantworten.

Die Firma SAP, die eine Unternehmensmanagement-Plattform betreibt, nutzt wie iStockphoto und Stack Overflow eine soziale Währung, um Entwickler zu motivieren, sich gegenseitig Fragen zu beantworten. Die mittels der Beantwortung von Fragen durch die Angestellten einer Entwicklerfirma gesammelten Punkte werden einem Firmenkonto gutgeschrieben. Und sobald eine bestimmte Punktzahl erreicht ist, spendet SAP eine großzügige Summe an eine Wohltätigkeitsorganisation nach Wahl der jeweiligen Firma. Dieses System hat dem Unternehmen im Support Kosten in Höhe von ca. 6 bis 8 Millionen Dollar erspart, viele neue Produkte und Ideen für Dienstleistungen erbracht und die durchschnittliche Reaktionszeit von einem Geschäftstag, die SAP zusichert, auf 30 Minuten gesenkt.[41] Nach eigenen Schätzungen des Unternehmens zeichnet die Weiterverbreitung des vorhandenen Wissens mittels der genannten Aktivitäten bei einem typischen Geschäftspartner für jährliche Produktivitätsgewinne in Höhe von einer halben Millionen Dollar verantwortlich.[42]

Noch interessanter ist allerdings, dass SAP das Angebot an sozialer Währung auf dieselbe Weise zur Stimulierung seines Entwickler-Ökosystems einsetzt wie die US-Notenbank die Geldmenge zur Stimulierung der US-Wirtschaft. Als SAP ein neues Produkt für das *Customer Relationship Management* (CRM) einführte, bot das Unternehmen für jede beantwortete Frage, jeden Code und jede Publikation zum Thema CRM die doppelte Punktzahl an. Während der zweimonatigen Phase dieser »Geldmengenexpansionspolitik« entdeckten die Entwickler Lücken in der Software viel schneller und implementierten mehr Features als sonst.[43] Als »Geld-menge« eingesetzt, führte der erhöhte Fluss sozialer Währung zu einer Steige-rung der gesamtwirtschaftlichen Leistung. Tatsächlich hat SAP eine Politik der Geldmengenexpansion zur Stimulierung des Wachstums eingesetzt – und es hat funktioniert!

Neben der Förderung wirtschaftlichen Wachstums können wohldurchdachte Marktmechanismen auch einen Anreiz bieten, geistiges Eigentum hervorzubrin-gen und zu teilen sowie das mit Interaktionen auf der Plattform verbundene Risiko zu senken.

Schön und gut, nützliche Ideen sind öffentliche Güter. Das wirft jedoch die Frage auf: Wie sieht die optimale Strategie zum Schutz geistigen Eigentums aus? Wenn ein an einer Plattform arbeitender Entwickler eine wertvolle Erfindung macht, wer soll dann die Rechte daran besitzen? Der Entwickler oder die Platt-form? Hier lassen sich für beide Seiten Argumente finden: Wenn der Entwickler die Rechte erhält, stellt das einen Anreiz dar, Ideen einzubringen. Erhält hingegen die Plattform die Rechte, werden die Standardisierung und das Teilen erleichtert, zudem bereichert es das Plattformökosystem als Ganzes. Die rechtlichen Vor-schriften für Patente und den Schutz anderer Formen geistigen Eigentums sind umständlich und die Geltendmachung ist teuer. Für Plattformen ist hier eine ele-gantere Lösung erforderlich.

SAP ist dieses Problem auf zweierlei Weise angegangen. Zum einen veröffent-licht das Unternehmen einen Fahrplan, der beschreibt, welche neuen Produkte und Dienstleistungen in den kommenden 18 bis 24 Monaten vorgesehen sind, um das Angebot für die Firmenkunden zu verbessern. Dadurch sind die externen SAP-Entwickler darüber informiert, in welchen Bereichen sie selbst Innovationen hervorbringen können, ohne in den nächsten anderthalb oder zwei Jahren Kon-kurrenz fürchten zu müssen – dieses zweijährige Zeitfenster dient sozusagen als eine Art Patentschutz.[44] Zum anderen verfolgt SAP die Politik, finanzielle Part-nerschaften mit Entwicklern einzugehen oder sie zu fairen Preisen zu überneh-men. So können sich die Entwickler sicher sein, dass ihre Arbeit angemessen entlohnt wird, das Risiko einer Partnerschaft sinkt und zudem werden Investitio-nen Dritter in die SAP-Plattform gefördert.

Die Frage nach der Risikoreduzierung auf einer Plattform stellt sich dauerhaft. In der Vergangenheit hat sich gezeigt, dass Plattformbetreiber es im Allgemeinen vermeiden, die Verantwortung für die Risiken übernehmen zu müssen, denen Plattformteilnehmer ausgesetzt sind – insbesondere in der Anfangsphase. In den 1960er-Jahren stellten Kreditkartenunternehmen eine zweiseitige Plattform zur Verfügung, auf der Händler und Karteninhaber interagieren konnten – sie weigerten sich jedoch, die Karteninhaber gegen Betrug zu versichern. Als Begründung führten sie an, dass eine Versicherung den Kreditkartenbetrug fördern würde, weil die Karteninhaber dann sorglos mit ihren Kreditkarten umgehen würden, und dass die Banken, die gezwungenermaßen für höhere Schäden aufkommen müssten, Kreditgrenzen nur noch zögerlich ausweiten würden, was insbesondere Kunden mit niedrigen Einkommen träfe.

Trotz der energischen Einwände der großen Banken wurden 1970 der *Fair Credit Reporting Act* und eine nachfolgende Ergänzung beschlossen, die eine Versicherung verlangten und eine Selbstbeteiligung der Kunden von höchstens 50 Dollar für durch Kreditkartenbetrug verursachte Schäden vorschrieb. Das von den Banken vorhergesagte Fiasko blieb aus: Ohne die Angst vor Betrug nutzten die Kunden ihre Kreditkarten so viel öfter, dass der Anstieg des Kreditkartenumsatzes die erhöhte Zahl von Betrugsfällen mehr als wettmachte. Die Vorteile durch die Versicherung sind so umfassend, dass viele Banken inzwischen auf die 50 Dollar Selbstbeteiligung verzichten, wenn die Kunden den Verlust oder den Diebstahl einer Kreditkarte binnen 24 Stunden melden, um so die Akzeptanz und den Gebrauch von Kreditkarten zu fördern.[45]

In den letzten Jahren haben neue Plattformunternehmen jedoch denselben Fehler begangen wie die Kreditkartenfirmen in den 1960er-Jahren: Anfangs weigerte sich Airbnb, Gastgeber für ungebührliches Verhalten der Gäste zu entschädigen, und Uber wollte Passagiere nicht gegen das schlechte Benehmen von Fahrern versichern.[46] Inzwischen haben beide Unternehmen eingesehen, dass diese Verweigerungshaltung das Wachstum ihrer Plattformen beeinträchtigt. Heutzutage bietet Airbnb seinen Gastgebern einen Versicherungsschutz von bis zu einer Million Dollar, und Uber ist Partnerschaften mit Versicherungen eingegangen, um seinen Kunden ebenfalls einen Versicherungsschutz gewähren zu können.[47]

Anstatt zu versuchen, das eigene Risiko zu minimieren, sollten Plattformbetreiber Marktmechanismen wie das Risk-Pooling oder Versicherungen einsetzen, um die Risiken für ihre Teilnehmer zu verringern und den Mehrwert insgesamt zu steigern. Good Governance bedeutet auch, das Wohlergehen der wirtschaftlichen Partner im Auge zu behalten.

Prinzipien der Self-Governance für Plattformen

Könige und Eroberer mögen es, die Regeln festzulegen – sie mögen es aber oft gar nicht, sich ihnen zu unterwerfen. Dennoch verbessern sich die Resultate, wenn geschickte Governance-Regeln für die Plattform selbst sowie für Partner und Teilnehmer gelten.

Das erste wichtige Prinzip guter Self-Governance für Plattformen ist interne Transparenz. In Plattformunternehmen gibt es – wie in praktisch allen Organisationen – die Tendenz, dass sich Bereiche oder Abteilungen isolieren: Sie entwickeln eigenständige Perspektiven, einen eigenen Jargon, Prozesse und Tools, die für Außenstehende nur schwer verständlich sind, sogar für die Mitarbeiter anderer Abteilungen derselben Firma. Dadurch wird es extrem schwierig, komplexe und umfangreiche Probleme zu lösen, die zwei oder mehr Abteilungen betreffen, weil das bedeutet, dass Mitglieder verschiedener Arbeitsgruppen keine gemeinsame Sprache sprechen und verschiedene Arbeitsweisen einsetzen. Und auch Außenstehenden – Plattformuser und Entwickler eingeschlossen – wird es erschwert, effektiv mit dem Managementteam der Plattform zusammenzuarbeiten.

Um Störungen dieser Art zu vermeiden, sollten Plattformbetreiber immer bemüht sein, allen Abteilungen eine klare Vorstellung von der gesamten Plattform zu vermitteln. Eine derartige Transparenz ist der Einheitlichkeit zuträglich, hilft anderen, wichtige Ressourcen zu entwickeln und zu nutzen und erleichtert das Wachstum.

Die sogenannte Yegge-Tirade, der Versuch des Managers Steve Yegge, eine Anweisung von Amazons Jeff Bezos zusammenzufassen, gibt den Sinn dieses Prinzips sehr effektiv wieder. Bezos bestand darauf, dass alle Mitglieder des Amazon-Teams lernen sollten, mithilfe von »Service Interfaces« miteinander zu kommunizieren – Kommunikationstools, die speziell dafür ausgelegt sind, klar, verständlich und nützlich zu sein, und zwar nicht nur für die Mitglieder der Organisation, sondern auch für externe User und Partner. Die Idee besteht darin, dass alle Personen, inklusive Kollegen in anderen Abteilungen, wie Kunden behandelt werden, die rechtmäßig wichtige Informationen in Erfahrung bringen möchten, die Sie bereitstellen müssen. Daher die sieben Regeln in der Yegge-Tirade:

1. Alle Teams stellen ab sofort ihre Daten und Funktionalitäten über Service Interfaces bereit.
2. Die Teams müssen über diese Interfaces miteinander kommunizieren.
3. Andere Kommunikationsformen sind nicht erlaubt: keine direkten Links, keine gemeinsam genutzten Speicherorte, keine Hintertüren irgendwelcher Art. Die Service Interfaces sind die einzige erlaubte Kommunikationsmethode.
4. Welche Technologie zum Einsatz kommt, spielt keine Rolle. HTTP, Corba, Pubsub, eigene Protokolle – egal. Das interessiert Bezos nicht.

5. Ausnahmslos alle Service Interfaces müssen von Grund auf für Externalisierbarkeit ausgelegt sein. Das heißt, die Teams müssen sie so planen und gestalten, dass es möglich ist, die Schnittstellen externen Entwicklern zugänglich zu machen. Ausnahmen gibt es nicht.
6. Wer sich nicht daran hält, wird gefeuert.
7. Vielen Dank und schönen Tag noch!

Die geschickte Anwendung dieses Transparenzprinzips ist die Grundlage für den Erfolg von *Amazon Web Services* (AWS), dem gigantischen Cloud-Dienst der Plattform. Andrew Jassy, bei Amazon für den Bereich Technologie zuständig, hatte beobachtet, dass verschiedene Amazon-Abteilungen für die Webdienste immer wieder Funktionen zum Speichern, Suchen und Übertragen von Daten entwickelten.[48] Deshalb drängte er nun darauf, die verschiedenen Projekte zu einem einzigen Arbeitsvorgang zu kombinieren, der auf einem klaren, flexiblen und universell verständlichen Satz von Protokollen beruhte. Damit wären sämtliche bei Amazon gespeicherten Daten für alle Mitarbeiter zugänglich und nützlich.

Noch wichtiger war jedoch, dass Jassy erkannte, dass die Lösung dieses Problems für Amazon weitere externe Anwendungsmöglichkeiten eröffnen würde: Wenn mehrere Geschäftsbereiche bei Amazon mit diesem Problem zu kämpfen hatten, so dachte er sich, dann dürfte ein zuverlässiger Dienst zur Datenverwaltung, der dieses Problem effektiv löst, auch für außenstehende Firmen mit ähnlichen Anforderungen nützlich sein. AWS hatte das Licht der Welt erblickt – einer der ersten Dienste, der die cloudbasierte Speicherung und Verwaltung von Daten sowie Know-how für Unternehmen anbot, bei denen entsprechender Bedarf für die Handhabung ihrer Daten bestand. Dank Jassys Weitsicht hat AWS heute mehr Speicherkapazität auf den Markt gebracht als die zwölf nächstgrößeren Anbieter von Cloud-Diensten zusammen.[49]

Im Gegensatz dazu werden Firmen, die ihre Möglichkeiten, über den Tellerrand der einzelnen Abteilungen hinauszublicken, einschränken, wahrscheinlich nicht in der Lage sein, eine tragfähige Plattform zu etablieren oder ihr Plattformunternehmen zügig auszubauen.

Sony lieferte hierfür ein ernüchterndes Beispiel. Der Sony Walkman dominierte seit den 1970er-Jahren den Markt für tragbare Musikabspielgeräte. Als 2007 Apples iPhone vorgestellt wurde, erschien Sonys Dominanz in der Welt der Unterhaltungselektronik noch unerschütterlich: Das Unternehmen hatte MP3-Player der Spitzenklasse, ein wegweisendes Lesegerät für E-Books und einige der besten Digitalkameras im Angebot. Im Herbst desselben Jahres präsentierte Sony die nächste Generation der *PlayStation Portable* (PSP), die beste Spielkonsole der Welt. Der Konzern war sogar Eigentümer der Film- und Fernsehstudios Time Warner, was es ihm überdies ermöglichte, einzigartige Inhalte anzubieten. Doch trotz all dieser punktuellen Vorteile kam Sony nie auf den Gedanken, eine Plattform anzubieten. Stattdessen entwickelte das Unternehmen zusätzliche Produktlinien und konzentrierte sich auf einzelne Systeme.

Die Scheuklappen bei der Fortentwicklung der Geschäftsbereiche verhinderten, dass Sony ein einheitliches Plattformökosystem entwickelte. Innerhalb weniger Jahre hatten Apples iPhone und die für die Plattform verfügbaren Apps das Zepter übernommen. Zwei Jahre nach dem Absturz im Jahr 2008 war Sonys Börsenkurs noch immer rund ein Drittel niedriger als zuvor, während Apples Börsenwert historische Höchststände erreichte.

Das zweite wichtige Prinzip der Self-Governance für Plattformen ist die *Beteiligung*. Es ist für Plattformbetreiber von entscheidender Bedeutung, externen Partnern und Interessengruppen bei internen Entscheidungen ein Mitspracherecht einzuräumen, das dem der internen Interessengruppen gleichkommt. Andernfalls werden die getroffenen Entscheidungen unweigerlich tendenziell die Plattform begünstigen und so allmählich die externen Partner verschrecken und dazu bringen, der Plattform den Rücken zu kehren.

In Ihrem Buch *Platform Leadership* liefern Annabelle Gawer und Michael A. Cusumano ein anschauliches Beispiel dafür, wie das Einräumen eines Mitspracherechts zu hervorragender Governance einer Plattform führen kann. Das von Intel geförderte Ökosystem, das rund um den *Universal Serial Bus* (USB) entstand, war einer der ersten Standards zur Datenübertragung zwischen Peripheriegeräten – Tastaturen, Speichergeräten, Monitoren, Kameras, Netzwerkadaptern usw. – und Computern, der gleichzeitig auch eine Stromversorgung bot. Allerdings gehören Peripheriegeräte überhaupt nicht zu Intels eigentlichem Kerngeschäft, der Herstellung von Mikroprozessoren.[50] Intel sah sich also mit einer besonders ausgeprägten Version des in Kapitel 5 erörterten Henne-Ei-Problems konfrontiert. Niemand produziert Peripheriegeräte für einen Standard, der noch überhaupt nicht verbreitet ist. Ebenso wenig kauft irgendwer einen Computer, für den niemand Peripheriegeräte herstellt. Und die potenziellen Hardwarehersteller zögerten, Partnerschaften mit Intel einzugehen, denn USB war schließlich ein Intel-Standard, den das Unternehmen jederzeit ändern könnte, sodass konkurrierende Produkte plötzlich inkompatibel wären – was wiederum dazu führen könnte, dass nur Intel von den langfristigen Investitionen seiner Partner profitieren würde.

Intel konnte dieses Henne-Ei-Problem lösen, indem es USB den *Intel Architecture Labs* (IAL) anvertraute. Als neuer Geschäftsbereich unterstanden die IAL nicht der Kontrolle irgendeiner anderen Produktlinie. Sie hatten die Aufgabe, als neutraler Vermittler zwischen Geschäftspartnern und den internen Geschäftsbereichen zu fungieren, und das war nur durch Unabhängigkeit erreichbar. Die IAL konnten das Vertrauen der Partner gewinnen, indem sie Richtlinien befürworteten und umsetzten, die das Wohlergehen des Ökosystems förderten, teilweise sogar zulasten von Intels eigenen Geschäftsbereichen. Im Laufe eines Jahres besuchte das IAL-Team mehr als 50 Firmen und bot ihnen Hilfe bei der Umsetzung des Standards sowie der Gestaltung von Lizenzmodellen an, um sie für sich zu gewinnen. Über die IAL sagte Intel auch zu, keine Partnermärkte anzugreifen. Das Unternehmen setzte sowohl auf die eigene Reputation als auch auf Vereinbarungen, um sein eigenes zukünftiges Verhalten zu beschränken. (Eine Zusammenfassung der Self-Governance-Regeln der IAL finden Sie im Kasten.)

Self-Governance-Regeln der Intel Architecture Labs (IAL) bei der Einführung des USB-Standards

1. Räumen Sie den Kunden bei wichtigen Entscheidungen ein Mitspracherecht ein. Wickeln Sie unvereinbare Pläne über einen eigenständigen Geschäftsbereich hinter verschlossenen Türen ab.
2. Damit eine vertrauensvolle Zusammenarbeit zustande kommen kann, müssen offene Standards auch offen bleiben.
3. Behandeln Sie eigenes und fremdes geistiges Eigentum fair.
4. Legen Sie einen klaren Ablauf fest und halten Sie sich daran. Handlungsverpflichtungen und -zusagen müssen konkret und glaubwürdig sein.
5. Behalten Sie sich das Recht vor, nach Ankündigung strategisch wichtige Märkte zu betreten. Überrumpeln Sie die Leute nicht und halten Sie mit Neuigkeiten nicht hinterm Berg.
6. Teilen Sie bei großen Investitionen das Risiko und setzen Sie eigenes Kapital ein.
7. Versprechen Sie nicht, keine Änderungen an der Plattform vorzunehmen. Sagen Sie stattdessen zu, Änderungen rechtzeitig anzukündigen. Sie müssen selbst involviert sein – Änderungen treffen die Plattform, nicht nur den Partner.
8. Es ist in Ordnung, Partnern, die unterschiedliche Leistungen erbringen, auch verschiedene Vorteile anzubieten. Stellen Sie aber sicher, dass allen Beteiligten klar ist, was sie dafür qualifiziert.
9. Fördern Sie das langfristige finanzielle Wohlergehen der Partner, insbesondere kleinerer.
10. Wenn der Geschäftsbetrieb heranreift, werden zunehmend Entscheidungen getroffen, die Fortschritte außerhalb der Plattform zulasten der Kernplattform begünstigen, sodass ergänzende, neue Geschäftsfelder die Plattform kannibalisieren.[51]

All diese Bemühungen sollten sich auszahlen: Hinter dem USB-Standard formierte sich ein Konsortium von sieben Unternehmen – Compaq, DEC, IBM,

Intel, Microsoft, NEC und Nortel –, die ein Ökosystem schufen, dass sich seit mehr als einem Jahrzehnt erfolgreich weiterentwickelt hat.

Das bringt uns zurück zu dem grundlegenden Designprinzip, das wir am Anfang dieses Kapitels vorgestellt haben: *Gerechte und faire Governance schafft Werte.* Wir haben dieses Prinzip beim Aufstieg Singapurs in Aktion gesehen – und hier sehen wir es bei der Geschichte der IAL und der Einführung des USB-Standards erneut am Werk.

Fairness ist bei der Schaffung von Werten auf zweierlei Weise hilfreich.[52] Erstens: Wenn man die Leute fair behandelt, sind sie eher dazu bereit, ihre Ideen zu teilen. Und mehr Ideen bedeuten mehr Möglichkeiten, sie miteinander zu verbinden, aufeinander abzustimmen und zu variieren, um so neue Innovationen hervorzubringen.

Zweitens: Marshall Van Alstyne hat formal bewiesen, dass faire Governance dazu führt, dass die Marktteilnehmer ihre Ressourcen besonnener und produktiver zuteilen.[53] Betrachten Sie beispielsweise den USB-Standard. Wenn jede der sieben an der Entwicklung des USB-Standards beteiligten Firmen davon ausgehen kann, einen fairen Anteil des hervorgebrachten Wertes zu erhalten, wird auch jede einzelne davon bereitwillig teilnehmen. Wenn sich hingegen fünf der Firmen miteinander verbünden könnten, um die beiden übrigen um ihren Anteil zu bringen – und beide wüssten, dass so etwas passieren kann –, würden sich diese zwei Firmen dem Konsortium vermutlich niemals anschließen. Diese durch die Möglichkeit der Unfairness verursachte Fragmentierung hätte den USB-Standard in zwei konkurrierende Standards aufspalten oder, noch schlimmer, die Entwicklung eines Standards komplett verhindern können.

Das soll aber nicht heißen, dass Fairness immer Werte hervorbringt oder dass Werte nicht auch ohne sie geschaffen werden können. Keurig, Apple, Facebook und andere haben ihre Communitys zeitweise unfair behandelt, dessen ungeachtet ging es ihnen jedoch finanziell gut. Langfristig veranlasst eine faire Governance eines Ökosystems die User allerdings, mehr Werte hervorzubringen, als wenn die Regeln dem Plattformeigner die Möglichkeit bieten, willkürliche Entscheidungen zu treffen, ohne darüber Rechenschaft ablegen zu müssen. Viele Plattformbetreiber wählen Governance-Regeln, die sie selbst gegenüber ihren Usern bevorzugen. Doch Plattformen, die ihren Usern mehr Respekt entgegenbringen, dürfen auch mehr von ihnen erwarten – und daraus erwachsen letztendlich Vorteile für alle.

Nichtsdestotrotz wird die Governance dennoch stets unvollkommen bleiben. Wie die Regeln auch lauten, die Partner werden immer neue Möglichkeiten finden, sich Vorteile zu verschaffen. Es gibt immer Informationsasymmetrien und externe Effekte. Interaktionen bringen Komplikationen mit sich, die ihrerseits zu Eingriffen führen, mit denen wiederum weitere Komplikationen einhergehen.

Wenn eine Good Governance es Dritten ermöglicht, Innovationen hervorzubringen, dann werden sie beim Erschaffen von neuen Wertquellen tatsächlich gleichzeitig auch neue Hürden aufbauen, um diese Werte zu kontrollieren.

Wenn Konflikte dieser Art auftreten, sollte die Governance die größte Quelle neuer Werte begünstigen oder die Richtung bevorzugen, in die sich der Markt bewegt, und nicht diejenige, aus der er kommt. Unternehmen, die nur ihre alternden Werte schützen, so wie Microsoft es getan hat, stagnieren. Die Mechanismen der Governance müssen daher selbstheilend sein und eine Weiterentwicklung fördern. Eine ausgeklügelte Governance erzielt ihre Wirkung auf einer Ebene, die man als »Design für das Eigendesign« bezeichnen könnte – damit ist gemeint, dass sie die Plattformmitglieder dazu animiert, frei zusammenzuarbeiten und furchtlos zu experimentieren, um die Regeln bei Bedarf aktualisieren zu können. Governance sollte nicht statisch sein. Wenn am Horizont Anzeichen für Änderungen auftauchen – wie z.B. ein neues Verhalten der Plattformuser, unerwartete Konflikte zwischen ihnen oder Beeinträchtigungen durch neue Wettbewerber –, sollte das gesamte Unternehmen schnell davon unterrichtet werden, damit kreative Diskussionen darüber angestoßen werden, wie die Governance weiterentwickelt werden könnte, um darauf zu reagieren.

Es spielt keine Rolle, welche Art von Unternehmen Sie betreiben oder in welchem sozialen Ökosystem sich Ihre Plattform befindet: Es wird stets Systembestandteile geben, die sich sowohl schnell als auch langsam ändern. Eine kluge Governance ist flexibel genug, um auf beide zu reagieren.[54]

Zusammenfassung

❏ Die Governance ist erforderlich, weil es auf vollkommen freien Märkten zu einem Marktversagen kommen kann.

❏ Marktversagen wird im Allgemeinen durch Informationsasymmetrien, externe Effekte, Monopolstellungen oder Risiken verursacht.

❏ Die grundlegenden Instrumente der Governance sind Gesetze, Normen, Architektur und Märkte. Jedes davon muss sorgfältig designt und implementiert werden, um die Plattformteilnehmer zu positivem Verhalten zu animieren, von schlechten Interaktionen abzuhalten und gute Interaktionen zu belohnen.

❏ Self-Governance ist für ein effektives Plattformmanagement ebenfalls unverzichtbar. Wohldurchdachte Plattformen regeln ihre eigenen Aktivitäten und folgen dabei den Prinzipien der Transparenz und der Beteiligung.

9

KENNZAHLEN
Wie Plattformmanager messen können, was wirklich zählt

F ührungskräfte waren schon immer auf eine Handvoll wichtiger Kennzahlen angewiesen, nach denen sie ihre Entscheidungen ausrichten konnten. Das ist bereits seit Tausenden von Jahren in allen Bereichen menschlicher Betätigungen gängige Praxis – vom Geschäftsleben über das Regieren bis hin zur Kriegsführung. Jonathan Roth beschreibt nachfolgend die Schlüsselfaktoren für Julius Cäsars Armee in den gallischen Kriegen (58 bis 50 v. Chr.):

Das römische Heer musste jede Menge Material mit ins Feld nehmen: Kleidung, Rüstungen, Blankwaffen, Katapulte, Zelte, mobile Festungen, Kochgeschirr, medizinische Bedarfsartikel, Schreibmaterial und vieles mehr. Dennoch waren nur drei Dinge für rund 90 Prozent des Gewichts der Versorgungsgüter der antiken Armee verantwortlich: Nahrungsmittel, Tierfutter und Brennholz. Sämtliche militärischen Entscheidungen, vom grundlegenden strategischen Konzept bis zur kleinsten taktischen Bewegung, waren von der Notwendigkeit betroffen, der Armee diese Versorgungsgüter bereitzustellen – und dadurch oft auch eingeschränkt.[1]

Solange ihm die Anzahl der mitreisenden Soldaten und Tiere bekannt war, konnte Cäsars Quartiermeister schnell ermitteln, wie weit das Heer vorrücken und wie lange es kämpfen konnte, bevor die Vorräte aufgefüllt werden mussten, indem er einfach die benötigten Mengen des Proviants für die Soldaten sowie des Tierfutters und des zum Heizen und Kochen verwendeten Brennholzes in eine Tabelle eintrug. Diese drei Kennzahlen wirkten sich maßgeblich auf viele von Cäsars wichtigsten strategischen Entscheidungen aus.

Die Führungskräfte traditioneller gewinnorientierter Unternehmen mit einer linearen Wertschöpfungskette (Pipelines) erzielten in der Vergangenheit mit einem relativ beschränkten Satz von Standardkennzahlen auf ähnliche Weise Erfolge. Beispielsweise müssen Unternehmen, die Waren wie Autos oder Waschmaschinen herstellen, Rohmaterialien oder Teile von Zulieferern beschaffen, um sie dann zu einem fertigen Produkt zusammenzubauen, das schließlich über eine Reihe verschiedener Verkaufs- und Vermarktungskanäle den Endkunden zum Kauf angeboten wird. Die einzelnen Arbeitsschritte mögen dabei sehr kompliziert sein, aber solange die Einnahmen höher sind als die durch die Pipeline-Teilnehmer verursachten Gesamtkosten (inklusive einer Gewinnspanne, die das unternehmerische Risiko und künftige Entwicklungskosten rechtfertigt), ist alles im grünen Bereich. Die an der Pipeline beteiligten Fließbandarbeiter und das mittlere Management müssen sich mit den Feinheiten des Designs, der Herstellung, der Produktion, des Marketings und der Auslieferung befassen, die Führungskräfte, Vorstandsmitglieder und außenstehende Investoren hingegen konzentrieren sich auf einige wichtige Kennzahlen.

Zu den konventionellen Kennzahlen von Pipeline-Unternehmen, die den meisten Managern vertraut sind, gehören z.B. Cashflow, Lagerumschlag und operative Erträge. Miteinander kombiniert liefern sie ein nützliches, wenngleich recht grobes Gesamtbild eines Unternehmens, dennoch ist es den Führungskräften dank der Einfachheit und Klarheit dieser Kennzahlen möglich, sich auf die wesentlichen, für den langfristigen Erfolg ausschlaggebenden Faktoren zu konzentrieren, anstatt sich in zweitrangigen Details zu verlieren.

Von der Pipeline zur Plattform: Neue Kennzahlen

Leider sind die für die Organisation und den Betrieb von Pipeline-Unternehmen genutzten Kennzahlen im Zusammenhang mit Plattformen im Handumdrehen wertlos – und alternative Kennzahlen zu ermitteln, die den wahren Zustand und die tatsächlichen Wachstumsaussichten widerspiegeln, ist alles andere als einfach.

Betrachten Sie beispielsweise einmal die Geschichte von BranchOut. BranchOut, im Juli 2010 gelauncht, war eine professionelle, vornehmlich auf einer App beruhende Netzwerkplattform, die es ihren Usern ermöglichte, über Facebook nützliche Kontakte für die Stellensuche zu knüpfen. Sie können sich das in etwa wie eine Variante von LinkedIn vorstellen, die sich Facebooks enormes Netzwerk zunutze macht. In der heutigen Zeit, in der die meisten Stellen *nicht* durch Bewerbungen auf Jobangebote oder die Reaktion auf entsprechende Postings im Internet, sondern auf der Grundlage von Mund-zu-Mund-Propaganda durch Freunde und Bekannte besetzt werden, erschien BranchOut vielen Leuten als brillante Innovation – und so gelang es dem Gründer und CEO Rick Marini, innerhalb von nur drei Investment-Finanzierungsrunden 49 Millionen Dollar aufzutreiben.

Das Unternehmen schoss in der Welt der Netzwerke für Arbeitssuchende wie eine Rakete nach oben. Die Userbasis von BranchOut stieg im Zeitraum zwischen

Frühjahr und Sommer 2012 von weniger als einer Million sprunghaft auf satte 33 Millionen an. Doch der Zusammenbruch erfolgte genauso schnell: Nach weiteren vier Monaten war die Zahl der User bereits auf weniger als zwei Millionen zurückgegangen. Im darauffolgenden Sommer suchte das Unternehmen nach einer völlig neuen Unternehmensstrategie und hoffte, eine Workplace-Chat-Plattform zu werden, die Teammitglieder nutzen könnten, um miteinander in Kontakt zu bleiben. Rick Marini räumte Reportern gegenüber ein, dass »die Zahl der aktiven User aktuell nicht sehr groß« war, sagte aber auch, dass BranchOut selbst »kein Fehlschlag« und »durchaus noch im Rennen« sei.[2]

Nachträgliche Analysen deuteten auf eine Reihe von Ursachen für den Niedergang von BranchOut hin. Einige Beobachter gaben den Modifikationen an Facebooks Plattform für App-Entwickler die Schuld, die BranchOuts Kommunikationssystem behinderten. Andere verwiesen darauf, dass schon allein die Vorstellung, die Jobsuche als solches mit Facebooks sozialem Netzwerkambiente zu koppeln, per se fehlgeleitet sei. »Eine Stelle zu finden, ist anstrengend«, so ein Beobachter. »Das macht eine Menge Arbeit. Und wenn ich Zeit mit meinen Freunden verbringe, ist die Jobsuche so ziemlich das Letzte, worüber ich reden will. Im Gegenteil: Ich will nicht mal daran denken müssen.«[3]

All dies mag zum Scheitern von BranchOut beigetragen haben, der entscheidende Fehler war jedoch offenbar, dass sich die Plattform auf die *falschen Dinge – und damit auch auf die Messung der falschen Kriterien – konzentriert* hatte. Das Unternehmen schwamm in diesen verhängnisvollen vier Monaten im Jahr 2012 im Geld der Investoren und erlebte einen unglaublichen Zustrom von Anmeldungen, richtete seine Bemühungen aber dennoch weiterhin darauf aus, die Mitgliederzahl zu steigern: BranchOut stellte seinen Usern Belohnungen in Aussicht, wenn sie nur so viele neue Mitglieder wie möglich anwarben. Zudem machte man es den Facebook-Usern sehr leicht, alle ihre Kontakte zur Teilnahme einzuladen. Und als dann schließlich mehrere Hundert Millionen Einladungen den Cyberspace überfluteten, schnellte die Zahl der Anmeldungen bei BranchOut dementsprechend sprunghaft in die Höhe.[4]

Die Namen und E-Mail-Adressen vieler Personen auf einer Liste der Mitglieder stehen zu haben, ist allerdings nicht notwendigerweise auch ein Gradmesser für den Erfolg einer Plattform. Entscheidend ist die *Aktivität* – die Anzahl der zufriedenstellenden Interaktionen, die ein Plattformuser erfährt. Hätte BranchOut den Umfang der Aktivitäten genauso sorgsam erfasst wie die Mitgliederzahl, hätte das Unternehmen womöglich auch bemerkt, dass der von ihm bereitgestellte Dienst für seine Millionen Mitglieder keinen besonderen Mehrwert bedeutete – was natürlich in der Konsequenz zu einer sinkenden Zahl von Anmeldungen führte.

Die Geschichte von BranchOut illustriert eine für die Plattformwelt elementare Tatsache: Ebenso wie Plattformen die traditionellen Wertschöpfungsketten, Wettbewerbsstrategien und Managementverfahren transformieren, machen sie auch neue Formen interner Messungen erforderlich.

Lassen Sie uns an dieser Stelle kurz zu den von Pipeline-Managern am häufigsten genutzten konventionellen Kennzahlen zurückkehren: Cashflow, Lagerumschlag und operative Erträge sowie zusätzliche Kennzahlen wie die Bruttogewinnspanne, die Betriebskosten und die Kapitalrendite. Diese Tools messen auf verschiedene Weise ein und dasselbe: *die Effizienz, mit der Werte die Pipeline durchlaufen.* Ein erfolgreiches Pipeline-Unternehmen verschwendet bei der Produktion von Waren und der Bereitstellung von Dienstleistungen lediglich ein Mindestmaß an Ressourcen. Außerdem stellt es seinen Kunden einen Großteil dieser Waren und Dienstleistungen über gut gemanagte Marketing-, Verkaufs- und Verteilungssysteme zur Verfügung, sodass die damit erzielten Umsätze zur Amortisierung mehr als ausreichend sind und überdies Gewinne erzielt werden, die den Investoren zugutekommen und die Finanzierung zukünftigen Wachstums sichern.

Pipeline-Kennzahlen sind dafür ausgelegt, den Wirkungsgrad dieses Werteflusses von einem Ende der Pipeline zum anderen zu bemessen. Sie helfen Managern dabei, Engpässe, Blockaden und Störungen in dessen Verlauf zu erkennen, die es erforderlich machen, die Effizienz von Prozessen zu steigern oder Systeme zu verbessern, die einen größeren, schnelleren und ertragreicheren Wertefluss durch die Pipeline ermöglichen. Wenn also eine statistische Kennzahl wie der Lagerumsatz plötzlich in den Keller geht, ist das im Allgemeinen ein Hinweis auf einen Überbestand, auf veraltete Produkte oder auf ein Marktversagen. Ein übertrieben hoher Lagerumschlag hingegen könnte auf einen Unterbestand und damit verbundene Umsatzausfälle hindeuten. Die sorgfältige Überwachung dieser Kennzahl kann Managern helfen, die erforderlichen Anpassungen vorzunehmen, damit das Geschäft weiter brummt.

Diese Art der (zugegebenermaßen vereinfachten) Analyse funktioniert jedoch nicht mehr, wenn wir unser Augenmerk auf ein Plattformunternehmen richten. Wie wir gesehen haben, erfolgt die Generierung eines Mehrwerts auf Plattformen vornehmlich durch Netzwerkeffekte. Plattformbetreiber auf der Suche nach Kennzahlen, die den tatsächlichen Zustand ihres Unternehmens offenbaren, müssen sich daher auf positive Netzwerkeffekte und die Aktivitäten konzentrieren, die sie antreiben.

Konkret müssen Plattformkennzahlen *die Rate der erfolgreich durchgeführten Interaktionen und die dazu beitragenden Faktoren* ermitteln. Plattformen existieren, um positive Interaktionen zwischen Usern zu ermöglichen – insbesondere zwischen Anbietern und wertvollen Kunden. Je größer also die Anzahl der positiven Interaktionen auf einer Plattform ist, desto mehr User werden von ihr angezogen – und umso eifriger werden alle Beteiligten an den darauf stattfindenden Aktivitäten und Interaktionen verschiedenster Art teilnehmen. Die wichtigsten Kennzahlen sind somit diejenigen, die den Erfolg der Plattform hinsichtlich der Begünstigung von beständig wiederholten erwünschten Interaktionen quantifizieren. Das Endergebnis sind dann positive Netzwerkeffekte und ein enormer Mehrwert für alle Beteiligten, inklusive der Plattformuser sowie der Manager und Sponsoren der Plattform.

Beachten Sie den Unterschied zwischen diesen wichtigen Kennzahlen und den maßgeblichen Kennzahlen einer Pipeline. Ein Pipeline-Manager macht sich über den Wertefluss von einem Ende der Pipeline zum anderen Gedanken, ein Plattformmanager befasst sich dagegen mit der Erzeugung, dem Teilen und der Bereitstellung von Mehrwerten über das gesamte Ökosystem hinweg – die teilweise auf der Plattform entstehen, teilweise aber auch andernorts. Für einen Plattformmanager können sowohl die prozedurale Effizienz als auch Systemverbesserungen von großer Bedeutung sein – allerdings nur insoweit, als sie erfolgreiche Interaktionen zwischen Usern ermöglichen. Das eigentliche Ziel, auf das sich Plattformmanager konzentrieren müssen, ist jedoch die Generierung von Mehrwerten für alle Plattformuser, was die Community stärkt, auf lange Sicht ihr Wohlergehen und ihre Lebendigkeit verbessert sowie das kontinuierliche Wachstum positiver Netzwerkeffekte fördert.

Kennzahlen zur Verfolgung des Lebenszyklus einer Plattform

In diesem Abschnitt werden wir einige der entscheidenden Probleme betrachten, die im Zusammenhang mit der Ermittlung und Nutzung von brauchbaren Kennzahlen für Plattformunternehmen eine Rolle spielen. Dabei verfolgen wir den gesamten Lebenszyklus einer Plattform, von der Anfangsphase bis hin zur Reifephase. In der Anfangsphase ist es wichtig, über einfache Kennzahlen zu verfügen, die der Entscheidungsfindung in Bezug auf wichtige Fragen zum Launch und zum Design der Plattform zuträglich sind. Zu diesen Kernfragen gehören

■ die Gestaltung der Schlüsselinteraktion,
■ die Entwicklung effizienter Tools, die User anziehen, Interaktionen ermöglichen sowie Anbieter und Kunden zusammenbringen,
■ der Aufbau eines effizienten Kuratierungssystems sowie
■ Entscheidungen zum Ausmaß der Offenheit der Plattform gegenüber verschiedenen Teilnehmertypen.

In der Anfangsphase müssen Unternehmen insbesondere das Wachstum der wichtigsten Bereiche im Auge behalten: aktive Anbieter und Kunden, die in hohem Maße an erfolgreichen Interaktionen teilnehmen. Diese User und die

Interaktionen, an denen sie sich beteiligen, sind der Schlüssel für die Erzeugung positiver Netzwerkeffekte, die letztendlich den Erfolg der Plattform ausmachen. Beachten Sie hier, dass die traditionellen Kennzahlen eines Pipeline-Unternehmens – wie Umsatz, Cashflow, Gewinnspanne und dergleichen –, bei der Bewertung einer Plattform in der Anfangsphase weitgehend irrelevant sind.

Sobald die Plattform eine kritische Masse erreicht hat und für die User einen beträchtlichen Mehrwert darstellt, kann der Fokus der Bewertung darauf verlagert werden, Kunden zu binden und aktive User zu zahlenden Kunden zu machen. In dieser Phase wird die Monetarisierung zur entscheidenden Frage. Wie wir in Kapitel 6 erörtert haben, sind Entscheidungen bezüglich der Monetarisierung von großer Bedeutung. Die Plattformbetreiber müssen Kennzahlen finden, anhand derer sich wichtige Fragen bezüglich der Monetarisierung beantworten lassen, beispielsweise: Welche Usergruppen profitieren am meisten von Plattformaktivitäten? Welche Usergruppen müssen womöglich subventioniert werden, damit ihre Teilnahme weiterhin gewährleistet bleibt? Welcher Anteil des Mehrwerts entsteht auf der Plattform selbst, nicht außerhalb? Wie viel zusätzlicher Mehrwert könnte durch Dienste wie eine verbesserte Kuratierung geschaffen werden? Für welche Gruppen außerhalb der Plattform könnte der Zugang zu bestimmten Usergruppen der Plattform einen Mehrwert darstellen? Und am wichtigsten: Wie kann die Plattform einen fairen Anteil des erzeugten Mehrwerts abschöpfen, ohne das kontinuierliche Wachstum von Netzwerkeffekten zu hemmen? Während der Wachstumsphase können wohldurchdachte Kennzahlen den Plattformbetreibern genaue Antworten auf Fragen wie diese liefern.

Wenn die Plattform schließlich herangereift ist und sich zu einem selbsterhaltenden Geschäftsmodell entwickelt hat, muss sie zwecks Kundenbindung und weiteren Wachstums Innovationen hervorbringen. Das ist die beste Methode, das Werteangebot aufrechtzuerhalten und gegenüber konkurrierenden Plattformen zu verbessern. Die Kennzahlen müssen das fortgesetzte Engagement der User und das Ausmaß, in dem sie fortfahren, neue Wege zur Generierung von Werten zu entdecken, genau wiedergeben. Ein entscheidender Faktor ist hierbei die Beurteilung und Nachverfolgung des Ausmaßes, in dem sich sowohl Anbieter als auch Kunden wiederholt an der Plattform beteiligen und ihre Teilnahme im Laufe der Zeit noch steigern.

Andere Überlegungen bezüglich des Wettbewerbs betreffen z.B. die Versuche benachbarter Plattformen, User fortzulocken und die Kostenvorteile der Plattform zu verringern, oder die Möglichkeit, dass Teilnehmer der Plattform (wie etwa Erweiterungsentwickler) eigene Plattformen hervorbringen, die womöglich User weglocken. Hierfür sind ebenfalls Kennzahlen angebracht, die es dem Plattformbetreiber gestatten, solche Bedrohungen zu erkennen und rechtzeitig darauf zu reagieren.

Stufe 1: Kennzahlen während der Anfangsphase

In der Anfangsphase sind die Ressourcen eines Unternehmens – sei es eines Pipeline-Unternehmens oder einer Plattform – für gewöhnlich hoch ausgelastet. Geld, Zeit und Talent sind kostbar, und viele Leute müssen gleich mehrere Aufgaben auf einmal bewältigen, oftmals auch aus Arbeitsbereichen, in denen sie keine Erfahrung haben. Unter solchen Bedingungen zu entscheiden, welchen Informationskategorien beim Sammeln und Verarbeiten von Daten Ressourcen zugestanden werden, kann sowohl von maßgeblicher Bedeutung als auch eine Herausforderung sein.

Darüber hinaus unterscheiden sich die *Arten* der Kennzahlen, die in der Anfangsphase geeignet sind, mitunter sehr von jenen, die für ein konventionelles, ausgereiftes Geschäftsmodell angemessen sind. Der Unternehmer Derek Sivers beschreibt das Problem folgendermaßen:

> *Die meisten Tools des allgemeinen Managements sind für das raue Umfeld extremer Unsicherheit, in dem sich Start-ups befinden, kaum geeignet. Die Zukunft ist unvorhersehbar, den Kunden steht eine wachsende Zahl von Alternativen zur Verfügung, und das Tempo der Veränderungen nimmt ständig zu. Dessen ungeachtet werden die meisten Start-ups, ob in der sprichwörtlichen Garage oder im unternehmerischen Umfeld, noch immer durch Standardprognosen, Meilensteine der Produktentwicklung und ausgefeilte Geschäftspläne gemanagt.*[5]

Welche Art Kennzahlen sind also in der Anfangsphase eines Plattformunternehmens von größtem Wert? Die Plattformbetreiber sollten sich auf ihre Schlüsselinteraktion und den dadurch hervorgebrachten Mehrwert für die Anbieter und Kunden konzentrieren. Um den Erfolg einer Plattform zu messen und erkennbar zu machen, wie sie sich verbessern lässt, gibt es drei Kriterien: *Liquidität*, *Matching-Qualität* und *Vertrauen*.

Die *Liquidität* eines Plattformmarktplatzes beschreibt einen Zustand, in dem es nur eine minimale Anzahl von Anbietern und Kunden gibt und der prozentuale Anteil der erfolgreich durchgeführten Interaktionen hoch ist. Mit dem Erreichen der Liquidität wird die Anzahl der fehlgeschlagenen Interaktionen minimiert und die Interaktionswünsche der User werden einheitlich innerhalb eines annehmbaren zeitlichen Rahmens befriedigt. Liquidität zu erzielen, ist der erste und wichtigste Meilenstein im Lebenszyklus einer Plattform, daher ist eine Kennzahl, die Aufschluss darüber gibt, wann dieser Status erreicht ist, gerade in den ersten Monaten nach der Markteinführung unerlässlich. Je nach Funktionsweise der Plattform und Art der Userbasis kann die Formel für diese Kennzahl variieren.

Eine brauchbare Methode zur Messung der Liquidität ist die Erfassung des *Prozentsatzes der Angebote, die innerhalb eines bestimmten Zeitraums zu Interaktionen führen*. Die Definition des Begriffs »Interaktion« und der entsprechende Zeitraum hängen natürlich von der Marktkategorie ab: Auf einer Plattform, die Informationen und Unterhaltung bietet, könnte eine Interaktion aus einem Mausklick bestehen, der den User von einer Schlagzeile zum vollständigen Artikel führt. Auf einer Marktplatzplattform könnte hiermit der Kauf eines Produkts gemeint sein. Und auf einer Business-Netzwerkplattform könnte es sich um die Offerte einer Empfehlung, den Austausch von Kontaktinformationen oder die Beantwortung einer Frage in einem Forum handeln. Jede dieser Interaktionen würde ein höheres Maß an Engagement aufseiten des Users bedeuten und den Augenblick repräsentieren, in dem er eine Werteinheit der Plattform erkannt, sie genutzt und sich daran erfreut hat.

Andererseits ist es ebenfalls wichtig, auch nach negativen Situationen zu suchen und sie zu erfassen. Unter manchen Umständen ist eine erwünschte Interaktion unmöglich – wenn beispielsweise ein Uber-Kunde die App startet und feststellen muss, dass kein Fahrzeug verfügbar ist. Situationen dieser Art halten die User von der Teilnahme an der Plattform ab und müssen daher auf ein Minimum begrenzt werden.

Beachten Sie hier, dass das Engagement der User und die aktive Nutzung der Plattform die ausschlaggebenden Kriterien sind, nicht die Anzahl der Anmeldungen oder Registrierungen. Das ist auch der Grund dafür, dass die Definition der Liquidität sowohl die Anzahl der User als auch den Umfang der auftretenden Interaktionen berücksichtigt. Wenn in Berichten und Gesprächen mit Investoren die beeindruckenden Teilnehmerzahlen einer Plattform betont werden, kann das irreführend sein – und ist womöglich ein Hinweis darauf, dass die Plattform nicht wächst und gedeiht, sondern vielmehr Schwierigkeiten hat, neugierige Besucher auch tatsächlich zur aktiven Teilnahme und somit zur Generierung von Werten zu bewegen.

Zu beachten ist in diesem Zusammenhang außerdem, dass die aussagekräftigsten Kennzahlen vergleichende sind, die es ermöglichen, Usergruppen oder verschiedene Zeiträume voneinander abzugrenzen (eine nützliche Empfehlung von Alistair Croll und Benjamin Yoskovitz, den Autoren des Buches *Lean Analytics*).

Ein gutes Beispiel für eine vergleichende Kennzahl ist eine Quote oder Rate, die berechnet wird, indem man eine Zahl durch eine andere teilt – beispielsweise erhält man die *Quote aktiver User*, indem man die Anzahl der aktiven User durch die Gesamtzahl der User teilt, oder die *Wachstumsrate der aktiven User*, indem man die Anzahl der neuen aktiven User durch die Gesamtzahl der aktiven User teilt.[6]

Das zweite wichtige Kriterium einer Start-up-Plattform ist die *Matching-Qualität*. Sie bezieht sich auf die Präzision des Suchalgorithmus und die Intuitivität der Tools für die Navigation, die den Usern bei der Suche nach anderen Usern, mit denen sie wertschöpfende Interaktionen durchführen können, angeboten werden.

Die Matching-Qualität spielt bei der Wertschöpfung sowie der Stimulierung des langfristigen Wachstums und Erfolgs der Plattform eine entscheidende Rolle. Sie kann durch ausgezeichnete *Kuratierung der Produkte oder Dienstleistungen* erzielt werden.

Die Definition sagt auch aus, dass die Matching-Qualität eng mit der Effektivität verknüpft ist, mit der Produkt- oder Dienstleistungsangebote der Plattform kuratiert werden. Die an einer Plattform beteiligten User haben im Allgemeinen ein großes Interesse daran, an Interaktionen teilzunehmen – sie möchten das, was sie suchen, schnellstmöglich finden. Ein präzises Matching bedeutet für die User einen geringeren Suchaufwand – sie müssen weniger Zeit, Energie, Mühe und sonstige Ressourcen investieren, um das Gesuchte zu finden. Wenn die Plattform also die Aufgabe, User schnell und passend zusammenzubringen, gut erledigt, werden diese wahrscheinlich zu aktiven Teilnehmern und langfristigen Mitgliedern der Plattform. Ist das Matching hingegen mangelhaft, langsam und enttäuschend, wird die Userzahl bald schrumpfen, Interaktionen werden kaum noch stattfinden und die Plattform könnte zu einem vorzeitigen Aus verurteilt sein.

Natürlich ist es notwendig, den abstrakten Begriff »Matching-Qualität« in konkrete Zahlen zu übersetzen und eindeutige Vorgaben zu definieren, um daraus ein aussagekräftiges Kriterium zu machen. Eine Möglichkeit, die Effizienz der Plattform beim Matching von Anbietern und Kunden zu messen, besteht darin, die *Verkaufsabschlussquote* zu erfassen. Sie kann als der Prozentsatz der Suchvorgänge angegeben werden, die zum erfolgreichen Abschluss einer Interaktion geführt haben.

Dass ein höherer Prozentsatz besser ist, liegt auf der Hand, aber wo verläuft die Grenze zwischen »guter« und »schlechter« Matching-Qualität? Auf diese Frage gibt es keine eindeutige Antwort, die für jede Art von Plattform richtig wäre. Allerdings kann der Betreiber einer bestimmten Plattform womöglich eine Faustregel aufstellen, indem er die Interaktionsquote bestimmter User ins Verhältnis zu deren langfristiger Aktivitätsquote setzt – beispielsweise über einen Zeitraum von einigen Monaten. Berechnungen wie diese könnten es Ihnen unter Umständen ermöglichen, zu ermitteln, dass z.B. eine Interaktionsquote von 40 Prozent für die User Ihrer Plattform eine markante Grenze darstellt: Die Mehrheit der User, die in der ersten Woche ihrer Teilnahme an der Plattform eine Interaktionsquote von mehr als 40 Prozent erreichen, bleiben wenigstens drei Monate lang aktive Mitglieder. Die Mehrheit derer, die eine Interaktionsquote von weniger als 40 Prozent erzielen, beteiligt sich hingegen nicht mehr an Aktivitäten auf der Plattform.

Nachdem Sie eine Kennzahl dieser Art errechnet haben – ob sie nun bei 40, darüber oder darunter liegt, spielt keine Rolle –, können Sie sie als Orientierungshilfe nutzen, die als ein Kriterium dient, den Zustand Ihrer Plattform zu bewerten. Sie können die tägliche Interaktionsquote ermitteln, den zeitlichen Verlauf beobachten und Verbesserungen am Matching-System entwickeln, testen und anhand der Veränderung dieser Kennzahl bewerten.

Das dritte bedeutsame Kriterium eines Start-ups ist das *Vertrauen*, das bemisst, inwieweit sich die User in Anbetracht der mit Interaktionen auf der Plattform einhergehenden Risiken sicher fühlen. Dieses Vertrauen kann durch die bestmögliche Kuratierung der Plattformteilnehmer erreicht werden.

Das Vertrauen der User zu gewinnen, ist für Marktplätze ein zentrales Thema, insbesondere dann, wenn mit Interaktionen ein gewisses Risiko verbunden ist – und in der Welt der Online-Plattformen, in der sowohl die erste Kontaktaufnahme als auch viele Interaktionen der User ausschließlich im Cyberspace stattfinden, spielt die Risikowahrnehmung in der Regel sogar eine noch größere Rolle als sonst. Bei einer gut geführten Plattform muss eine Kuratierung der Teilnehmer auf beiden Seiten erfolgen, damit sich die User in Anbetracht der Risiken, die mit den dort stattfindenden Interaktionen einhergehen, sicher fühlen. Wie erwähnt ist Airbnb ein Beispiel für einen Akteur in einer Kategorie mit hohem Risiko, der bislang Erfolg hatte, weil er die Teilnehmer erfolgreich kuratieren konnte. Airbnb gestattet es Gastgebern und Gästen, einander zu bewerten und weist unter allen Plattformen eine der höchsten Bewertungsquoten auf. Darüber hinaus werden auch noch weitere Maßnahmen zur Vertrauensgewinnung eingesetzt, etwa dass Fotografen die Korrektheit der Angaben in der Beschreibung einer Unterkunft bestätigen müssen. Im Gegensatz dazu erzielt Airbnbs Konkurrent Craigslist in puncto Vertrauen nur relativ schlechte Bewertungen und hat schon mehrmals peinliche Skandale erleben müssen, weil offenbar fragwürdige Mitglieder der Plattform in anrüchige oder sogar kriminelle Machenschaften verwickelt waren.

Zusammengenommen liefern diese drei entscheidenden Kriterien – Liquidität, Matching-Qualität und Vertrauen – dem Betreiber einer Start-up-Plattform ein sehr genaues Bild von der Erfolgsquote der durchgeführten Interaktionen sowie der dazu beitragenden Schlüsselfaktoren. Wie wir bereits festgestellt haben, stehen diese Kennzahlen im Zentrum des eigentlichen Zwecks einer Plattform und spielen bei der Bestimmung ihrer Fähigkeit, positive Netzwerkeffekte zu erzeugen, eine wesentliche Rolle.

Die genaue Formel, die Sie zur Definition der Kennzahlen eines bestimmten Plattformunternehmens einsetzen, muss sorgsam ausgearbeitet werden und die Art der Plattform, die Usertypen, die erzeugten und ausgetauschten Werte, die möglichen Interaktionen usw. berücksichtigen.

Es gibt eine Reihe spezieller Kriterien, die potenziell für bestimmte Plattformunternehmen von Wert sind. So könnten Sie beispielsweise das *Engagement pro Interaktion*, den *zeitlichen Abstand zwischen Interaktionen* und die *Quote der aktiven User* messen, drei Kriterien, die sich alle auf das Engagement der User in diesem Ökosystem beziehen.

Alternativ könnten Sie auch die *Anzahl der Interaktionen* erfassen, so wie es beispielsweise die Plattform Fiverr macht. Da bei Fiverr für jede Interaktion ein Festpreis gilt – jeder gehandelte »Gig« kostet fünf Dollar –, ist die Anzahl der Interaktionen ein bestens geeigneter und aussagekräftiger Indikationswert für die Aktivität auf der Website.

Andere Plattformen müssen wiederum ausgeklügeltere Kriterien zur Bewertung von Interaktionen entwickeln. Airbnb erfasst beispielsweise die Anzahl der gebuchten Nächte, was bei dieser Plattform ein geeigneteres Auswertungskriterium darstellt als die reine Anzahl der Interaktionen. Upwork, der Marktplatz für Freelancer, bewertet den Umfang der Interaktionen, indem die Zahl der von einem bestimmten Freelancer geleisteten Arbeitsstunden erfasst wird – das entscheidende Kriterium für die Wertschöpfung dieses Ökosystems. Auf ähnliche Weise erfasst Clarity die Dauer der telefonischen Beratungsgespräche zwischen Experten und Informationssuchenden.

Plattformen, deren Einnahmen darauf beruhen, einen Teil des bei einer Interaktion geschaffenen Wertes einzubehalten – beispielsweise eine Vermittlungsgebühr in Höhe eines Prozentsatzes der Transaktionssumme –, müssten den finanziellen Umfang der auf der Plattform durchgeführten Interaktionen erfassen. Amazon Marketplace greift zum Beispiel auf dieses Messkriterium zurück, um die Bruttoumsätze der dort ausgeführten Interaktionen zu ermitteln, die als Indikator der Aktivität dienen.

Dagegen erfordern Plattformen, deren Fokus auf dem Erstellen von Inhalten liegt, andere Kriterien. Einige messen beispielsweise eine sogenannte *Mitgestaltung* (den Prozentsatz der vorhandenen Angebote, die von anderen Usern konsumiert werden) oder *Kundenrelevanz* (der Prozentsatz der vorhandenen Angebote, die ein minimales positives Feedback von potenziellen Kunden erhalten). Diese Indikatoren konzentrieren sich auf die Qualität der Interaktionen und spiegeln wider, wie qualifiziert die Kuratierung vonseiten der Anbieter durchgeführt wird.

Wieder andere Plattformen konzentrieren sich auf den *Marktzugang* – die Effektivität, mit der sich User der Plattform anschließen und mit anderen Usern Kontakt aufnehmen können, unabhängig davon, ob eine vollständige Interaktion zustande kommt. Manche Plattformen erfassen die *Teilnahme der Anbieter* – also die Rate, mit der Anbieter der Plattform beitreten sowie deren Wachstumskurve im Laufe der Zeit. Dating-Websites und Partnerbörsen verweisen gern auf die Anzahl der registrierten weiblichen Mitglieder, weil diese Angabe stellvertretend für den Nutzen steht, den andere User von der Website erwarten dürfen. Auf etwas andere Art erfasst OpenTable Restaurantreservierungen: Hierbei handelt es sich zwar nicht um die eigentlichen Interaktionen, bei denen die Restaurants für die servierten Gerichte bezahlt werden (derartige Informationen stehen der Plattform überhaupt nicht zur Verfügung), sie dienen aber dennoch als durchaus brauchbare Indikatoren für den generierten Wert.

Die drei Faktoren Liquidität, Matching-Qualität und Vertrauen sind zur Beurteilung des Zustands praktisch aller Arten von neuen Plattformen unverzichtbar. Wie Sie sehen, können besondere Merkmale einer bestimmten Plattform jedoch zusätzliche, spezialisierte Auswertungstools erforderlich machen. Der Vielfalt und dem Umfang der in der Anfangsphase einer Plattform wegweisenden Kriterien sind allein durch Ihre Vorstellungskraft sowie die Art der Interaktionen, die in Ihrem aufkeimenden Ökosystem stattfinden, Grenzen gesetzt.

Stufe 2: Kennzahlen während der Wachstumsphase

Die Kennzahlen, die am besten dazu geeignet sind, die Anzahl und Qualität der Interaktionen in Ihrem Ökosystem zu messen, werden sich im Laufe des Lebenszyklus der Plattform ändern – und es ist wichtig, die Zeitpunkte zu erkennen, an denen diese Übergänge stattfinden. Viele Firmen begehen den Fehler, sich an Indikatoren zu halten, denen ihr Unternehmen längst entwachsen ist. Die maßgeblichen Kriterien, die für die jeweils *aktuellen* Entscheidungsfindungen am relevantesten sind, zu identifizieren und zu überprüfen, ist zu jedem Zeitpunkt der Entwicklung einer Plattform wichtig.

Erreicht eine Plattform beispielsweise die kritische Masse der User, treten neue Probleme auf: Der Betreiber muss weiterhin gewährleisten, dass die Schlüsselinteraktion Werte erzeugt und dass der Zustrom engagierter User die Abwanderung übersteigt, damit die Plattform weiter wächst. Wenn das Wachstum anhält, muss die Plattform allerdings auch die Veränderungen in Bezug auf den Umfang der Userbasis im Zeitverlauf überwachen. Insbesondere sollten die Plattformbetreiber hier gewährleisten, dass sich die beiden Seiten des Marktes die Waage halten. Dieses Gleichgewicht kann anhand der Berechnung des *Anbieter-Kunden-Verhältnisses* überwacht werden, wobei eine dahingehende Anpassung vorzunehmen ist, dass nur die aktiven Plattformuser berücksichtigt werden – sprich diejenigen, die regelmäßig mit einer bestimmten, Ihren Vorstellungen entsprechenden minimalen Häufigkeit an Interaktionen teilnehmen. Die Erfahrung zeigt, dass dieser Verhältniswert einen entscheidenden Faktor in Bezug auf die Rate der erfolgreich auf der Plattform abgeschlossenen Interaktionen darstellt.

Betrachten Sie dazu beispielsweise die Schlüsselinteraktion der Dating-Website OkCupid: das Kennenlernen bzw. die Kontaktaufnahme von Männern und Frauen. Wie in Kapitel 2 erwähnt, besteht eine der maßgeblichen Herausforderungen dieser Plattform darin, die Kontaktaufnahme heterosexueller Männer (die in diesem Kontext als »Kunden« betrachtet werden können) mit heterosexuellen Frauen (die quasi eine »Anbieter«-Rolle einnehmen) zu »verwalten« (siehe Kasten).

Hinweis

Wir sind uns des unschönen Eindrucks dieses Sprachgebrauchs bewusst – er spiegelt jedoch die aktuell vorherrschende Dynamik vieler Dating-Websites für Männer und Frauen in der US-Gesellschaft wider. Im Übrigen ist es eine Tatsache, dass es den meisten Dating-Websites erheblich leichter fällt, männliche Teilnehmer anzuziehen als weibliche. Es gibt sozusagen eine »Nachfrage« nach Frauen, die gewissermaßen mit der Nachfrage nach hochbegehrten Produkten auf Auktions-Websites wie eBay vergleichbar ist. Da sich die gesellschaftlichen Normen in Richtung zunehmender Gleichheit der Geschlechter entwickeln, hoffen und erwarten wir, dass dies auch für die erwähnte Dynamik gilt und sich ebenfalls auf das effektive Management von Dating-Plattformen auswirken wird.

Deshalb überwacht OkCupid das zahlenmäßige Verhältnis der heterosexuellen Frauen zu den heterosexuellen Männern auf der Plattform – und die Betreiber bemühen sich nach Kräften, dieses Verhältnis zu justieren, sobald es von dem Wert abweicht, den sie für optimal halten. Diese »Justierung« erreichen sie unter anderem dadurch, dass sie die User auffordern, die Attraktivität der Personen auf der jeweils anderen Seite der Plattform zu bewerten.[7] Die Website wendet daraufhin einen Filter an, um die Anzahl der Männer zu reduzieren, die über die Anzeige der Profile von Frauen an der Plattform teilnehmen können – insbesondere solcher Frauen, die als besonders attraktiv bewertet wurden.[8] Auf diese Weise unterstützt die OkCupid-Plattform die Aufrechterhaltung positiver Netzwerkeffekte und fördert die Marktliquidität, indem sie ein Ungleichgewicht vermeidet, das andernfalls Teile der weiblichen User vertreiben könnte. Die kontinuierliche Erfassung und Anpassung des Männer-Frauen-Verhältnisses macht diese Aufrechterhaltung möglich. Auf ähnliche Weise konzentriert sich die Freelancer-Plattform Upwork darauf, dass die Anzahl der Freelancer proportional zur Anzahl der Jobangebote bleibt, denn ein Zuviel auf einer der beiden Seiten würde dazu führen, dass Teilnehmer der Plattform den Rücken kehren.

Für eine traditionelle zweiseitige Plattform mit Anbietern auf der einen und Kunden auf der anderen Seite ist es am besten, nach Möglichkeiten zu suchen, den Nutzwert der verschiedenen Usertypen zu berechnen. In dem Buch Lean Analytics liefert das von Alistair Croll und Benjamin Yoskovitz gebildete Gründer- und Autorenteam eine hilfreiche Veranschaulichung der Kriterien für eine zweiseitige Plattform, die wir im Folgenden übernehmen.[9]

Auf Anbieterseite sollte die Plattform Kriterien wie die *Häufigkeit der Anbieterteilnahme*, die *erstellten Angebote* und die *erzielten Verkaufsabschlüsse* erfassen. Ebenso sollte sie *gescheiterte Interaktionen* nachhalten – also den Anteil der Fälle, in denen Interaktionen wie Verkäufe zwar initiiert, aber aus irgendwelchen Gründen nicht abgeschlossen wurden. Hierbei handelt es sich um ein wichtiges Kriterium, das viele Plattformbetreiber übersehen. Wenn die User zwar bei der Stange bleiben, aber die Quote erfolgreicher Interaktionen sinkt, liegt ein ernsthaftes Problem vor.

Besonders wichtig ist die Überwachung der Fälle, in denen *Anbieter betrügerisch handeln* – wenn beispielsweise ein Anbieter ein Produktangebot nicht korrekt beschreibt oder nicht binnen einer angemessenen Frist liefert. Der Betrug durch Anbieter stellt natürlich eine besonders ungeheuerliche, ärgerliche und kostspielige Form einer fehlgeschlagenen Interaktion dar. Die Untersuchung der charakteristischen Merkmale von Usern und Interaktionen, die wiederholt mit betrügerischen Vorfällen in Verbindung stehen, kann jedoch dazu genutzt werden, Vorhersagemodelle zu entwickeln, mit denen sich künftige Betrügereien verhindern lassen.

Kombiniert man all diese Daten, kann der Nutzen eines Anbieters anhand traditioneller *Lifetime-Value* (LTV)-Modelle errechnet werden, die in vielen Geschäftsbereichen zum Einsatz kommen. Diese Modelle berücksichtigen die Mechanismen, durch die Stammanbieter für wiederholte Umsätze sorgen, ohne dass damit weitere Akquisekosten verbunden sind – also Ausgaben, die der Plattform durch das Anlocken dieser Anbieter entstehen. Da Stammanbieter für die Plattformunternehmen besonders profitabel sind, werden die Betreiber alles daransetzen, die aktiven Vertreter dieser Spezies bei der Stange zu halten – ebenso wie die Anbieter von Zeitschriftenabonnements und Mobilfunkverträgen bemüht sind, die Kündigungsquote (oder die Abwanderung) möglichst niedrig zu halten.

Auf der Kundenseite sollte die Plattform die *Häufigkeiten von Käufen und Suchvorgängen* sowie die *Verkaufsabschlussquote* (den prozentualen Anteil der erfolgreich abgeschlossenen Interaktionen) erfassen. Diese Informationen stellen zusammen mit der Wahrscheinlichkeit wiederholter Interaktionen die Daten bereit, die erforderlich sind, um den LTV der einzelnen Kunden zu berechnen. Und nachdem eben diese Werte über sowohl die Anbieter als auch die Kunden ermittelt sind, kann die Plattform Experimente durchführen, um zu versuchen, die Faktoren zu beeinflussen, die sich auf den LTV auswirken – beispielsweise die Abwanderungsquote.[10]

Die meisten der heutzutage erfolgreichen Plattformunternehmen haben Kampagnen entwickelt, um die Loyalität der wertvollsten aktiven User zu fördern und die weniger wertvollen zu vertreiben. Sollten Sie jemals eine Nachricht von Facebook oder LinkedIn erhalten haben, die Sie zum Besuch der jeweiligen Plattform aufforderte, nachdem Sie diese weniger genutzt haben, sind Sie Ziel einer solchen Kampagne gewesen. Aus ähnlichen Gründen hat Twitter das Feature »Beliebt in deinem Netzwerk« eingeführt, um Sie auf Inhalte hinzuweisen, die möglicherweise von Interesse für Sie sein könnten, obwohl Sie die Feeds der Autoren gar nicht abonniert haben. Hierbei handelt es sich um eine weitere kriteriengesteuerte Kampagne zur Förderung von Aktivitäten, die User, die bekanntermaßen wertschaffende Aktivitäten durchführen, zu mehr Interaktionen anregen soll.[11]

Eine Kennzahl der Anfangsphase bleibt auch während der Wachstumsphase in hohem Maße relevant: die *Interaktionsumwandlungsquote* – also der prozentuale Anteil der Suchen und Anfragen, die zu Interaktionen führen. Wohldurchdachte und kontinuierlich erfasste Kennzahlen, die besonderes Augenmerk auf die Interaktionsumwandlungsquote bzw. die Verkaufsabschlussquote legen, können den Plattformbetreibern helfen, clevere Strategien zu entwickeln, die das beständige Wachstum der Plattform vorantreiben – so wie im Fall von Airbnb, das einen professionellen Fotodienst einführte, nachdem sich gezeigt hatte, dass hochwertige Fotos die Buchungsquote steigern.[12]

Interessanterweise hat Airbnb außerdem festgestellt, dass User, die den Dienst schon mal als Gäste in Anspruch genommen haben, zugleich auch das größte Potenzial bieten, zukünftige Gastgeber zu werden – daher befasst sich Airbnb inzwischen damit, die Kunden der Plattform dazu zu bewegen, Anbieter zu werden. In diesem Fall ist die *Seitenwechselquote* – der Anteil der Leute, die vom Gast zum Gastgeber werden bzw. umgekehrt –, eine wichtige Kennzahl, die der Plattform dazu dienen kann, den Zustand ihrer Userbasis zu bewerten und beide Seiten des Netzwerks ausgewogen zu halten.

Plattformbetreiber überlegen sich ständig neue Kriterien, die zu ihren speziellen Zielsetzungen und Interessen sowie den charakteristischen Merkmalen ihrer User passen. So auch die Haier Group, ein im chinesischen Qingdao ansässiger, schnell wachsender Produktionsbetrieb. Hier wird zurzeit an einer Plattform gearbeitet, über die Kunden sowohl mit den im Unternehmen selbst tätigen als auch den externen Design- und Produktionsteams, die Produkte wie zum Beispiel Haushalts- und Elektronikgeräte entwickeln, in Kontakt treten können. Haiers CEO Ruimin Zhang hat uns von einem einzigartigen Kriterium erzählt, das sein Unternehmen erfassen und nutzen möchte: die *Distanz zwischen Kunden und Anbietern*.[13] Dabei ist der Begriff »Distanz« in diesem Kontext metaphorisch gemeint, nicht wörtlich. Er bezieht sich auf die Häufigkeit der direkten Interaktionen sowie den Umfang, die Reichweite und den Einfluss sozialer Netzwerke, durch die Kunden und Hersteller der Haier-Produkte miteinander verbunden sind.

Um diese Distanz zu messen, hat Haier Kriterien ausgearbeitet, die auf Interaktionen bei WeChat basieren, einem von dem chinesischen Internet-Unternehmen Tencent entwickelten Tool für Instant Messaging und das Teilen von Bildern. Die dahinterstehende Absicht lautet, die Distanz zwischen Haier und seinen Kunden zu minimieren, um so die Produkte besser an die Bedürfnisse der Kunden anpassen zu können, die Innovationsfähigkeit des Unternehmens zu verbessern sowie die Marketing- und verkaufsfördernden Maßnahmen preiswerter und effizienter zu gestalten.

Das Werbebudget eines Unternehmens, so CEO Zhang, kann als ein Maß für die Distanz zwischen ihm und seinen Kunden betrachtet werden. In dem 2013 veröffentlichten jährlichen Bericht der Beratungsfirma Interbrand über Markenwerte ist beispielsweise angegeben, dass Googles Werbebudget nur einen winzigen Bruchteil des Budgets von Coca-Cola beträgt. Der wahrscheinliche Grund: Google ist durch die vielen Produktivtools und sozialen Anwendungen tief im Leben der Menschen verwurzelt und erhält so ein kontinuierliches Feedback, das Coca-Cola nicht bekommt.

Aufgrund von Analogien wie dieser postuliert Haiers Führungsteam, dass eine Verringerung der Distanz zu seinen Kunden zu einer Verbesserung des Produktdesigns, des Kundenservice und der Marketingeffizienz führt. Ein scheinbar abstraktes Kriterium wie die Distanz zum Kunden könnte also in der Praxis zu durchaus spürbaren finanziellen Auswirkungen führen.

Stufe 3: Kennzahlen während der Reifephase

Nachdem ein Plattformunternehmen die Anfangsphase und die Phase des ersten Wachstums hinter sich gelassen hat, treten neue Probleme und Herausforderungen in Erscheinung. Der Autor und Unternehmer Eric Ries, bekannt als der Begründer der »Lean Start-up«-Bewegung, betont, dass inkrementelle Innovationen und Kennzahlen bei einem Unternehmen in der Reifephase eng miteinander verknüpft sein müssen. »Wenn Sie Verbesserungen an Ihrem Produkt vornehmen«, so Ries, »entscheiden einzig und allein die Kennzahlen über Erfolg oder Misserfolg. Und wenn Sie die Verbesserungen umsetzen, sollten Sie etwas zum Vergleich heranziehen können.«

Amrit Tiwana, Professor an der Universität von Georgia, sieht das ähnlich wie Ries und vertritt die Auffassung, dass für ausgereifte IT-Plattformen geeignete Kennzahlen drei Anforderungen erfüllen müssen: Sie sollten *Innovationen vorantreiben*, ein *hohes Signal-Rausch-Verhältnis* aufweisen und eine *Ressourcenzuteilung ermöglichen*.[14]

Konzentrieren wir uns zunächst auf die Rolle, die Kennzahlen beim Vorantreiben von Innovationen spielen. Um betriebsam und lebendig zu bleiben, muss eine Plattform in der Lage sein, sich an die Bedürfnisse der User sowie an wettbewerbliche und regulatorische Änderungen anzupassen. Eine Möglichkeit, erforderliche Anpassungen zu erkennen, besteht darin, die von Entwicklern bereitgestellten Erweiterungen zu untersuchen. Diese Innovationen könnten ein Hinweis auf Funktionalitäten sein, die der Kernplattform fehlen und gegebenenfalls übernommen werden. Im Zeitalter des Desktop-Computers hat beispielsweise Microsoft eine Reihe von Funktionen in Windows integriert, die ursprünglich von eigenständigen Firmen entwickelt worden waren, wie etwa Festplattendefragmentierung, die Dateiverschlüsselung, die Medienwiedergabe und anderes mehr.[15]

Cisco hat auf dem Routersektor dieselbe Übernahmestrategie verfolgt. Das Unternehmen betreibt eine Plattform, die unter dem Namen *Cisco Application Extension Platform* (kurz *Cisco AXP*) bekannt ist. Sie basiert auf Linux und gestattet es Drittentwicklern, Anwendungen zu programmieren, die auf Cisco-Routern laufen. So können sie Funktionen bereitstellen, die Cisco-Kunden nützlich finden – beispielsweise erweiterte Sicherheitsmaßnahmen oder anpassbare Monitoringsysteme. Wir haben Ciscos Cheftechnologen Guido Jornet gefragt, wie das Unternehmen entscheidet, welche Funktionen in die Cisco AXP integriert werden. Seine Antwort war ziemlich aufschlussreich:

> *Der springende Punkt ist, dass mehrere unabhängige Lösungen für ein und dieselbe Aufgabe auf der Plattform implementiert werden. In der Folge wird dies dann für alle anderen »normal«. Es ist eine Frage des Timings. Versucht man es sofort, befürchtet der Plattformbetreiber, dass seine Goldesel kannibalisiert werden. Wenn ein einzelner Anbieter eine bestimmte Funktion bereitstellt, müssen Sie die nicht integrieren. Aber wenn gleich eine ganze Reihe Anbieter dieselbe Funktion entwickelt haben, verringert der Wettbewerb ohnehin die möglichen Vorteile – dann können Sie die Funktion integrieren.*[16]

Um dieser Strategie den Weg zu bereiten, legt Cisco Kriterien zugrunde, die bestimmte Fälle auswählen, in denen mehreren Industriezweigen – etwa der Automobilindustrie und dem Gesundheitswesen – dieselben Fähigkeiten bereitgestellt werden. Das ist ein Hinweis darauf, dass der Plattform wichtige Features fehlen, die bei der nächsten Runde der kontinuierlichen Weiterentwicklung Eingang finden sollten.

Ebenso könnte sich eine Plattform entschließen, Innovationen hervorzubringen, wenn von Dritten bereitgestellte Funktionen einen Großteil des Mehrwerts ausmachen, von dem die User profitieren. Dadurch lässt sich auch die 2012 erfolgte Markteinführung von Apple Maps erklären, mit der Apple auf die enorme Popularität von Google Maps reagierte.

Bei manchen Plattformarten spielen während der Reifephase wieder andere Kriterien eine Rolle. Dazu gehören Arbeitsvermittlungsplattformen wie Upwork, Datenplattformen wie Thomson Reuters, Kommunikationsplattformen wie Skype oder Plattformen, die Maschinen miteinander verbinden, wie General Electric *Industrial Internet*. Auch wenn es sich um verschiedene Plattformtypen mit unterschiedlichen Anforderungen handelt, müssen sich doch alle den Herausforderungen stellen, eine Schlüsselinteraktion zu ermöglichen, die Auslöser von Wertschöpfungen zu erfassen und Innovationen hervorzubringen, um die Fähigkeit der Plattform aufrechtzuerhalten, den Usern einen bedeutsamen Mehrwert zu bieten.

Geschickte Auswahl von Kennzahlen

Die verschiedenen Kennzahlen, die Sie für Ihre Plattform ermitteln, können zwar ziemlich kompliziert werden, erlauben Ihnen aber einen sehr detaillierten Einblick in die aktuell stattfindenden Aktivitäten. Bei der Auswahl der Kennzahlen einer Plattform ist Einfachheit jedoch eine Tugend. Durch zu komplizierte Kennzahlen wird das Management weniger effektiv, weil sie zu einem Rauschen führen, von der Durchführung häufiger Analysen abschrecken und von den wenigen Datenpunkten ablenken, die wirklich relevant sind.

Früher einmal setzte oDesk (das heute Upwork heißt) so viele Kennzahlen ein (Anzahl der Stellenangebote, registrierte Arbeitskräfte, die verschiedenen Dienstleistungsarten und viele andere mehr), dass sich ein Vorstandsmitglied beklagte: »Ihr benutzt zu viele Kennzahlen und setzt zu wenig Prioritäten.« Der ehemalige CEO von oDesk, Gary Swart, hat aus diesem Fehler gelernt und schreibt wortgewandt über das Erfordernis genau fokussierter Kennzahlen, insbesondere in der schwierigen Anfangsphase eines Start-ups:

> *Als Führungskraft müssen Sie herausfinden, welche Kennzahlen für das Unternehmen am bedeutsamsten sind. Dabei muss Ihnen Folgendes klar sein: Je mehr Kennzahlen Sie erfassen, desto weniger Prioritäten können Sie setzen. Tappen Sie nicht in die Falle, alles erfassen zu versuchen. Ich habe die Erfahrung gemacht, dass es gerade in der Anfangsphase am wichtigsten ist, Kunden zu haben, die Ihr Produkt wirklich mögen und es auch benutzen. Versuchen Sie die ein oder zwei Kennzahlen zu finden, mit denen sich am besten feststellen lässt, ob das der Fall ist.*[17]

Und auch der »Lean Start-up«-Guru Eric Ries bekräftigt die Notwendigkeit, bei der Auswahl und Nutzung von Kennzahlen wählerisch zu sein. Er warnt insbesondere vor dem, was er als »Selbstgefälligkeits-Kennzahlen« bezeichnet, etwa die reine Messung der Anmeldungen – eine relativ bedeutungslose Kennzahl, die häufig selbst dann noch steigt, wenn die Anzahl der Interaktionen stagniert oder tatsächlich sogar sinkt. Selbstgefälligkeits-Kennzahlen sind ungeeignet, um verlässlich anzuzeigen, ob das Unternehmen wirklich die kritische Masse oder die erforderliche Liquidität erreicht hat.

Stattdessen schlägt Ries vor: »Sie sollten sich vergewissern, dass Ihre Kennzahlen den 3-A-Test bestehen, d.h., ob sie *actionable* (verwertbar), *accessible* (verständlich) und *auditable* (prüfbar) sind.« Sie müssen verwertbar sein, um klare Hinweise für strategische und geschäftliche Entscheidungen liefern zu können sowie eindeutig in einem Zusammenhang mit dem geschäftlichen Erfolg stehen. Sie müssen verständlich sein, damit sie für die Leute, die diese Informationen sammeln und nutzen, einen Sinn ergeben. Und sie müssen in dem Sinne prüfbar sein, dass sie real und aussagekräftig sind – also auf ordentlichen, genauen und präzise definierten Daten beruhen, die geschäftliche Vorgänge aus der Sicht der User wiedergeben.[18]

Letzten Endes ist die wichtigste Kennzahl eine äußerst einfache: die Anzahl der zufriedenen Kunden auf allen Seiten des Netzwerks, die sich wiederholt und in zunehmendem Maße an positiven, wertschöpfenden Interaktionen beteiligen. Die eigentliche Frage, die man niemals aus den Augen verlieren darf, lautet: Sind die Kunden so zufrieden mit dem Ökosystem, dass sie sich weiterhin aktiv daran beteiligen? Wie auch immer Sie die Kennzahlen speziell für Ihre Plattform auswählen, sie sollten letztendlich dazu dienen, diese alles entscheidende Frage zu beantworten.

Zusammenfassung

❏ Da der Wert einer Plattform vornehmlich durch Netzwerkeffekte bestimmt wird, sollten die Kennzahlen letztendlich die Quote der erfolgreich ausgeführten Interaktionen sowie die dazu beitragenden Faktoren erfassen. Erfolgreiche Interaktionen ziehen aktive User an und fördern die Entwicklung positiver Netzwerkeffekte.

❏ Während der Anfangsphase sollten sich Plattformunternehmen auf Kennzahlen konzentrieren, die den Umfang der Eigenschaften erfassen, die Schlüsselinteraktionen auf der Plattform ermöglichen, etwa *Liquidität, Matching* und *Vertrauen.*

❏ Während der Wachstumsphase sollten sich Plattformunternehmen auf Kennzahlen konzentrieren, die aller Wahrscheinlichkeit nach das Wachstum beeinflussen und die Wertschöpfung verbessern, wie etwa die relative Größe bestimmter Teile des Kundenstamms, den Lifetime-Value von Anbietern und Kunden sowie die Verkaufsabschlussquote.

❏ Während der Reifephase sollten sich Plattformunternehmen auf Kennzahlen konzentrieren, die Innovationen vorantreiben, indem nach neuen Funktionalitäten gesucht wird, die für User einen Mehrwert schaffen, sowie auf Kennzahlen, die strategische Bedrohungen durch Wettbewerber erkennen lassen, auf die reagiert werden muss.

10

STRATEGIE
Wie Plattformen den Wettbewerb
verändern

I n der Welt der Plattformen vollzieht sich eine Wandlung der bisher gewohnten Form des Wettbewerbs – und die etablierten Unternehmen tun sich im Umgang mit den Wettbewerbsbedrohungen, denen sie neuerdings von unerwarteter Seite im Konkurrenzfeld ausgesetzt sind, relativ schwer.[1] So fürchtet der Lehrbuchverlag Houghton Mifflin Harcourt seinen Konkurrenten McGraw-Hill nicht so sehr wie Amazon. Der Sender NBC macht sich weniger Sorgen um den Rivalen ABC als um Netflix. Auch der juristische Informations- und Recherchedienst Lexis fühlt sich weniger von Westlaw als von Google und dem Online-Dienst für Rechtsauskünfte LegalZoom bedroht. Ebenso betrachtet der Haushaltsgerätehersteller Whirlpool General Electric und Siemens als die weniger bedeutsamere Konkurrenz als Nest, den Hersteller von Hausautomatisierungssystemen zur Überwachung und Steuerung von Geräten, die gerade rasant im Begriff sind, zu einem entscheidenden Faktor im aufkeimenden »Internet der Dinge« aufzusteigen. Und auch das soziale Netzwerk Facebook sorgte sich weniger um ein wiederbelebtes Myspace als um Instagram und WhatsApp – die es aus diesem Grund auch aufkaufte.

Aber nicht nur die Beschaffenheit des Konkurrenzfeldes hat sich verändert, sondern vielmehr die grundlegende Art des Wettbewerbs an sich, mit dem Ergebnis, dass eine Reihe von Umwälzungen geradezu seismischen Ausmaßes eine Geschäftslandschaft nach der anderen bis zur Unkenntlichkeit verändert. Neben den dramatischen Umbrüchen in traditionellen Märkten (wie in Kapitel 4 und an anderer Stelle in diesem Buch beschrieben) beziehen wir uns hier auch auf die heftigen Wettbewerbsschlachten, die *innerhalb* des Plattformuniversums zwischen den einzelnen Plattformunternehmen toben – mit oftmals verblüffendem und manchmal sogar regelrecht schockierendem Ausgang.[2]

Es ist wohl nicht übertrieben zu behaupten, dass der 25 Milliarden schwere Börsengang der Alibaba Group im September 2014 – im Übrigen der größte der Geschichte – einer der am wenigsten erwarteten Geschäftsvorfälle jenes Jahres war.

Viele westliche Unternehmen, die die Vorgänge in der Welt des E-Commerce nicht so aufmerksam verfolgten, hatten noch nie von der Firma gehört. Und diejenigen, denen sie ein Begriff war, kannten sie zumeist wegen ihrer Geschäftsverbindung mit dem taumelnden Konzern Yahoo, der einen beachtlichen Anteil an Alibaba hielt. Die Berichterstattung in den US-Medien war vage und eher ablehnend. Das erstaunliche Wachstum und die beeindruckende Größe des Unternehmens wurden als mehr oder weniger zufällige Folge des schieren Umfangs und des Provinzialismus des chinesischen Marktes abgetan sowie dem Einfluss des Protektionismus der chinesischen Regierung zugeschrieben.

Ein 2010 in der *New York Times* erschienener Artikel war charakteristisch dafür: Alibaba wurde von dem Reporter David Barboza zwar als eine von mehreren »schnell wachsenden lokalen Firmen, die große Gewinne durch Online-Verkäufe erzielen« anerkannt. Aber in der Zukunft, so Barboza weiter, »könnte Chinas Internetmarkt nach Meinung von Experten zunehmend einem lukrativen, abgeschotteten Basar gleichen. Die im heimischen Markt erfolgreichen Firmen ... könnten auf Schwierigkeiten stoßen, zu globalen Marken zu avancieren«. Außerdem zitierte Barboza einen Analysten, der vorhersagte: »Die chinesischen Firmen werden außerhalb Chinas feststellen, dass sie ihre Wettbewerber nicht so gut einschätzen können wie im heimischen Markt.«

Im Sommer 2014, nur wenige Wochen vor Alibabas US-Börsengang, klangen die Stimmen der US-Analysten schon anders. In der *Businessweek* warnte Brad Stone vor der »Alibaba-Invasion« und erklärte, wieso der chinesische Gigant plötzlich die erste ernstzunehmende Gefahr für die US-Dominanz im Internet darstellte. Stone berichtete davon, wie Alibaba in China eBay aus dem Feld geschlagen hatte, für Unternehmen in aller Welt zu einer riesigen Bezugsquelle für chinesische Waren geworden war, die erfolgreiche Öffnung des chinesischen Verbrauchermarktes für globale Unternehmen wie Nike und Apple herbeigeführt hatte und nun die Infrastruktur aus dem Boden stampfte, um Amazon und eBay auf ihrem heimischen Markt, den USA, herauszufordern. Und Stones Fazit lautete: »Chinas Webunternehmer positionieren sich, um an dem Rennen um den ersten wirklich globalen Online-Marktplatz teilzunehmen – und zu gewinnen.«[3]

In den meisten traditionellen Branchen wäre ein solcher rapider Aufstieg quasi aus dem Nichts zu globaler Vorherrschaft praktisch unmöglich. Blickt man in der Geschichte zurück, stellt man fest, dass es amerikanische Unternehmen der Schwerindustrie (wie Stahlproduzenten oder Baumaschinenhersteller) jahrzehntelange Bemühungen kostete, die vormals dominierenden Rivalen in Großbritannien oder Deutschland zu überholen. Nach dem zweiten Weltkrieg brauchten neu gegründete japanische Unternehmen ebenfalls drei Jahrzehnte, bis sie den Marktführern aus den USA schließlich die Führungsrolle in der Autoproduktion und auf dem Elektroniksektor abgenommen hatten. Doch Alibaba besitzt schon heute das Potenzial, Unternehmen wie eBay und Amazon den Rang abzulaufen – nur rund ein Jahrzehnt nach dem Einstieg in den Kampf um die Vorherrschaft auf dem Plattformmarktplatz.

Wie war das möglich?

Ganz in der Tradition der meisten Erfolgsgeschichten des Big Business kamen auch in der Alibaba-Saga zahlreiche Faktoren zusammen, die zu diesem Ergebnis beitrugen – unter anderem auch die strategischen Erkenntnisse des CEO Jack Ma, das explosionsartige Wachstum der chinesischen Mittelschicht und ja, in der Tat auch die von der chinesischen Regierung verhängten Beschränkungen für in China tätige ausländische Unternehmen, die Alibaba etwas Spielraum zum Wachsen gaben, ohne gleich von der amerikanischen Konkurrenz erdrückt zu werden. Die Schnelligkeit, in der sich der Aufstieg des Unternehmens vollzog, ist jedoch weitgehend auf die neuen Realitäten des Plattformwettbewerbs zurückzuführen.[5]

Explosionsartig ansteigende Netzwerkeffekte und starke Skaleneffekte ermöglichten es der relativ jungen Firma, im Bereich des internationalen Handels so rasant zu expandieren. Alibaba.com, eine der fünf unter einem Konzerndach tätigen Hauptgeschäftssparten, ermöglicht es Unternehmen rund um den Globus, Waren, Produkte und Bauteile von chinesischen Herstellern zu beziehen. Ein kalifornischer Kosmetikhersteller schwärmt, dass er bei Alibaba.com »mit ein paar Mausklicks auf Hunderte Lieferanten zugreifen kann«. Tmall, eine weitere Alibaba-Tochtergesellschaft, verkauft ausländische Waren an Millionen chinesische Kunden und umgeht so das traditionelle Händlersystem, das Importe verlangsamt, zusätzliche Unterlagen und Papiere erfordert und weitere Kosten verursacht. Ein US-Schuheinzelhändler merkte dazu an, dass Alibaba »die gesamte Vermittlerschicht des Einzelhandels verdichtet«. Das Ergebnis ist ein nahezu reibungsloser grenzüberschreitender Handel, der Tausende von Anbietern mit Millionen Kunden verbindet – ein Phänomen, das vor dem Aufkommen von Plattformen kaum vorstellbar war.

Darüber hinaus setzt Alibaba im Wettbewerb eine weitere enorme Stärke von Plattformen geschickt ein: die Fähigkeit, die Ressourcen und Verbindungen außenstehender Partner nahtlos mit den Aktivitäten und Möglichkeiten der Plattform zu verknüpfen. Um das Angebot US-amerikanischer Waren für chinesische Kunden zu erweitern, ist man beispielsweise eine Partnerschaft mit ShopRunner eingegangen, einem in den USA ansässigen Logistikunternehmen, an dem Alibaba Anteile hält. ShopRunner hat bereits Verträge mit US-Marken wie Neiman Marcus und Toys'R'Us geschlossen, die es Alibaba gestatten, chinesische Kunden binnen zwei Tagen mit amerikanischen Produkten zu beliefern.[6]

Im 19. und frühen 20. Jahrhundert waren jahrzehntelange Bemühungen und umfangreiche Investitionen im Bereich des Vertriebs, der Lagerhaltung, der Produkttests, der Verwaltung, der Printkampagnen, der Lieferung, des Kundendienstes und der Auftragsabwicklungssysteme erforderlich, um aus Sears Roebuck eins der führenden Handelshäuser Amerikas zu machen. Heutzutage kann ein Plattformunternehmen wie Alibaba die Fähigkeiten Dutzender bereits vorhandener Einrichtungen miteinander kombinieren und in Windeseile ein Anwärter für den Titel »weltweit größtes Handelsunternehmen« werden. Und seine schärfsten Konkurrenten im Kampf um diesen Titel sind natürlich andere Plattformunternehmen wie eBay und Amazon. So sieht der Wettbewerb aus, den der Aufstieg der Plattformen mit sich gebracht hat.

Um vollständig zu verstehen, inwieweit der Aufstieg der Plattformen die Art des Wettbewerbs verändert, müssen wir einen zweiten Blick auf die traditionellen Konzepte des Wettbewerbs werfen, die seit Jahrzehnten die Denkweise der Geschäftswelt bestimmen – und die viele Geschäftsleute noch immer für selbstverständlich halten.

Strategien des 20. Jahrhunderts: Ein kurzer Exkurs

Drei Jahrzehnte lang wurden das strategische Denken vom Wettbewerbsmodell der fünf Kräfte bestimmt, das Michael Porter von der Harvard Business School beschreibt.[7] Welchen Einfluss Porter hat, ist daran erkennbar, dass seine Artikel mehr als eine viertel Million Mal zitiert wurden, öfter als die Artikel irgendeines Nobelpreisträgers für Wirtschaftswissenschaften.

Porters Modell beschreibt fünf Kräfte, die sich auf die strategische Position eines Unternehmens auswirken: die Bedrohung durch neue Marktteilnehmer, die Bedrohung durch gleichwertige Produkte oder Dienstleistungen, die Verhandlungsmacht der Kunden, die Verhandlungsmacht der Zulieferer und die Wettbewerbsintensität in der Branche. Die Strategie hat zum Ziel, diese fünf Kräfte so zu steuern, dass eine Art Schutzwall um das Unternehmen herum entsteht, der es unangreifbar macht.

Wenn also ein Unternehmen Hindernisse für den Markteintritt aufbauen kann, werden Konkurrenten ferngehalten und Wettbewerber mit gleichwertigen Produkten können den Markt nicht erobern. Sobald eine Firma Druck auf die Zulieferer ausüben kann, schwächt der Wettbewerb deren Verhandlungsmacht und die Firma kann die Kosten niedrig halten. Und kann sie Druck auf die Käufer ausüben, indem sie dafür sorgt, dass sie relativ unbedeutend, uneinig und machtlos bleiben, kann sie hohe Preise verlangen.

In diesem Modell maximiert das Unternehmen den Profit, indem es ruinösen Wettbewerb für sich selbst vermeidet, für alle anderen an der Wertschöpfungskette Beteiligten jedoch fördert. Industrielle Strukturen, in denen sich solch ein Schutzgraben bildet, bieten viele Vorteile: Sie ermöglichen es der Firma, den Markt zu segmentieren, Produkte zu differenzieren, Ressourcen unter Kontrolle zu bringen, Preiskriege zu verhindern und die Gewinnspanne hoch zu halten.

Jahrzehntelang haben sich Unternehmen an diesen fünf Kräften orientiert und ihre Entscheidungen dementsprechend danach ausgerichtet, welche Märkte betreten oder verlassen werden sollten, welche Fusionen oder Übernahmen in Betracht zu ziehen sind, welche Innovationsmöglichkeiten man verfolgen sollte und welche Strategie man bei Lieferketten einsetzt. Ansätze wie *horizontale Integration* (der Markt für ein bestimmtes Produkt oder eine Dienstleistung steht weitgehend oder vollständig unter der Kontrolle einer einzigen Firma) und *vertikale Integration* (die gesamte Lieferkette, vom Rohmaterial über die Herstellung bis zum Marketing, steht unter der Kontrolle einer einzigen Firma) wurden anhand der strategischen Auswirkungen des Modells der fünf Kräfte analysiert und implementiert. Nach diesem Modell konkurriert Houghton Mifflin Harcourt mit McGraw-Hill darum, die besten Autoren und Inhalte anbieten zu können und durch das Urheberrecht einen Schutzwall um seine werthaltige Festung zu errichten. Whirlpool konkurriert mit General Electric, indem es unterschiedliche Produkte entwickelt, die Lieferkette optimiert und kontinuierlich die Produktionsverfahren verbessert und so einen Schutzwall aufbaut, der es General Electric erschwert, Whirlpools Kunden abzuwerben.

Porters Ansatz wurde später durch einige Nuancen verfeinert und um neue Erkenntnisse erweitert. 1984 beschrieb Birger Wernerfelt vom MIT als Erster detailliert die sogenannte *Ressourcentheorie* (*Resource-based View*, RBV), eine Variante des strategischen Denkens, die teilweise auf früheren wissenschaftlichen Arbeiten beruht.[8] Diese ressourcenbezogene Sichtweise hebt die Tatsache hervor, dass es eine besonders effektive Hürde für den Markteintritt anderer darstellt, wenn man die Kontrolle über eine unverzichtbare und einzigartige Ressource besitzt. Eine Firma, die über solch eine Ressource verfügt, ist vor neuen Marktteilnehmern sicher, denen sie fehlt und die keine Möglichkeit haben, sie anderweitig zu beziehen. Ein einfaches Beispiel hierfür ist die Firma De Beers, deren weltweites Diamantenkartell es ihr ermöglichte, im gesamten 20. Jahrhundert in der Diamantenindustrie nahezu eine Monopolstellung einzunehmen. Erst im Jahr 2000 begann das Kartell zu zerbrechen, als einige Diamantenanbieter sich entschlossen, ihre Produkte außerhalb des von De Beers kontrollierten Systems zu vermarkten, wodurch der Marktanteil des Kartells von 90 Prozent in den 1980er-Jahren auf rund 33 Prozent in 2013 sank.[9] Bis dahin stand diese nicht zu ersetzende Ressource allerdings unter der alleinigen Kontrolle von De Beers und verschaffte der Firma einen nachhaltigen Vorteil, der ein Jahrhundert lang für Profite gesorgt hatte.

Im 20. Jahrhundert haben diverse Wissenschaftler die ressourcenbezogene Sichtweise infrage gestellt und darauf hingewiesen, dass agile Firmen neue Technologien einsetzen, um den Schutzwall zu überwinden, der durch den beschränkten Zugang zu seltenen Ressourcen aufgebaut wird. In voneinander unabhängigen Arbeiten argumentierten Richard D'Aveni und Rita Gunther McGrath, dass nachhaltige Vorteile in einem Zeitalter des »Hyper-Wettbewerbs« (diesen Ausdruck verwendet D'Aveni) illusorisch sind. Der technologische Fortschritt führt zu immer kürzeren Zykluszeiten bei allen möglichen Vorgängen, egal, ob »Mikrochips oder Kartoffelchips, Software oder Softdrinks, Packgut oder Paketdienst«.[10] Über das Internet miteinander in Kontakt treten zu können, ermöglicht es Unternehmen, industrielle und geografische Grenzen neu zu definieren, sodass träge Oligopole agileren Wettbewerbern zum Opfer fallen, die mit neuen Tools und Technologien angreifen.

McGrath beschreibt, wie im Internetzeitalter radikal neue Tools und Techniken entstanden, durch die alteingesessene Unternehmen verwundbar geworden sind. Stellen Sie sich einmal eine Firma vor, die im Jahr 1915 mit der Eisenbahngesellschaft *Union Pacific Railroad* konkurrieren will – einem Unternehmen, das dank der Bewilligung durch den Kongress im Jahre 1862 mehr als fünf Jahrzehnte Vorsprung hat. Der angehende Wettbewerber müsste in Lokomotiven, Waggons, Depots, Bahnhöfe und Lagerhäuser investieren sowie sich das Wegerecht beschaffen, um ein landesweites Schienennetz errichten zu können. Diese erheblichen Investitionen sowie weitere laufende Kosten, die Union Pacific nicht tragen muss, stellen einen kilometerhohen Schutzwall dar, der die etablierte Eisenbahngesellschaft praktisch unbezwingbar macht.[11]

Stellen Sie sich nun zum Vergleich eine Firma vor, die im Jahr 2015 mit einem der Fortune-Global-500-Unternehmen konkurrieren möchte. Je nach Industriezweig könnte die neu gegründete Firma Produktionskapazitäten von Herstellern rund um den Globus einkaufen, Cloud- und Computing-Dienste von einer Reihe verschiedener Anbieter nutzen, Marketing- und Vertriebsdienste von verschiedenen Zwischenhändlern übernehmen und die professionellen Dienstleistungen vieler Freelancer-Online-Netzwerke in Anspruch nehmen – und all das zu nahezu vernachlässigbaren Kosten. Heutzutage herrscht, bedingt durch technologische Errungenschaften, ein so scharfer Wettbewerb, dass der Besitz einer eigenen Infrastruktur keine nennenswerten Vorteile mehr bringt. Stattdessen stellt Flexibilität einen entscheidenden Wettbewerbsvorteil dar. Konkurrenzfähigkeit bedeutet, ständig in Bewegung zu bleiben und anzuerkennen, dass Vorteile flüchtig sind.

Andere Analysten liefern uns weitere Einblicke in die sich wandelnde Art des Wettbewerbs. Der Autor Steve Denning betont beispielsweise die Fragilität von Porters Annahme, dass die Strategie dazu dient, Wettbewerb zu vermeiden. Stattdessen verweist er auf die Maxime des Management-Gurus Peter Drucker, die lautet, dass der Zweck eines Unternehmens darin besteht, »einen Kunden hervorzubringen«. Denning zufolge ist in einer Welt, in der nachhaltige Vorteile illusorisch sind, die Beziehung eines Unternehmens zu seinen Kunden die einzige dauerhafte Wertequelle.[12]

Es wäre übertrieben zu behaupten, dass die Ereignisse des letzten Jahrzehnts das Fünf-Kräfte-Modell über den Haufen geworfen hätten – sie deuten jedoch darauf hin, dass die Art des Wettbewerbs komplizierter und dynamischer geworden ist, als Porters Modell besagt.

Dreidimensionales Schach: Die neue Komplexität des Wettbewerbs in der Welt der Plattformen

Auch wenn viele der Erkenntnisse, die das Fünf-Kräfte-Modell, die ressourcenbezogene Sichtweise und das Hyper-Wettbewerbsmodell gebracht haben, im Kontext mit Plattform-Geschäftsmodellen weiterhin gültig bleiben, wird das Universum der Unternehmensstrategien inzwischen durch zwei neue Realitäten durcheinandergewirbelt.

Erstens können Firmen, die die Funktionsweise von Plattformen verstanden haben, die Netzwerkeffekte nun gezielt manipulieren, um Märkte *neu zu definieren* – und nicht nur auf sie zu *reagieren*. Die implizite Annahme traditioneller Unternehmensstrategien, dass der Wettbewerb ein Nullsummenspiel ist, trifft auf die Welt der Plattformen nur in sehr viel geringerem Maße zu. Anstatt einen Kuchen mehr oder weniger gleichbleibender Größe in Stücke aufzuteilen, können Plattformunternehmen den Kuchen vergrößern (wie es beispielsweise Amazon in der traditionellen Buchbranche mit innovativen neuen Modellen vorgemacht hat, etwa dem Selbstverlag von Büchern oder dem Publishing-on-Demand) oder einen alternativen Kuchen anbieten, der neue Märkte und Angebotsquellen erschließt (wie es Airbnb und Uber im traditionellen Hotelgewerbe bzw. in der Taxibranche demonstriert haben). Märkte werden nicht mehr als unveränderlich betrachtet, sondern durch das aktive Management der Netzwerkeffekte umgestaltet.

Und zweitens krempeln Plattformen Firmen in der Form um, dass der Einfluss des Managements vom Inneren der Firma nach außen verlagert wird. Daher muss eine Firma auch nicht mehr selbst alle Gelegenheiten wahrnehmen, die sich ihr eröffnen, sondern kann sich auf die besten konzentrieren und wirtschaftlichen Partnern dabei helfen, die anderen wahrzunehmen, wobei sich alle beteiligten Partner den gemeinsam hervorgebrachten Wert teilen.[13]

Diese beiden Realitäten fügen dem geschäftlichen Wettbewerb eine äußerst komplexe neue Ebene hinzu. Die Plattformstrategie ähnelt der traditionellen Strategie auf vergleichbare Weise, wie dreidimensionales Schach dem traditionellen Spiel ähnelt.[14] Innerhalb des Ökosystems muss die tonangebende Firma bezüglich des Wettbewerbs auf drei Ebenen dynamisch Kompromisse eingehen: Plattform gegen Plattform, Plattform gegen Partner und Partner gegen Partner.

Auf der ersten Ebene konkurriert eine Plattform mit einer anderen, wie etwa im Konkurrenzkampf der Spielkonsolen zwischen Sony (PlayStation), Microsoft (Xbox) und Nintendo (Wii). Strategische Vorteile beruhen nicht auf der Attraktivität bestimmter Produkte oder Dienstleistungen, sondern auf der Stärke des gesamten Ökosystems. Die Sony PlayStation Portable war zum Spielen besser geeignet als das iPhone, dem spezielle Tasten für die Links-Rechts-Steuerung fehlten. Als Sony im Herbst 2007 die PSP-2000 vorstellte, nachdem Apple im Sommer das iPhone präsentiert hatte, stieg Sonys Börsenkurs um rund 10 Prozent. Es dauerte jedoch nicht lange, bis das Ökosystem des iPhones das der PSP bei Weitem überflügelt hatte – wie bereits erwähnt, war Apple nachfolgend finanziell sehr viel erfolgreicher als Sony, größtenteils dank des Umfangs und des Wertes seines Ökosystems.

Auf der zweiten Ebene konkurriert eine Plattform mit ihren Partnern – wenn sich beispielsweise Microsoft Innovationen von Partnern zu eigen macht, wie etwa Browser, Multithreading, Medienstreaming oder Instant Messaging, und diese in das Betriebssystem integriert. Oder wenn Amazon als Plattform für unabhängige Händler fungiert, gleichzeitig aber auch selbst ähnliche Artikel auf derselben Plattform anbietet und somit im Wettbewerb mit ihnen steht. Dabei handelt es sich um einen heiklen und gewagten Schritt: Er kann die Plattform zwar stärken, allerdings zulasten der Partner – ein kurzfristiger Gewinn, der unangenehme langfristige Folgen nach sich ziehen kann.

Auf der dritten Ebene konkurrieren zwei unabhängige Plattformpartner um eine Position im Ökosystem der Plattform – beispielsweise zwei Spieleentwickler, die sich darum bemühen, Kunden für dieselbe Spielkonsole zu gewinnen.[15]

Betrachten wir also einige der spezifischen Auswirkungen dieser plattformgetriebenen Änderungen auf das traditionelle Verständnis von strategischen Verfahrensweisen.

Wie wir gesehen haben, erweitern Plattformen die Außengrenzen einer Firma. Für Strategen ist der Wettbewerb aufgrund der veränderten Reichweite des Einflusses der Manager von geringerer Bedeutung als Zusammenarbeit und Mitgestaltung – oder wie es die Wissenschaftler Barry J. Nalebuff, Adam M. Brandenburger und Agus Maulana ausdrücken: »co-opetition« (ein Wortspiel: ein aus engl. *cooperation* = Zusammenarbeit und *competition* = Wettbewerb gebildetes Kofferwort, das man vielleicht als »Zusammenbewerb« bezeichnen könnte).[16] Dass nicht mehr vornehmlich Werte im Inneren der Firma geschützt, sondern zunehmend Werte außerhalb der Firma geschaffen werden, bedeutet auch, dass die entscheidenden Faktoren nicht mehr Besitz, sondern Gelegenheiten sind, wobei auch nicht mehr eine Vorgabe, sondern Überzeugungskraft das wichtigste Tool darstellt.

Das Fünf-Kräfte-Modell hängt von der Ausprägung der Grenzen ab, die traditionelle Produktmärkte charakterisieren. Die fünf Kräfte – die Verhandlungsmacht der Kunden, die Verhandlungsmacht der Zulieferer und so weiter – sind voneinander unabhängig und müssen daher auch separat gehandhabt werden. In Plattformmärkten hingegen lässt eine gewinnbringende Strategie die Grenzen zwischen den Marktteilnehmern verschwimmen und steigert so die Anzahl wertvoller Interaktionen. Bei Skillshare kann ein Schüler schon morgen ein Lehrer sein, und ein Etsy-Kunde verkauft vielleicht demnächst selbst hergestellte Werke. Der Wettbewerb auf Plattformen macht es erforderlich, Anbieter und Kunden nicht als Bedrohungen zu betrachten, die es zu unterwerfen gilt, sondern als Werte schaffende Partner, die umworben und geschätzt werden müssen, um sie zu ermuntern, mehrere Rollen einzunehmen.

Die ressourcenbezogene Sichtweise geht davon aus, dass ein Unternehmen die unverzichtbare Ressource besitzt oder dass sie zumindest unter ihrer Kontrolle steht. In der Welt der Plattformen geht es bei der unverzichtbaren Ressource allerdings nicht mehr um physische Objekte, sondern um den Zugang zu Anbieter-Kunden-Netzwerken und die daraus resultierenden Interaktionen. Tatsächlich kann es für ein Unternehmen sogar besser sein, *keine* physischen Ressourcen zu besitzen, da ihr die Vermeidung von Besitztümern ein schnelleres Wachstum ermöglicht. Wie uns die Beispiele Airbnb und Uber zeigen, kann der Umfang der Ressourcen, auf die ein Plattformunternehmen zugreifen kann, sehr viel schneller wachsen als das Unternehmen selbst.

Wie Plattformen konkurrieren (1): Multihoming durch Beschränkung des Plattformzugangs verhindern

In der traditionellen Geschäftswelt haben Porters fünf Kräfte und die Fähigkeit, den Zugang zu unverzichtbaren Ressourcen zu kontrollieren – die an die Dynamik des technologiegetriebenen Hyper-Wettbewerbs angepasst wurden –, die Geschäftsstrategien wesentlich geprägt. In der Welt der Plattformen sind dagegen neue Wettbewerbsfaktoren in den Vordergrund getreten, mit deren Hilfe sich feststellen lässt, wer an einem Plattformökosystem teilnimmt, welche Werte die Teilnehmer hervorbringen, unter wessen Kontrolle diese Werte stehen und wie groß der Markt letztendlich ist. Diese neuen Faktoren stehen im Fokus verschiedener neuer Wettbewerbsstrategien.

Im Folgenden betrachten wir sie der Reihe nach. Zunächst geht es um die Strategie der Beschränkung des Plattformzugangs, um einen größeren Anteil der von der Plattform generierten Werte einzubehalten.

Wie wir gesehen haben, muss die ressourcenbezogene Sichtweise auf geschäftliche Werte zunächst einmal für die Anwendung auf Plattform-Geschäftsmodelle angepasst werden. Für den ressourcenbasierten Schwerpunkt der unverzichtbaren Ressourcen findet sich in der Plattformwelt allerdings bereits ein Pendant: *Platt-formen streben nach exklusivem Zugang zu wesentlichen Ressourcen*. Um diese Zielset-zung zu erreichen, werden unter anderem Regeln, Praktiken und Protokolle entwickelt, die das sogenannte *Multihoming* zu verhindern suchen.

Der Effekt des Multihomings tritt auf, wenn sich User in gleichartigen Interak-tionen auf mehreren Plattformen engagieren. Ein Freelancer, der seine Referen-zen auf zwei oder mehr Marktplatzplattformen präsentiert, ein Musikfan, der Songs von mehr als einer Musikwebsite herunterlädt, dort speichert oder teilt, ein Fahrgast, der sowohl Uber als auch Lyft nutzt – all dies sind Beispiele für das Phä-nomen Multihoming. Plattformunternehmen versuchen, diesem Mechanismus entgegenzuwirken, weil er einen *Anbieterwechsel* erleichtert – d.h., er begünstigt die Möglichkeit, dass ein User einer Plattform zugunsten einer anderen den Rücken kehrt. Das Multihoming zu unterbinden, ist eine der grundlegenden Wettbewerbstaktiken von Plattformen.

Entsprechende Bemühungen sehen in der Praxis beispielsweise so aus: Der Adobe Flash Player ist eine Browseranwendung, die bestimmte Internetinhalte für die User erst nutzbar macht, etwa indem sie die Audio- und Videowiedergabe bestimmter Dateiformate oder Echtzeit-Gameplay ermöglicht. Prinzipiell hätte Flash auch von App-Entwicklern auf Apples iPhone-Betriebssystem genutzt wer-den können – doch Apple verhinderte das, indem es eine Inkompatibilität seines iOS mit Flash herbeiführte und so sicherstellte, dass die Entwickler vergleichbare Tools von Apple selbst verwenden müssen.

Entwickler und User reagierten mit Bestürzung – manch ein Beobachter bezeichnete dieses Vorgehen als wettbewerbsfeindlichen Schachzug, der Sank-tionen nach sich ziehen und kartellrechtlich verfolgt werden müsse. Das Thema schlug so hohe Wellen, dass sich Steve Jobs 2010 sogar genötigt sah, dieses Vor-gehen in einem offenen Brief zu rechtfertigen – für einen CEO ein äußerst ungewöhnlicher Schritt. In diesen »Thoughts on Flash« (zu Deutsch etwa »Überlegungen zum Thema Flash«) argumentierte Jobs, dass Flash ein geschlossenes System und anderen Lösungen technisch unterlegen sei, auf Mobilgeräten unverhältnismäßig viel Energie verbrauche und auch sonst eine schwache Leistung böte. Flash vom iPhone fernzuhalten, so Jobs, würde die Qualität der User Experience für Apple-User bewahren.[17]

Die tatsächlichen Gründe lagen jedoch tiefer und waren wohl eher strategi-scher Natur. Adobe hatte die Entwicklerwerkzeuge für Flash so gestaltet, dass es möglich war, Programme für Apples iOS nach Googles Android (oder ganz allge-mein für Webseiten) zu portieren. Mit in Flash entwickelten Apps wäre also Mul-tihoming möglich gewesen – doch das hätte die Unverwechselbarkeit des iPhones beeinträchtigt. Darüber hinaus veröffentlichte Adobe auch Erweiterungen, die In-

App-Käufe ermöglichten. Wenn die Entwickler aber nun Interaktionen jenseits der iTunes-Plattform hätten durchführen können, wäre Flash dafür verantwortlich gewesen, dass Apple nicht nur seine 30-prozentige Beteiligung an jeder Interaktion verloren hätte, sondern auch die Kontrolle über die zugehörigen Nutzungsdaten – sprich die Informationen, die wertvolle Rückschlüsse auf die einzelnen Markttrends erlauben.

Mit der Unterstützung von Flash hätte Apple einerseits seinen Usern Zugang zu einer enormen Menge von im Web bereits vorhandenen Flash-Inhalten gewähren können, und andererseits wären Entwicklern durch das Multihoming auf mehreren Plattformen zusätzliche Möglichkeiten eröffnet worden, ihre Investitionen zu monetarisieren.[18] Für Apple selbst hätte dies jedoch einen großen Verlust bedeutet – und so machte das Unternehmen stattdessen von Lizenzierungsregeln und Technologien Gebrauch, um zu verhindern, dass Interaktionen außerhalb der Plattform stattfanden.

Ein weiteres Beispiel dafür, wie sich eine strategische Schlacht um die Zugangskontrolle auf die User auswirken kann, liefert die Geschichte von Alibaba.

Ming Zeng ist bei Alibaba für die Unternehmensstrategie zuständig. Auf dem 2014 von den Autoren veranstalteten *MIT Platform Strategy Summit* erläuterte Zeng, inwiefern Alibaba bei der Umgestaltung des Marktes davon profitiert hatte, einem mächtigen Konkurrenten den Zugang zur eigenen Plattform zu verweigern und wie dadurch das bemerkenswerte Wachstum des Unternehmens zumindest teilweise überhaupt erst möglich wurde.[19]

In der Anfangsphase suchte Alibaba zunächst nach gangbaren Möglichkeiten, User für sich zu gewinnen und nennenswerte Netzwerkeffekte zu erzielen. Der explosionsartige Anstieg der Netzwerkeffekte trat erst ein, als alle Mitarbeiter der Firma dazu angehalten wurden, 20.000 Artikel ausfindig zu machen, die irgendwelche Leute oder Händler verkaufen wollten, und diese auf der Plattform anzubieten. Der daraus resultierende zahlenmäßige Anstieg der gelisteten Produkte führte zu einer erhöhten Nachfrage auf beiden Seiten des Marktes. Sowohl Alibaba selbst als auch das unternehmenseigene Online-Auktionshaus Tabao mauserten sich daraufhin zu den am schnellsten wachsenden Websites für Online-Käufe und lockten chinesische Kaufinteressenten für alle nur erdenklichen Produkte an.

Vor diesem explosionsartigen Anstieg – als Alibaba in erster Linie noch bemüht war, überhaupt erst mal Traffic zu generieren –, trafen CEO Jack Ma und sein Team eine scheinbar widersinnige Entscheidung: Sie errichteten technische Hürden, die verhinderten, dass Baidu, die größte Internetsuchmaschine Chinas und damit sozusagen das chinesische Äquivalent zu Google, die Website durchsuchen konnte. Die Baidu-Bots davon abzuhalten, Alibaba nach Produkten zu durchforsten, an denen Baidu-User interessiert waren, hielt allerdings eine enorme

Anzahl potenzieller Kunden fern – und insofern erschien diese Maßnahme zu einem Zeitpunkt, als Alibaba händeringend nach neuen Käufern suchte, schon ein wenig verrückt.

Doch die Alibaba-Verantwortlichen verfolgten eine langfristige Strategie: Sie hatten nicht nur die bei Kaufabschlüssen auf ihrer Plattform stattfindenden Interaktionen im Sinn, sondern auch das Potenzial, die Plattform durch den Verkauf von Werbeanzeigen zu monetarisieren. Sie waren darauf aus, die Kontrolle über die Community der angehenden Käufer zu behalten, die sie allmählich aufbauten. Somit wäre dann ausschließlich Alibaba selbst in der Lage, an diese Käufergruppe gerichtete Werbeanzeigen zu verkaufen. Baidus Bots den Zugang zu den Angeboten auf der Alibaba-Plattform zu untersagen, bot also die Möglichkeit, Baidu daran zu hindern, die an Kunden gerichteten Werbeanzeigen zu schalten, mit denen sich andere Unternehmen zwangsläufig an die wachsende Zahl chinesischer Onlineshopper wenden würden. So war sichergestellt, dass diese Anzeigen stattdessen auf Alibabas Plattform erscheinen.

Die Strategie ging auf. Als Alibabas Userbasis wuchs, verdrängte das Unternehmen Baidu allmählich vom Spitzenplatz der wertvollsten Online-Plattformen für Werbeanzeigen in China. Man kann sich das in etwa so vorstellen, als ob eBay oder Amazon einen Weg gefunden hätten, die Umsätze der bei Google geschalteten gezielten Werbeanzeigen abzugreifen. Die auf diese Weise erzielten Einnahmen erklären auch, wieso Alibaba 2014 mehr Gewinn machte, als Amazon *seit seinem Bestehen*.

Wie Plattformen konkurrieren (2): Innovationen fördern und den Mehrwert einbehalten

Plattformen bieten den Usern naturgemäß eine enorme Vielfalt an Möglichkeiten, Mehrwerte zu schaffen. Die Betreiber können ihre Geschäftsmodelle aufbauen, indem sie ihren Partnern zunächst ungehinderte Innovationsgelegenheiten bieten und dann den hervorgebrachten Mehrwert entweder ganz oder teilweise einbehalten, sei es durch die Übernahme des Partners oder durch das Anbieten gleichwertiger Funktionen. In Kapitel 8 haben wir festgestellt, dass SAP auf seiner Unternehmensmanagement-Plattform Innovationen seiner Partner dadurch fördert, dass regelmäßig ein Fahrplan veröffentlicht wird, der beschreibt, welche Bereiche der Plattform in den kommenden 18 bis 24 Monate für Entwickler geöffnet werden. Auf diese Weise erhalten die externen Entwickler Kenntnis davon, in welche Bereiche sie binnen der darauffolgenden ein bis zwei Jahre selbst Innovationen einbringen können, bis SAP ihnen dann schließlich Konkurrenz macht. So wird verhindert, dass Entwickler Zeit und Ressourcen auf die Erstellung einer Site für SAP-User verschwenden, nur um dann feststellen zu müssen, dass ihre Bemühungen von SAP selbst unterminiert werden.

Langfristig liegt es im Interesse der Plattformbetreiber, die wichtigsten Quellen der in ihrem Ökosystem von Usern und für User geschaffenen Werte unter die eigene Kontrolle zu bringen. Und das führt uns zu dem, was man als die Plattformwelt-Variante der ressourcenbezogenen Sichtweise von Werten bezeichnen könnte: *Es ist nicht erforderlich, dass ein Plattformunternehmen sämtliche in seinem Ökosystem unverzichtbaren Ressourcen selbst besitzt – es sollte jedoch bestrebt sein, die Ressourcen, die den größten Wert besitzen, unter die eigene Kontrolle zu bringen.* Das ist auch der Grund, weshalb die Suche auf der eigenen Plattform zum Beispiel unter der Kontrolle von Alibaba (nicht von Baidu) bzw. von Facebook (nicht von Google) steht und weshalb Word, PowerPoint und Excel auf der eigenen Plattform unter der Kontrolle von Microsoft stehen (und nicht unter der Kontrolle eines außenstehenden Softwareentwicklers). In all diesen Fällen handelt es sich um entscheidende Ressourcen, die für die große Mehrheit der Plattformuser einen Mehrwert darstellen – und deshalb ist es für den Plattformbetreiber so wichtig, sie unter die eigene Kontrolle zu bringen. Weniger wertvolle Ressourcen (wie Nischenprodukte) können hingegen den Partnern im Ökosystem überlassen werden, ohne die Wettbewerbsposition der Plattform selbst nennenswert zu beeinträchtigen.

Dieses Prinzip erklärt auch, wieso Plattformbetreiber ein wachsames Auge auf neue Features oder Apps haben sollten, die auf der Plattform auftauchen. Sie treten in der Regel weit am Ende des sogenannten *Long Tail* der Akzeptanzkurve erstmals in Erscheinung, werden also von relativ wenigen Plattformusern verwendet, um Werte hervorzubringen. Die meisten werden auch dort bleiben, einige schaffen aber normalerweise den Sprung nach vorne und klettern dann allmählich an die Spitze der Verteilungskurve. Bei einigen wenigen finden sich sogar Anzeichen dafür, dass sie eigene interaktive Communitys anziehen, was bedeutet, dass sie das Potenzial besitzen, selbst zu einer Plattform zu werden. Rufen Sie sich zur Veranschaulichung noch einmal in Erinnerung, dass der Spieleentwickler Zynga ebenso wie Dienste zum Teilen von Fotos wie Instagram und Snapchat anfangs nur kleine Lichter bei Facebook waren – doch dann ermöglichten ihnen das Teilen über soziale Netzwerke sowie die damit verbundenen Netzwerkeffekte ein schnelles Wachstum.

Solch einem Wachstum folgt oft ein strategisches Tauziehen. Die Plattform könnte versuchen, die von dem innovativen Partner bereitgestellte Funktion durch Übernahme der Firma zu integrieren. Wie vorhin erwähnt, hat Facebook Instagram 2012 für eine Milliarde Dollar aufgekauft – Snapchat zu übernehmen gelang (bis jetzt) noch nicht: Ein Kaufangebot in Höhe von drei Milliarden Dollar wurde von dessen Mitbegründer Evan Spiegel im Dezember 2013 abgelehnt.

Die Plattform könnte auch versuchen, das Start-up zu schwächen, indem es Wettbewerber fördert, so wie Facebook es im Fall von Zynga getan hat. 2011 waren auf Facebook mehr als dreitausend Spiele verfügbar, die in ihrer Gesamtheit Zyngas Verhandlungsmacht schwächten.[20] Das Start-up könnte darauf reagieren, indem es sich aufkaufen lässt, sich durch Multihoming zur Wehr setzt oder versucht, in anderen Geschäftsbereichen Fuß zu fassen. So entschied sich Zynga für Multihoming und ist nun als Anbieter in Tencents sozialem Netzwerk QQ sowie auf den Mobilplattformen von Apple sowie Google vertreten und bietet darüber hinaus eigene Cloud-Dienste an.

Wie Plattformen konkurrieren (3): Den Wert von Daten erschließen

Eins der bekanntesten Klischees hinsichtlich der Ökonomie des Internets lautet: »Daten sind das neue Erdöl« – und wie die meisten Klischees enthält auch dieses mehr als nur ein Körnchen Wahrheit. Daten können für Plattformunternehmen von außerordentlichem Wert sein, denn vernünftig geführte Firmen können Daten in vielfältiger Weise einsetzen, um ihre Wettbewerbsposition zu stützen.

Grundsätzlich können Plattformunternehmen ihre Wettbewerbsfähigkeit auf zweierlei Arten verbessern – nämlich *taktisch* und *strategisch*. Ein Beispiel für die taktische Datennutzung ist die Durchführung von A/B-Tests, um bestimmte Tools oder Features der Plattform zu optimieren. Wenn Amazon herausfinden möchte, ob die Platzierung des JETZT KAUFEN-Buttons oben rechts oder unten links auf der Webseite zu mehr Verkäufen führt, kann das Unternehmen einen Testlauf durchführen, bei dem die Platzierung zufällig wechselt. In der Auswertung könnten vielleicht auch noch die charakteristischen Merkmale verschiedener Kundentypen Berücksichtigung finden. Die *taktische Datenanalyse* ist sehr effektiv – und tatsächlich auch der Grund dafür, dass Amazon den JETZT KAUFEN-Button mittlerweile oben rechts auf der Webseite platziert.

Die *strategische Datenanalyse* umfasst ein breiteres Spektrum. Hier versucht man, dass Ökosystem dadurch zu optimieren, dass erfasst wird, wer auf und jenseits der Plattform Werte erzeugt, über sie verfügt oder sie abschöpft. Dann wird die Art dieser Aktivitäten genauer untersucht. Wenn Facebook Daten über Mitgliederaktivitäten nutzt, um zu beobachten, ob Zynga etwas Unerwartetes unternimmt oder ob Instagram den Datenverkehr auf neuartige Weise umleitet, dann handelt es sich um eine strategische Datenanalyse.

Einige bemerkenswerte Schlachten der Plattformstrategie konnten von Firmen gewonnen werden, die ihre überlegenen Daten zu ihrem Vorteil nutzten, um ihre Rivalen aus dem Feld zu schlagen.

Nach gängigen Maßstäben hätte die Jobbörse Monster den Kampf um die Vorherrschaft im Bereich der Plattformen für Stellenanzeigen eigentlich gewinnen müssen. Als einer der ersten Marktteilnehmer besaß sie den Vorteil, ein Vorreiter zu sein und konnte im zweiseitigen Markt der Stellenanbieter und Stellensuchenden schnell starke Netzwerkeffekte erzeugen. Allerdings waren die von Monster gesammelten Daten eingeschränkt. Da sich diese Online-Plattform ausschließlich an aktive Arbeitssuchende richtete, wurden keine Daten über die sozialen Netzwerke der User erfasst. Und sobald die Interaktion einer Jobsuche abgeschlossen war, verließen Stellenanbieter und Stellensuchender die Plattform, wodurch der Datenfluss völlig zum Erliegen kam.

LinkedIn hingegen bezog die sozialen Netzwerke aller Beteiligten ein und nicht nur die aktiv stellensuchenden User. Das führte neben einem hohen Maß an fortgesetztem Engagement auch zur Erfassung der Daten zufriedener Angestellter, die dessen ungeachtet bereit waren, neue berufliche Perspektiven in Betracht zu ziehen – wodurch sich eine beträchtlich größere Userbasis ergab. Darüber hinaus erfasste LinkedIn auch Daten von Interaktionen sowohl zwischen Berufstätigen untereinander als auch zwischen Berufstätigen und Personalvermittlern, wodurch zwei Feedbackschleifen auf derselben Plattform entstanden. Später begann LinkedIn, den Schwerpunkt auf das Erstellen und Teilen von Inhalten zu verlagern, um weitere Anreize für die User zu schaffen, Zeit auf der Plattform zu verbringen. Hinsichtlich der Bereiche, der Ausführlichkeit und der Menge der erfassten Daten des Marktplatzes hatte LinkedIn im Wettbewerb mit Monster somit einen großen Vorteil.

Das Plattformdesign kann in vielfältiger Weise dahingehend optimiert werden, bessere Userdaten zu liefern. Unter Zugrundelegung der Analyse eines zweiseitigen Netzwerks haben die Autoren dieses Buches eine Reihe von Empfehlungen für das Design von Datenanalysetools entwickelt, die in diesem Fall zu einem verbesserten Einsatz des Ökosystems für SAP dienen sollten.

Den Schwerpunkt haben wir dabei auf den Nutzwert der Suchwerkzeuge gelegt, die den Usern beim Auffinden geeigneter Lösungsanbieter unter den SAP-Partnern behilflich sein sollen. Bessere Übereinstimmungen durch umfangreichere Daten sind hier für beide Seiten von Vorteil – zumal wir außerdem festgestellt haben, dass Lösungsanbieter ihrerseits passende Kunden finden können, indem sie *erfolglose* Suchvorgänge der User analysieren, die das Vorhandensein potenzieller Kunden auf der Suche nach Geschäftslösungen widerspiegeln. Darüber hinaus haben wir auch auf die Notwendigkeit von Tools hingewiesen, die es Entwicklern ermöglichen, ihre Fähigkeiten mit denen ähnlicher Anbieter zu vergleichen. Solche Tools können den SAP-Usern dabei helfen, effizienter mit Wettbewerbern zu konkurrieren, die nicht an der Plattform beteiligt sind.

Eine weitere Empfehlung, die wir zusammen mit SAP erarbeitet haben, lautet, nach neuen branchenübergreifenden Dienstleistungsmöglichkeiten und Features zu suchen, die zügig den Long Tail erklimmen, was bedeutet, dass sie sich zunehmender Beliebtheit unter Business Usern erfreuen. Sie stellen neue Wertschöpfungsquellen dar, die Unternehmen wie SAP in ihre Plattform integrieren können, um jenen Partnern im Ökosystem Vorteile zu verschaffen, die diese Quellen erst noch entdecken müssen.

Die Datenanalyse kann also die Fähigkeiten sowohl des Plattformunternehmens als auch der Partner im Ökosystem beträchtlich erweitern. Das verhilft der Plattform zu größerem Erfolg und steigert die Fähigkeit, einen Mehrwert für die User zu schaffen, erheblich. Die Datenanalyse kann auch Anhaltspunkte für Investitionen in das Produktdesign liefern sowie den Kunden und den Partnern den Weg zum Erfolg weisen, was wiederum die Netzwerkeffekte der Plattform verstärkt. In ihrer Gesamtheit bewirken diese neuen Datentools, dass eine gewaltige Barriere für die Marktteilnahme entsteht – gewissermaßen eine Plattformversion von Porters Schutzwall: Wenn Wettbewerber nicht über diese Daten verfügen, sind sie auch nicht in der Lage, die dazugehörigen Werte hervorzubringen – was wiederum bedeutet, dass keine Interaktionen stattfinden, wodurch der Zugang zu den Daten weiter eingeschränkt wird.

Wie Plattformen konkurrieren (4): Neudefinition von Fusionen und Übernahmen

Die klassische bei *Mergers & Acquisitions* (M&A, zu Deutsch etwa Fusion und Erwerb von Unternehmen) verfolgte Strategie legt nahe, dass die Unternehmensführung nach Kandidaten suchen sollte, die ergänzende Produkte anbieten, erweiterten Marktzugang ermöglichen oder die Kosten der Lieferkette reduzieren. In einer Welt, in der der Wettbewerb von den fünf Kräften dominiert wird, ist die entscheidende Frage bei der M&A-Bewertung, ob das fragliche Unternehmen von einem Schutzwall umgeben ist, der seinen umfangreichen Wertebestand vor Schaden bewahrt, oder ob dies nicht der Fall ist.

Plattformbetreiber müssen diese Strategie anpassen, denn für sie lautet die entscheidende Frage, ob der Mehrwert, den das Unternehmen bietet, für eine Userbasis interessant ist, die eine erhebliche Schnittmenge mit der eigenen Userbasis aufweist.

Wenn das der Fall ist, ist die vorläufige Schlussfolgerung erlaubt, dass sich eine Übernahme lohnen *könnte*. Allerdings sind noch einige weitere Hürden zu überwinden, bevor man sich auf einen solchen Schritt einlässt, etwa die Profitabilität des Übernahmekandidaten und dessen Fähigkeit, einen kontinuierlichen Strom wiederholter Interaktionen der Plattformteilnehmer auszulösen. Wenn es darum geht zu beurteilen, wie sinnvoll eine potenzielle Übernahme wäre, befindet sich ein Plattformunternehmen glücklicherweise in einer außergewöhnlich komfortablen Lage: Im Gegensatz zu einer traditionellen Pipeline-Firma kann ein Plattformbetreiber nämlich mit der Übernahme warten, bis er sich selbst davon überzeugen konnte, wie gut ein Partner mit der fraglichen Plattform zurechtkommt.

Und damit ist das wohlbekannte Problem der Informationsasymmetrie bei der M&A-Beurteilung auch schon gelöst: Anstatt die Kaufentscheidung auf von Dritten ermittelte finanzielle Kennzahlen zu stützen, kann der Käufer sich auf durch eigene Beobachtungen gewonnene Transaktionsdaten berufen und realistische Experimente durchführen, um verschiedene strategische Szenarien auszuprobieren. Als Plattformbetreiber haben Sie somit die Möglichkeit, die Partnerschaft bereits zu testen, bevor Sie einen Kaufvertrag unterschreiben.

Angesichts der Tatsache, dass nicht alle wichtigen Ressourcen der eigenen Kontrolle unterstehen müssen, sofern sie über das Ökosystem zugänglich sind, brauchen Plattformbetreiber nicht so viele M&A-Vereinbarungen in Betracht zu ziehen, wie sich viele traditionelle Firmen gezwungen sehen, dies zu tun. Plattformen verfügen hier über zwei wesentliche Vorteile:

Erstens ist es viel ungefährlicher, einen Teil des von einem Plattformpartner generierten Wertes zu beanspruchen, als diesen Partner zu übernehmen. Vielleicht erinnern Sie sich, dass Farmville und Mafia Wars 2011 die erfolgreichsten Spiele waren und für den sprunghaften Anstieg des Börsenwerts des Spieleentwicklers Zynga sorgten. Vor diesem Hintergrund kann man sich unschwer vorstellen, wie groß die Versuchung der Facebook-Führungsriege gewesen sein muss, Zynga zu übernehmen – denn dadurch wäre man nicht nur in den Besitz des gesamten Spieleportfolios von Zynga gelangt, sondern hätte auch rivalisierenden Plattformen wie Myspace den Zugang dazu verwehren können.

Facebook widerstand dieser Versuchung jedoch – und das war richtig. Das Spielegenre ist berüchtigt für seine Unvorhersagbarkeit. Selbst die erfolgreichsten Spiele sind nach einigen Jahren ausgelaugt, und es gibt keine Garantie dafür, dass ein weiterer Erfolgstitel nachfolgt. Statt Zynga aufzukaufen und sich die Last aufzubürden, das nächste sensationelle Spiel herausbringen zu müssen, war Facebook erheblich besser beraten, Hunderte andere Spieleentwickler mit Zynga in Konkurrenz treten zu lassen, um den nächsten Topseller zu entwickeln und schließlich einen kleinen Teil des Gewinns einzubehalten.

Und zweitens verringert man die technische Komplexität der Plattform, wenn man die Partner etwas auf Abstand hält. Wie die Bezeichnung *vertikale Integration* schon sagt, muss ein übernommenes Unternehmen in die Plattform *integriert* werden – und das bringt technische und strategische Herausforderungen mit sich. Eine Plattform, die aus einem Dutzend unabhängig voneinander entwickelten Technologien aufgebaut ist, wird schneller Störungen aufweisen, mehr kosten und eine schlechtere User Experience mit sich bringen als eine, die auf einer einzigen schlanken Architektur beruht, die alle Geschäftsvorgänge mithilfe übersichtlicher Schnittstellen abwickelt. Denken Sie nur einmal an die in Kapitel 3 erörterten Vorteile modularer Systeme zurück: Wenn bei einem modularen System ein Bestandteil oder ein Partner ausfällt, lässt sich das Problem relativ einfach durch einen Austausch beheben. Geschieht dies allerdings in einem integrierten System, kann das gesamte System zum Stillstand kommen.

Aus diesen Gründen ist es den Managern von Plattformunternehmen möglich, die Herausforderungen der M&A-Strategie auf durchdachtere und gezieltere Weise anzugehen als den Führungskräften traditioneller Firmen, die sich oft dazu gezwungen sehen, irgendein Start-up aufzukaufen, bevor es jemand anders tut.

Wie Plattformen konkurrieren (5): Envelopment einer Plattform

Plattformbetreiber müssen ständig wachsam sein und die Aktivitäten auf anderen Plattformen beobachten – insbesondere solche, die dieselbe oder eine ähnliche Zielgruppe ansprechen, sogenannte *angrenzende Plattformen*. Wenn eine angrenzende Plattform ein neues Feature bietet, könnte das eine Bedrohung für die eigene Wettbewerbsfähigkeit bedeuten, denn es besteht die Möglichkeit, dass die User Ihrer Plattform eben jenes neue Feature so attraktiv finden, dass sie zum Multihoming übergehen oder Ihrer Plattform sogar ganz den Rücken kehren.

Als Reaktion darauf könnten Sie als Plattformbetreiber entweder direkt ein vergleichbares Feature implementieren oder es indirekt über einen Partner im Ökosystem anbieten. Wird diese Strategie erfolgreich eingesetzt, führt sie zu einem Phänomen, das als *Envelopment der Plattform* (»Einhüllung«) bezeichnet wird. Es tritt auf, wenn eine Plattform die Funktionen einer angrenzenden Plattform integriert – und deren Userbasis übernimmt.

Beispielsweise erfand RealNetworks in den 1990er-Jahren das Audiostreaming-Verfahren, und zwar in Form des 1995 vorgestellten Produkts RealAudio, das in Windeseile einen Marktanteil von 100 Prozent erreichte. Doch nachdem Microsoft sich ebenfalls zur Teilnahme an diesem Markt entschlossen hatte, verschaffte die enorme Reichweite dessen vorhandener Plattform dem Unternehmen einen fast unschlagbaren Vorteil. MS Windows besaß damals bei Betriebssystemen einen Marktanteil von mehr als 90 Prozent – und damit verfügten fast alle an Medienstreaming Interessierten bereits über ein Betriebssystem von Microsoft. Das Einzige, was Microsoft noch tun musste, war ein mit RealAudio vergleichbares Softwareprodukt zu entwickeln und es zusammen mit dem Windows-Betriebssystem anzubieten. Schon bald kam es zum Envelopment der viel kleineren RealAudio-Plattform durch die Windows-Audiostreaming-Plattform – trotz der überlegenen Leistung der älteren Software.

Die Envelopment-Strategie kommt häufig vor, viele Plattformen setzen sie ein. Apple strebt gegenwärtig danach, seine iPhone-Plattform für das Envelopment der Märkte für mobile Zahlungssysteme und tragbare Technologien (»Wearables«) einzusetzen. Auf ähnliche Weise erweitert auch die chinesische Haier Group ihre Haushaltsgeräte-Plattform für das Envelopment des Marktes für vernetzte Haushaltsgeräte.

Natürlich gibt es Gelegenheiten und Bedrohungen in beiden Richtungen. Wenn Plattform A versucht, auf die angrenzende Plattform B das Envelopment anzuwenden, indem sie ein Feature entwickelt, das mit Plattform Bs attraktivstem Angebot konkurriert, könnte Plattform B ihrerseits versuchen, das Envelopment auf Plattform A anzuwenden, indem sie einen ähnlichen Angriff in umgekehrter Richtung startet. Aus einer solchen »Envelopment-Schlacht« geht für gewöhnlich die größere der beiden Plattformen als Sieger hervor, da sie eine größere Userbasis besitzt und stärkere Netzwerkeffekte auftreten. Doch wie die Geschichte von Monster und LinkedIn zeigt, kann eine Plattform, die den Usern einen höheren Mehrwert bietet, einen solchen Wettbewerbskampf trotz eines anfänglichen Größennachteils durchaus gewinnen.

Im Gegensatz zu traditionellen Pipeline-Firmen sind Plattformunternehmen in der Lage, äußerst schnell auf Wettbewerbsvorstöße zu reagieren – und selbst Gegenangriffe zu starten. Zu den Gewinnern gehören für gewöhnlich diejenigen Plattformen, die in der Lage sind, ihren Usern kontinuierlich den größten Mehrwert zu bieten. Doch in der heutigen Geschäftswelt ist kein Sieg von Dauer, was für Plattformunternehmen bedeutet, dass sie in puncto Selbstzufriedenheit mindestens ebenso wachsam sein müssen wie traditionelle Firmen.

Wie Plattformen konkurrieren (6): Erweitertes Plattformdesign

In der traditionellen Geschäftswelt konkurrieren Firmen miteinander, indem sie versuchen, Produkte und Dienstleistungen höherer Qualität anzubieten. In analoger Weise konkurrieren Plattformen miteinander, indem sie versuchen, die Qualität der von ihnen bereitgestellten Tools zu verbessern, um User anzuziehen, Interaktionen zu ermöglichen und Anbieter mit Kunden zusammenzubringen (die grundlegenden Elemente des Plattformdesigns, die wir in Kapitel 3 beschrieben haben).

Ein einfaches Beispiel dafür haben wir in Kapitel 5 kennengelernt, als es darum ging, wie die Videoplattform Vimeo es geschafft hat, neben YouTube zu bestehen, obwohl beide Plattformen eine sehr ähnliche Zielgruppe ansprechen. Vimeo unterschied sich von YouTube durch bessere Hosting-Dienste, größere verfügbare Bandbreite, wertvolleres Feedback der Zuschauer, das Fehlen von dem eigentlichen Content vorausgehender aufdringlicher Werbung und andere Features, die für etwas anspruchsvollere Videoanbieter attraktiv sind, auch wenn YouTube über eine deutlich größere Zuschauerbasis verfügt. Vimeos Stellung im Verhältnis zu YouTube ähnelt der vieler traditioneller Firmen, die neben marktbeherrschenden Konkurrenten bestehen können, indem sie spezialisierte Nischen besetzen und höherwertige Produkte anbieten, die dafür ausgelegt sind, ihr Publikum bei der Stange zu halten.

In manchen Fällen ist es einer Plattform auch durch ein überlegenes Design möglich, einem schon länger existierenden Konkurrenten auf dramatische Weise den Rang abzulaufen. Airbnb hatte anfangs sehr viel weniger User als das viel ältere Craigslist, das ebenfalls Zimmer und Wohnungen zur kurzfristigen Vermietung im Angebot hatte. Allerdings leistete Airbnb bei den grundlegenden Funktionen einer Plattform (Interaktionen ermöglichen und Matchmaking) erheblich bessere Arbeit. Wenn man bei Craigslist eine Unterkunft finden wollte, musste man sich Stadt für Stadt durch eine ungeordnete Liste von Angeboten vorarbeiten, die in der chronologischen Reihenfolge ihrer Veröffentlichung angezeigt wurden. Airbnb hingegen erlaubte nicht nur die Suche nach Ort und Datum, sondern auch nach einer Vielzahl von weiteren Kriterien wie etwa Qualität, Anzahl der Zimmer, Preis oder geografische Lage. Darüber hinaus konnte man Reservierungen direkt über Airbnb vornehmen, während Craigslist-User die Plattform verlassen mussten, um einen Mietvertrag abzuschließen. Airbnb war erheblich einfacher zu nutzen und konnte den ehemaligen Marktführer somit schnell überflügeln.

Wenn Vorteile doch nachhaltig sind: Monopolartige Märkte

In der Geschäftswelt ist kein Sieg von Dauer – und dennoch gelingt es einzelnen Unternehmen gelegentlich, über den Zeitraum von einem Jahrzehnt oder sogar länger eine dominierende Rolle in einer Branche einzunehmen. Wenn dies geschieht, spricht man davon, dass sich das Unternehmen einen nachhaltigen Vorteil bewahrt hat. Am häufigsten kommt dies in *monopolartigen Märkten* vor. Dabei handelt es sich um Märkte, in denen bestimmte Kräfte so zusammenwirken, dass sich die User auf einer einzigen Plattform sammeln und anderen den Rücken kehren. Monopolartige Märkte sind meist durch vier Kräfte gekennzeichnet: *angebotsseitige Skaleneffekte, starke Netzwerkeffekte, hoher Aufwand für Multihoming und beim Anbieterwechsel* sowie das *Fehlen spezialisierter Marktnischen.*

Wie in Kapitel 2 erläutert, sind angebotsseitige Skaleneffekte eine Quelle der Marktmacht des Industriezeitalters, die durch die beträchtlichen fixen Produktionskosten in bestimmten Industriezweigen gespeist wird, etwa im Eisenbahnwesen, bei der Erschließung von Erdöl und Gas, im Bergbau, bei der Arzneimittelentwicklung oder auch bei der Produktion von Autos und Flugzeugen. In diesen Branchen spielt die Masse eine wichtige Rolle, denn wenn sich die Kosten von Investitionen auf mehr Käufer verteilen, wächst mit der Absatzmenge auch die Gewinnspanne. So kostet es Intel vielleicht eine Milliarde Dollar, eine Halbleiterproduktionsanlage zu errichten, aber sobald sie fertig ist, sind die weiteren Kosten für die Produktion von einer Million – oder einer Milliarde – Chips vernachlässigbar. Je größer der angebotsseitige Skaleneffekt ist, desto größer ist auch die Tendenz zu einer Marktkonzentration. Trotz wettbewerbsorientierter Märkte und dem regulatorischen Druck durch die kartellrechtliche Gesetzgebung werden in den USA Branchen, in denen angebotsseitige Skaleneffekte eine große Rolle spielen, von nur einer Handvoll Unternehmen dominiert – beispielsweise der Autoindustrie.

Wie ebenfalls in Kapitel 2 ausgeführt wurde, stellen im Internetzeitalter die Netzwerkeffekte die Quelle der Marktmacht dar. Positive Netzwerkeffekte sorgen für einen Anstieg sowohl der Wertschöpfung als auch der Gewinnspanne einer Firma, je mehr User an dem Ökosystem teilnehmen.[21] Aus diesem Grund besitzen Unternehmen mit Netzwerkeffekten manchmal den zehnfachen Wert von Firmen mit vergleichbaren Umsätzen, denen Netzwerkeffekte jedoch fehlen.[22] Mit ihrer Produktfokussierung und ihren jetzigen Geschäftsmodellen können Unternehmen wie Houghton Mifflin Harcourt, NBC, Lexis und Whirlpool kaum Netzwerkeffekte erzielen – Amazon, Netflix, LegalZoom und Nest hingegen sehr wohl. Da positive Netzwerkeffekte weitere User zu der jeweils größeren Plattform locken, stellen sie eine zweite Kraft dar, die aller Wahrscheinlichkeit nach die Tendenz zu einem monopolartigen Markt verstärkt.

Ein dritter Faktor, der den Markt in Richtung Monopol drängt, ist ein hoher Aufwand für das Multihoming bzw. beim Anbieterwechsel. An anderer Stelle haben wir bereits erläutert, dass ein Multihoming-Effekt dann auftritt, wenn User an mehr als einer Plattform teilnehmen. Das Multihoming ermöglicht es den Usern natürlich, die Vorteile zu nutzen, die mehrere Plattformen ihnen bieten, das hat jedoch seinen Preis – entweder finanzieller Art (etwa in Form mehrfacher Abonnementgebühren) oder aber in anderer Weise (wie beispielsweise in Form der Unannehmlichkeiten, die damit verbunden sind, Daten auf mehr als eine Website hochladen zu müssen).

Der Aufwand beim Anbieterwechsel, sprich beim »Umzug« von einer Plattform auf eine andere, ist in etwa mit dem des Multihomings vergleichbar. Auch hier kann dieser Aufwand wieder in finanzieller Form (etwa die beim Anbieterwechsel während der Laufzeit eines Mobilfunkvertrags anfallenden Gebühren) oder auch in nichtmonetärer Art auftreten (beispielsweise in Form der Mühe, alle Familienfotos von einem Webhosting-Dienst zu einem anderen übertragen zu müssen).

Ein höherer Aufwand für das Multihoming oder den Anbieterwechsel drängt den Markt tendenziell in Richtung stärkerer Konzentration, wobei er dann von weniger Firmen beherrscht wird, die jedoch jede für sich größer sind. So können es sich die meisten Leute beispielsweise nicht leisten, sowohl ein Android-Smartphone als auch ein iPhone zu besitzen, deshalb entscheiden sie sich normalerweise für eine der beiden Alternativen und bleiben dieser im Allgemeinen auch zumindest einige Jahre treu. Ein niedriger Aufwand animiert hingegen dazu, gleich an zwei oder mehr Plattformen teilzunehmen: Da bei den meisten Kreditkarten nur eine geringe Jahresgebühr anfällt (oder gar keine), besitzen viele Leute gleich mehrere davon, zum Beispiel von Visa, MasterCard und American Express, vielleicht auch noch einige Kundenkarten von Warenhäusern, und benutzen unter bestimmten Umständen aus Bequemlichkeit oder unter Zugrundelegung anderer Faktoren entweder die eine oder die andere.

In Märkten, in denen Multihoming und Anbieterwechsel ohne großen Aufwand möglich sind, können Späteinsteiger leichter Marktanteile gewinnen, was zu offeneren und flexibleren Märkten führt. Da die meisten sozialen Netzwerke ihre grundlegenden Dienste kostenlos anbieten, bedeutet ein Multihoming auf zwei Plattformen praktisch keinen Aufwand – das ist auch einer der Gründe dafür, dass Facebook und LinkedIn in der Lage waren, erfolgreich mit ihren Vorgängern Myspace und Monster zu konkurrieren. Der hohe Aufwand für das Multihoming ist dagegen eine der Ursachen dafür, dass Microsoft so große Schwierigkeiten hatte, nach Apple und Google den Smartphone-Markt zu betreten – trotz des Vorsprungs bei Desktop-Betriebssystemen und des durch die Übernahme des Mobiltelefonherstellers Nokia hinzugewonnenen Marktanteils.

Der vierte und letzte Faktor, der die Nachfrage beeinflusst, ist die Vorliebe der User für spezialisierte Marktnischen. Wenn eine bestimmte Usergruppe besondere Bedürfnisse oder Vorlieben hat, kann sie ein eigenes Netzwerk bilden und so die Tendenz zu einem monopolartigen Markt schwächen. In den 1990er-Jahren, als Microsoft dank starker Netzwerkeffekte und hohem Aufwand für das Multihoming in diesem Markt die Welt der Desktop-Betriebssysteme beherrschte, konnte Apple überleben, indem es sich auf Marktnischen spezialisierte – Apple-Rechner waren unter Grafikern und Musikern außerordentlich beliebt. Auf ähnliche Weise war LinkedIn trotz der gewaltigen Netzwerkeffekte von Facebook in der Lage, unter den sozialen Netzwerken Fuß zu fassen, weil es speziell die besonderen Interessen von Berufstätigen und Unternehmern bediente.

Ein Markt mit nur geringer oder keiner Spezialisierung auf Nischen ist besonders anfällig dafür, zu einem monopolartigen Markt zu werden. Und je stärker die Kräfte sind, die ihn in diese Richtung drängen, desto halsabschneiderischer wird der Wettbewerb auf der Plattform. Auf dem Markt für Fahrgemeinschaftsdienste erklärt sich die erbitterte Rivalität zwischen Uber und Lyft durch das Fehlen spezieller Bedürfnisse der User und das Vorhandensein starker Netzwerkeffekte. Beide Seiten haben skrupellos versucht, Fahrer des Konkurrenten abzuwerben, indem sie Empfehlungsprämien und finanzielle Anreize anboten. Einige der angeblichen Vorgehensweisen grenzen sogar an Sittenwidrigkeit. So hat Lyft Uber beispielsweise vorgeworfen, in mehr als 5.000 Fällen Fahrten gebucht und wieder abgesagt zu haben, um den Lyft-Dienst zu behindern. Uber wies diese Anschuldigungen jedoch zurück. Es besteht allerdings kein Zweifel daran, dass beide Firmen davon überzeugt sind, dass nur eine von ihnen diesen Wettstreit überstehen wird – und dass beide zu allem entschlossen sind, um am Ende der Überlebende zu sein.[23]

•••

Wie wir gesehen haben, unterscheidet sich der Wettbewerb in der Plattformwelt sehr von dem in der Welt der traditionellen Pipeline-Unternehmen. Das wirft nun natürlich die Frage auf, ob und wie diese Unterschiede die Art der Regulierung beeinflussen. Müssen wir die Definitionen fundamentaler Konzepte wie Monopole, dem lauteren Wettbewerb, Preisabsprachen, dem wettbewerbswidrigen Verhalten und Wettbewerbsbeschränkungen neu überdenken, um sie auf Plattformunternehmen anzuwenden? Sind die vorhandenen Regeln ausreichend, um die Interessen von Kunden, Angestellten, Anbietern, Wettbewerbern und ganzer Communitys in der Plattformwelt effektiv und angemessen zu schützen? Um diese Fragen geht es im nächsten Kapitel.

Zusammenfassung

❏ Der Wettbewerb unter Plattformen ähnelt einem dreidimensionalen Schachspiel und findet auf drei Ebenen statt: Plattform gegen Plattform, Plattform gegen Partner und Partner gegen Partner.

❏ In der Plattformwelt ist Wettbewerb von geringerer Bedeutung als Zusammenarbeit und Mitgestaltung. Beziehungen zu pflegen wird bedeutsamer, als die Kontrolle über Ressourcen zu besitzen.

❏ Zu den Methoden, die Plattformen einsetzen, um miteinander zu konkurrieren, gehören unter anderem das Verhindern des Multihomings durch die Beschränkung des Plattformzugangs, das Fördern von Innovationen und das Einbehalten des Mehrwerts, die Erschließung des Wertes von Daten, die Pflege von Partnerschaften statt des Strebens nach Fusionen oder Übernahmen, das Envelopment von Plattformen sowie das erweiterte Plattformdesign.

❏ Manche Plattformmärkte sind monopolartig strukturiert und durch vier Faktoren gekennzeichnet: angebotsseitige Skaleneffekte, Netzwerkeffekte, den Aufwand für Multihoming und Anbieterwechsel sowie das Fehlen spezialisierter Marktnischen. Auf monopolartigen Märkten ist der Wettbewerb für gewöhnlich besonders hart.

11

REGULIERUNGSMAßNAHMEN
Was Plattformen erlaubt sein sollte (und was nicht)

I m Herbst 2014 waren die Züge der New Yorker U-Bahn plötzlich mit Werbung für einen Dienst übersät, über den viele der Stadtbewohner kaum etwas wussten – Airbnb. Dabei handelte es sich allerdings nicht um herkömmliche Plakate, die darauf abzielten, potenzielle Kunden davon zu überzeugen, den von Airbnb angebotenen Dienst in Anspruch zu nehmen. Vielmehr wurde hier etwas praktiziert, das die Werbefachleute als *Imagewerbung* bezeichnen und womit das Ziel verfolgt wird, die Reputation des Unternehmens selbst aufzupolieren. Der Slogan, der auf jedem dieser Werbeplakate zu lesen war, lautete: »Airbnb ist großartig für New York City.«

Dem stimmten allerdings nicht alle U-Bahn-Passagiere zu. Innerhalb weniger Tage wurden viele der Plakate von Marker schwingenden Graffitikünstlern »bearbeitet«, die ihre eigenen Ansichten über Airbnb zum Besten gaben. Die Journalistin Jessica Pressler stellte im Magazin *New York* eine Auswahl der Kommentare vor: Eins der Plakate war um die Bemerkung »Airbnb haftet NICHT für Schäden« ergänzt worden. Auf ein anderes hatte jemand »Der größte Trottel in Ihrem Haus verteilt Ihre Haustürschlüssel!« gekritzelt. Und auf mehreren Plakaten war »für New York« durchgestrichen worden – dort stand nun »Airbnb ist großartig *für Airbnb*«.

Dieses Verunstalten der Werbeplakate spiegelte einen größeren Konflikt wider, der in New York City und anderen Großstädten rund um den Globus, in denen Airbnb tätig war, schon länger ausgetragen wurde. Airbnbs Imagekampagne war Teil eines kostspieligen Lobbying- und PR-Programms, das dem begegnen sollte, was Airbnb als unfairen Angriff durch Regulierungsbehörden, Wettbewerber sowie fehlinformierte Mitglieder der Medien und der Öffentlichkeit betrachtete. Es ging um folgende Streitfragen: Ist Airbnb ein Geschenk des Himmels und ein Segen für New York und dessen Einwohner – oder doch eher ein Krebsgeschwür, das die Lebensqualität herabsetzt und die wirtschaftliche Stärke der Stadt beeinträchtigt? Und wer sollte das Recht und die Macht haben, das zu entscheiden?

Das Problem der Regulierung:
Überarbeitung alter Regeln für eine neue Welt

Der Aufstieg der Plattformen hat zu einer sozialen Herausforderung geführt, die zunehmend an Bedeutung gewinnt: und zwar zu der Notwendigkeit, ein ausgewogenes System interner Governance und externer Regulierungsmaßnahmen zu gestalten, das gewährleistet, dass Plattformen fair handeln.[1] Seitdem Plattformen wie Airbnb, Uber, Upwork, RelayRides und viele andere in der Wirtschaft sowie im sozialen und politischen Bereich eine immer größere Rolle spielen, werden Fragen immer dringlicher, die die Rechte der Teilnehmer sowie die Auswirkungen von Plattformunternehmen auf andere Wirtschaftssektoren und die Gesellschaft als Ganzes betreffen. Das beispiellose Wachstum von Online-Plattformen hat regulatorische Aspekte auf eine Art und Weise in das Bewusstsein der Öffentlichkeit gerückt, wie es seit der Finanzkrise in den Jahren 2008 und 2009 nicht mehr der Fall war.

Während die Debatte über diese Fragestellungen weiter tobt, erkennen viele Fachleute allmählich, dass vieles von dem, was wir über Regulierungsmaßnahmen zu wissen glauben, falsch ist – zumindest dann, wenn man die sich rasant weiterentwickelnden heutigen Plattformmärkte betrachtet. Es gibt beträchtliche Spannungen zwischen den Zielen, einerseits Innovationen und wirtschaftliche Entwicklung zu fördern (was mehr oder weniger eine Nichteinmischung bedeuten würde) sowie andererseits soziale Schäden abzuwenden (was fairen Wettbewerb fördern würde) und gesetzliche Vorschriften einzuhalten.

Es ist höchste Zeit für politische Entscheidungsträger, Rechtsexperten und Lobbyisten, veraltete Annahmen über Regulierungsmaßnahmen im Licht der Veränderungen, die der Aufstieg der Plattformen mit sich gebracht hat, neu zu bewerten. In diesem Kapitel werden wir einige der entscheidenden Fragen erörtern, mit denen sich Entscheider und Führungskräfte in den kommenden Jahren auseinandersetzen müssen, in denen Plattformen den wirtschaftlichen Wandel weiter vorantreiben werden. Einige der Problemstellungen, die wir im Folgenden erkunden werden, betreffen auch mögliche Auswirkungen auf die Steuerpolitik, auf erschwinglichen Wohnraum, die öffentliche Sicherheit, wirtschaftliche Fairness, den Datenschutz, Arbeitnehmerrechte und anderes.

Die Schattenseite der »Plattform-Revolution«

Wir haben bereits auf die vielen Vorteile hingewiesen, die das explosionsartige Wachstum von Netzwerkplattformen mit sich bringt. Allerdings müssen wir auch zur Kenntnis nehmen, dass mit der Verbreitung von Plattformen keineswegs eine Ära eines wirtschaftlichen Schlaraffenlands eingeläutet wird. Wie alle geschäftlichen, sozialen und technologischen Innovationen weist auch der Aufstieg der Plattformen ein gewisses Schadenspotenzial auf.[2]

Manche Klagen über den Aufstieg der Plattformen reflektieren die disruptive Wirkung von Plattformunternehmen auf traditionelle Branchen. Es liegt nahe, dass sich Firmen und Arbeitnehmer, deren Gewinne und Lebensunterhalt durch neue Geschäftsmodelle bedroht sind, mit allen Mitteln zur Wehr setzen und sich dabei auch auf vermeintliche Beweise (egal, ob sie aussagekräftig sind oder nicht) dafür stützen, dass diese neuen Unternehmensformen Wirtschaft, Umwelt, Sozialwesen oder Kultur schädigen. Einige der Angriffe auf Plattformunternehmen gehören eindeutig zu dieser Kategorie. Es ist verständlich, dass große Verlage und Buchhändler einen Groll gegen Amazon hegen, dass die Musikbranche iTunes nicht gerade freundlich gesinnt ist oder dass Taxiunternehmen und Hotelketten nicht gut auf Uber bzw. Airbnb zu sprechen sind. Wenn die Kritik an Plattformunternehmen – inklusive den Forderungen nach strikter Regulierung, um ihren Einfluss zu begrenzen – von beteiligten Quellen wie den genannten stammt, ist sie mit einer gewissen Vorsicht zu betrachten.

Das soll aber nicht heißen, dass es keine berechtigten Beschwerden über den Einfluss von Plattformunternehmen gibt. Besucher der Stadt New York, die Airbnb nutzen, um eine preiswerte Unterkunft zu finden, sind von dem Dienst begeistert – ebenso wie Gastgeber, die durch die Vermietung ihrer leerstehenden Zimmer etwas Geld dazuverdienen. Aber manche Nachbarn sind durchaus verärgert. Horrorgeschichten über Orgien, Treffen mit Prostituierten (von denen – Berichten zufolge – sogar eine erstochen wurde) und Partys randalierender Betrunkener, die in Airbnb-Mietobjekten stattfanden, haben ihren Weg in die Regenbogenpresse gefunden. Und ein besorgter Vermieter aus Manhattan, Ken Podziba, sah sich veranlasst, Überwachungskameras zu installieren, um beweisen zu können, dass eine Mieterin sein Mietobjekt weitervermietete, womit sie gegen ein Landesgesetz verstieß, das kurzfristige Untervermietungen untersagt. Es gelang ihm, eine Zwangsräumung durchzusetzen. »Airbnb verdient Geld und lässt die Leute einfach gewähren«, so Podziba. »Es ist verrückt.«[3]

Wie wir in Kapitel 8 gesehen haben, gehört der Einfluss, den Airbnb auf an der Mietvereinbarung unbeteiligte Dritte nimmt, zu den sogenannten *externen Effekten*. Ein immer wieder auftretendes Problem ist, dass die Kosten negativer externer Effekte nicht von den Leuten oder Unternehmen getragen werden, die sie verursachen, sondern von »unbeteiligten Dritten« bezahlt werden müssen. Durch externe Effekte verursachte Probleme können Nachbarn leicht verärgern und Regulierungsbehörden zum Eingreifen veranlassen – und Airbnb muss sich mit einer ganzen Reihe solcher Probleme auseinandersetzen.

Das Fehlen einer Versicherung mit einheitlichem Deckungsbetrag ist einer der problematischsten externen Effekte bei Airbnb. Nach jahrelangen Beschwerden hat das Unternehmen im Dezember 2014 eine neue Versicherung angekündigt, die Schäden bis zu einer Million Dollar begleicht, um Gastgeber in den USA vor Schäden durch unberechenbare Gäste zu schützen. Der Haken daran: Sie ist subsidiär, d.h., sie kommt erst dann zum Tragen, wenn bestehende Versicherungen des Eigenheimbesitzers ihre volle Leistung erbracht haben. Nun verhält es sich aber so, dass fast alle privaten Hausratversicherungen in den USA Schäden durch »kommerzielle Nutzung«, inklusive Vermietung, ausdrücklich vom Versicherungsschutz *ausschließen*. Airbnb scheint allerdings zu hoffen, dass die anfallenden Schadenskosten dennoch von privaten Hausratversicherungen getragen werden, die Versicherungsansprüche nicht sorgfältig prüfen – oder die von Eigenheimbesitzern getäuscht werden, indem diese verschweigen, dass sie Airbnb-Gastgeber sind.

Dieser nur teilweise vorhandene Versicherungsschutz bereitet vielen Airbnb-Gastgebern natürlich Sorgen. Der Finanzjournalist Ron Lieber weist darauf hin, dass dadurch ein weiterer externer Effekt entsteht, von dem Tausende ansonsten Unbeteiligter betroffen sein könnten: »Wenn es Airbnb gelingt, einen Teil des Versicherungsrisikos auf die privaten Hausratversicherungen abzuwälzen, werden die Versicherungsprämien für alle steigen müssen, um das Risiko abzudecken.«[4]

Aber es gibt natürlich auch positive externe Effekte – wirtschaftliche oder andere Vorteile, von denen unbeteiligte Dritte profitieren. Manche Daten legen es nahe, dass die Hotelpreise nach dem Markteintritt von Airbnb leicht gesunken sind. Das könnte den Tourismus ankurbeln und letztendlich auch örtlichen Restaurants und anderen lokalen Attraktionen Vorteile bringen.[5] Andere Daten weisen darauf hin, dass die durch Alkoholkonsum verursachten tödlichen Autounfälle nach dem Markteintritt von Uber leicht gesunken sind.[6] Allerdings sind positive externe Effekte meist schwer zu dokumentieren oder zu quantifizieren, negative externe Effekte hingegen sind tendenziell eindringlich, untrüglich und ärgerlich. Ist es fair, dass Airbnb einen Teil der externen Kosten auf Einzelpersonen abschiebt, die nicht an der Plattform beteiligt sind, oder auf die Gesellschaft als Ganzes?

Das ist beileibe keine akademische Frage. Tatsächlich mussten einige Plattformunternehmen sogar aufgrund negativer externer Effekte schließen. Betrachten Sie beispielsweise die MonkeyParking-Plattform, die im Januar 2014 in San Francisco gelauncht wurde. Das System animierte Autofahrer dazu, Parkplätze freizugeben und sie an andere User des Systems zu versteigern. Der Fahrer, der seinen Parkplatz räumte, erhielt einen Anteil an den Einnahmen. Viele Beobachter erachteten es als unfair, dass das System die Privatisierung und Monetarisierung eines öffentlichen Guts – des Parkraums – förderte und dadurch die Offenheit und Zugänglichkeit eines öffentlichen Verkehrssystems beeinträchtigte, von dem zahllose Einzelpersonen und Unternehmen abhängig sind. Darüber hinaus hatte dies auch Auswirkungen auf in Privatbesitz befindliche Parkhäuser, deren Eigentümer Geld investiert hatten, um denselben Bedarf zu decken. Die Beschwerden veranlassten die amerikanischen Regulierungsbehörden im Juni 2014 dazu, die Plattform zu schließen.[7]

Die MonkeyParking-Geschichte ist keine Frage von Schwarz oder Weiß. Hier geht es darum, ob der dem Gemeinwesen durch die Privatisierung eines öffentlichen Guts hinzugefügte Schaden schwerer wiegt als der Vorteil, einen planbaren Zugang zu einer knappen Ressource bereitzustellen. Man könnte argumentieren, dass ein System wie MonkeyParking der Umwelt Vorteile bringt, weil die Fahrer auf der Suche nach einem Parkplatz nicht mehr ewig durch die Innenstadt geistern müssen, dabei fossile Brennstoffe verschwenden und zu Staus beitragen. Aber wenn wir es MonkeyParking gestatten, öffentliche Parkplätze zu versteigern, um private Gewinne zu erzielen, öffnen wir damit nicht eine Büchse der Pandora für andere fragwürdige Marktaktivitäten? Sollte es Plattformusern erlaubt sein, an Sommerwochenenden Plätze in öffentlichen Parks oder an Stränden für sich zu beanspruchen und sie an den Meistbietenden zu versteigern? Und wie steht es um die Studienplätze an den beliebtesten öffentlichen Hochschulen? Oder Einzelzimmer in den besten öffentlichen Krankenhäusern? Wollen wir in einer Gesellschaft leben, in der die Reichsten einen noch größeren Anteil der attraktivsten öffentlichen Güter für sich beanspruchen können? Das sind nur einige der Fragen zum Thema externe Effekte, die der scheinbar so einfache Fall MonkeyParking aufwirft.

Jobbörsen – die Bastionen dessen, was manche als Freelancer-Wirtschaft bezeichnen – werfen bezüglich der Auswirkungen auf das Sozialwesen und die soziale Gerechtigkeit wieder andere Fragen auf. Plattformen wie Upwork, TaskRabbit und Washio sind für Leute, die nichts mehr schätzen als flexible Arbeitszeiten, bestens geeignet – aber sehr viel problematischer für andere Leute, die keine andere Wahl haben, als auf Honorarbasis als Vollzeitkraft zu arbeiten, ohne in den Genuss der gesetzlichen Arbeitnehmerschutzvorschriften zu kommen. Es ist verständlich, dass Unternehmen von der Flexibilität und dem geringen zusätzlichen Aufwand profitieren möchten, den solche Jobbörsen bieten. Aber ist es in einer Gesellschaft wie den Vereinigten Staaten, in der so elementare Dinge wie die Krankenversicherung weitgehend durch Arbeitgeberprogramme bereitgestellt werden, wirklich wünschenswert, Unternehmen wirtschaftliche Vorteile zu verschaffen, die die Kosten für solche Dienstleistungen auf die freiberuflich Beschäftigten abladen? Oder auf staatliche Unterstützungsprogramme, die finanziell ohnehin schon unter Druck stehen?[8]

Plattformen bieten ihren Usern zweifelsohne einen Mehrwert – andernfalls wären sie nicht so außerordentlich populär. Sie bringen aber auch unbeabsichtigte Nebenwirkungen wie negative externe Effekte mit sich, die von der gesamten Gesellschaft berücksichtigt und korrigiert werden müssen.

Argumente gegen Regulierungsmaßnahmen

Trotz der Probleme, die mit Plattformunternehmen wie im Fall von MonkeyParking einhergehen, sind viele Leute der Ansicht, dass man den potenziellen Missbrauch und die sozialen Ungerechtigkeiten in Anbetracht der enormen Innovationen, der erhöhten Wertschöpfung und des wirtschaftlichen Wachstums in Kauf nehmen könne. Es wird auch weiterhin Plattformunternehmen geben und zweifelsohne Millionen von Menschen Vorteile bieten. Warum also sollte man sich der Gefahr aussetzen, dass durch das schwere Geschütz der Regulierungsmaßnahmen Innovationen verhindert werden?

Die Gegner von Regulierungsmaßnahmen weisen stets auf die vielen Fälle hin, in denen diese gescheitert oder sogar nach hinten losgegangen sind. Die Nobelpreisträger Ronald Coase und George Stigler, Anhänger der Chicagoer Schule, die dafür bekannt ist, eine Nichteinmischungspolitik zu vertreten, sind der Meinung, dass man den meisten Fällen von Marktversagen am besten durch Mechanismen des Marktes selbst begegnen kann – beispielsweise indem man das ungehinderte Wachstum von Wettbewerbern fördert, deren Waren und Dienstleistungen größere soziale Vorteile bieten als die der Konkurrenten. Aus ihrer Sicht beweist die Vergangenheit, dass staatliche Regulierungsbehörden tendenziell inkompetent oder korrupt sind, was wiederum bedeutet, dass sich Regulierungsmaßnahmen im Allgemeinen nicht eignen, um die Probleme zu lösen, die sie eigentlich angehen sollen. In bestimmten Fällen, in denen der unregulierte Markt nicht in der Lage ist, ein erhebliches Problem der Fairness oder des Kundenschutzes zu lösen, können sich Gerichte in Zivilprozessen damit befassen.

Der Mechanismus, der am häufigsten für das Fehlschlagen einer Regulierung verantwortlich ist, wurde von Stigler als »Vereinnahmung der Regulierungsbehörde« bezeichnet.[9] Dem liegt die Annahme zugrunde, dass Marktteilnehmer versuchen, die Regulierungsmaßnahmen in ihrem Sinne zu beeinflussen und die Probleme des Marktes auf diese Weise oft verschlimmern, anstatt sie zu lösen. In seinem Artikel aus dem Jahr 1971 verdeutlicht Stigler diese These anhand verschiedener Beispiele wie etwa der Erdöleinfuhrkontingente, des Ausschlusses neuer Marktteilnehmer in der Luftfahrindustrie sowie im Speditions- und Bankgewerbe ebenso wie der Zugangskontrollen zu Arbeitsmärkten durch die Notwendigkeit von Zulassungen für bestimmte Berufsstände (wie Ärzte, Apotheker oder Bestatter). Durch die Vereinnahmung der Regulierungsbehörden werden gesetzliche Vorschriften häufig dazu missbraucht, Wettbewerb zu verhindern und Innovation auszubremsen, anstatt Kunden zu schützen und der Gesellschaft Nutzen zu bringen. Stigler und seine Anhänger argumentieren, dass die Wirtschaft und die Gesellschaft als Ganzes davon profitieren, wenn die Vereinnahmung der Regulierungsbehörden beseitigt wird – und dass es zu diesem Zweck erforderlich ist, die meisten staatlichen Regulierungsmaßnahmen abzuschaffen. Jean-Jacques Laffont und Jean Tirole (letzterer ist der Nobelpreisträger für Wirtschaftswissenschaften 2014) ergänzten Stiglers Analyse um die behördliche Sichtweise und wiesen darauf hin, dass »Souveräne«, wie etwa Wahlberechtigte, nur begrenzten Einfluss auf ihre »Agenten« (gewählte und ernannte Amtsträger) nehmen können. Laffont und Tirole zeigen, dass es für Firmen unmöglich wäre, von der Vereinnahmung der Regulierungsbehörden zu profitieren, wenn die Souveräne umfassendere Informationen und größeren Einfluss auf das Verhalten ihrer Agenten besäßen.[10]

Es besteht kein Zweifel daran, dass es eine Vereinnahmung von Regulierungsbehörden tatsächlich gibt. Die Leiter von Behörden, die beauftragt sind, Regulierungsmaßnahmen zu entwickeln und durchzusetzen, wenden sich nicht selten hilfesuchend an die Führungsetagen aus Wirtschaft und Industrie, um Ratschläge für die Erstellung dieser Maßnahmen einzuholen, was oft bedeutet, dass sie zum Vorteil der Unternehmen – oder eines bestimmten, besonders einflussreichen Unternehmens – ausfallen, und nicht zum Vorteil der breiten Öffentlichkeit. In einigen mächtigen Branchen, etwa dem Finanzdienstleistungssektor, widmen Führungskräfte ihre Karriere mitunter nicht nur der Privatwirtschaft, sondern auch der Politik. Dieselben Leute, die Regulierungsmaßnahmen entwickeln, beraten also später gegen Bezahlung Unternehmen dahingehend, wie sie diese Maßnahmen am besten umgehen oder manipulieren können (eine gängige Praxis, die Laffont und Tirole ausdrücklich herausstellen).

Heutzutage spiegelt das Ringen um die Regulierung von Plattformunternehmen zum Teil die Versuche der traditionellen Unternehmen wider, staatliche Regulierungsmaßnahmen als Schutzschild gegen die Wettbewerbsmodelle einzusetzen, die mit den Plattform-Geschäftsmodellen eingeführt wurden. Der Publizist Conor Friedersdorf formuliert das so: »Der Fahrdienst Uber kämpft in Städten in ganz Amerika darum, die Vereinnahmung der Regulierungsbehörden durch die Taxibranche zu beenden.«[11] Airbnb sieht sich einem ähnlichen Konflikt mit den Regulierungsbehörden ausgesetzt, die von den langjährigen Beziehungen zum Beherbergungsgewerbe beeinflusst werden.

Nach Ansicht einiger Beobachter konterkariert das Phänomen der Vereinnahmung von Regulierungsbehörden die Behauptung, dass die meisten staatlichen Regulierungsmaßnahmen rechtmäßig sind. Der libertäre Wirtschaftswissenschaftler Don Boudreaux hat in einem Beitrag auf seinem Blog *Cafe Hayek* zusammengefasst, wie Uber es seinen Fahrern ermöglicht, ihre eigenen Fahrzeuge von einem privaten Gut in einen Teil ihres wirtschaftlichen Stammkapitals umzuwandeln. Dann fährt er damit fort, »staatliche Eingriffe gegenüber Uber und anderen Innovationen der Shareconomy« als »Behinderung der Marktkräfte, die den Zugang der Kunden zu Waren und Dienstleistungen verbessern« und als »Angriff auf die Marktkräfte, die das wohlstandsmehrende Kapital erhöhen, über das ganz normale Leute verfügen und von dem sie profitieren können« zu kritisieren.[12]

Nun mag man Boudreauxs Feststellung, dass die Versuche, die Ausbreitung der Geschäftstätigkeit von Uber zu beschränken, das derzeit »widerlichste Beispiel für staatliche Eingriffe« darstellen, zustimmen oder nicht – aber dass es das Phänomen der Vereinnahmung von Regulierungsbehörden gibt, ist nicht unbedingt der Todesstoß für die Argumentation zugunsten von Regulierungsmaßnahmen oder auch für die Regulierung speziell von Plattformen. Man kann auch so argumentieren, dass wir, anstatt die Regulierung vollkommen abzuschaffen, politische, soziale und wirtschaftliche Systeme gestalten müssen, die Vereinnahmungen von Regulierungsbehörden erschweren – beispielsweise durch Gesetze, die dem Konspirieren von Wirtschaft und Politik Einhalt gebieten.

Der Ökonom Andrei Shleifer, der auf den Gebieten Governance und staatliche Regulierung tätig ist, weist darauf hin, dass es von Land zu Land beträchtliche Unterschiede beim Ausmaß der Vereinnahmung von Regulierungsbehörden gibt. Wenn Regierungen von den Bürgern kaum kontrolliert werden, führt eine starke Regulierung oft zu ausgeprägter Korruption und zu Zwangsenteignungen durch Regierungsvertreter. Und tatsächlich kann man dies in autoritären Staaten auch deutlich beobachten. In Staaten mit stärker kontrollierten Regierungen, wie etwa in den nordeuropäischen Ländern, tritt auch bei starker Regulierung kaum solch eine Korruption in Erscheinung, was wiederum das Ausmaß der Vereinnahmung von Regulierungsbehörden reduziert. Unter diesen Umständen, so Shleifer, können Regulierungsmaßnahmen mit der Förderung des sozialen Wohlstands und wirtschaftlichem Wachstum verträglich sein.

Shleifer merkt außerdem an, dass Gerichtsverfahren, wie sie die Chicagoer Schule als Alternative zu Regulierungsmaßnahmen fordert, ein unabhängiges und ehrliches Justizwesen voraussetzen und von diesem abhängig sind. Dabei wird nämlich die Tatsache übersehen, dass Richter und Anwälte genauso manipuliert und vereinnahmt werden können wie andere Regierungsmitarbeiter.[13] Allgemeiner gesagt, steht Shleifers Argument mit dem von Laffont und Tirole vorgebrachtem Argument zugunsten einer Regulierung, die sich an Ländern und Technologien orientiert, in Einklang.[14]

Im Allgemeinen stützt der Verlauf der Geschichte die Argumente der Gegner von Regulierungsmaßnahmen nicht. Tatsächlich ist es sogar schwierig, entwickelte Märkte zu finden, auf denen überhaupt keine Eingriffe durch Regierungsbehörden stattgefunden haben. Schon im antiken Griechenland und dem alten

Rom gab es Regulierungsmaßnahmen zur Unterbindung wettbewerbsfeindlicher Praktiken. Die Staatsgewalt ergriff umgehend Maßnahmen gegen schwankende Getreidepreise, die durch natürliche Ereignisse (Wetter) oder von gezielten Marktmanipulationen durch Händler und Transporteure verursacht wurden.[15] Auf ähnliche Weise hängen moderne Gesellschaften davon ab, dass Regulierungsmaßnahmen für faire Märkte sorgen. Wenn die Regulierung fehlschlägt, kommt es zu Insiderhandelsskandalen, zum Zusammenbruch des Marktes für Hypothekenanleihen oder zu einer überzogenen Preispolitik vonseiten alteingesessener Monopolisten.

Nur vergleichsweise wenige Menschen möchten in einer Welt ganz ohne Regulierungen leben. In einer komplexen Gesellschaft wie der heutigen dienen sie einer Reihe von wichtigen sozialen Aufgaben. In Anbetracht der komplizierten Technik und der permanenten Versuche von Terroristen, sie zu sabotieren, sind die Fluggesellschaften in Industrieländern erstaunlich sicher.[16] Dafür verantwortlich sind sowohl verbesserte Technologien und besser ausgebildetes Personal als auch die rückhaltlose Untersuchung und Aufklärung von Abstürzen durch staatliche Behörden, die zu einer systematischen Beseitigung von Risikofaktoren geführt haben. Auf ähnliche Weise hängen wir auch von Regulierungsmaßnahmen ab, die die Qualität des Trinkwassers garantieren, die Sicherheit von Verkehrssystemen gewährleisten oder uns in die Lage versetzen, ansteckende Krankheiten in den Griff zu bekommen.

Aus all diesen Gründen würde nur ein kleiner Bruchteil der Bevölkerung die extrem libertäre Forderung gutheißen, Regulierungsmaßnahmen vollständig abzuschaffen – die Frage lautet also nicht, ob, sondern wie genau Plattformunternehmen reglementiert werden sollen.

Natürlich muss ein guter Kompromiss zwischen den Vor- und Nachteilen gefunden werden, das vollständige Fehlen einer Regulierung würde aber durch beständige Probleme wie Betrug, unlauteren Wettbewerb, monopolistische und oligopolistische Praktiken sowie Marktmanipulationen hohe soziale und wirtschaftliche Kosten verursachen. Andererseits führt ein extremes Ausmaß staatlicher Markteingriffe, wie dies in manchen totalitären Staaten zu beobachten ist, ebenso zu Problemen – wenn auch anderer Art wie etwa in Form von Korruption, Ineffizienz, Verschwendung und Innovationsmangel. Auf der Suche nach einem Kompromiss ist es für gewöhnlich am besten, einen Mittelweg einzuschlagen. Und tatsächlich setzen die weltweit dynamischsten Volkswirtschaften typischerweise auf eine ausgewogene staatliche Regulierung durch Aufsichtsbehörden, gerichtliche Überprüfungen oder eine Kombination von beidem.

Der Wirtschaftswissenschaftler Simeon Djankow und seine Mitarbeiter haben die möglichen Regulierungsbereiche klassifiziert und dabei ein Spektrum verwendet, das von privaten Anordnungen (wir bezeichnen das als *private Governance*) über Systeme, die von unabhängigen Richtern verhängte Gerichtsurteile oder von Staatsmitarbeitern erlassene Regeln einsetzen, bis hin zum staatlichen Eigentum (Sozialismus) reicht.[17] Die Visualisierung dieses Spektrums (siehe Abbildung 11.1) spiegelt den Kompromiss zwischen sozialen Verlusten aufgrund privater Fehlleistungen und sozialen Verlusten aufgrund von staatlichem Fehlverhalten wider.

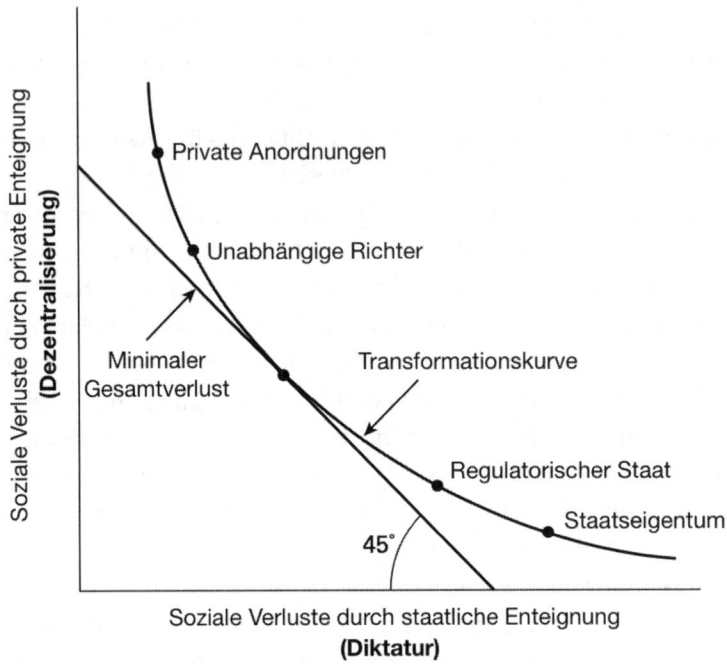

Abb. 11.1: Djankows Darstellung der Transformationskurve der »sozialen Verluste«, die durch völliges Fehlen einer Regulierung (links) bzw. durch vollständige staatliche Kontrolle (rechts) verursacht werden.
Abdruck mit freundlicher Genehmigung des Autors.

Wie Andrei Shleifer feststellt, hat sich die Haltung der meisten Wirtschafts- und Politikwissenschaftler im Laufe der letzten beiden Generationen dahingehend verlagert, dass sie nicht mehr die Intervention von staatlicher Seite in einem positiven Licht sehen, sondern nunmehr der Privatisierung den Vorzug geben.[18] Heutzutage ist der Trend zu beobachten, dass ehemals staatliche Regulierungen von privaten Organisationen durchgesetzt werden, die in ihrem eigenen Interesse handeln – beispielsweise die allmähliche Abwendung von national gültigen Standards wie etwa den *Generally Accepted Accounting Principles* der USA (die in etwa den Grundsätzen ordnungsmäßiger Buchführung entsprechen) und die Hinwendung zu internationalen Finanzberichterstattungsnormen wie jenen des in London ansässigen privatwirtschaftlichen *International Accounting Standards Boards* (IASB, Internationales Rechnungslegungsstandardsgremium). Wir sind der Meinung, dass sich dieser Trend fortsetzen wird und dass die Regierungen neu bewerten müssen, was von staatlicher Seite reguliert werden sollte und welche Regulierungsmaßnahmen effizienter von privaten Organisationen durchgesetzt werden können. Eine Aufgabe dieses Kapitels soll es sein zu beschreiben, unter welchen Umständen Regulierungsbehörden in Betracht ziehen sollten, auf Plattformmärkten zu intervenieren und wann es womöglich besser ist, sich die Plattformen selbst reglementieren zu lassen.

Regulierungsfragen, die das Wachstum von Plattformunternehmen aufwirft

Lassen Sie uns nun einige der wichtigsten Regulierungsfragen erörtern, die durch den Aufstieg der Plattform-Geschäftsmodelle in den letzten beiden Jahrzehnten in den Vordergrund getreten sind.

Plattformzugang. Plattformen werden zu einem immer wichtigeren Umschlagplatz für Waren und Dienstleistungen, daher ist der Zugang zu einer Plattform bei der Überprüfung durch Regulierungsbehörden ein bedeutsames Thema. Wenn bestimmten potenziellen Teilnehmern der Zugang zu einer Plattform verwehrt ist, stellen sich die Fragen, wer davon profitiert, ob diese Ausgrenzung fair ist und welche langfristigen Folgen dies für den Marktplatz als Ganzes voraussichtlich haben wird.

So werden beispielsweise 80 Prozent aller E-Commerce-Transaktionen in China von der Alibaba Group durchgeführt.[19] Hiervon ausgeschlossen zu werden, stellt für Unternehmen, die ihre Geschäfte online abwickeln, eine ernsthafte Bedrohung dar. Und auch für Start-ups, die hoffen, es unter Millionen anderen auf die ersten Ranglistenplätze zu schaffen, ist der Zugang wichtig, weil sie sonst keinen Transaktionsverlauf vorweisen können, der ihre Platzierung verbessert. Im Spielkonsolenmarkt haben die Plattformsponsoren (Sony, Microsoft und Nintendo) Firmen wie Electronic Arts Exklusivrechte für bestimmte Spielkategorien angeboten, wenn sie im Gegenzug die eigene Plattform unterstützen. Unternehmen können dasselbe erreichen, wenn sie Anbieter übernehmen, die unverzichtbare Komponenten oder Software für ihre Plattform liefern. Beispielsweise hat Microsoft den Spieleentwickler Bungie übernommen, um sich die Exklusivrechte für das populäre Videospiel Halo zu sichern, als 2001 die Xbox auf den Markt gekommen ist.

Zugang und Exklusivrechte spielen auch bei der Plattformkompatibilität eine Rolle. 1997 verklagte Sun Microsystems Microsoft, weil das Unternehmen ganz bewusst einen eigenen, inkompatiblen Fork, sprich eine Abspaltung der Programmiersprache Java entwickelt hatte, um zu verhindern, dass sie für andere Betriebssysteme als Microsoft Windows allzu interessant wird. Sun klagte 2002 erneut, als

Microsoft Java schließlich zugunsten von .NET (einer proprietären von Microsoft entwickelten Programmiersprache) ganz aus der Windows-Distribution entfernte.[20] Und 2015 wurde das Smartphone-Betriebssystem Android in eine offene und eine proprietäre Version aufgeteilt. Manchmal können kommerzielle oder regulatorische Beweggründe zur Aufrechterhaltung der Kompatibilität erforderlich sein, um die Interessen der Kunden zu wahren.

Die Frage der Ausgrenzung ist von besonderer Bedeutung, wenn starke Netzwerkeffekte vorhanden sind, so Wirtschaftswissenschaftler Carl Shapiro. »Derartige Exklusivverträge und Beschränkungen der Mitgliedschaft können in vernetzten Branchen besonders schädlich sein und bringen die Gefahr mit sich, dass neue und verbesserte Technologien nicht in der Lage sind, die kritische Masse zu erreichen, die nötig wäre, um den derzeitigen Marktführer ernsthaft zu bedrohen.«[21]

Er fährt fort: »Letztendlich geht es hier in erster Linie gar nicht um die Schädigung der Verbraucher durch Monopolpreise, wenngleich das auch eine Rolle spielen kann. Das gravierendere Problem besteht darin, dass das Innovationstempo verlangsamt werden kann und den Verbrauchern die Vorteile des technologischen Fortschritts vorenthalten werden, die ein dynamischer wettbewerbsintensiver Markt bieten würde.« Dieses Phänomen, das auch als *übermäßige Trägheit* bezeichnet wird, bezieht sich auf die Fähigkeit von Netzwerkeffekten, die Akzeptanz neuer, vielleicht besserer Technologien zu verlangsamen oder zu verhindern. Wenn ein bestimmter Markt von nur einer oder einigen wenigen Plattform/en aufgrund der Auswirkungen von Netzwerkeffekten dominiert wird, könnten die Plattformbetreiber in Versuchung geraten, auf lohnende Innovationen zu verzichten, um sich selbst vor dem mit Änderungen einhergehenden Aufwand und anderen disruptiven Effekten zu schützen.

Ein sicherlich vertretbarer Standpunkt ist, dass Regulatoren überlegen sollten, ob staatliche Interventionen angemessen sind, wenn die willkürliche Verweigerung des Zugangs zu einer bestimmten Plattform wahrscheinlich zu einer übermäßigen Trägheit führt.[22] Es ist allerdings für Beobachter nicht immer ganz einfach zu beurteilen, was die tatsächlichen Auswirkungen eines bestimmten Wettbewerbsvorstoßes sein werden. In manchen Fällen kann sich das Ergebnis langfristig drastisch ändern.

Beispielsweise argumentieren Geoffrey Parker und Marshall Van Alstyne in einem 2014 erschienenen Artikel, dass Plattformrichtlinien, die den Wettbewerb unter Entwicklern beschränken, den Usern langfristig Vorteile bringen können, weil sie das Innovationstempo steigern.[23] Der Vorgang funktioniert wie eine Art kurzfristiges Mikropatent: Die Plattform gewährt einem Erweiterungsentwickler vorübergehend die Exklusivrechte für eine bestimmte Kategorie, und im Gegenzug investiert dieser in beträchtlichem Maße in neue Produkte oder Dienstleistungen. (SAP hat diese Strategie der »bevorzugten Partner« bei Entwicklern wie ADP verfolgt, Microsoft hat sie bei ausgewählten Spieleentwicklern eingesetzt.) Die während dieser zeitlich begrenzten Vereinbarung entwickelten Innovationen werden tendenziell im Laufe der Zeit in die Kernplattform integriert. Sie stehen dann allen Usern für die unmittelbare Verwendung bereit und sind auch für die nachfolgende Entwicklergeneration verfügbar, um weitere Innovationen zu fördern.

Aus diesen Gründen können wir den Regulatoren nur dringend raten, mit Bedacht vorzugehen, wenn sie in Betracht ziehen, in Fällen zu intervenieren, die den Plattformzugang betreffen.

Faire Preisgestaltung. Die Praktik, Waren oder Dienstleistungen zu *Verdrängungspreisen* (die so niedrig sind, dass ein Unternehmen unmöglich Geld damit verdienen kann) anzubieten, hat schon immer die Aufmerksamkeit der Regulatoren auf sich gezogen: Die niedrigen Preise sind kurzfristig für die Endverbraucher von Vorteil, langfristig sind sie jedoch schädlich, denn sie drängen Wettbewerber aus dem Markt, sodass es dem verbleibenden Anbieter am Ende möglich ist, Monopolpreise zu verlangen. Genau das ist natürlich das eigentliche Ziel der Verdrängungspreise und es erklärt, weshalb staatliche Regulatoren sich in der Vergangenheit gelegentlich veranlasst sahen einzugreifen, um eine Preisgestaltung zu unterbinden, die offenkundig der Verdrängung von Wettbewerbern diente.

Geoffrey Parker und Marshall Van Alstyne haben Untersuchungen angestellt, die die traditionelle Bewertung von nicht kostendeckenden Preisen infrage stellen – und damit auch die für Verdrängungspreise gültige Definition der Regulatoren. Unsere Analyse zeigt, dass Firmen in zweiseitigen Netzwerken mit starken externen Effekten ihre Profite sogar dann maximieren können, wenn sie Dienstleistungen auf einer Seite des Marktes kostenlos anbieten. Sie erreichen das, indem sie mit Verkäufen von Waren und Dienstleistungen *auf der anderen Seite* des Marktes attraktive Gewinne erzielen.[24]

Im Zusammenspiel mit den Arbeiten und Erkenntnissen anderer wissenschaftlicher Autoren, darunter auch Jean Tirole, haben diese Untersuchungen zweiseitiger Netzwerke die gängigen diesbezüglichen Auffassungen auf den Kopf gestellt und die Regulatoren gezwungen, ihre Beurteilung von Verdrängungspreisen zu überdenken und Netzwerkeffekte zu berücksichtigen.[25] Insbesondere die Vorgehensweise, Waren oder Dienstleistungen nicht oder nur gerade eben kostendeckend anzubieten, betrachteten die Regulatoren als Beweis dafür, dass Wettbewerber in der Absicht aus dem Markt gedrängt werden sollten, die Preise in die Höhe treiben zu können, sobald die Konkurrenz verschwunden wäre. Doch wenn marktübergreifende externe Effekte berücksichtigt werden, können die Firmen ihre Waren oder Dienstleistungen bestimmten Kundengruppen, wie oben erwähnt, vernünftigerweise auch kostenlos anbieten – sogar in Abwesenheit irgendwelcher Wettbewerber.

Trotz dieser Änderungen in Bezug auf die Wettbewerbsanalyse sind in der Plattformgesetzgebung noch einige Fragen offen. Das 2015 von der Europäischen Union gegen Google eröffnete Verfahren, in dem dem Konzern vorgeworfen wird, beim Vergleich von Angeboten die eigenen Dienste zu bevorzugen und Konkurrenten zu benachteiligen, unterstreicht diese Aussage.[26] Interessanterweise wurde eine ähnliche Klage 2013 von der *Federal Trade Commission* (FTC) in den USA abgewiesen.[27] Ein weiterer Plattformgigant, nämlich Amazon, muss sich in den USA Untersuchungen zu seiner Rolle auf dem Buchmarkt gefallen lassen: Es gibt Bedenken, dass das Unternehmen die Preise senkt, um Marktanteile zu gewinnen, und sie dann, sobald die Konkurrenz verschwunden ist, wieder erhöht.[28] Diesem speziellen Vorwurf – dass die dortigen Buchpreise beträchtlich steigen, sobald Amazon den Markt vollständig dominiert – stehen wir skeptisch gegenüber. Unserer Meinung nach könnte es eher dazu kommen, dass Amazon ein zu mächtiger Gatekeeper für eine bedeutende Branche der Kulturwirtschaft wird, möglicherweise durch die Etablierung eines proprietären Formats für digitale Inhalte, wie es das Unternehmen mit Amazon Word (AZW), dem auf dem Kindle genutzten Format, bereits versucht hat. Das Verschenken von Buchkapiteln im AZW-Format könnte beispielsweise als Trojanisches Pferd eingesetzt werden, um als Teil einer langfristigen Strategie Leser zu binden, was schließlich zu einer ausgeprägteren Kontrolle über die Plattform führt und aus einem offenen einen geschlossenen proprietären Standard macht.

Datenschutz und Sicherheit. Die Menschen fragen sich schon lange aus gutem Grund, was die Unternehmen wohl mit all den persönlichen Daten anfangen, die sie über ihre Kunden sammeln. Die Möglichkeiten, äußerst detaillierte Daten über einzelne Haushalte zu sammeln, haben sich mit der Einführung der Kundenkreditkarte drastisch erweitert. Diese Innovation auf dem Finanzsektor trug auch zu einer Steigerung der Verbraucherausgaben bei, weil sie die Inanspruchnahme von Krediten um so vieles einfacher machte. Für die Banken bedeutete das natürlich einen erheblichen Anreiz, verfügbare Daten zu nutzen, um die Kreditwürdigkeit ihrer Kunden zu beurteilen. Und so entstanden in den USA zwecks Durchführung entsprechender Analysen drei große Kreditauskunfteien: Equinox, Experian und Transunion. Im Austausch gegen von den Banken bereitgestellte detaillierte Transaktionsdaten erstellten die Auskunfteien Bonitätsbewertungen, die die Kreditinstitute dann nutzen konnten, um über die Ausweitung des Kreditlimits und gegebenenfalls den Zinssatz zu entscheiden. Sollten Sie schon mal einen Kredit für einen Autokauf oder eine Hypothek aufgenommen haben, wird Ihnen bekannt sein, wie wichtig die Bonität ist und welchen Einfluss sie hat. Die ersten Datenschutzvorschriften konzentrierten sich auf die Notwendigkeit, die Kriterien für die Bonitätsermittlung transparent zu machen, denn schon bald häuften sich Berichte über Fälle von rassistischer oder geografischer Diskriminierung.[29]

1974 verabschiedete der amerikanische Kongress den *Equal Credit Opportunity Act*, der eine Diskriminierung aufgrund des Geschlechts oder des Familienstands bei der Kreditvergabe untersagte. Dieses Gesetz wurde 1976 überarbeitet und um die Kriterien Rassenzugehörigkeit, Hautfarbe, Religionszugehörigkeit, Staatsangehörigkeit, Einkommensquelle und Alter erweitert. 1977 musste die *Federal Trade Commission* (FTC, US-Bundeshandelskommission) beträchtliche Ressourcen aufbringen, um die neuen Vorschriften auch durchzusetzen und die diskriminierenden Praktiken, die zur Verabschiedung des Gesetzes geführt hatten, erfolgreich zu bekämpfen.[30]

Heutzutage sind die Probleme bei der Verwendung von Kundendaten sehr viel zahlreicher und komplizierter. Die Kreditauskunfteien mussten sich mit Schwierigkeiten wie Identitätsdiebstählen oder Personenverwechslungen herumplagen, deren Aufklärung die Kunden manchmal Jahre kostet und unsäglichen Ärger bereitet.[31] Die Nutzung und der Missbrauch von Kundendaten durch die Kreditauskunfteien selbst sowie die auf sie angewiesenen Kreditgeber sind ebenfalls Gegenstand einer hitzigen Debatte. Praktiken wie zum Beispiel der aggressiven Kreditvergabe – der gezielten Ansprache von Kunden, die sich Kredite von Kreditgebern, die exorbitante Zinsen und Gebühren für säumige Raten verlangen, nicht leisten können – wurde zugeschrieben, zu wirtschaftlichen Ungleichheiten und sogar zu Marktinstabilitäten beizutragen.

Vor diesem Hintergrund wurde die FTC in den USA zum wichtigsten Akteur bei der Regulierung von Datenauskunfteien.

Die meisten Kunden scheinen bereit zu sein, für leicht zugängliche Kredite detaillierte Daten über ihr Einkaufsverhalten preiszugeben. Vielen ist dabei jedoch nicht bewusst, dass dieselbe Dynamik, die Kreditauskunfteien nutzen, auch bei den »kostenlosen« Informationsdienstleistern Anwendung findet – den in Kapitel 7 beschriebenen Datenaggregatoren. Wenn Sie schon einmal online nach einer Kamera, einem Buch oder irgendwelchen anderen Konsumgütern gesucht haben, ist Ihnen vielleicht aufgefallen, dass auf allen im Anschluss daran besuchten Webseiten Anzeigen für ebendiesen Produkttyp erscheinen. Hier tritt das datengetriebene Marketing in Aktion – und der Verkauf der dabei zugrunde liegenden persönlichen Daten über die Kunden ist für viele Plattformunternehmen eine beträchtliche Einkommensquelle.

Möglicherweise finden Sie diese maßgeschneiderte Werbung bereits ein wenig beunruhigend – noch beunruhigender sind allerdings einige der weniger offensichtlichen Verwendungsmethoden persönlicher Daten. Viele Firmen – sowohl Plattformunternehmen als auch andere – verfolgen das Internetnutzungsverhalten der Kunden, ihre finanziellen Transaktionen, Zeitschriftenabonnements, politische und gemeinnützige Spendenbeiträge und vieles mehr, um außerordentlich detaillierte individuelle Profile zu erstellen. Zusammengenommen können solche

Daten für ein sogenanntes *Cross-Marketing* eingesetzt werden, um Leute anzusprechen, die ähnliche Profile besitzen, etwa wenn das Empfehlungssystem einer Shopping-Website Ihnen mitteilt: »Kunden, die diesen Artikel gekauft haben, kauften auch ...« Aufgrund der Anonymität dieses Vorgangs finden die meisten Menschen das unbedenklich. Doch dieselben zugrunde liegenden Daten können – und werden – auch an zukünftige Arbeitgeber, Regierungsbehörden, Gesundheitsdienstleister und alle möglichen Händler verkauft. Persönlich zuordenbare Daten über heikle Themen wie die sexuelle Orientierung, die Einnahme verschreibungspflichtiger Medikamente, Alkoholismus und individuelle Aufenthaltsorte (die anhand der Ortungsdaten des Smartphones ermittelt werden) können bei Datenhändlern wie Acxiom erworben werden.[32]

Die von den Kunden geäußerten Bedenken hinsichtlich der Methoden der Datenhändlerbranche haben zu einer Reihe von Untersuchungen geführt – darunter auch einer umfangreichen Recherche der FTC, die in einem Bericht mit dem Titel »*Data Broker: A Call for Transparency and Accountability*« (Datenhändler: Ein Appell für Transparenz und Verantwortung) resultierte.[33] Tatsächlich wurde jedoch nur sehr wenig dafür getan, diese Praktiken zu verhindern, die viele für bedenklich halten.[34]

Skeptiker sind der Ansicht, dass die Datenschutzbedenken in Wahrheit vordergründig sind und verweisen darauf, dass die Kunden regelmäßig intime persönliche Daten über sich selbst in sozialen Medien wie LinkedIn und Facebook preisgeben und dass sie sich zunehmend »selbst instrumentalisieren«, indem sie Fitness-, Gesundheits- und Ernährungstools wie Fitbit, Jawbone und MyFitnessPal nutzen. Diese Plattformen verfügen zwar über für Kunden einsehbare Datenschutzrichtlinien, sie sind jedoch in einem knochentrockenen Juristenjargon verfasst, den kaum jemand liest. Die hohe Bereitschaft, mit der die Kunden Informationen über sich selbst auf Plattformen öffentlich preisgeben, legt nahe, dass sich nur wenige Leute wirklich leidenschaftlich mit den Fragen des Datenschutzes auseinandersetzen – und das macht es unwahrscheinlich, dass sich Regulatoren und Plattformbetreiber in absehbarer Zeit bei der Nutzung von persönlichen Daten zügeln.

Ein letzter Punkt, der den Datenschutz betrifft, ist die Frage des Dateneigentums. Datenaggregatoren und andere Firmen, die Zugang zu Datenbeständen haben, machen de facto einen Besitzanspruch auf Daten geltend, von denen man annehmen sollte, dass sie Privatpersonen gehören. Eine junge Frau namens Jennifer Lyn Morone hat sich eine provokative Methode einfallen lassen, um dieses Problem näher zu beleuchten: Sie hat sich selbst als Firma registriert, um einen Besitzanspruch auf den von ihr erzeugten Datenstrom geltend zu machen.[35] Unternehmen, die durch die Nutzung und den Verkauf persönlicher Daten Gewinne erzielen, werden Morones Geste wohl weder besonders amüsant noch überzeugend finden. Doch das Problem wird nicht einfach verschwinden. J.P. Rangaswami, bei der Deutschen Bank für Datenverarbeitung und -gewinnung zuständig, prognostiziert:

> *Während wir mehr über den Wert persönlicher und gemeinschaftlicher Daten in Erfahrung bringen, wird unser Ansatz die naheliegenden Beweggründe widerspiegeln. Wir werden lernen, diese Rechte weiterzuentwickeln und zu erweitern. Die wichtigste Änderung betrifft die gemeinschaftlichen (manchmal, aber nicht immer, öffentlichen) Informationen. Wir werden lernen, ihren Wert mehr zu schätzen; wir werden den Kompromiss zwischen persönlichen und gemeinschaftlichen Informationen zu würdigen wissen; wir werden uns auf dieses Wissen stützen, wenn es um Normen, Konventionen und Gesetzgebung geht.[36]*

In einer Welt, in der Daten gern als »das neue Erdöl« bezeichnet werden, ist klar, dass das Problem des Dateneigentums durch eine Kombination aus regulatorischen Maßnahmen, Gerichtsurteilen und Selbstregulierung der Branche gelöst werden muss.[37] Jeder neue Skandal, der das Bekanntwerden sensibler Daten betrifft – wie etwa 2014 die Enthüllung, dass bei Sony Pictures die Sehgewohnheiten von Millionen Usern öffentlich zugänglich waren –, wird den Druck erhöhen, Eigentumsrechte für Userdaten zu etablieren.[38] Durch diese Eigentumsrechte hätten die Opfer von Datenschutzverletzungen eine rechtliche Handhabe. Die Theorie lautet, dass die Unternehmen den Datenschutz ernster nehmen und handeln werden, um künftige Datenschutzverletzungen zu verhindern, wenn die Haftungssummen nur hoch genug sind.[39] In einigen Nischenmärkten werden solche Vereinbarungen über das Dateneigentum bereits entwickelt. So haben sich beispielsweise im November 2014 einige der größten agrarwirtschaftlichen Unternehmen und Organisationen, darunter Dow, DuPont, Monsanto und die *National Corn Growers Association* auf verschiedene grundlegende Prinzipien verständigt, die das Recht der Farmer festlegen, das Eigentum an den Daten über ihr Getreide zu beanspruchen und die Kontrolle darüber auszuüben.[40] Beachten Sie die Folgen: Sensordaten zur Verbesserung der Ernteerträge von Getreide könnten genauso gut für die Vorhersage von Sojabohnen-Futures genutzt werden. Diese zweite Art der Datenverwendung besitzt das Potenzial, erhebliche Werte zu schaffen, an denen die Dateneigentümer ein berechtigtes Interesse haben.

Staatliche Kontrolle der Informationsbestände. Die weltweite Erreichbarkeit über das Internet hat die Regulierung als solches erheblich verkompliziert. Die Entwicklung sinnvoller Regeln für die Rolle, die Staatsgrenzen bei geschäftlichen Transaktionen spielen, sowie das Aufspüren von Möglichkeiten, diese Regeln einheitlich und fair durchzusetzen, sind in einer elektronisch vernetzten Welt sehr viel schwieriger. Ein Beispiel für diese Problematik ist die Anwendung von Regeln, die die staatliche Kontrolle des Datenzugangs betreffen, auf Plattformunternehmen.

Wenn multinationale Firmen in weniger entwickelten Ländern expandieren, wird für gewöhnlich von ihnen verlangt, den Regeln der lokalen Wertschöpfung zu folgen, die dafür ausgelegt sind, die lokale Wirtschaft anzukurbeln und zu gewährleisten, dass ein Teil des vom neu angesiedelten Unternehmen erzielten Wirtschaftswachstums im Gastgeberland verbleibt und nicht ins Hauptquartier des multinationalen Unternehmens transferiert wird. Wenn etwa Unternehmen wie Siemens oder General Electric in afrikanischen Staaten der Sahelzone expandieren, sind sie oft angehalten, vor Ort Möglichkeiten für Aktivitäten wie Aus- und Weiterbildung sowie den Wartungs- und Instandhaltungsservice zu schaffen. Aus diesem Grund betreibt Siemens in Lagos (Nigeria) die *Siemens Power Academy*, in der Techniker für die Energieversorgungsindustrie ausgebildet werden.

Einige Beobachter halten es für möglich, dass die Regeln der lokalen Wertschöpfung auf Datendienste ausgeweitet werden – es wäre dann beispielsweise erforderlich, dass geschäftliche Daten lokal gespeichert und verarbeitet werden, nicht mehr international. Sollte sich dieses Prinzip durchsetzen, könnte das den Wert der betroffenen Daten erheblich schmälern. Wenn beispielsweise die auf der ganzen Welt verteilten Turbinenkraftwerke von Siemens oder General Electric in einem einzigen Netzwerk zusammengefasst werden, um Daten zu sammeln und auszuwerten, könnte dies die Grundlage für eine vergleichende Analyse bilden, die für jede Turbine ein einzigartiges »Nutzungsprofil« liefert. Das würde es den Datenanalysten erlauben, genauere Vorhersagen über die Leistung der Turbinen zu treffen und angepasste Wartungspläne zu entwickeln, die sowohl dem Hersteller als auch den Kunden Kosten ersparen würden. Dazu wäre es allerdings erforderlich, große Datenmengen für eine Echtzeitverarbeitung zu erfassen – ein Datenzugriff, der aufgrund der Vorschriften zur lokalen Datenverarbeitung nicht erlaubt wäre. Hierbei handelt es sich um ein schönes Beispiel für die Art von regulatorischen Beschränkungen, die Regierungen im Lichte der Möglichkeiten, die Plattformökosysteme bieten, neu überdenken sollten.[41]

Das Datenschutzrecht in Europa könnte in mancher Hinsicht auch als »Daten-Nationalismus« bezeichnet werden. Hier wurden Regeln für den Datenfluss aufgestellt, die vorgeblich dem Schutz der Privatsphäre dienen sollen. Dies hat in der Konsequenz zu einem Sammelsurium von dezentralisierten, regionalen Rechenzentren und einer Fragmentierung der Daten geführt, die durchaus für kommerzielle Zwecke genutzt werden könnten, sofern man sie denn zusammenlegen würde. In den USA gibt es 42 milliardenschwere Start-ups, in der EU jedoch nur 13.[42] Die im europäischen Raum fehlende Möglichkeit, Netzwerkeffekte zu nutzen, könnte einer der Gründe dafür sein. Neuere Untersuchungen legen nahe, dass dieses Datenschutzsystem der EU bereits spürbare wirtschaftliche Folgen hat. Beispielsweise sind Firmen, die Werbebotschaften platzieren, auf durch Big Data gewonnene Erkenntnisse angewiesen, um ihre Entscheidungen zu optimieren. Sie sind in der EU allerdings bei Weitem nicht so effektiv wie in ähnlich wohlhabenden außereuropäischen Regionen, in denen weniger restriktive Regeln für die Datenverwaltung gelten, wie etwa in den USA.[43]

Steuerpolitik. Die Steuerpolitik gehört zu den umstrittensten Fragen im Zusammenhang mit der Regulierung von Plattformen. Während schnell wachsende Plattformen, die landesweit oder sogar weltweit geschäftlich tätig sind, die Wirtschaft umstrukturieren und zahllose »Tante-Emma-Läden« vom Markt verdrängen, stellt sich die Frage, wer von den anfallenden Steuereinnahmen profitieren soll. Sollten die Steuern am Ort eines zentralen Anbieters fällig werden? Oder beim Endkunden? Die wirtschaftlichen und politischen Auswirkungen von Fragen wie diesen sind erheblich.

Als weltweit zweitgrößter Einzelhändler (gemessen an den Umsätzen) ist Amazon hierfür ein Musterbeispiel. In den meisten Ländern, in denen das Unternehmen tätig ist, wird eine Umsatzsteuer erhoben, die es von allen Kunden verlangen muss. Der aberwitzige Flickenteppich von staatlichen und lokalen Steuern in den USA eröffnet Amazon jedoch Möglichkeiten, die fälligen Steuern zu minimieren und dadurch den »gefühlten« Preis der Artikel so niedrig wie möglich zu halten. Das Unternehmen hat sich mit zahllosen staatlichen Regulierungsbehörden und bundesstaatlichen Gesetzgebern wegen steuerlichen Fragen auseinandergesetzt und sich häufig geweigert, Steuern weiterzuberechnen, sofern es nicht durch eigens dafür verabschiedete neue Gesetze dazu gezwungen wurde. Amazon behauptet, in manchen Bundesstaaten keine hinreichend »legale Präsenz« zu unterhalten, als dass die Zahlung einer Umsatzsteuer gerechtfertigt sei, obwohl dort Lagerhäuser und Versandzentren betrieben werden. In einigen Fällen hat Amazon auch Bundesstaaten gegeneinander ausgespielt. Beispielsweise wurde Indiana offenbar für die Verabschiedung eines Gesetzes, das Amazon von der Erhebung einer Umsatzsteuer befreit, dadurch belohnt, dass das Unternehmen nicht weniger als fünf Lagerhäuser in dem Bundesstaat betreibt. Heute führt Amazon in 23 Bundesstaaten der USA, darunter auch in einigen der größten, Umsatzsteuer ab, konnte sich andernorts aber bislang erfolgreich dagegen wehren.[44]

Dasselbe Problem gibt es auch bei anderen Online-Plattformen, wie etwa Upwork, das seinerseits für ein niedrigeres regionales Steueraufkommen verantwortlich ist, weil es lokale Arbeitsvermittler vom Markt verdrängt. Man sollte meinen, dass die internationale Reichweite von Online-Plattformen traditionelle örtliche und bundesstaatliche Steuervorschriften überflüssig machen und ein landesweit gültiges Steuerrecht die naheliegende und logische Lösung wäre. Allerdings erscheint es Mitte der 2010er-Jahre äußerst unwahrscheinlich, dass der US-Kongress, der steuerlichen Regulierungen bekanntlich ablehnend gegenübersteht, ein solches Gesetz verabschiedet.

Die zweitbeste Lösung wäre ein Gesetz, das es den Bundesstaaten erleichtert, eine Umsatzsteuer für online gekaufte Waren zu erheben, deren Verkäufer nicht im Bundesstaat ansässig ist. Ein solches Gesetz wurde dem Kongress seit 2010 tatsächlich schon mehrmals vorgelegt. Eine frühe Version, die den Titel *Main Street Fairness Act* trug, gelangte allerdings nicht über das Ausschussverfahren hinaus – nicht zuletzt dank der von Amazon-Vertretern geleisteten Lobbyarbeit gegen die Verabschiedung.

Eine neuere Version namens *Marketplace Fairness Act* wurde im Mai 2013 zwar vom Senat verabschiedet, nicht aber vom Repräsentantenhaus. Dann kam es zu einer bemerkenswerten Wendung: Der *Marketplace Fairness Act* wurde von Amazon öffentlich *unterstützt* (wie auch von dem Einzelhandelsriesen Walmart)! Der wahrscheinliche Grund für diese Kehrtwende: Da Amazon inzwischen für die meisten verkauften Waren Umsatzsteuer abführt, würde es von einem vereinfachten Umsatzsteuersystem profitieren, das in gleicher Weise auf alle Internethändler anwendbar ist – und damit auch auf die vielen kleineren Konkurrenzunternehmen, für die es derzeit gut läuft, weil sie für die meisten ihrer Verkäufe nur wenig oder gar keine Umsatzsteuer abführen müssen. Hierbei handelt es sich um ein klassisches Beispiel dafür, wie regulatorische Debatten, in denen man sich auf noble Konzepte wie Fairness, Freiheit und die Unantastbarkeit des Marktes beruft, letzten Endes zu einem kleinlichen Gezänk um Dollars und Cents werden – und wie die verschiedenen Akteure versuchen, bei der Gesetzgebung ihren politischen Einfluss geltend zu machen.

Arbeitsrechtliche Vorschriften. Die Betreiber von Jobbörsen beschreiben ihre Systeme für gewöhnlich als Vermittlungsplattformen, die Arbeitskräfte und die Nachfrage nach Dienstleistungen zusammenbringen. So gesehen, sind die Leute, die sich bei Uber, TaskRabbit und Mechanical Turk registrieren, um Aufträge zu erhalten, tatsächlich unabhängige Auftragnehmer – und sobald erst mal eine Interaktion zwischen den Teilnehmern zustande gekommen ist, trägt die Plattform kaum rechtliche (oder moralische) Verantwortung für die Teilnehmer auf beiden Seiten.

Aus der Perspektive der Regulatoren, denen es obliegt, das Wohlergehen der arbeitenden Männer und Frauen zu gewährleisten, ist diese Sichtweise allerdings fragwürdig. In der traditionellen Welt der Offlineunternehmen sorgen Firmen, die Vollzeitstellen für Festangestellte aus rechtlichen und regulatorischen Gründen als Vertragsarbeit ausschreiben, regelmäßig für negative Schlagzeilen. Beispielsweise hat FedEx im August 2014 einen an einem Bundesgericht verhandelten Fall verloren, bei dem es um 2.300 Vollzeitkräfte in Kalifornien ging, die nicht als Festangestellte, sondern als Vertragsarbeiter beschäftigt wurden. Diese nach dem Urteil des Gerichts illegale Praktik führte zu einer unrechtmäßigen Minderung der für FedEx geltenden Verpflichtungen bezüglich Sonderleistungen, Überstundenabgeltung, Sozial- und Krankenversicherungsbeiträgen und auch der Erstattung von Kosten für Berufskleidung, z.B. Uniformen. (FedEx hat angekündigt, gegen das Urteil Berufung einzulegen.)[45]

Die Betreiber von Jobbörsen müssen die Entwicklung der Regulierungsmaßnahmen auf diesem Gebiet genau im Auge behalten. Während die Bereitschaft von Regierungsbehörden und Gerichten, weitverbreitete Geschäftspraktiken auf den Prüfstand zu stellen, ebenso wie deren individuelle Einstellungen zu diesem Thema variieren, betrachten viele Menschen Beschäftigungsmodelle, die offenkundig dafür ausgelegt sind, Unternehmen von jeglicher Verantwortung für das Wohlergehen ihrer Mitarbeiter zu befreien, höchst kritisch.

Vielleicht ebenso wichtig ist, dass die Reputation von Jobbörsen in der öffentlichen Meinung schon ernsthaften Schaden genommen hat – wie sich an den mehr als einer Million Suchtreffern zeigt, die Google als Resultat auf die Eingabe von INTERNET SWEATSHOP (Internet-Ausbeutungsbetrieb) liefert, darunter viele respektable und seriöse Medien.[46] Langfristig kann die öffentliche Ablehnung des üblichen Geschäftsgebarens den Wert einer Marke ernsthaft schädigen – was bedeutet, dass die öffentliche Meinung manchmal als inoffizielle regulatorische Autorität in Erscheinung tritt, der die Plattformbetreiber besser Beachtung schenken sollten.

Zudem gibt es Grenzen, in welchem Maße sich Jobbörsen ihrer Verantwortung für die Geschäftspraktiken bei der Beauftragung, Überprüfung, Ausbildung und Überwachung von Arbeitskräften entziehen können – auch wenn sie rein rechtlich als Vertragsarbeitskräfte gelten. So hat beispielsweise Uber beträchtliche Kritik einstecken müssen, weil seine Fahrer angeblich Fahrgäste sexuell belästigt haben sollen.[47] Zu einem Zeitpunkt, an dem sich Uber mit der traditionellen Taxibranche in einer erbitterten Auseinandersetzung über Regulierungsmaßnahmen befindet, kann sich das Unternehmen wohl kaum den Verdacht unredlicher Arbeitspraktiken leisten.

Von ganz anderer Art ist die Herausforderung, die das Aufkommen von Jobbörsen für die Regulatoren bei der Einschätzung und Beurteilung der landesweiten und lokalen Arbeitsmärkte darstellt. Dank Multihoming können Freelancer im Laufe eines Tages beliebig zwischen verschiedenen Plattformen wechseln – beispielsweise können Fahrer sowohl für Uber als auch für Lyft tätig sein. Für die Regierungsbehörden verkompliziert sich dadurch die exakte Erfassung von Arbeitsmarkt- und Arbeitslosigkeitsdaten, die jedoch wiederum in wirtschaftspolitischen Debatten eine große Rolle spielen – und bei anhaltendem Wachstum der Jobbörsen wird dieses Problem zunehmend an Bedeutung gewinnen.

Potenzielle Manipulation von Verbrauchern und Märkten. Wenn Plattformen groß genug sind, besitzen sie das Potenzial, nicht mehr bloß Marktteilnehmer zu sein, die in effizienter Art und Weise das vorhandene Angebot und die vorhandene Nachfrage zusammenführen, sondern tatsächlich dazu überzugehen, auf der Grundlage ihrer Größe und Reichweite einzelne User oder sogar ganze Märkte aktiv zu manipulieren.

Es gibt beunruhigende Anzeichen dafür, dass diese Entwicklung bereits eintritt. Die Einzelhandelsplattform Amazon verfügt über einen derart großen Marktanteil am Online-Buchhandel, dass sich selbst die größten Verlage gezwungen sehen, Geschäftsbedingungen zu akzeptieren, die sie ansonsten als unzumutbar zurückgewiesen hätten. Während eines siebenmonatigen Streits mit Amazon über die Preisgestaltung musste die französische Hachette Book Group – eins der weltweit größten Verlagshäuser – feststellen, dass Online-Verkäufe ihrer Bücher verzögert und die »Jetzt vorbestellen«-Buttons bei einigen Titeln entfernt wurden. Da Vorbestellungen für die Beurteilung, ob ein Buch zum Bestseller wird, eine wichtige Rolle spielen, beeinträchtigte dieser Schritt vonseiten Amazons den langfristigen Erfolg einer Reihe von Hachette-Publikationen. Schließlich einigten sich beide Seiten im November 2014 offenbar auf einen Kompromiss, ohne dass einer der Beteiligten den Sieg für sich reklamierte.[48]

Facebook-User und Datenschutzexperten waren gleichermaßen bestürzt, als im Juni 2014 enthüllt wurde, dass zwei Jahre zuvor im Rahmen eines psychologischen Forschungsexperiments die Newsfeeds von fast 700.000 Mitgliedern absichtlich manipuliert worden waren. Die Forscher, darunter Jeffrey Hancock, Professor an der Cornell University, sowie einige Facebook-Mitarbeiter, hatten die Nachrichtenstreams dahingehend verändert, dass sie jeweils besonders viele oder besonders wenige entweder positive oder negative Beiträge enthielten. Dem Ergebnis der Studie zufolge zeigen die Postings von den Facebook-Usern als Reaktion darauf, dass »emotionale Zustände durch emotionale Ansteckung auf andere übertragbar sind und dazu führen, dass die Betroffenen dieselben Emotionen wahrnehmen, ohne sich dessen bewusst zu sein.«[49]

Wenn sich die Beeinflussung auf politische Geschehnisse bezieht, steht allerdings schon mehr auf dem Spiel. In einer Studie mit 61 Millionen Facebook-Usern veranlassten Newsfeeds, die einen positiven sozialen Druck ausübten, im Verhältnis zu einer Kontrollgruppe, die keine solchen Nachrichten erhalten hatten, rund 2 Prozent mehr Menschen zur Teilnahme an einer Wahl (zumindest behaupteten sie, teilgenommen zu haben). Tatsächlich erhöhten die Facebook-Benachrichtigungen die Wahlbeteiligung direkt um etwa 60.000 Leute und indirekt (durch emotionale Ansteckung) um weitere rund 280.000.[50] Es gibt zwar keinen Beweis dafür, dass sich der Wahlausgang dadurch verändert hätte, aber es ist durchaus vorstellbar, dass bei einem Kopf-an-Kopf-Rennen 2 Prozent wahlentscheidend sind.

Das ist eine interessante Erkenntnis – die Werbetreibende bei Facebook sowie andere Instanzen, die das Verhalten und die Ansichten einer Vielzahl von Menschen beeinflussen möchten, vermutlich nützlich finden werden. Allerdings wurden diese Untersuchungen ohne das Wissen oder die Zustimmung der Betroffenen durchgeführt. Und nicht alle diese Studien wurden vorher von irgendeinem Aufsichtsgremium abgesegnet, was bei Untersuchungsreihen mit menschlichen Beteiligten im Normalfall eigentlich erforderlich ist. Außenstehende Experten reagierten darauf, indem sie die Ethik und sogar die Rechtmäßigkeit der Vorgehensweise von Facebook infrage stellten. Während der nachfolgenden Proteste kündigte der CTO des Unternehmens, Mike Schroepfer, an, dass künftig ein »verbessertes Prüfverfahren« stattfinde, bevor Untersuchungen durchgeführt werden, die heikle emotionale Fragen zum Thema haben.[51]

In einem dritten Fall wurde Uber im Juli 2015 in eine Kontroverse verwickelt, als ein von den FUSE Labs (eine von Microsoft gesponserte Forschungseinrichtung) finanziertes Team von der Existenz sogenannter »Phantom-Taxis« in der Uber-App berichtete – Fahrzeuge, die sich scheinbar ganz in der Nähe des Aufenthaltsortes eines Fahrgastes befanden, in Wahrheit aber gar nicht vorhanden waren. Ein Uber-Sprecher erklärte, dass es sich bei diesen Erscheinungen lediglich um einen »visuellen Effekt« handele, dem die Fahrgäste keine Beachtung schenken sollten, doch einige Fahrer und Kunden äußerten den Verdacht, dass es sich um ein bewusstes Täuschungsmanöver handeln könnte, das die Fahrgäste glauben machen sollte, die Uber-Taxis seien näher, als dies tatsächlich der Fall war. Es gab auch Berichte über visuelle Anomalien in der Uber-App, die den irreführenden Eindruck von einer besonders hohen Nachfrage in der betreffenden Gegend erweckten, wodurch dem Fahrgast gegenüber in gewisser Weise höhere Preise gerechtfertigt wurden.

Den Angaben der FUSE-Forscher zufolge lernen sowohl die Fahrer als auch die User des Dienstes allmählich, das System auszutricksen und sich nicht mehr von Ubers ungenauen visuellen Daten in die Irre führen zu lassen. Ihre Schlussfolgerung lautet: »Ubers Zugang zu den Positionsdaten von Fahrgästen und Fahrern in Echtzeit macht die Uber-App zu einer der effizientesten und nützlichsten, die das Silicon Valley in den letzten Jahren hervorgebracht hat. Aber wenn Sie die App starten und glauben, auf dieselben Informationen wie Uber selbst zugreifen zu können, täuschen Sie sich: Sowohl die Fahrer als auch die Fahrgäste bekommen nur einen Teil des Gesamtbildes zu sehen.«[52]

Fälle wie diese belegen, was für ein breites Spektrum an Möglichkeiten sehr populären Plattformen zur Verfügung steht, um ihre Marktmacht und ihren Zugang zu großen Datenmengen zu nutzen, um User ohne ihr Wissen und ohne ihre Zustimmung in die Irre zu führen und deren Verhalten zu manipulieren. Für Plattformbetreiber dürfte die Versuchung, solche Praktiken einzusetzen, um potenzielle wirtschaftliche Vorteile zu erzielen, ziemlich groß sein. Ethisch fragwürdiges Verhalten zu definieren, klare und vernünftige Regeln aufzustellen, die es verhindern, und diese Regeln ohne übertriebene Zudringlichkeit und Bürokratie durchzusetzen – all diese Aufgaben stellen für die Regulatoren eine enorme Herausforderung dar.

Ist die Zeit für Regulierung 2.0 gekommen?

Einige Fachleute sind der Ansicht, dass mit dem Anbruch des Informationszeitalters, in dem große Mengen vormals unzugänglicher Daten zur Auswertung, Analyse und geschickten Entscheidungsfindung zur Verfügung stehen, die traditionellen Regulierungsansätze vollkommen neu durchdacht werden müssen. Nick Grossman, Gründer, Investor und ehemals Wissenschaftler am *MIT Media Lab*, fordert eine Abkehr von der heutigen Regulierung 1.0, die ihren Schwerpunkt auf Vorschriften, Zertifizierungsvorgänge und Gatekeeping legt, und stattdessen ein neues System einzuführen, das er als *Regulierung 2.0* bezeichnet, welches auf offenen Innovationen beruht und durch datengetriebene Transparenz und Verantwortung in Zaum gehalten wird.[53] Beide Regulierungssysteme verfolgen die gemeinsame Zielsetzung, Vertrauen zu schaffen sowie Fairness, Sicherheit und Schutz zu gewährleisten – die zu diesem Zweck eingesetzten Mittel unterscheiden sich jedoch sehr.

Grossman ist der Ansicht, dass eine auf Zugangsbeschränkungen beruhende Regulierung nur dann sinnvoll ist, wenn Informationen knapp sind. Früher war es für Verbraucher schwierig oder unmöglich, genaue Informationen über das sichere Fahrverhalten eines bestimmten Taxifahrers oder die Qualität eines bestimmten Hotels in Erfahrung zu bringen. Aus diesem Grund haben die meisten Regierungen Maßnahmen ergriffen, um Taxifahrer überprüfen und zertifizieren sowie die Sicherheit und Reinlichkeit von Hotelunterkünften überwachen zu können.

Doch in einer Welt, in der Informationen im Überfluss vorhanden sind, ist eine auf datenbasierter Haftung beruhende Regulierung sinnvoller. Firmen wie Uber und Airbnb kann der Geschäftsbetrieb gestattet werden, wenn sie im Gegenzug Zugang zu ihren Daten gewähren. Da es dann möglich ist, genau nachzuvollziehen, wer wann was getan hat, können User und Regulatoren sowohl einzelne Verantwortliche als auch die Plattformunternehmen selbst im Nachhinein für ihr Verhalten zur Rechenschaft ziehen. Uber-Kunden können Fahrerbewertungen nutzen, um zu entscheiden, ob sie eine bestimmte Fahrt antreten oder nicht. Airbnb-Kunden können Gastgeberbewertungen nutzen, um eine sichere und gemütliche Übernachtungsmöglichkeit zu finden. Und beide Unternehmen können durch die Regulatoren sanktioniert oder sogar geschlossen werden, wenn ihre Aktivitäten den Erwartungen der Öffentlichkeit hinsichtlich Sicherheit und Fairness nicht entsprechen.

Nach Grossmans Plänen für die Regulierung 2.0 würden Regierungsbehörden ganz anders als heute vorgehen. Statt Regeln für den Zugang zum Markt aufzustellen, bestünde ihre wichtigste Aufgabe darin, im Nachhinein Transparenz herzustellen. Grossman stellt sich vor, dass eine Stadtregierung auf das Erscheinen von Uber mit der Verabschiedung einer Verordnung folgenden Inhalts reagiert: »Fahrdienstanbieter müssen sich keinen Regulierungsmaßnahmen unterwerfen, sofern sie Folgendes implementieren: ein mobiles Disponierungssystem, e-Hailing (das Rufen/Anfordern per Computer oder Smartphone), elektronische Zahlungssysteme, Rundum-Bewertungen von Fahrern und Fahrgästen sowie eine offene API zur öffentlichen Überwachung der Systemleistung in Bezug auf Fairness, Zugänglichkeit, Leistung und Sicherheit.«[54]

Für politische Entscheidungsträger ist es zweifelsohne sinnvoll, nach Wegen zu suchen, Vorteile aus den von Online-Geschäften – insbesondere auch durch den Aufstieg der Plattformen – erzeugten enormen Datenströmen zu ziehen, indem neue Systeme zur Überwachung und Regulierung wirtschaftlicher Aktivitäten entwickelt werden. In einigen Bereichen kann eine ggf. auch gesetzlich verordnete verbesserte Transparenz die traditionellen Formen der Regulierung ausgezeichnet ergänzen oder sogar ersetzen, die mit staatlichen Interventionen verbundenen Kosten senken und die Trägheit verringern sowie Innovationen fördern.[55] Die gesetzlich vorgeschriebene Angabe von Lebensmittelnährwerten, Sicherheitsbewertungen von Kraftfahrzeugen und der Energieeffizienzklassen von Elektrogeräten haben beispielsweise Millionen Verbrauchern dabei geholfen, klügere Kaufentscheidungen zu treffen und spornen Unternehmen an, die Qualität ihrer Produkte zu steigern.[56]

Der Schwerpunkt, den Grossman auf die Fähigkeit der Transparenz legt, um in der Community hohe Verhaltensstandards zu fördern, ist im Informationszeitalter von besonderer Bedeutung. Hier besteht eine interessante Analogie zu den Ideen, die Richard Stallman vertritt, der Programmierer-Aktivist und führende Kopf der »Free Software«-Bewegung. Stallman verweist darauf, dass es zu den Vorzügen »freier« (oder quelloffener) Software gehört, dass man den Code eingehend untersuchen und somit sehen kann, was er eigentlich bewirkt. Das werden natürlich nur Experten tun, aber wer die Gelegenheit wahrnimmt, kann eine wohldurchdachte Entscheidung über die Vor- und Nachteile des Programms treffen und, falls erforderlich, die Öffentlichkeit auf gefundene Probleme aufmerksam machen. Softwarecode ermöglicht es einer Firma, Kunden auszuspionieren, zu hintergehen oder ihre Daten zu veruntreuen. Wenn man den Code jedoch frei zugänglich macht, werden Probleme schnell entdeckt und das wird hoffentlich zu ihrer Korrektur führen.[57]

In diesem Sinne ähnelt freie Software dem Recht auf freie Meinungsäußerung, das den Amerikanern durch die *Bill of Rights* garantiert wird – in den richtigen

Händen können beide zur Bekämpfung von privaten oder öffentlichen Rechtsbrüchen dienen. Gleiches gilt für die Plattformdaten, auf die Grossmans neues Regulierungssystem angewiesen ist. Louis Brandeis, Anfang bis Mitte des 20. Jahrhunderts Richter am Obersten Gerichtshof der Vereinigten Staaten, hat das in einem berühmten Ausspruch zusammengefasst: »Sonnenlicht soll ja das beste Desinfektionsmittel sein, und elektrisches Licht der leistungsfähigste Schutzmann.«

Natürlich ist es unwahrscheinlich, insbesondere kurzfristig, dass eine vollständige Ersetzung der traditionellen Regulierung durch ein neues, informationsgestütztes System zu für die Mehrheit der Bürger akzeptablen Ergebnissen führt. Ob tatsächlich die meisten Familien damit einverstanden wären, auf staatliche Kontrollen in Lebensmittel verarbeitenden Betrieben zu verzichten, wenn nur Statistiken über bestimmten Betrieben zuordenbare Todesfälle durch Salmonellen und Trichinen verfügbar wären? Wenn es um Leben und Tod geht, sind traditionelle Standardisierungs- und Zertifizierungssysteme besser zur Gewährleistung geeignet, dass die Verbraucher unbesorgt Waren und Dienstleistungen konsumieren können, und es ist kaum vorstellbar, dass die meisten Verbraucher diese Systeme vollständig beseitigen wollen.

Ein effektives System einer Regulierung 2.0 würde darüber hinaus eine beträchtliche Umstrukturierung der staatlichen Regulierungsbehörden und eine komplizierte Überarbeitung der gesetzlichen Vorschriften erfordern. Wie der am Anfang des Kapitels beschriebene Fall offensichtlicher Kunden- und Marktmanipulation zeigt, darf man nicht unbedingt darauf vertrauen, dass sich Plattformunternehmen einheitlich transparent und verlässlich verhalten, wenn ihr Handeln nicht von unabhängigen Außenstehenden überwacht wird. Dabei könnte es sich um bei den Regierungsbehörden beschäftigte Experten oder um Mitarbeiter von konkurrierenden Unternehmen handeln, die sich den offenen Zugang zu den Daten zunutze machen, um das Verhalten ihrer Wettbewerber zu untersuchen und Verstöße gegen Vorschriften zu melden. In beiden Fällen wäre eine Regulierung 2.0 dennoch wohl mit ziemlichem Aufwand und hohen Kosten verbunden.

Grossman verweist auf die Arbeit von Carlota Perez, die beschreibt, wie »große technologische Wellen tiefgreifende Änderungen im Hinblick auf Unternehmen, Beschäftigte und Kompetenzen« herbeiführten und »alte Gewohnheiten wie ein Wirbelwind hinwegfegten«. Perez ist außerdem der Ansicht, dass diese Wellen auch entsprechende Anpassungen der Regulierungssysteme erfordern – und Grossman behauptet, dass der Anbruch des Informationszeitalters die letzte dieser Wellen darstellt.[58]

Die Vorstellung, dass das Informationszeitalter – inklusive des Aufstiegs der Plattformen – einen Paradigmenwechsel darstellt, der Auswirkungen auf jeden Winkel der Gesellschaft hat, auch auf die staatliche Regulierung, ist nicht von der

Hand zu weisen. Aber Perez beschreibt, so Grossman, die großen Wellen als Änderungszyklen, die sich im Laufe von etwa fünfzig Jahren abspielen. Das kommt ungefähr hin – und legt nahe, dass Zeit erforderlich ist, um in Erfahrung zu bringen, wie genau das traditionelle Regulierungssystem zugunsten eines Systems wie der Regulierung 2.0 gefahrlos entsorgt werden kann. In vielen Fällen werden wir womöglich zu dem Schluss gelangen, dass die Beibehaltung zumindest eines Teils des derzeitigen, auf Genehmigungen beruhenden Systems, dessen Effektivität gleichzeitig durch den Einsatz genehmigungsfreier datengetriebener Systeme erweitert wird, zu den besten Ergebnissen führt.

Unser Rat an Regulatoren

Am Anfang dieses Kapitels haben wir den grundlegenden Kompromiss zwischen privater Governance und staatlicher Regulierung beschrieben. Die Unternehmensführung handelt, um die das Firmeninteresse beeinträchtigenden negativen externen Effekte zu verringern. Plattformbetreiber sind in der Regulierung des auf der Plattform stattfindenden Marktversagens sehr versiert, weniger jedoch mit der Regulierung des Marktversagens jenseits der Plattform vertraut. Die Erfahrung zeigt, dass Firmen für gewöhnlich schnell auf sich wandelnde Technologien und Marktbedingungen reagieren können, sie versuchen im Allgemeinen aber üblicherweise nicht, das soziale Wohlergehen zu maximieren, sofern sie nicht durch den Druck der öffentlichen Meinung oder regulatorische Beschränkungen dazu gezwungen werden.

Andererseits sollte sich die staatliche Regulierung auf die Wahrung der Interessen der breiten Öffentlichkeit und der Privatwirtschaft konzentrieren. Sie kann Instrumente zur Rechtsdurchsetzung wie Durchsuchungsbefehle, zivilrechtliche Pfändungen und Gerichtsbeschlüsse nutzen. Leider lassen sich Regulierungsbehörden vereinnahmen, insbesondere in Staaten mit schwachen Demokratien und Regierungen, die von den Bürgern kaum kontrolliert werden. Als Hüter des öffentlichen Interesses ist also weder die private Governance noch die staatliche Regulierung narrensicher.

Politischen Entscheidungsträgern, die sich der anspruchsvollen Aufgabe angenommen haben, traditionelle Regulierungssysteme an die neuen Gegebenheiten anzupassen, empfehlen wir zwei Handlungsrahmen. Der erste stammt von den beiden Ökonomen Heli Koski und Tobias Kretschmer und legt nahe, dass es Ziel der öffentlichen Politik sein sollte, die Markineffizienzen, zu denen es in Branchen mit starken Netzwerkeffekten kommen kann, zu minimieren. Dabei sollte zwei Arten von Markineffizienzen besondere Beachtung geschenkt werden: zum einen dem Missbrauch von Vormachtstellungen und zum anderen dem Versäumnis, neue und bessere Technologien zu adaptieren, sobald sie verfügbar werden.[59]

Der zweite Handlungsrahmen, der von David S. Evans entwickelt wurde, sieht einen aus drei Schritten bestehenden Prozess vor, um zu testen, wie wünschenswert staatliche Regulierungsmaßnahmen sind. Der erste Schritt besteht darin zu überprüfen, ob auf der Plattform ein funktionierendes internes Governance-System eingerichtet ist. Im zweiten Schritt wird geprüft, ob das Governance-System vornehmlich dazu dient, für die Plattform schädliche negative externe Effekte (wie das kriminelle Verhalten von Usern) zu reduzieren oder aber dazu, den Wettbewerb zu schwächen bzw. eine dominante Marktposition auszunutzen. Wenn die Firma das System hauptsächlich zur Abwehr negativer externer Effekte einsetzt, ist kein weiterer Schritt erforderlich. Fördert das System jedoch wettbewerbsfeindliche Praktiken, ist ein dritter und letzter Schritt nötig. Hier ist zu prüfen, ob das wettbewerbsfeindliche Verhalten schwerer wiegt als der positive Nutzen des Governance-Systems. Ist dies der Fall, liegt ein Regelverstoß vor und eine regulatorische Maßnahme ist notwendig. Wenn nicht, muss nichts weiter unternommen werden.[60]

Befürworter geringer Regulierung werden vermutlich fordern, die Anwendung staatlichen Drucks auf Plattformunternehmen einzuschränken, insbesondere in der Anfangsphase. Schließlich, so könnten sie argumentieren, ist der Schaden, der dem Markt oder der breiten Öffentlichkeit durch ein in der Anfangsphase befindliches Unternehmen zugefügt wird, wahrscheinlich relativ gering, insbesondere im Vergleich mit den potenziellen positiven Effekten, die mit Innovationen, der Entwicklung neuer Geschäftsmodelle und dem wirtschaftlichen Wachstum einhergehen. Die Regeln können auch später noch strikter angewendet werden, wenn die Plattform so weit gewachsen ist, dass Vor- und Nachteile der Regulierung in einem vernünftigen Verhältnis stehen.

In der Anfangsphase gab es bei YouTube eine inoffizielle Richtlinie (die das Unternehmen allerdings nie eingestanden hat), die es erlaubte, urheberrechtlich geschütztes Material auf die Website hochzuladen. Als YouTube wuchs, nahmen die Bedenken über den laxen Umgang mit geistigem Eigentum zu und setzten das Unternehmen unter Druck, strengere Regeln einzuführen. Im Laufe der Zeit wurden dann Mechanismen zur Vergütung der Rechteinhaber ausgearbeitet, und heute gibt es zahlreiche Musiker, die mit ihrem YouTube-Kanal beträchtliche Einnahmen erzielen.

Dieser Ansatz stellte jedoch nicht alle zufrieden. Der Harvard-Professor Benjamin Edelmann beobachtete Folgendes:

Wenn wir Technologieunternehmen erlauben, zuerst zu launchen und erst später Fragen stellen, fordern wir Fehlverhalten geradezu heraus ... Womöglich gibt es in einigen Bereichen tatsächlich überflüssige oder veraltete Regulierungsmaßnahmen. Wenn das der Fall ist, dann sollten wir sie durch ordentliche demokratische Prozesse beseitigen. Wenn wir jedoch zulassen, dass einige wenige Firmen die Regeln miss-

achten, dann bestrafen wir de facto die gesetzestreuen und ermöglichen gleichzeitig den weniger gesetzestreuen Mehreinnahmen. Das ist mit Sicherheit kein Geschäftsmodell, auf das die Kunden nur gewartet haben.

Zum Schluss dieses Kapitels geben wir Ihnen noch einige allgemeine Prinzipien der Regulierung mit auf den Weg.

Wir hoffen, dass die Regulatoren wann immer möglich Korrekturen an den Gesetzen vornehmen, die eine schnellere Anpassung an technologische Veränderungen ermöglichen. Veraltete Regulierungspraktiken wie die Beurteilung von Verdrängungspreisen ohne Berücksichtigung von Netzwerkeffekten sind für neue Technologien und Geschäftsmodelle schlicht und einfach ungeeignet. Die Regulierung muss die jüngsten Fortschritte der Wirtschaftstheorie berücksichtigen, die zeigen, dass Firmen auch dann eine Gewinnmaximierung betreiben können, wenn sie bestimmte Produkte oder Dienstleistungen kostenlos anbieten.

Darüber hinaus sollten die Regulatoren handeln, um die Möglichkeiten für Arbitragen zu verringern. In Anbetracht der Tatsache, dass sich die Anzahl der Taxilizenzen in New York City seit 1937 nicht geändert hat, sollte niemand überrascht sein, dass sich ein alternativer Markt entwickelt, um diese regulatorische Hürde zu nehmen. In diesem Sinne ist Uber die Antwort auf ein durch Regulierung verursachtes Marktversagen – ebenso wie die schwarz betriebenen Taxis, die sich lange der Kontrolle durch Regulierung entzogen haben.

Märkte, die nur funktionieren, wenn die Kunden über korrekte Informationen verfügen, stellen einen weiteren Bereich dar, der den Regulatoren Verbesserungspotenzial für die neuen Technologien bietet. Die Zapfsäulen von Tankstellen müssen schon seit Langem geeicht sein, für Restaurants gibt es Hygieneprüfungen und Gebäude werden auf ihre Sicherheit überprüft. Solche Kontrollen haben bei den Verbrauchern das Vertrauen geschaffen, dass diese Märkte funktionieren. Vergleichbare Prüfsysteme und Bewertungen der Servicequalität könnten dazu beitragen, dass die neuen plattformbasierten Märkte wachsen und gedeihen. Der Zugang zu Plattformdaten stellt eine echte Möglichkeit dar, ein Marktversagen sowohl auf als auch jenseits der Plattform zu beschränken.

Abschließend möchten wir die Regulatoren zu einer »Politik der leichten Hand« auffordern, um Innovationen zu fördern. Veränderungen rufen oft Besorgnis hervor, daher gibt es den verständlichen Drang, das Tempo der technologischen und wirtschaftlichen Innovationen zu drosseln, um unvorhersehbare und womöglich schädliche Folgen abzuwenden. Aber die Vergangenheit zeigt, dass die Akzeptanz von Änderungen in den meisten Fällen langfristig zu hauptsächlich positiven Ergebnissen führt.

Eine der bemerkenswertesten Regulierungsschlachten im Technologiebereich fand Anfang der 1980er-Jahre statt, als die großen Filmstudios zu verhindern suchten, dass Normalverbraucher die damals neuen Videorecorder dazu verwendeten, Kopien von Filmen und Fernsehsendungen für den Privatgebrauch zu erstellen. In dem richtungsweisenden Verfahren *Sony Corp. of America* gegen *Universal City Studios* urteilte der oberste Gerichthof 1984, dass solche Kopien eine angemessene Nutzung darstellten und somit auch nicht das Urheberrecht verletzten. Aus wirtschaftlicher Sicht erwies sich diese Entscheidung als äußerst nützlich: Zur Überraschung der Filmmogule verdienten die Studios, die sich ursprünglich gegen Videorecorder gewehrt hatten, mehr Geld als zuvor, weil durch die aufblühende Technologie ein völlig neuer Sekundärmarkt für Videoverleiher entstand, den es vorher nicht gegeben hatte. Auf ähnliche Weise werden auch neue Plattformmärkte wahrscheinlich unerwartete neue Wachstums- und Gewinnmöglichkeiten eröffnen – sogar für viele der alteingesessenen Unternehmen, die sich womöglich vor dem Wandel fürchten. Deshalb sollten durch Regulierung verursachte Lähmungen von Branchen tunlichst verhindert werden – trotz des Drucks, dem Regierungsvertreter durch Unternehmensführungen ausgesetzt sind, denen daran gelegen ist, ihre angestammten Pfründe zu schützen.

Zusammenfassung

❏ Regulierungsgegner verweisen auf Phänomene wie die Vereinnahmung von Regulierungsbehörden, um zu argumentieren, dass staatliche Interventionen für gewöhnlich wirkungslos sind. Aber die Vergangenheit zeigt, dass ein gewisses Maß an Regulierung der Wirtschaft und der Gesellschaft als Ganzem zuträglich ist und Vorteile bringt.

❏ Es gibt eine Reihe regulatorischer Fragen, die sich nur bei Plattformunternehmen stellen oder ein Überdenken im Licht der wirtschaftlichen Veränderungen erfordern, die Plattformen mit sich bringen. Dazu gehören der Plattformzugang, die Kompatibilität, eine faire Preisgestaltung, Datenschutz und -sicherheit, eine staatliche Kontrolle der Informationsbestände, die Steuerpolitik und arbeitsrechtliche Vorschriften.

❏ Die im heutigen Informationszeitalter verfügbare Flut neuer Daten bietet die Möglichkeit neuer regulatorischer Ansätze, die auf im Nachhinein hergestellte Transparenz und Verantwortung statt auf der Beschränkung des Marktzugangs beruhen. Derartige neue Ansätze müssen jedoch sorgfältig und gründlich durchdacht sein, um die Öffentlichkeit wirksam zu schützen.

❏ Die wirtschaftlichen Handlungsrahmen für Branchen mit Netzwerkeffekten legen nahe, dass Marktdominanz allein kein hinreichender Grund für staatliche Interventionen ist. Unkontrollierbare externe Effekte, der Missbrauch von Vormachtstellungen, die Manipulation bestimmter Gruppen und die Verzögerung von Innovationen können Anzeichen dafür sein, dass Interventionen auf einem Plattformmarkt notwendig und angemessen sind.

12

MORGEN
Die Zukunft der Plattform-Revolution

W ie Sie aus den vorangegangenen Kapiteln wissen, haben Plattformen
ganze Wirtschaftssektoren transformiert, alteingesessene Unternehmen an den Rand gedrängt und es kleinen Start-ups ermöglicht, globale Dominanz zu erreichen. Es kommt nur selten vor, dass ein einzelnes neues
Geschäftsmodell so schnell in so vielen Branchen so erfolgreich ist.

Dennoch haben Sie vielleicht noch immer das Gefühl, dass wir die Auswirkungen von Plattformen überbewerten, schließlich sind bislang ja nur eine Handvoll
Wirtschaftssektoren betroffen. Viele der wichtigsten Aspekte unserer Wirtschaft,
unserer Gesellschaft und unseres Lebens – Bildung und Regierung, Gesundheits-
und Finanzwesen, Energieversorgung und Produktfertigung – scheinen vom Aufstieg der Plattformen weitgehend unberührt geblieben zu sein.

Das stimmt auch – bis jetzt. Doch diese und andere Bereiche spüren bereits die
ersten Beeinträchtigungen durch das Plattform-Geschäftsmodell. Wir halten es
für wahrscheinlich, dass in den kommenden Jahren Plattformen in allen Bereichen zwar nicht für sämtliche Aspekte verantwortlich sein werden, aber doch
erheblichen Einfluss gewinnen. In diesem letzten Kapitel wollen wir einige
zukünftige Trends skizzieren, die schon allmählich Form annehmen und derer
Sie sich bewusst sein sollten, wenn Sie Pläne für die Zukunft schmieden.

Was macht eine Branche für die Plattform-Revolution geeignet?

Bei unserer Untersuchung der Umbrüche von Industriezweigen durch Plattformen sind uns einige Eigenschaften aufgefallen, die bestimmte Branchen
besonders empfänglich dafür machen. Nachstehend beschreiben wir einige der
Geschäftsbereiche, die in den kommenden Jahren höchstwahrscheinlich an der
Plattform-Revolution beteiligt sein werden:

- **Informationsintensive Branchen.** In den meisten heutigen Branchen sind Informationen eine wichtige Quelle der Wertschöpfung – und je wichtiger Informationen als Wertquelle sind, umso empfänglicher ist die Branche für die Plattform-Revolution. Das erklärt, weshalb in Medien- und Telekommunikationsbranchen schon eine so gründliche Umwälzung durch Plattformen stattgefunden hat: Neue Marktteilnehmer haben Ökosysteme geschaffen, die Inhalte und Software schneller und leichter hervorbringen können, als große Firmen mit Tausenden von Angestellten es früher konnten.

- **Branchen mit nicht skalierbaren Gatekeepern.** Der Einzelhandel und das Verlagswesen sind zwei Beispiele für Branchen, die traditionell kostspielige, nicht skalierbare menschliche Gatekeeper einsetzen: Einkäufer und Lagerverwalter im Fall von Einzelhändlern und Lektoren im Fall von Verlagen. In beiden Branchen finden dank des Aufstiegs digitaler Plattformen mit Millionen von Anbietern (Hobbyfotografen, Kunsthandwerker, Autoren etc.), die eigene Waren erstellen und auf Plattformen wie Etsy, eBay und Amazon vermarkten, schon erste Umbrüche statt.

- **Hochgradig fragmentierte Branchen.** Die Marktaggregation durch eine Plattform steigert die Effizienz und reduziert den Suchaufwand für Unternehmen und Privatpersonen, die nach Waren und Dienstleistungen suchen, die von weit verstreuten lokalen Anbietern erhältlich sind. Plattformen wie Yelp und OpenTable, Etsy, Uber und Airbnb erleichtern es den Kunden, nur eine Anlaufstelle zu nutzen, um Zugang zu Tausenden kleiner Anbieter zu erhalten.

- **Durch extreme Informationsasymmetrie gekennzeichnete Branchen.** In der Wirtschaftstheorie heißt es, dass auf fairen, effizienten Märkten allen Marktteilnehmern der gleiche Zugang zu Informationen über Waren, Dienstleistungen, Preise usw. zur Verfügung stehen muss. Doch in vielen traditionellen Märkten haben bestimmte Teilnehmer viel bessere Zugangsmöglichkeiten als andere. Gebrauchtwagenhändler wissen beispielsweise viel mehr über den Zustand und die Vorgeschichte der Fahrzeuge und über das Verhältnis von Angebot und Nachfrage als ihre Kunden – daher auch das Misstrauen, mit denen man ihnen begegnet. Plattformen zum Sammeln und Teilen von Daten wie Carfax wirken hier ausgleichend, indem sie detaillierte Informationen über den Wert von Gebrauchtwagen bereitstellen, wenn man bereit ist, eine kleine Gebühr dafür zu entrichten. Auch andere Märkte, in denen Informationsasymmetrien einen fairen Handel ebenfalls erschweren, wie Krankenversicherungen und Hypothekendarlehen, sind reif für einen ähnlichen Wandel.

In Anbetracht der oben aufgeführten Faktoren könnte man sich fragen, warum sich Banken-, Gesundheits- und Bildungswesen noch immer erfolgreich einem Wandel widersetzen, denn alle drei Branchen sind informationsintensiv. (Das

Gesundheitswesen erscheint eher als dienstleistungsintensiv, aber alle Leistungen sind letztlich von Informationen abhängig.) Branchen, die eigentlich für den Plattformansatz empfänglich sein sollten, können sich dennoch solchen Umwälzungen widersetzen, wenn sie Merkmale wie die folgenden aufweisen:

- **Stark regulierte Branchen.** Banken-, Gesundheits- und Bildungswesen werden in hohem Maße reguliert. Die Regulierung begünstigt die etablierten Unternehmen und benachteiligt Start-ups, die versuchen, neue Wertequellen zu erschließen. Neu gegründete Plattformen sind bemüht, dieses Problem durch das Hervorbringen neuer Wertequellen in Angriff zu nehmen, doch die Regulierungsmaßnahmen halten sie davon ab.

- **Branchen, in denen Fehlschläge teuer sind.** Ein nicht bedienter Kredit oder die Empfehlung eines ungeeigneten Arztes verursachen viel höhere Kosten als die Anzeige unangemessener Inhalte auf einer Medienplattform. Die Kunden zögern, an einer Plattform teilzunehmen, wenn sie die Kosten für einen Fehlschlag als hoch einschätzen.

- **Ressourcenintensive Branchen.** Auf ressourcenintensive Branchen hat das Internet typischerweise kaum Auswirkungen. Die erfolgreichen Teilnehmer dieser Märkte sind nach wie vor auf den Zugang zu den Ressourcen und ihre Fähigkeiten angewiesen, aufwendige Großprojekte wie Bergbau, Erdöl- und Erdgasförderung oder landwirtschaftliche Produktion zu handhaben, für die Informationen kaum eine Rolle spielen.

Die Auswirkungen dieser Faktoren werden sich im Laufe der Zeit ändern. Immer mehr Vorgänge und Tätigkeiten werden über das Internet erledigt, daher besitzt jede Branche das Potenzial, zu einer informationsintensiven Branche zu werden. Ressourcenintensive Branchen wie der Bergbau oder die Energieerzeugung werden beispielsweise zunehmend die Fähigkeiten von Plattformen in Anspruch nehmen müssen, um die Effizienz zu steigern und schneller Erkenntnisse zu gewinnen, indem sie ihre Ressourcen – Material, Arbeitskraft und Maschinen – zur Koordinierung von Arbeitsabläufen über ein zentrales Netzwerk miteinander verknüpfen. In den kommenden Jahren werden wir erleben, wie sich zwecks höherer Effizienz allmählich ein Wandel in großen, ressourcenintensiven Unternehmen bei zunehmendem Einsatz von Plattformen vollzieht.

Aber auch wenn wir die relative Wahrscheinlichkeit betrachten, dass verschiedene Branchen in naher Zukunft für einen Wandel durch Plattformen empfänglich werden, dürfen wir nicht vergessen, dass die Abgrenzung verschiedener Branchen voneinander durch Plattformen zunehmend diffuser wird. Denken Sie beispielsweise an die Werbebranche. In der Pipeline-Welt war der Zugang eines Unternehmens zu seinen Kunden auf die Medien und Vertriebskanäle beschränkt: Fernsehsender, Zeitschriften und Magazine, Ladengeschäfte. Nur die wenigsten Unternehmen konnten es sich leisten, eigene Kanäle für die Kunden-ansprache aufzubauen, um ihre Waren und Dienstleistungen zu vermarkten. In der heutigen Welt der Internetplattformen hingegen kann jede Firma mit ihren Kunden in direkten Kontakt treten, Daten über ihre Vorlieben erfassen, sie mit ex-ternen Anbietern zusammenbringen und personalisierte Dienste anbieten, die dem einzelnen Kunden einen einzigartigen Mehrwert bieten.

Faktisch kann heute jede Firma zu einem Werbeunternehmen werden. So besitzt beispielsweise Uber das Potenzial, das weltweit größte »hyperlokale« Wer-beunternehmen zu werden. Anhand der Fahrerdaten kann Uber einzigartige Erkenntnisse darüber gewinnen, wo die User wohnen, wo sie arbeiten, wann und wie sie pendeln, und viele ähnliche Verhaltensweisen erfassen. Das Unternehmen könnte diese Daten nutzen, um User mit lokalen Händlern zusammenzubringen – und viele andere belebte Plattformen, wie Banken oder Einzelhändler, könnten eine ähnliche Strategie verfolgen.

Die Leistungsstärke von Plattformen senkt – oder beseitigt – viele andere Hür-den, durch die verschiedene Branchen früher voneinander abgegrenzt waren. Der Aufstieg der Plattformen hat daher zu einem dramatischen Effekt geführt: dem unerwarteten Auftauchen von Wettbewerbern aus Branchen, die scheinbar über-haupt nichts mit der eigenen zu tun haben. Das sollten Sie berücksichtigen, wenn Sie über mögliche künftige Auswirkungen des Plattform-Geschäftsmodells ihrer eigenen Branche nachdenken, welche das auch sein mag.

Unter Berücksichtigung dieser Erkenntnisse wollen wir nun einige der plausi-belsten und faszinierendsten zukünftigen Szenarien für die Expansion und die Evolution von Plattformen in bestimmten Wirtschaftssektoren betrachten.

Bildung: Die Plattform als globales Klassenzimmer

Das Bildungswesen dürfte wohl das Paradebeispiel für eine wichtige Branche sein, die reif für den Umbruch durch Plattformen ist. Informationsintensiv? Jawohl. Tatsächlich sind Informationen verschiedener Art das eigentliche Pro-dukt, das Schulen, Hochschulen und Universitäten anbieten. Nicht skalierbare Gatekeeper? Jawohl. Fragen Sie irgendeinen Elternteil, dessen Kind sich kürzlich mit dem langwierigen, komplizierten und grundsätzlich willkürlichen Verfahren herumschlagen musste, durch das einige wenige glückliche Studenten für einen Studienplatz an einer der renommiertesten und wählerischsten Universitäten der USA zugelassen werden, und Sie werden einiges über die Unzulänglichkeiten von ein paar der weltweit mächtigsten Gatekeeper erfahren. Hochgradig fragmentiert? Jawohl. In den Vereinigten Staaten gibt es mehr als 13.000 Schulbezirke sowie Tausende privater Schulsysteme, Colleges, Universitäten und nichtöffentliche Lehranstalten, die alle überaus unabhängig und stolz auf ihre einzigartigen Lehrpläne und Standards sind. Informationsasymmetrie? Jawohl. Nur ein kleiner Prozentsatz der Eltern glaubt, kompetent genug zu sein, die Eignung und Reputation von Schulen und Universitäten beurteilen zu können – daher auch die zunehmende Zahl verwirrender und konkurrierender Bewertungssysteme und der unablässig steigende Druck auf Studenten, für eine der von allen begehrten Institutionen zugelassen zu werden – die Harvards und Yales dieser Welt.

Wenn Millionen Familien Jahr für Jahr dazu gezwungen sind, sich mit diesem unsystematischen Verfahren auseinanderzusetzen, dann ist es kein Wunder, dass die meisten frustriert und verunsichert darüber sind, ob sie die richtige Schule für ihr Kind gefunden haben. Und denken Sie auch an die nicht nachhaltige Kosteninflation im Bildungswesen der USA: In den letzten fünfzig Jahren sind die Ausgaben für Hochschulbildung um den Faktor 25 gestiegen – das übertrifft sogar den Anstieg der Kosten im Gesundheitswesen. Insgesamt zeichnet sich das Gesamtbild einer Branche ab, die unter gewaltigem Druck steht, für das investierte Geld einen angemesseneren Gegenwert zu liefern.

Dass der Aufbau von Bildungsplattformen zweifelsohne schon voll im Gange ist, zeigen Unternehmen wie Skillshare, Udemy, Coursera, edX oder Khan Academy. In dem Bestreben, gegenüber den neu gegründeten Plattformunternehmen nicht auf der Strecke zu bleiben, hat eine Reihe der weltweit größten Universitäten den Vorstoß unternommen, sich als Anführer dieser Bildungsrevolution zu positionieren. Institutionen wie Harvard, Princeton, Stanford, die University of Pennsylvania und viele weitere bieten Online-Versionen ihrer populärsten Kurse in Form sogenannter MOOCs (*Massive Open Online Courses*) an – viele davon in Partnerschaft mit Unternehmen wie Coursera.

In den kommenden Jahren wird die Ausbreitung und zunehmende Popularität von Lehr- und Lernökosystemen enorme Auswirkungen auf öffentliche und private Schulen sowie traditionelle Universitäten haben. Die Zugangshürden, die eine erstklassige Ausbildung lange zu einem exklusiven und prestigeträchtigen Luxusgut machten, sind teilweise schon entfallen. Plattformtechnologien ermöglichen es, dass Hunderttausende Studenten gleichzeitig an den Vorlesungen der weltbesten Dozenten teilnehmen können – und das bei minimalen Kosten und weltweit, sofern ein Internetzugang vorhanden ist. Es scheint nur noch eine Frage der Zeit zu sein, bis das Pendant eines akademischen Grads am MIT in Chemieverfahrenstechnik zu minimalen Kosten in einem Dorf in der Sahelzone verfügbar ist.

Die Migration der Lehre in die Plattformenwelt wird die Ausbildung auf eine Art und Weise verändern, die weit über den erweiterten Zugang hinausgeht – so wichtig und bedeutsam er auch ist. Eine Änderung tritt schon jetzt in den USA in Erscheinung: Die Aufspaltung verschiedener Waren und Dienstleistungen, die früher von Colleges und Universitäten im Paket angeboten wurden. Millionen potenzieller Studenten sind nicht daran interessiert oder haben keinen Bedarf, einen traditionellen Campus zu besuchen, der über eine eindrucksvolle Bibliothek, ein blitzblankes Labor, lärmende Studentenwohnheime und ein Sportstadion verfügt.

Die traditionelle Universität in den USA macht Bildung nur einem ausgewählten Personenkreis zugänglich: Professoren mit speziellen, arbeitsreich erworbenen akademischen Würden und hochqualifizierten Studenten, die genug Zeit und Geld für das Campusleben haben. Für diese Minderheit mag das alte Ausbildungsmodell gut funktioniert haben – aber Bildungsplattformen wie Skillshare machen das Lernen auf hohem Niveau Tausenden zugänglich, für die das traditionelle Modell einfach nicht geeignet ist. Plötzlich können hervorragende Ausbilder und wissbegierige Studenten jederzeit und überall zueinanderfinden. Online-Plattformen bieten Möglichkeiten von unschätzbarem Wert – und das zu einem Bruchteil der herkömmlichen Kosten.

Bildungsplattformen entflechten auch allmählich den eigentlichen Lernprozess und die früher damit verbundenen auf Papier gedruckten Referenzen. Eine Statistik aus dem Jahr 2014 zeigt, dass nur etwa 5 Prozent der Teilnehmer eines MOOCs ein Abschlusszeugnis erhalten – ein Wert, der viele Leute glauben lässt, dass Online-Unterricht ineffektiv sei. Eine Studie mit mehr als 1,8 Millionen MOOC-Studenten der University of Pennsylvania zeigte jedoch, dass sich 60 Prozent der Studenten aktiv mit den Kursinhalten beschäftigen, Lehrvideos ansehen, Kontakt zu ihren Kommilitonen aufnehmen und eine oder mehrere der Übungsaufgaben erledigen. Die Forscher schlossen daraus, dass »die Studenten MOOCs wie ein Büfett nutzen und sich das Material aussuchen, das ihren Interessen und Zielen entspricht«.[1] Die an MOOCs teilnehmenden Studenten – insbesondere an Kursen, die spezielle Fähigkeiten wie Programmierung, Design, Marketing oder Videoschnitt zum Inhalt haben – scheinen vor allem an der Verbesserung ihrer praktischen Fähigkeiten und weniger an traditionellen Symbolen erreichter Ziele – wie Zeugnissen oder einem Diplom – interessiert zu sein. Einer der oberen Ranglistenplätze bei TopCoder, einer Plattform, die Programmierwettbewerbe ausrichtet, kann einem Entwickler genauso schnell zu einer Anstellung bei Facebook oder Google verhelfen wie ein Abschluss in Informatik an der Carnegie Mellon Universität, am Caltech oder am MIT. Studenten, die eine konventionelle Referenz benötigen, können meist eine spezielle Vereinbarung treffen, um diese zu erhalten – bei Coursera beispielsweise gilt eine Schulbescheinigung als »Premium-Dienst«, der zusätzlich bezahlt werden muss.

Die bei Plattformen mögliche Entflechtung der Lernaktivitäten gestattet das eigentliche Erlernen bestimmter Fähigkeiten, ohne auf umfangreiche, vielen Zwecken dienende Institutionen wie traditionelle Universitäten angewiesen zu sein. Duolingo nutzt eine Crowdsourcing-Plattform, um Fremdsprachen zu unterrichten. Der Gründer Luis von Ahn ist Informatiker, kein ausgebildeter Sprachlehrer.

Nachdem er das renommierteste Buch zu diesem Thema gelesen hatte, führte er Vergleichstests der führenden Theorien mit den Daten der Besucher seiner Website durch und entwickelte eine Reihe von zunehmend ausgefeilteren Testtools, um die Ergebnisse beurteilen zu können. Heute gibt es bei Duolingo mehr Sprachschüler als an allen Highschools der USA zusammen.[2]

Duolingo macht den Sprachunterricht von traditionellen Bildungseinrichtungen unabhängig. Gleiches gilt für das Unterrichten von Programmierung bei Top-Coder, von Marketing bei Salesforce und von Gitarrespielen bei Microsofts Xbox.

Lernplattformen ermöglichen die Durchführung zahlreicher anderer Experimente mit der Art, der Struktur und den Inhalten traditioneller Bildungseinrichtungen. So hat das im September 2014 mit 33 Studenten gelaunchte Projekt Minerva zum Ziel, traditionelle geisteswissenschaftliche Bildungseinrichtungen durch eine Online-Plattform zu ersetzen, die es Studenten ermöglicht, an interaktiven Seminaren mit Professoren rund um den Globus teilzunehmen. Die Studenten selbst sollen jeweils ein Jahr lang in Wohnheimen in verschiedenen Städten – San Francisco, Berlin, Buenos Aires – untergebracht werden. Vor Ort stehen dann ein Kulturprogramm, verschiedene professionelle Einrichtungen und Freizeitgestaltung auf dem Lehrplan. Minerva hofft zu wachsen und die Teilnahme an diesem Projekt jährlich rund 2.500 Studenten für 28.500 Dollar (inklusive Kost und Logis) anbieten zu können – das ist nur rund die Hälfte dessen, was der Besuch einer herkömmlichen Universität kostet.

»Der Clou bei Minerva ist«, so der Journalist Graeme Wood, »dass es die beim Besuch einer Universität gemachten Erfahrungen auf die Aspekte beschränkt, die zum eigentlichen Lernen der Studenten beitragen.«[3] Ob Minerva erfolgreich umgesetzt werden kann, muss sich noch zeigen, aber ob das Projekt nun Erfolg hat oder nicht: Es werden mit Sicherheit viele weitere Bildungsexperimente folgen. Die Flexibilität und die Fähigkeit der Plattform, Verbindungen zwischen Lehrenden und Studenten herzustellen, machen das praktisch unvermeidlich.

Die langfristigen Auswirkungen der kommenden Flut von Bildungsexperimenten lassen sich kaum mit Sicherheit vorhersagen. Es wäre aber keine Überraschung, wenn viele der 3.000 Colleges und Universitäten, die gegenwärtig den Hochschulbildungsmarkt in den USA dominieren, scheitern würden, weil ihr wirtschaftliches Kalkül durch die erheblich bessere Wirtschaftlichkeit von Plattformen untergraben wird.

Gesundheitswesen: Die Puzzleteile eines schwerfälligen Systems zusammensetzen

Ebenso wie das Bildungswesen ist auch das Gesundheitswesen eine informationsintensive Branche mit nicht skalierbaren Gatekeepern (in Form von Versicherungsnetzwerken und sehr gefragten Ärzten, für die Überweisungen erforderlich sind, bevor eine medizinische Beratung stattfinden kann), hochgradiger Fragmentierung (Krankenhäuser, Kliniken, Labors, Apotheken und Millionen praktizierender Ärzte) und einer enormen Informationsasymmetrie (nicht zuletzt dank der Förderung einer »Der Arzt weiß es am besten«-Haltung unter den Patienten, die oft von der Komplexität moderner Medizin überfordert sind). Und wie das Bildungswesen steckt das Gesundheitswesen in vielen Ländern, insbesondere in den USA, in der Krise. Das fragmentierte Gesundheitswesen in den USA verursacht hohe Kosten durch nicht diagnostizierte Krankheiten, unvollständige Daten, verschwendete Zeit und sinnlos vergeudete Ressourcen.

In seiner einfachsten Form kann das Plattformmodell den Zugang zum Gesundheitswesen beschleunigen und ihn durch eine Uber-ähnliche Schnittstelle bequemer machen, die es den Menschen erlaubt, überall Hilfe anzufordern. In einigen Städten, etwa in Miami, Los Angeles und San Diego, gibt es bereits ein derartiges System, das von einer Firma namens Medicast betrieben wird: Man öffnet die Medicast-App, beschreibt seine Symptome, und spätestens zwei Stunden später ist garantiert ein Arzt zur Stelle. Dieses Angebot ist unter Ärzten beliebt, die außerhalb ihrer Dienstzeiten ein wenig Geld dazuverdienen möchten.[4]

Die potenziellen Auswirkungen des Plattformmodells auf das Gesundheitswesen sind allerdings erheblich weitreichender als solche einfachen, einmaligen Interaktionen. Tatsächlich eröffnet die Plattform-Revolution große Möglichkeiten, viele der Probleme zu entschärfen, von denen das amerikanische Gesundheitswesen geplagt wird. Alle Anbieter – und auch die Patienten selbst – durch eine äußerst effiziente Plattform miteinander zu verknüpfen, besitzt das Potenzial, das System zu revolutionieren.

Einer der Vorboten der Veränderungen, die wir in den kommenden Jahrzehnten erwarten dürfen, ist die enorme Popularität mobiler Apps und tragbarer Fitnessgeräte, die an Netzwerke angebunden sind, die Analysen und Informationen anhand der übermittelten persönlichen Daten liefern. Millionen Amerikaner stellen unter Beweis, dass es ihnen nichts ausmacht, dass elektronische Geräte ihren Puls, Blutdruck, sportliche Aktivitäten, Schlafmuster und andere die Gesundheit betreffende Werte messen und sie an ein Softwarepaket übermitteln, das Diagnosewerte anzeigt und personalisierte Ratschläge gibt. Diesen Ansatz zu erweitern und zu verbessern, kann dazu beitragen, den Schwerpunt des Gesundheitswesens vom Heilen oder Behandeln von Krankheiten – die oft zu spät diagnostiziert werden und sehr hohe Behandlungskosten verursachen – auf deren Vorbeugung zu verlagern.

Eine Plattform, die Patienten bei der Behandlung chronischer – und kostspieliger – Gesundheitsprobleme wie Diabetes, Bluthochdruck, Herzerkrankungen, Asthma, Allergien und Fettleibigkeit unterstützt, ist ebenso vorstellbar. Ein tragbares Gerät könnte beispielsweise die Nahrungsaufnahme, das Bewegungsprofil und den Blutzuckerspiegel eines Diabetikers erfassen, die Daten nutzen, um anhand vorhandener medizinischer Erfahrungswerte Behandlungsmethoden zu beschreiben und zu erklären, und einen Mediziner zu Hilfe rufen, wenn Anzeichen eines bevorstehenden medizinischen Notfalls vorliegen. Ein Analyst schätzt, dass eine solche Plattform in den USA die landesweiten Kosten für die Behandlung von Diabetes um mindestens 100 Milliarden Dollar jährlich senken würde.[5] Wenn man bei anderen chronischen Krankheiten, unter denen Dutzende Millionen Amerikaner leiden – und die deren kostenpflichtiges Gesundheitswesen nur auf mangelhafte Weise behandelt –, nach demselben Muster verfährt, würden die potenziellen Einsparungen sprunghaft steigen ... von den Tausenden Leben, die verlängert und verbessert würden, ganz zu schweigen.

Noch größere Vorteile würde eine Plattform bringen, die in der Lage ist, umfangreiche gesundheitliche Daten aus mehreren Quellen zu integrieren – nicht nur Daten von tragbaren Sensoren, sondern auch gesundheitliche Patientendaten und elektronische Aufzeichnungen, die von Dienstanbietern erfasst und bereitgehalten werden. Eine Plattform zu entwickeln, die sowohl Patienten als auch Fachkräften – Ärzten, Krankenschwestern, Technikern, Therapeuten, Apothekern, Versicherungsträgern und anderen – zugänglich ist und gleichzeitig die Vertraulichkeit der Patientendaten gewährleistet, wird eine beachtliche Herausforderung darstellen. Der Branchenkenner Vince Kuraitis merkt dazu an:

Im Gesundheitswesen werden viele Leistungsversprechen von umfangreichen Netzwerken und Plattformen abhängen. Wenn Sie unter Bluthochdruck leiden, den Sie mit Unterstützung Ihres Arztes selbst behandeln, was würde es dann helfen, wenn Ihre Laborwerte auf der einen und ihre Medikamente auf einer anderen, inkompatiblen Plattform gespeichert sind? Wenn Sie auf Reisen sind und die Notfallaufnahme eines Krankenhauses aufsuchen, was würde es Ihnen dann nützen, wenn Ihre Gesundheitsdaten in einem Netzwerk gespeichert sind, auf das das Krankenhaus nicht zugreifen kann?[6]

Viele der heute führenden Technologieunternehmen rüsten sich bereits für die bevorstehende Schlacht um die Vorherrschaft im Plattformgeschäft des Gesundheitswesens. Microsoft, Amazon, Sony, Intel, Facebook, Google und Samsung haben bereits Plattformen gelauncht, um sich zumindest einen Teil des rapide wachsenden Fitnessbereichs zu sichern.

Ein besonders interessanter Marktteilnehmer ist Apple mit seinem Mitte 2014 vorgestellten HealthKit, das eine Reihe verschiedener Gesundheits- und Fitness-Apps umfasst – auch von Drittherstellern wie Nike –, die Daten miteinander teilen können. Apple hat Pläne angekündigt, mit der berühmten Mayo Clinic und anderen Unternehmen des Gesundheitswesens zusammenzuarbeiten, um Systeme zu entwickeln, die es ermöglichen, HealthKit-Daten mit Ärzten und anderen Pflege-kräften zu teilen (natürlich mit angemessenem Schutz der Privatsphäre). Anfang 2015 wurde dann die Apple Watch vorgestellt, die neben einer Reihe von Tools zur Erfassung von Gesundheits- und Fitnessdaten auch über Sensoren sowie Kommu-nikationsmöglichkeiten verfügt.

Unter den gegebenen Umständen überrascht es laut Kuraitis nicht, dass Apple eine Vielzahl von Fachkräften eingestellt hat, um die neue Plattform mit Mitarbei-tern zu besetzen, von denen viele einen medizinischen oder wissenschaftlichen Doktortitel tragen. Es scheint klar zu sein, dass in den kommenden ein oder zwei Jahrzehnten mindestens ein riesiges Plattformunternehmen zu einem wichtigen Akteur im Gesundheitswesen der USA wird – und Apple ist eins der Unterneh-men, die dieses Ziel im Auge haben.

Der Übergang vom heutigen fragmentierten Gesundheitswesen zu einem effi-zienten, auf Plattformen beruhenden System wird allerdings nicht einfach sein. Zu den Hürden bei der Entwicklung einer Plattform für das Gesundheitswesen gehören wirtschaftliche und unternehmerische Kräfte, die das Teilen der Daten über Patienten und die von ihnen in Anspruch genommenen Dienstleistungen zu verhindern suchen. Durch diese Kräfte lässt sich beispielsweise erklären, warum die Implementierung der vom *Affordable Care Act* (2010) verlangten Aufzeichnung medizinischer Daten so schlecht gehandhabt wurde: Das Aufzeichnungssystem wird von den einzelnen Institutionen oftmals so konfiguriert, dass zwei am selben Ort ansässige Krankenhäuser häufig nicht in der Lage sind, Daten über einen gemeinsamen Patienten auszutauschen. Und das Problem wird durch die finan-ziellen Anreize, einen Patienten möglichst »unter einem Dach« zu behalten, noch verschärft: Viele Versicherungsträger verlangen von den Patienten, nur Dienstleis-tungen innerhalb eines Gesundheitssystems (das für gewöhnlich durch geografi-sche Gegebenheiten bestimmt wird) in Anspruch zu nehmen – ein Ansatz, der für Patienten, die sich auf der Durchreise befinden oder sehr mobil sind, wie es bei vielen jungen Erwachsenen der Fall ist, untragbar ist.

Darüber hinaus gibt es auch bezüglich der Zugangsmethoden, mit denen Mediziner auf das Gesundheitssystem zugreifen, große Unterschiede. Einige sind bei Krankenhäusern oder anderen großen Institutionen angestellt und haben für gewöhnlich ziemlich problemlosen Zugang zu den Plattformdaten. Andere wer-den vom Staat beschäftigt, was bedeutet, dass die von ihnen erstellten Plattformda-ten nur Regierungsbehörden zugänglich sind, aber niemandem sonst. Und wieder andere sind Privatangestellte, das heißt, die von ihnen erstellten Plattformdaten sind extrem fragmentiert.

Solange die finanziellen Anreize nicht darauf ausgerichtet werden, das Teilen der Daten über die Patienten und die von ihnen beanspruchten Dienstleistungen zu fördern, werden die Plattformen vermutlich nur langsam wachsen. Dass eine solche Ausrichtung zustande kommt, sollte für Regulatoren wie Branchenführer ein wichtiges Ziel sein.

Energieversorgung:
Vom intelligenten Stromnetz zur multidirektionalen Plattform

In einer auf große Energiemengen angewiesenen Welt – in der das Angebot und der Verbrauch von Energie eng mit so wichtigen Faktoren wie globalem Klimawandel und internationalen geopolitischen Konflikten verknüpft sind – können wir es uns nicht leisten, vorhandene Energie zu vergeuden oder sie auf umweltschädigende Weise zu nutzen. Hier kann die Plattformtechnologie viel bewegen. Das Stromnetz, das durch Energiequellen wie Kohle, Gas, Erdöl, Wasser, Wind, Sonne und Kernkraft gespeist wird, war lange ein riesiges verschlungenes Geflecht komplizierter Technologien. Es leidet unter zahllosen kostspieligen Ineffizienzen, wie etwa dem Ungleichgewicht zwischen Angebot und Nachfrage, das durch die Fluktuation des Energiebedarfs im Tagesverlauf und während der verschiedenen Jahreszeiten verursacht wird. Je vollständiger wir dieses Netz in ein intelligentes, interaktives Ökosystem umwandeln, dessen Teilnehmer Energie erzeugen, teilen, sparen, speichern und geschickt nutzen können, umso größer ist der Wert, den uns die Energiereserven bieten – und umso gesünder ist die Welt, die wir zukünftigen Generationen hinterlassen.

Heutzutage arbeiten Energieversorgungsunternehmen und Regierungsbehörden rund um den Globus mit Wissenschaftlern und Ingenieuren Hand in Hand, um »intelligente Netze« zu entwickeln, die die Nutzung und Handhabung von Energie durch digitale Systeme verbessern, große Datenmengen erfassen, übertragen und analysieren sowie auf diese Daten reagieren. Verbesserte Tools zur Verbrauchsmessung erleichtern es, eine variable Preisgestaltung zu implementieren, die es dem System ermöglicht, schneller auf eine schwankende Nachfrage zu reagieren, zum Energiesparen animiert und Fluktuationen der verfügbaren Energie und des Verbrauchs ausgleicht. Die Dezentralisierung verringert die Abhängigkeit des Stromnetzes von einigen wenigen großen Kraftwerken, erhöht die Zuverlässigkeit, macht das Netz weniger anfällig für Sabotage oder Unglücksfälle und erleichtert die Verteilung von Energie, die von Verbrauchern mithilfe von Windkraftanlagen, Photovoltaikanlagen und Kleinkraftwerken erzeugt wird.

Diese Veränderungen sind die ersten Hinweise auf das interaktive Stromnetz, das vermutlich den zukünftigen globalen Energiemarkt prägen wird. Faktisch migrieren wir von dem Pipeline-Modell der Energieerzeugung und -verteilung (einer Einbahnstraße) zu einem Plattformmodell, in dem Millionen Privatpersonen und Unternehmen vereint sind und den Umständen entsprechend verschiedene Rollen einnehmen können: Gerade eben wurde noch Energie verbraucht, aber schon im nächsten Moment wird Energie erzeugt und verkauft. Die zentrale Energieerzeugung wird im Laufe der Zeit allmählich durch Millionen »Anbieter-Kunden« ersetzt, von denen manche nur einen bescheidenen Beitrag liefern, beispielsweise über ein einzelnes Solarmodul auf dem Dach eines Einfamilienhauses.

Bahnbrechende technologische Entwicklungen werden diesen Wandel weiter vorantreiben. So werden beispielsweise Akkutechnologien eine entscheidende Rolle spielen. Die wichtigsten Quellen erneuerbarer Energien – Wind und Sonne – stehen nicht immer zur Verfügung und das führt zu einem Ungleichgewicht von Angebot und Nachfrage. Effizientere wiederaufladbare Akkus könnten eine Lösung sein. Das Unternehmen Tesla, das vor allem durch seine Elektrofahrzeuge bekannt ist, baut derzeit in Nevada eine sogenannte *Gigafactory*, die vermutlich eine neue Generation leistungsfähiger Akkumulatoren herstellen wird, die in der Lage sind, ein Einfamilienhaus bis zu zwei Tage lang mit Energie zu versorgen. Das Schwesterunternehmen SolarCity, das von einem Cousin des Tesla-Chefs Elon Musk geleitet wird und bei Solaranlagen im Wohnungssektor bereits einen Marktanteil von 39 Prozent besitzt, hat angekündigt, dass innerhalb der nächsten zehn Jahre alle Stromaggregate komplett mit Akkuspeichern ausgeliefert werden.

Das mit dieser Technologie einhergehende disruptive Potential gegenüber der traditionellen Branche ist enorm. Tatsächlich warnte das *Edison Electric Institute* in einem Bericht aus dem Jahr 2013: »Der Tag wird kommen, an dem Endkunden durch Akkuspeichertechnologien oder Mikroturbinen vom Stromnetz unabhängig sein werden.« Energieexperte Ravi Manghani sieht den Tag kommen, an dem die heutigen Energieversorgungsunternehmen »eher Dienstanbietern ähneln und als Betreuer eines zunehmend verteilten Netzes fungieren, statt wie heute als zentralisierte Energielieferanten«.[7]

Hierbei handelt es sich um ein Muster, dem wir in der Plattformwelt immer wieder begegnet sind: Die Energie, die früher von einer zentralen Quelle in nur eine Richtung übertragen wurde, wird zunehmend von Millionen Marktteilnehmern erzeugt und miteinander geteilt. Hier entspricht die Energie, die über Stromleitungen übertragen wird, bildhaft der Rolle, die in traditionellen Märkten die Ausübung von Macht durch die Unternehmensführungen einnimmt.

Das »fehlende Glied« bei der Umwälzung der Energiebranche war bislang eine Plattform, die Energietransaktionen in großem Maßstab ermöglicht. Doch dies beginnt sich allmählich zu ändern: Der US-Bundesstaat Kalifornien erlaubt es nun, aus vielen verteilten Quellen stammende Energie als Paket gebündelt auf dem Großhandelsmarkt anzubieten – wie in Kapitel 4 erörtert zieht der Bundesstaat New York die Entwicklung einer Plattform in Betracht, die zur Verwaltung verteilter Energiequellen dienen soll. Durch die Mobilisierung vorhandener verteilter Ressourcen sollen Systeme wie dieses es erleichtern, saubere erneuerbare Energien bei der Anpassung an den fluktuierenden Energiebedarf zu integrieren.

Unklar ist, ob die Interessengruppen der Energiebranche Energieplattformen willkommen heißen oder eine langwierige Regulierungsschlacht anzetteln, um ihre jetzige Überlegenheit zu bewahren. Für Regulatoren besteht die Herausforderung darin, ein System aufzubauen, das so vielen Interessengruppen wie möglich Vorteile bietet – nicht zuletzt auch den kommenden Generationen, die darauf zählen, dass wir ihnen genügend Energiereserven und eine saubere, gesunde Umwelt hinterlassen.

Finanzen: Geld wird digital

In gewissem Sinne stellten schon die ersten Formen des Geldes – das es schon seit dem zweiten Jahrtausend vor unserer Zeitrechnung gibt, wie durch den babylonischen Kodex Hammurabi, den ältesten bekannten Gesetzestext, historisch belegt ist – auch die ersten Plattformgeschäfte dar. Geld repräsentiert einen Wert, der von allen Teilnehmern eines bestimmten Wirtschaftssystems akzeptiert wird, die dadurch ein interaktives Netzwerk begründen, in dem sie Transaktionen miteinander durchführen können, die für alle Beteiligten von Vorteil sind. In der Finanzwelt – Zahlungen, Währungen, Kredite, Investitionen und die Unzahl der damit einhergehenden Transaktionen – gab es also schon immer ein plattformähnliches Verhalten. Heutzutage haben Finanzplattformen wie PayPal und Square neue Zahlungsmöglichkeiten geschaffen (im Fall von PayPal online bzw. im Fall von Square mobil und App-basiert), die ihrerseits wiederum Möglichkeiten eröffnen, neue Händlerkategorien zu schaffen. Und ebenso wie vor rund viertausend Jahren die Erfindung des Geldes erstaunliche Flexibilität und wirtschaftliches Wachstum ermöglichte, animieren auch die neuen digitalen Plattformen für Finanztransaktionen Tausende Teilnehmer, selber Anbieter, Verkäufer und Käufer zu werden.

Finanzplattformunternehmen arbeiten zudem daran, neue, in den Transaktionsdaten selbst verborgene Werte zu erschließen – was erst durch neue digitale Tools zum Sammeln und Auswerten dieser Daten möglich wird. Das Wissen, wer mit wem Transaktionen durchgeführt hat, kann den Unternehmen dabei helfen, Kundenbedürfnisse und das Kaufverhalten zu erkennen und liefert somit Informationen, die sie dazu einsetzen können, weitere wirtschaftliche Aktivitäten zu erzeugen. MasterCard beispielsweise ist ein etabliertes Plattformunternehmen, das ein Finanzsystem betreibt, in dem weltweit zwei Milliarden Kreditkarteninhaber, 25.000 Banken und 40 Millionen Händler vereint sind. Jetzt experimentiert

die als *MasterCard Labs* bekannte technologische Forschungs- und Entwicklungsabteilung mit Zahlungsmechanismen, die dafür ausgelegt sind, neue Möglichkeiten zu schaffen, den Nutzen der Plattform auszuweiten. Mithilfe der auf der
Plattform erfassten kontextbezogenen Daten animieren diese neuen Tools die
User, Transaktionen durchzuführen, indem sie die nächste Zahlungsmöglichkeit
ermitteln, den User darauf hinweisen und die Durchführung der Transaktion
anbieten. So ist etwa *ShopThis!* eine Innovation der MasterCard Labs, die es Lesern
eines Magazins ermöglicht, eine eingebettete App anzuklicken, um ein Produkt,
über das sie gerade gelesen haben, unmittelbar von dem dazugehörigen Anbieter
zu kaufen, wie z.B. Saks Fifth Avenue.[8]

Andere bekannte Finanzplattformen – von denen viele traditionell ein ziemlich
konservatives Geschäftsgebaren zeigen und oft auch einer beträchtlichen Regulierung unterliegen – werden dazu gedrängt, auf den jüngsten Plattformtechnologien
beruhende Innovationen zu entwickeln. Geschäftsbanken haben beispielsweise
den Aufstieg von Plattformen, auf denen User anderen Usern Geld leihen, genau
beobachtet. Plattformen wie Zopa oder Lending Club tätigen Milliarden Dollar
schwere Finanztransaktionen und bieten Kredite unter Umgehung der traditionellen Gatekeeper an. Diese sogenannten *Peer-to-Peer*-Kreditplattformen besitzen ein
besonders großes disruptives Potenzial, weil sie über die Möglichkeit verfügen, in
den gesammelten Daten nach wiederkehrenden Mustern beim Leihen und Verleihen von Geld zu suchen. Anhand dieser Muster könnten diese Plattformen in der
Lage sein, Kreditausfälle und Kreditbetrug besser vorherzusagen als traditionelle
Banken, die nur über statische Daten verfügen. Auch aus diesem Grund ist
Lending Club in der Lage, den meisten Kreditnehmern einen günstigeren Zinssatz
für ihre Darlehen anzubieten als die traditionellen Geldinstitute – und den Kreditgebern werden mehr Kredite zurückgezahlt als bei den meisten konventionellen
Investitionen.[9] Früher oder später werden die Geschäftsbanken dieselben Big-
Data-Tools einsetzen müssen, die Peer-to-Peer-Kreditplattformen zur Abschätzung
und Begrenzung von Risiken verwenden.

Alternative Quellen zur Geschäftsfinanzierung sind eine weitere neue Konkurrenz für Banken. Plattformen wie AngelList ermöglichen es Investoren, einem
Konsortium beizutreten, das Start-ups im Austausch gegen eine Kapitalbeteili-
gung in der Anfangsphase finanziert. Finanzierungsmodelle dieser Art befinden
sich noch in einem frühen Entwicklungsstadium, verdeutlichen jedoch, welche
Investitionsmodelle Plattformen möglich machen.

Plattformbasierte Datenanalysetools können auch zur Verbesserung des Marketings von Finanzprodukten genutzt werden. Persönliche Finanzplattformen wie
Mint haben begonnen, Daten über den finanziellen Status, Finanzprobleme und
Ziele von Usern zu sammeln und zu analysieren, die es Geldinstituten ermöglicht, ihnen gezielt Produkte anzubieten, die auf ihre speziellen Bedürfnisse zuge-

schnitten sind. Wohldurchdachte Finanzplattformen können die Aufgabe, für beide Seite zufriedenstellende Vereinbarungen zwischen Finanzdienstleistern und Kunden zu treffen, besser erledigen, als dies über traditionelle Verkaufs- und Marketingkanäle möglich ist.

Noch wichtiger ist jedoch, dass traditionelle Geldinstitute allmählich Plattformmodelle einsetzen, um in Wirtschaftsbereiche zu expandieren, die ihnen früher nicht zugänglich waren. So setzen Banken beispielsweise Plattformen ein, um sich den Markt für Kassenzahlungssysteme zu erschließen, von dem sie glauben, dass er in Zukunft stark wächst, insbesondere in Asien. Um hier Fuß zu fassen, bauen sie Rechnungs- und Zahlungsplattformen auf, die es kleinen Unternehmen ermöglichen, leichter Geschäftsbeziehungen miteinander zu unterhalten, und erfassen die bei Interaktionen anfallenden Daten. Die Analyse dieser Daten wird es den Banken erlauben, Kleinunternehmen erstmals gezielt für sie sinnvolle Finanzprodukte anzubieten. Ebenso bieten einige Bankhäuser digitale Dienste zur Unterstützung ihrer Kunden bei der Immobiliensuche – in der Hoffnung, dass die dabei gesammelten Daten Hinweise auf Kreditvergabemöglichkeiten liefern.

Versicherungen sind ein weiteres Feld, auf dem im Plattformzeitalter viele Umwälzungen stattfinden werden. Vernetzte Fahrzeuge sammeln mittlerweile in Echtzeit Daten über das Fahrverhalten – und Kfz-Versicherer nutzen diese Daten, um eine auf dem Fahrverhalten beruhende personalisierte Preisgestaltung anzubieten. Ebenso wird auch die zunehmende Beliebtheit von Wearables zur Erfassung von Gesundheits- und Fitnessdaten für Krankenversicherungen vergleichbare Möglichkeiten eröffnen, personalisierte Versicherungspakete anzubieten.

Eine weitere potenzielle Quelle zukünftigen Wachstums sind die Hunderte von Millionen Menschen ohne Bankkonto, sowohl in der Dritten Welt als auch in den weniger wohlhabenden Gegenden in den USA und anderen Industrieländern. Ihnen fehlt die Möglichkeit, bargeldlos zu zahlen, Kredit in Anspruch zu nehmen, zu sparen oder Investitionen zu tätigen. Da viele von ihnen in Gegenden leben, in denen es keine Bankfilialen gibt, und ihnen das nötige Kapital für ein herkömmliches Bankkonto mit Dispositionskredit fehlt, sind Menschen ohne Bankkonto auf teure, umständliche und manchmal auch betrügerische Alternativen angewiesen, wie etwa die Scheckeinlösung, Zahlungsanweisungsdienste, Kurzzeitkredite ohne Sicherheiten oder Kredithaie. Diese unvorteilhaften Finanzgeschäfte sind ein weiteres Hindernis auf dem Weg zu finanzieller Eigenständigkeit und erschweren es den Armen, der Armut zu entkommen.

Doch da inzwischen Millionen dieser weniger wohlhabenden Verbraucher in Form von Mobiltelefonen Zugang zu dieser Technologie haben, ist die Möglichkeit einer preiswerten, auf ihre Bedürfnisse zugeschnittenen Online-Finanzplattform zur Realität geworden. Natürlich werden die einzelnen an oder unter der Armutsgrenze lebenden Kunden einer Bank oder Finanzplattform weniger einbringen als wohlhabendere Kunden – aber ihre Anzahl ist so groß, dass dieser Markt enorme Chancen bietet. In der afrikanischen Sahelzone und anderen Entwicklungsländern kämpfen Telekommunikations- und Technologiefirmen wie Vodafone (bzw. die Tochtergesellschaft Safaricom) mit traditionellen Geldinstituten wie der Kenya Equity Bank um die Vorherrschaft auf dem Markt der Finanzplattformen und um Hunderte von Millionen potenzieller Kunden.[10]

Die Banken haben begriffen, dass in diesem Bereich, wie auch in vielen anderen, die Regel vom »Fressen oder gefressen werden« gilt, daher setzen sie nun zunehmend auf das Plattformmodell.

Logistik und Transportwesen

Logistik und Transportwesen – die für den effizienten Transport von Personen und Waren von einem Ort zum anderen zuständigen Geschäftsbereiche – sind ressourcenintensive Branchen, die lange kaum vom Aufstieg digitaler Geschäftsmodelle betroffen waren. Logistikunternehmen wie FedEx besitzen einen beträchtlichen Wettbewerbsvorteil, weil die hohen Fixkosten für den Betrieb einer Flotte von Autos, Lkw und Flugzeugen eine enorme Hürde für neue Marktteilnehmer darstellen. Bei einer Plattform ist der Besitz solch einer eigenen Flotte jedoch nicht erforderlich. Plattformen, die in Echtzeit Marktinformationen über den Transportweg und die Beförderungsmethode sammeln können, sind in der Lage, ein Ökosystem unabhängiger Lieferanten zu dirigieren, um so ein effizientes Logistik- und Transportsystem zu handhaben – und dafür sind nur minimale Investitionen erforderlich.

In Branchen, die auf komplexe logistische Verfahren angewiesen sind, ist der Wandel bereits im Gange. Dafür verantwortlich ist die überlegene Fähigkeit von Plattformen, die Bewegungen von Fahrzeugen und Ressourcen durch hocheffiziente Algorithmen in Abstimmung zu Angebot und Nachfrage zu koordinieren. Das in San Francisco ansässige Unternehmen Munchery ist z.B. eine von mehreren rasant wachsenden Plattformen für Lebensmittellieferungen. Durch das Sammeln der stadtweiten Nachfrage entsprechend bestimmter Zeitfenster ermittelt Muncherys Algorithmus die günstigste Lkw-Fahrtstrecke, um die Dichte der Lieferorte zu maximieren und so die Nebenkosten für die Auslieferung zu minimieren. In Indonesien gibt es ein Plattformunternehmen namens Go-Jek, das es Motorradfahrern ermöglicht, wie bei Uber Mitfahrgelegenheiten anzubieten. In der indonesischen Hauptstadt Jakarta bietet Go-Jek sogar kostenlose Lebensmittellieferungen an, indem ein cleverer Algorithmus die effizienteste Lieferroute für die vernetzten Motorräder ermittelt.

Arbeit und professionelle Dienstleistungen: Plattformen definieren die Art der Arbeit neu

Wir haben festgestellt, dass Beispiele für einige der deutlichsten Vorteile von Plattformen den Arbeitsmarkt betreffen. Alles weist darauf hin, dass sich der Wandel der Arbeitswelt durch Plattformen in den kommenden Jahrzehnten fortsetzen wird. Damit sind einige leicht vorhersehbare Auswirkungen verbunden – und andere, die womöglich überraschen.

So ist die Annahme nicht mehr haltbar, dass nur Routinetätigkeiten und angelernte Arbeiten wie das Steuern eines Taxis, Lebensmittelauslieferung oder Haushaltsarbeiten betroffen sind. Sogar traditionelle Berufsgruppen wie Mediziner oder Rechtsanwälte erweisen sich als für Plattformmodelle empfänglich. Wir haben bereits Medicast erwähnt, das es nach dem Muster von Uber ermöglicht, einen Arzt zu finden. Verschiedene Plattformunternehmen bieten online eine ähnlich einfache, schnelle und bequeme Rechtsberatung an. Axiom Law hat mit einer Kombination aus einer Data-Mining-Software und Freelancer-Juristen ein 200 Millionen Dollar schweres Plattformunternehmen aufgebaut, das Businesskunden Rechtsberatung und juristische Dienstleistungen bietet. Das Unternehmen InCloudCounsel behauptet, einfache juristische Dokumente wie Lizenzierungsformulare und Vertraulichkeitsvereinbarungen bis zu 80 Prozent preiswerter bearbeiten zu können als traditionelle Rechtsanwaltskanzleien.[11]

Es erscheint wahrscheinlich, dass in den kommenden Jahrzehnten Plattform-Geschäftsmodelle auf praktisch alle Märkte für Arbeit und professionelle Dienstleistungen angewendet – oder zumindest getestet – werden. Wie wird sich dieser Trend auf die Dienstleistungsbranchen und auf das Arbeitsleben von zig Millionen Menschen auswirken?

Ein wahrscheinliches Ergebnis wird eine noch ausgeprägtere Schichtung von Wohlstand, Macht und Ansehen der Dienstanbieter sein. Einfache Arbeiten und Routinetätigkeiten werden auf Online-Plattformen angeboten werden, auf denen Heerscharen relativ schlecht bezahlter selbstständiger Berufstätiger verfügbar sind, um sie zu erledigen. Die größten Kanzleien, medizinischen Zentren, Beratungsgesellschaften und Buchhaltungsdienstleister werden wohl nicht verschwinden, aber ihre relative Größe und Bedeutung wird schrumpfen, weil viele der Tätigkeiten, die sie früher erledigten, zu Plattformen abwandern werden, die vergleichbare Leistungen zu einem Bruchteil der Kosten erbringen – und das auch noch viel bequemer. Eine Handvoll verbleibender Rechtsexperten von Weltklasse wird sich zunehmend auf eine winzige Untermenge hochspezialisierter schwieriger Aufgaben konzentrieren, die sie dank Online-Tools von überall auf der Welt aus in Angriff nehmen können. Auf der obersten Ebene fachlicher Kompetenz werden sich also vermutlich monopolartige Märkte bilden, auf denen vielleicht ein paar Dutzend international anerkannte Anwälte um die weltweit interessantesten und lukrativsten Fälle konkurrieren.

Der Wandel der Arbeitswelt durch Plattformen wird Trends, die bei der Organisierung von Arbeit bereits Einzug gehalten haben, weiter beschleunigen. Die Aufteilung von Arbeit in kleinere und größere Arbeitseinheiten – die Adam Smith schon vor fast drei Jahrhunderten als für die Produktionsfähigkeit von Organisationen entscheidend erkannte – wird sich vermutlich fortsetzen, vorangetrieben durch immer intelligentere Algorithmen, die es vermögen, komplexe Aufgaben in kleine, einfache Teilaufgaben zu zerlegen, die von Hunderten von Arbeitern erledigt werden und deren Resultate dann wieder zu einem einheitlichen Ganzen zusammengesetzt werden. Amazons Mechanical Turk wendet diese Verfahrenslogik bereits für viele Aufgabenstellungen an.

Der Trend zu Freelancer-Arbeit, Selbstständigkeit, Vertragsarbeit und ungewöhnlichen Werdegängen wird sich ebenfalls weiter beschleunigen. Die *Freelancers Union* (eine US-Organisation, die für die Rechte von freiberuflich tätigen Menschen eintritt und ihren Mitgliedern z.B. eine Krankenversicherung anbietet) schätzt, dass schon jeder dritte Amerikaner Freelancer-Arbeiten erledigt. Dieser Anteil wird in den kommenden Jahren voraussichtlich weiter steigen. Dabei handelt es sich natürlich um ein zweischneidiges Schwert: Vielen, die sich Flexibilität wünschen und ihre Arbeitszeiten gern selbst festlegen würden – Künstler, Studenten, Vielreisende, berufstätige Mütter, in Altersteilzeit Arbeitende – werden die neuen Gegebenheiten zusagen. Für diejenigen, die bei ihren Tätigkeiten Beständigkeit und Vorhersagbarkeit vorziehen oder daran gewöhnt sind, dass sich der Arbeitgeber um Kranken- und Rentenvorsorge kümmert, wird dieser Übergang hingegen schwierig, wenn nicht sogar qualvoll. Die traditionellen Arbeitergewerkschaften, die für die Rechte der Heerscharen von Arbeitern eintraten, die große Unternehmen einst beschäftigten, werden weiter zurückfallen und müssen die Alters- und Gesundheitsvorsorge den Privatpersonen selbst überlassen.

In Kapitel 11 haben wir bei der Erörterung der Regulierung von Plattformen festgestellt, dass die wachsende Dominanz der Plattform-Geschäftsmodelle für die Gesellschaft eine echte Herausforderung darstellt. Traditionelle Angestelltenverhältnisse boten Millionen Arbeitnehmern und ihren Familien lange Zeit ein Sicherheitsnetz. Und während die Plattform-Revolution auch die letzten Spuren dieses Sicherheitsnetzes beseitigt, liegt es auf der Hand, dass der Staat – oder eine andere, noch unbekannte soziale Institution – einen Weg finden muss, diese Lücke zu schließen.

Der Staat als Plattform

Der Staat ist natürlich keine Branche im herkömmlichen Sinn, dennoch ist er gewissermaßen ein bedeutender »Wirtschaftssektor«, der das Leben jedes einzelnen Bürgers stark beeinflusst. Und er ist zweifelsohne informationsintensiv, von Gatekeepern umgeben (wie Ihnen jeder, der sich schon mal mit einer nicht reagierenden Behörde herumgeschlagen hat, gerne bestätigen wird), fragmentiert (in Dutzende oder Hunderte Behörden mit sich überschneidenden und sich manchmal konterkarierenden Aufgaben) und durch Informationsasymmetrie gekennzeichnet (was durch den Juristenjargon, in dem Gesetze und Vorschriften verfasst sind, nur noch verschlimmert wird).

Es ist somit durchaus verständlich, dass normale Bürger, sowie wohlmeinende Gesetzgeber, gewählte Amtsinhaber und Beamte bestrebt sind, das Plattform-Geschäftsmodell auf allen Ebenen des Staates anzuwenden. Staatliche Vorgänge so transparent, reaktionsschnell, flexibel, benutzerfreundlich und innovativ zu gestalten wie eine wohldurchdachte und vernünftig gemanagte Plattform, wäre ein Segen für das Land und würde viel dazu beitragen, den Zynismus und den Widerwillen zu mildern, mit dem viele Bürger dem Staat derzeit begegnen.

Ihn einer solchen Transformation zu unterziehen, ist natürlich leichter gesagt als getan. Verfassungsrechtliche und gesetzliche Einschränkungen, widersprüchliche Forderungen von Interessengruppen und Lobbyisten, Feindseligkeiten zwischen beteiligten Parteien, beschränkte Budgets, die Schwierigkeiten, die mit der Entwicklung von Diensten einhergehen, die für alle Bürger geeignet sein sollen (nicht nur für eine selbst ausgewählte Untergruppe), sowie die schiere Trägheit, die einer Institution zu eigen ist, die über mehr als 200 Jahrhunderte allmählich gewachsen ist – all diese Faktoren stellen für Führungskräfte, die aus der Privatwirtschaft stammende Prinzipien zur Optimierung staatlicher Plattformen einsetzen wollen, gewaltige Herausforderungen dar.

Doch trotz all dieser Schwierigkeiten versuchen die lokal, regional oder national politisch Verantwortlichen rund um den Globus einige der Vorteile des Plattform-Geschäftsmodells in ihren alltäglichen Betrieb zu integrieren. Es dürfte nicht allzu sehr überraschen, dass die am nördlichen Ende des Silicon Valley befindliche Stadt San Francisco hier eine Vorreiterrolle einnimmt. Sie verfolgt seit 2009, angeregt durch das Bürgermeisteramt für Innovationen, eine Politik der »offenen Daten«, die verschiedene Projekte fördern soll – darunter das Teilen von Daten der Stadt über ein öffentlich zugängliches Portal, das Entstehen von öffentlich-privaten Partnerschaften (die es ermöglichen, wertschöpfende Tools für Bürger und Unternehmen zu entwickeln) sowie die Unterstützung datenbasierter Initiativen zur Verbesserung der Lebensqualität der in der Metropolregion San Francisco Bay Area lebenden Menschen.

Die Datenplattform der Stadt trägt den Namen DataSF. Sie enthält eine Vielzahl von aus öffentlichen und privaten Quellen stammenden Informationen über die Stadt und besitzt eine Programmierschnittstelle für externe Entwickler, die diese Daten nutzen möchten, um Apps zu erstellen. Zur Förderung des kreativen Gebrauchs der Plattform hat die Stadtregierung eine Reihe von Veranstaltungen gesponsert, sogenannte »Data Jams«, »Hackathons« und einen Programmierwettbewerb für Apps, die sich typischer städtischer Probleme annehmen, so etwa dem öffentlichen Nahverkehr und nachhaltiger Entwicklung. So war beispielsweise die Stadthalle in San Francisco im Juni 2013 Schauplatz eines »Wohnungs-Data-Jams«, bei dem sich fünfzig ortsansässige Existenzgründer mit Themen rund um den Wohnungsmarkt befassten – Obdachlosigkeit, preiswerte Eigenheimfinanzierung, Gebäudesicherheit, Energieeffizienz usw. Bis Oktober wurden zehn Apps veröffentlicht, die Informationen der DataSF-Plattform nutzten, um die Wohnbedingungen in der Stadt zu verbessern. Dazu gehörten unter anderem: *Neighborhood Score*, eine mobile App, die Gesundheits- und Nachhaltigkeitsbewertungen für Häuserblocks im gesamten Stadtgebiet bereitstellt, *Buildingeye*, eine kartenbasierte App, die Bau- und Planungsdaten leicht zugänglich macht, das Projekt *Homeless Connect*, das mithilfe mobiler Technologien Obdachlose von der Straße holen und ihnen angemessenen Wohnraum beschaffen soll, sowie *Housefax*, eine Art »Carfax für Häuser«, das es Eigenheimbesitzern und Hausbewohnern erlaubt, das Instandhaltungsprotokoll eines bestimmten Gebäudes einzusehen.[12]

Die kontinuierlichen Bemühungen, das Plattform-Geschäftsmodell auf die Stadtverwaltung San Franciscos anzuwenden, hat zu einer Reihe weiterer Initiativen geführt, wie z.B. der Einrichtung eines zentralen Portals, das es ortsansässigen Unternehmen ermöglicht, all die Lizenzen, Regulierungsvorschriften und Berichte zu managen, die mit ihrem Geschäftsbetrieb verbunden sind. Dann gibt es noch die *Universal City Service Card*, die für alle möglichen in San Francisco angebotenen Dienste Vergünstigungen bietet, vom Standesamt bis zum Rabatt fürs Golfspielen. Die Stadt ist außerdem eine Partnerschaft mit Yelp eingegangen, der Restaurantbewertungsplattform, die nun die Beurteilungen der städtischen Gesundheitsbehörde für örtliche Speiselokale anzeigt.

San Francisco hat das Konzept des »Staats als Plattform« weiter vorangetrieben als die meisten anderen Hoheitsgewalten. Aber auch in anderen Städten, Bundesstaaten und Regionen der USA und weltweit werden ähnliche Anstrengungen unternommen. Die US-Bundesregierung hat diesen Weg ebenfalls eingeschlagen: Seit 2009 gibt es die Plattform Data.gov, die nach und nach erweitert, aktualisiert, vereinfacht und verbessert wurde, um allen Bürgern große Mengen ehemals unzugänglicher staatlicher Daten zugänglich zu machen und Tools bereitzustellen, die es ermöglichen, Apps zur Nutzung dieser Daten zu entwickeln.

Die weltweit aufkeimenden staatlichen Plattformen werden jedoch nur so offen, demokratisch und nützlich sein, wie es die betreibenden Behörden und die jeweilige politische Führung zulassen. (Es überrascht nicht, dass die National Security Agency und andere Geheimdienste nicht zu den Bundesbehörden gehören, die sich an Data.gov beteiligen.) Wird durch staatliche Plattformen ein neues Zeitalter des Entgegenkommens, der Effizienz und der Freiheit eingeläutet? Oder werden weiterhin die Wohlhabenden und gut Vernetzten zulasten der Armen und Machtlosen bevorteilt?

Das Internet der Dinge: Eine weltweite Plattform von Plattformen

Bei der Plattform-Revolution geht es im Kern darum, technologische Errungenschaften einzusetzen, um Menschen miteinander zu verbinden und ihnen Tools an die Hand zu geben, mit denen sie gemeinsam Werte hervorbringen können. Die digitale Technologie schreitet kontinuierlich voran – insbesondere werden Chips, Sensoren und Kommunikationsgeräte immer kleiner und leistungsfähiger –, und die Anzahl und Allgegenwart solcher Vernetzungen nimmt weiter zu. Die Endpunkte sind dabei in vielen Fällen nicht mehr computerähnliche Geräte wie Laptops oder Smartphones, sondern ganz gewöhnliche Maschinen oder Haushaltsgeräte – von Heizungsthermostaten über Garagentoröffner bis hin zu industriellen Sicherheitssystemen. Designer und Ingenieure finden immer mehr Möglichkeiten, Maschinen, Gadgets und andere Geräte, mit denen Menschen im Alltag interagieren, auf nützliche Weise zu vernetzen. Dadurch entsteht eine riesige neue Ebene einer Dateninfrastruktur, die als *Internet der Dinge* (*Internet of Things, IoT*) bezeichnet wird. Dieses neue Universum von Netzwerken wird tiefgreifende Auswirkungen auf die Leistungsfähigkeit zukünftiger Plattformen haben.

Ein breites Spektrum von Firmen unternimmt schon seit einiger Zeit große Anstrengungen, dieses Internet der Dinge aufzubauen – und, falls möglich, sowohl die neue Infrastruktur als auch die von ihr erzeugten wertvollen Daten unter die eigene Kontrolle zu bringen. Wie bereits erwähnt, vernetzen Unternehmen wie General Electric, Siemens und Westinghouse die von ihnen entwickelten und betriebenen Turbinen, Triebwerke, Motoren, Heiz- und Kühlsysteme sowie Produktionsstätten miteinander und hoffen, auf diese Weise durch höhere Effizienz enorme Kosten einzusparen. Technologiefirmen wie IBM, Intel und Cisco wetteifern darum, Tools und Verbindungsmöglichkeiten zu entwickeln, die das große neue Netzwerk ermöglichen sollen. Und internetfokussierte Unternehmen wie Google und Apple entwerfen Schnittstellen und entwickeln Betriebssysteme, die sowohl Technologieexperten als auch normalen Usern einen einfachen Zugang zum Internet der Dinge ermöglichen.

Die potenziellen Möglichkeiten des Internets der Dinge werden sich jedoch nur dann weiterentwickeln, wenn auch die Vielfalt der verfügbaren Geräte und deren Fähigkeiten erweitert werden. Um nur einige wenige Beispiele zu nennen: Überlegen Sie doch mal, welch einen Umbruch kurz vor der Marktreife stehende Technologien wie fahrerlose Autos, preiswerte und leistungsfähige elektrische Speichervorrichtungen für Eigenheime und einfach zu bedienende 3-D-Drucker zur Herstellung nützlicher Objekte bedeuten. Sind diese und andere Tools erst einmal überall erhältlich, dann wird man sie auch schnell in das Internet der Dinge einbinden und so Plattformen ermöglichen, die einen noch größeren Mehrwert hervorbringen.

Wenn man die Plattformökonomie auf das Internet der Dinge anwendet, werden sich die Geschäftsmodelle für die Bereitstellung zahlloser vertrauter Waren und Dienstleistungen dramatisch verändern. Denken Sie in diesem Zusammenhang nur einmal an die Glühbirne: Sie wurde ursprünglich zwar schon 1878 von Thomas Edison patentiert, dennoch hat sich ihr grundlegender technischer Aufbau seitdem praktisch kaum geändert. Aus diesem Grund kostet eine einfache Glühbirne auch lediglich ein paar Cent – und dem Hersteller verbleibt kaum eine Gewinnmarge. Zudem sind Glühbirnen hochgradig ineffizient, denn mehr als 95 Prozent der verbrauchten Energie geht in Form von Wärme verloren.

Verbesserte Produkte wie Leuchtstoffröhren oder Leuchtdioden (LEDs) haben die Beleuchtungstechnik nicht nur effizienter, sondern auch profitabler gemacht. Werden jedoch Haushaltsbeleuchtungssysteme mit dem Internet der Dinge verbunden, dann ändert sich der eigentliche Zweck der Beleuchtung: Das System kann programmiert werden, Alarm auszulösen, wenn es einen Eindringling entdeckt, die Lampen können aufblitzen, wenn sich ein Kleinkind einer Treppe oder einem heißen Ofen nähert, und sie können blinken, um Oma daran zu erinnern, ihre Medizin einzunehmen. Drahtlos steuerbare Lampen können den Energieverbrauch anderer Geräte überwachen und ermöglichen es Herstellern, verschiedene Energieverwaltungsdienste für Eigenheimbesitzer und Versorgungsunternehmen anzubieten – und plötzlich kann es sich der Lampenhersteller leisten, eine 40 Euro teure Lampe zu verschenken, weil er einen Teil der dauerhaften Umsätze erhält, die durch die vernetzte Lampe erzeugt werden.

Plattformbasierte Verbindungen von Haushaltsgeräten mit persönlichen Geräten wie Smartphones haben für großes öffentliches Interesse am Internet der Dinge gesorgt, in der B2B-Welt ist das Potenzial für Umwälzungen jedoch noch erheblich größer. David Mount, Partner bei der Hightech-Investitionsfirma Kleiner Perkins Caulfield and Byers, bezeichnet die kommende Innovationswelle als das »Erwachen der Industrie«. Er führt acht Marktsegmente an, die das Potenzial haben, neue milliardenschwere Branchen entstehen zu lassen, die auf der Vernetzung von Geräten beruhen:

- **Sicherheit:** Der Einsatz plattformbasierter Netzwerke zur Sicherung von Industrieanlagen gegen Angriffe von außen.

- **Netzwerke:** Die Planung, Einrichtung und Wartung von Netzwerken zur Verbindung und Steuerung von Industrieanlagen.

- **Vernetzte Dienste:** Die Entwicklung von Software und Systemen zur Verwaltung neuer Netzwerke.

- **Produkte als Dienstleistungen:** Die Umstellung von Industrieunternehmen vom Verkauf von Maschinen und Tools auf den Verkauf von Dienstleistungen, die über Plattformverbindungen erbracht werden.

- **Zahlungen:** Die Implementierung neuer Möglichkeiten zur Generierung und Einbehaltung von Werten mittels Industrieanlagen.

- **Nachrüstungen:** Die Ausstattung der vorhandenen US-Industrieanlagen im Wert von 6,8 Billionen Dollar für die Teilnahme am neuen industriellen Internet.

- **Implementierung:** Geräte und Softwaresysteme müssen Daten teilen und untereinander austauschen sowie miteinander kommunizieren können.

- **Vertikale Anwendungen:** Es müssen Möglichkeiten gefunden werden, Industrieanlagen zum Lösen bestimmter Aufgaben an verschiedenen Orten der Wertschöpfungskette miteinander zu verbinden.

Insgesamt, so folgert Mount (gestützt auf Daten des Weltwirtschaftsforums), wird das »Erwachen der Industrie« bis 2030 einen globalen Output von 14,2 Billionen Dollar erzeugen.[13]

Der Ökonom Jeremy Rifkin fasst diese Entwicklung sowie einige weiterreichende Auswirkungen wie folgt zusammen:

> *Es gibt mittlerweile 11 Milliarden Sensoren in Geräten, die mit dem Internet der Dinge verbunden sind. Bis 2030 werden es schon 100 Billionen Sensoren sein, die kontinuierlich Daten in die Kommunikations-, Energie- und Logistiknetzwerke einspeisen. Jedermann kann auf das Internet der Dinge zugreifen und Big Data oder Datenanalysen nutzen, um Vorhersagealgorithmen zu entwickeln, die sich effizienzsteigernd auswirken, die Produktivität drastisch erhöhen und die Nebenkosten für die Herstellung und den Vertrieb physischer Objekte wie Energie, Produkte und Dienstleistungen nahezu auf null reduzieren, so wie es jetzt schon bei Informationen der Fall ist.[14]*

Dass die Preise eines Großteils der physischen Waren bei oder auch nur nahe null ankommen, steht zwar nicht unmittelbar bevor – noch nicht. Man kann allerdings mit ziemlicher Sicherheit sagen, dass wir gerade erst angefangen haben, das transformierende Potenzial des Plattform-Geschäftsmodells insgesamt zu erahnen.

Eine herausfordernde Zukunft

Nachdem Sie bis hierher gelesen haben, dürfte Ihnen zweifelsohne klar geworden sein, dass die Autoren dieses Buches in mancherlei Hinsicht eine ziemlich enthusiastische Einstellung zu den wirtschaftlichen und sozialen Veränderungen haben, die der Aufstieg der Plattformen mit sich bringt. Die bemerkenswerten Verbesserungen der Effizienz, die Innovationsfähigkeit und die erweiterten Verbraucheroptionen, die Online-Plattformen ermöglichen, haben bereits angefangen, erstaunliche neue Werte für Millionen Menschen in fast allen Gesellschaftsschichten hervorzubringen.

Doch alle revolutionären Veränderungen bergen auch Gefahren, und jede größere soziale und wirtschaftliche Umwälzung bringt sowohl Gewinner als auch Verlierer hervor. Die Plattform-Revolution bildet hier keine Ausnahme. Wir haben bereits ein paar der Probleme kennengelernt, unter denen einige schon lange etablierte Branchen zu leiden haben, weil ihr vertrautes Geschäftsmodell durch das Aufkommen von Plattformen auf den Kopf gestellt wurde. Zeitungsverleger und Tonträgerhersteller, Taxiunternehmen und Hotelketten, Reisebüros und Ladengeschäfte – zahllose Unternehmen mussten mit ansehen, wie ihr Marktanteil, ihr Umsatz und ihre Profitabilität angesichts der Konkurrenz durch Plattformen abstürzten. Und zu den Folgen gehörten unweigerlich auch Unsicherheit, Schaden und Leid aufseiten zahlloser Betroffener und sogar ganzer Communitys.

Für Experten und Berater ist es ein Leichtes, von den Unternehmensführungen eine »Anpassung und Umstellung« an die neuen Gegebenheiten zu fordern. Doch dieser Anpassungsvorgang ist oft langwierig, verwirrend und qualvoll – und einige Firmen und ihre Mitarbeiter werden nie mit einer plattformdominierten Welt zurechtkommen. Das ist eine unbequeme Wahrheit, die von der Gesellschaft akzeptiert und mit der sie umgehen muss.

Ebenso muss die Gesellschaft auf die strukturellen Änderungen reagieren, die von der Plattform-Revolution verursacht werden. In Kapitel 11 haben wir einige davon untersucht, wie etwa den beispiellosen Zugriff auf persönliche und geschäftliche Informationen durch die größten Plattformunternehmen, den massiven Umschwung von traditionellen Anstellungsverhältnissen zu zeitlich begrenzter Freelancer-Arbeit, die unvorhersehbaren externen Effekte – positive wie negative –, die Plattformen auf ihre Communitys haben, und das Potenzial für Manipulationen von Menschen oder ganzen Märkten durch übermächtige Plattformen.

Für Pipeline-Unternehmen ausgelegte traditionelle Formen staatlicher Regulierung sind ungeeignet, um den durch Plattformen verursachten gesellschaftlichen Umbrüchen zu begegnen. Die politischen Entscheidungsträger benötigen Zeit, um die Art des Wandels vollumfänglich verstehen und die regulatorischen

Maßnahmen entwickeln zu können, die Bürger vor den schlimmsten Gefahren der Plattform-Revolution schützen, ohne vorteilhafte Innovationen allzu sehr zu behindern. Noch länger wird es dauern, bis normale Bürger und die von ihnen getragenen zivilgesellschaftlichen Organisationen, auf die sie angewiesen sind, das Wesen der Plattform-Revolution verinnerlicht haben werden und geeignete neue Institutionen ins Leben rufen.

Die Vergangenheit hat gezeigt, dass westliche Gesellschaften mehrere Generationen benötigten, um passende Antworten auf die mit der industriellen Revolution des 18. und 19. Jahrhunderts verbundenen sozialen Verwerfungen und Ungerechtigkeiten zu finden. Dazu gehörten die Gewerkschaftsbewegung, der Aufbau eines modernen, qualifikationsorientierten Bildungssystems, das Arbeiterkinder auf neue Arten der Beschäftigung vorbereitet, und die Finanzierung eines sozialen Sicherheitsnetzes, das diejenigen auffängt, die es nicht aus eigener Kraft schaffen, ihren Lebensunterhalt zu verdienen. Auf ähnliche Weise werden auch die Gesellschaften der Gegenwart Zeit benötigen, um herauszufinden, wie sie dem wirtschaftlichen, sozialen und politischen Wandel begegnen können, den die Plattform-Revolution verursacht – und genau aus diesem Grund müssen wir uns *jetzt* mit dieser Problematik befassen, denn die Konturen dieser Revolution beginnen sich allmählich abzuzeichnen.

Ein unvermeidliches Nebenprodukt dramatischen technologischen Wandels scheinen im Übrigen Übertreibungen zu sein. Seit der Popularisierung des Begriffs »Automatisierung« in den 1930er-Jahren (als Vorhersagen üblich waren, dass Arbeit bald überflüssig sein würde) bis zum Dotcom- und Internetboom in den 1990er- und 2000er-Jahren herrschte wahrlich kein Mangel an Enthusiasten und Marktschreiern, die atemlos die neuesten Innovationen beschrieben und lauthals verkündeten: »Das ändert alles!«

Wir hoffen, dass wir Ihnen in diesem Buch mehr als genug Belege dafür liefern konnten, die unsere Überzeugung dokumentieren, dass die Plattform-Revolution unsere Welt in der Tat auf vielfältige und spannende Weise tiefgreifend verändert und auch künftig noch verändern wird – doch eins wird sie nicht ändern: das eigentliche Ziel, dem Technologien, geschäftliche Aktivitäten und das gesamte Wirtschaftssystem letztendlich dienen. Der Zweck all dieser von Menschen erdachten Konstrukte sollte es sein, das individuelle Potenzial zu erschließen und eine Gesellschaft aufzubauen, in der jeder die Möglichkeit hat, ein erfülltes und kreatives Leben in Wohlstand und Sicherheit zu verbringen. Nun obliegt es uns allen – Wirtschaftsführern, Unternehmensleitern, Angestellten, Arbeitern, Politikern, Ausbildern und normalen Bürgern –, unseren Teil dazu beizutragen, dass die Plattform-Revolution uns diesem Ziel ein Stück näher bringt.

Zusammenfassung

❏ Die in naher Zukunft für Umwälzungen durch die Plattform-Revolution empfänglichsten Branchen sind informationsintensiv, setzen nicht skalierbare Gatekeeper ein, sind hochgradig fragmentiert und durch extreme Informationsasymmetrie gekennzeichnet.

❏ Zu den Branchen, die kurzfristig weniger empfänglich für Umwälzungen durch die Plattform-Revolution sind, gehören solche, die in hohem Maße reguliert werden, in denen Fehlschläge teuer zu stehen kommen oder die ressourcenintensiv sind.

❏ Einige der in den kommenden Jahrzehnten zu erwartenden Veränderungen lassen sich für bestimmte Branchen vorhersagen. Dazu gehören Bildungswesen, Gesundheitswesen, Energieversorgung und Finanzwesen.

❏ Das Plattform-Geschäftsmodell wird weiterhin die Märkte für Arbeit und professionelle Dienstleistungen sowie staatliche Tätigkeiten transformieren.

❏ Das aufkeimende Internet der Dinge fügt den zukünftigen Plattformen eine neue Ebene von Beziehungen und Fähigkeiten hinzu, verbindet Menschen und Geräte miteinander und schafft so neue Arten von Mehrwerten.

❏ Die Plattform-Revolution wird unsere Welt letztendlich auf unvorhersagbare Weise transformieren, daher ist die Gesellschaft als Ganzes gefragt, kreative und humane Lösungen für die Herausforderungen zu finden, die diese Veränderungen verursachen werden.

A

Glossar

Anbieterwechsel. Das Verlassen einer Plattform zugunsten einer anderen.

Angebotsseitige Skaleneffekte. Wirtschaftliche Vorteile, die sich aus einer effizienten Produktion ergeben: Die Stückkosten für die Herstellung eines Produkts oder die Bereitstellung einer Dienstleistung sinken, wenn die Anzahl der Produkte steigt. Diese angebotsseitigen Skaleneffekte können dem größten Unternehmen einer Industriewirtschaft einen Kostenvorteil bringen, der für Wettbewerber äußerst schwierig zu überwinden ist.

Angrenzende Plattformen. Plattformen, die ähnliche oder überlappende Kundengruppen ansprechen.

API (Application Programming Interface). Programmierschnittstellen, also standardisierte Routinen, Protokolle und Tools zum Erstellen von Softwareanwendungen, die es außenstehenden Programmierern erleichtern, Code zu schreiben, der sich nahtlos in die Infrastruktur der Plattform einfügt.

Aufwand beim Anbieterwechsel. Der beim Verlassen einer Plattform zugunsten des Beitritts zu einer anderen entstehende Aufwand. Hierbei kann es sich einerseits um finanzielle Kosten handeln (z.B. eine Kündigungsgebühr), aber auch um zeitliche Strapazen und Unannehmlichkeiten (beispielsweise wenn Daten von einer Plattform zu einer anderen übertragen werden müssen).

Barrierefreier Zugang. Hiermit ist die Sicherstellung eines schnellen und einfachen Beitritts zu einer Plattform gemeint, sodass die User unmittelbar von der durch dieses Geschäftsmodell ermöglichten Wertschöpfung profitieren können. Der barrierefreie Zugang ist ein entscheidender Faktor, um das schnelle Wachstum einer Plattform zu gewährleisten.

Core-Entwickler. Diese Entwickler erstellen den »Core«, also die Kernfunktionen der Plattform, die den Teilnehmern einen Mehrwert bieten. Core-Entwickler sind im Allgemeinen Angestellte des Unternehmens, das die Plattform managt –

selbst im Fall von so bekannten Markennamen wie Apple, Samsung, Airbnb, Uber und viele andere. Ihre Hauptaufgabe besteht darin, den Usern die Plattform zugänglich zu machen und mithilfe von Tools und Rahmenbedingungen einen Mehrwert zur Verfügung zu stellen, der die Schlüsselinteraktion einfach und für alle Beteiligten zufriedenstellend gestaltet.

Datenaggregatoren. Externe Entwickler, die die *Matching-Qualität* der Plattform verbessern, indem sie ihr Daten aus verschiedenen Quellen hinzufügen. Mit Billigung des Plattformbetreibers sammeln sie Daten über die User der Plattform sowie die Interaktionen, an denen sie teilnehmen. Im Allgemeinen verkaufen sie diese Daten an andere Unternehmen weiter, die sie wiederum für Zwecke wie etwa gezielt platzierte Werbung einsetzen. Die als Datenquelle fungierende Plattform erhält einen Teil des auf diese Weise erzielten Gewinns.

Einseitige Effekte. Netzwerkeffekte in einem zweiseitigen Markt, die von Usern auf einer Seite des Marktes ausgelöst werden und auf andere User derselben Seite wirken – also die Effekte, die Kunden auf andere Kunden bzw. Anbieter auf andere Anbieter haben. Einseitige Effekte können positiv oder negativ sein – das hängt vom Systemdesign und den geltenden Regeln ab.

Envelopment. Das Phänomen, dass eine Plattform die Funktionen einer *angrenzenden Plattform* integriert und oft auch deren Kundenstamm übernimmt.

Erweiterter Zugang. Die Bereitstellung von Tools, die es einem Anbieter auf einer zweiseitigen Plattform ermöglichen, trotz zahlreicher rivalisierender Anbieter und dem damit einhergehenden starken Wettbewerb aus der breiten Masse herauszuragen und wahrgenommen zu werden, um so Kunden zu gewinnen. Plattformen, die für zielgerichtetere Werbebotschaften, eine bessere Produktplatzierung oder auch Interaktionen mit besonders vielversprechenden Usern eine Gebührenzahlung von den Anbietern verlangen, setzen den erweiterten Zugang als Monetarisierungsmethode ein.

Feedbackschleife. Im Kontext von Plattform-Geschäftsmodellen versteht man unter einer Feedbackschleife ein Handlungsmuster, das dazu dient, einen konstanten Strom sich selbst verstärkender Aktivitäten zu erzeugen. In einer typischen Feedbackschleife ruft ein Flow von Werteinheiten eine Reaktion aufseiten des Users hervor. Wenn sich die Werteinheiten als relevant und interessant erweisen, wird der User die Plattform wiederholt aufsuchen und so einen weiteren Strom von Werteinheiten sowie zusätzliche Interaktionen auslösen. Effiziente Feedbackschleifen lassen das Netzwerk anschwellen, erhöhen die Wertschöpfung und verstärken Netzwerkeffekte.

Filter. Ein auf Algorithmen beruhendes Softwaretool, das die Plattform nutzt, um den Austausch geeigneter Werteinheiten zwischen den Usern zu ermöglichen. Ein wohldurchdachter Filter gewährleistet, dass den Usern der Plattform nur solche Werteinheiten präsentiert werden, die für sie auch tatsächlich relevant und von Interesse sind. Mangelhafte oder überhaupt nicht vorhandene Filter können hingegen eine dermaßene Überfrachtung der User mit völlig ungeeigneten Werteinheiten zur Folge haben, dass sie sich schlimmstenfalls sogar veranlasst sehen, der Plattform den Rücken zu kehren.

Konvex monotones Wachstum. Siehe *Metcalfesches Gesetz.*

Kuratierung. Der Vorgang, durch den eine Plattform den Zugang der User, die Aktivitäten, an denen sie teilnehmen dürfen, sowie die Art der Verbindungen, die sie mit anderen Usern aufnehmen können, filtert, steuert und beschränkt. Auf einer effektiv kuratierten Plattform fällt es den Usern leicht, Matches bzw. die gewünschten Übereinstimmungen zu finden, die zu einer beträchtlichen Wertschöpfung führen. Bei nicht vorhandener oder mangelhafter Kuratierung ist es für die User dagegen mühsam, in einer Flut von wertlosen Treffern potenziell geeignete Übereinstimmungen aufzuspüren.

Kuratierung der Teilnehmer. Siehe *Vertrauen.*

Kuratierung von Produkten oder Dienstleistungen. Siehe *Matching-Qualität.*

Lineare Wertschöpfungskette. Siehe *Pipeline.*

Liquidität. Dieser Zustand ist dann erreicht, wenn eine Marktplatzplattform mit einer lediglich geringen Anzahl von Anbietern und Usern ein hohes Maß an erfolgreichen Interaktionen verzeichnet. Die Liquidität bedingt eine minimale Anzahl von fehlgeschlagenen Interaktionen, wobei dem userseitigen Interaktionsbedürfnis zugleich aber dennoch konsequent innerhalb eines vernünftigen Zeitrahmens entsprochen wird. Das Erreichen der Liquidität ist der erste und wichtigste Meilenstein im Lebenszyklus einer Plattform.

Markenwirkung. Die Fähigkeit eines hochgradig positiven Markenimages, Kunden zu gewinnen, was in letzter Konsequenz wiederum zu einem schnellen Wachstum des betreffenden Unternehmens führt. Nicht zu verwechseln mit *Netzwerkeffekten.*

Marktaggregation. Ein Prozess, der es Plattformen ermöglicht, weit verstreuten Einzelpersonen und Organisationen einen zentralisierten Markt zu bereiten. Eine Marktaggregation stellt Plattformusern, die zuvor planlos und oftmals ohne Zugang zu vertrauenswürdigen oder aktuellen Marktdaten an Interaktionen teilnahmen, verlässliche Informationen und erweiterte Möglichkeiten zur Verfügung.

Matching-Qualität. Die Präzision des Suchalgorithmus und die Intuitivität der Navigationstools, die den Usern zum Aufspüren anderer User, mit denen sie wertschöpfende Interaktionen durchführen können, angeboten werden. Die Matching-Qualität spielt bei der Wertschöpfung sowie der Stimulierung des langfristigen Wachstums und Erfolgs der Plattform eine entscheidende Rolle. Sie lässt sich durch ausgezeichnete *Kuratierung* der Waren oder Dienstleistungen erzielen.

Metcalfesches Gesetz. Ein von Robert Metcalfe formuliertes Prinzip, das besagt, dass der Nutzen eines Netzwerks mit zunehmender Anzahl der User nichtlinear zunimmt, weil es mehr Verbindungen unter den Teilnehmern ermöglicht. (Man spricht hier auch von *konvex monotonem Wachstum*.) Das Metcalfesche Gesetz postuliert insbesondere, dass der Nutzen eines Netzwerks mit n Usern proportional zum Quadrat der Anzahl der User (n^2) ist.

Monopolartiger Markt. Ein Markt, auf dem bestimmte Kräfte in der Form zusammenwirken, dass sich die User zunehmend auf einer einzigen Plattform einfinden und dabei anderen den Rücken kehren. Monopolartige Märkte zeichnen sich meist durch vier Faktoren aus: angebotsseitige Skaleneffekte, ausgeprägte Netzwerkeffekte, erhöhten Aufwand für Multihoming oder Anbieterwechsel sowie das Fehlen spezialisierter Marktnischen.

Multihoming. Dieses Phänomen tritt auf, wenn User an gleichartigen Interaktionen auf mehreren Plattformen teilnehmen: ein Freelancer, der seine Referenzen auf zwei oder mehr Marktplatzplattformen präsentiert, ein Musikfan, der Musikstücke von mehr als einer Musikwebsite herunterlädt, dort speichert oder teilt, ein Fahrgast, der sowohl Uber als auch Lyft nutzt – all dies sind Beispiele für das Multihoming. Plattformunternehmen versuchen in aller Regel, diesen Effekt zu unterbinden, weil er einen *Anbieterwechsel* bzw. die Abkehr von einer Plattform zugunsten einer anderen begünstigt.

Netzwerkeffekte. Die Auswirkungen, die die Anzahl der User einer Plattform auf den für jeden einzelnen User erzeugten Mehrwert hat. »Positive Netzwerkeffekte« bezeichnen die Fähigkeit einer großen, vernünftig gemanagten Plattform-Community, für alle teilnehmenden User einen beträchtlichen Mehrwert zu schaffen. »Negative Netzwerkeffekte« bezeichnen dagegen die Möglichkeit, dass die steigende Userzahl einer mangelhaft gemanagten Plattform-Community den für die einzelnen User erzeugten Mehrwert *reduzieren* kann.

Pipeline. Dieser Begriff bezeichnet den Aufbau eines traditionellen (Nicht-Plattform-)Geschäftsbetriebs nach folgendem Schema: Ein Unternehmen konzipiert zunächst ein Produkt oder eine Dienstleistung und stellt die Ware dann her bzw. bietet den Service über ein geeignetes System an. Anschließend tritt der Kunde auf den Plan und erwirbt das Produkt bzw. die Dienstleistung. Diese Schritt für Schritt stattfindende Wertschöpfung und Wertübertragung entspricht einer Art Rohrleitungssystem, einer sogenannten »Pipeline«, wobei sich der Hersteller am Anfang und der Kunde am Ende der Rohrleitung befindet. Man spricht hier auch von einer *linearen Wertschöpfungskette*.

Plattform-Envelopment. Siehe *Envelopment*.

Plattform. Ein Unternehmen, das wertschöpfende Interaktionen zwischen externen Anbietern und Usern ermöglicht. Die Plattform stellt den Teilnehmern eine offene Infrastruktur für diese Interaktionen zur Verfügung und legt die zugehörigen Rahmenbedingungen und Regeln fest. Der übergreifende Zweck einer Plattform besteht darin, Anbieter und User zusammenzubringen, ihnen den Austausch von Waren, Dienstleistungen und sozialer Währung zu erleichtern und dabei für alle Beteiligten die Möglichkeit einer Wertschöpfung zu schaffen.

Preiseffekte. Die Fähigkeit, durch extrem niedrige Preise für Waren oder Dienstleistungen (vorübergehend) Kunden anzulocken und so ein schnelles Wachstum des betreffenden Unternehmens zu erzielen. Nicht zu verwechseln mit *Netzwerkeffekten*.

Reintermediation. Ein Vorgang, bei dem Plattformen neue Arten von Vermittlern auf einem Markt einführen. Bei der Reintermediation werden typischerweise nicht skalierbare und ineffiziente Vermittlungsschichten durch oftmals automatisierte Online-Tools ersetzt, die den Teilnehmern auf beiden Seiten der Plattform neue Waren und Dienstleistungen mit einem Mehrwert bieten.

Schlüsselinteraktion. Die wichtigste Aktivität, die auf einer Plattform stattfindet: der Austausch derart ansprechender Werte, dass sie für die meisten User den eigentlichen Anlass darstellen, die Plattform überhaupt aufzusuchen. Am Anfang des Designs einer jeden Plattform sollte daher im Allgemeinen eine Schlüsselinteraktion stehen, die drei entscheidende Komponenten umfasst: die Teilnehmer, die *Werteinheit* und den Filter. Alle drei müssen eindeutig erkennbar und sorgfältig ausgestaltet sein, damit die Schlüsselinteraktion für die User so einfach, attraktiv und wertvoll wie möglich wird.

Seitenübergreifende Effekte. Effekte in einem zweiseitigen Markt, die von Usern auf der einen Seite des Marktes verursacht werden und User auf der anderen Seite des Marktes beeinflussen – also die Auswirkungen, die User auf Anbieter bzw. Anbieter auf User haben. Seitenübergreifende Effekte können positiv oder negativ sein – das hängt vom Systemdesign und den geltenden Regeln ab.

Seitenwechsel. Das Phänomen, dass User von der einen Seite der Plattform auf die andere wechseln – wenn beispielsweise die Konsumenten von Waren oder Dienstleistungen anfangen, selbst Waren und Dienstleistungen zu produzieren, die wiederum von anderen konsumiert werden. Auf manchen Plattformen fällt es den Usern leicht, wiederholt die Seite zu wechseln.

Shareconomy. Der wachsende Wirtschaftsbereich, in dem sich Einzelpersonen und Organisationen Produkte, Dienstleistungen und Ressourcen teilen, weil sie die meiste Zeit gar nicht vom Eigentümer genutzt werden. Shareconomy-Systeme werden häufig durch Plattformen ermöglicht und besitzen das Potenzial, verborgene oder noch brachliegende Wertquellen zu erschließen und Verschwendung zu verhindern.

Teilbare Werteinheit. Siehe *Werteinheit*.

Übermäßige Trägheit. Die Fähigkeit von Netzwerkeffekten, die Akzeptanz neuer, vielleicht besserer Technologien zu verlangsamen oder zu verhindern. Wenn ein bestimmter Markt aufgrund der Auswirkungen von Netzwerkeffekten von nur einer oder einigen wenigen Plattform/en dominiert wird, könnten die Plattformbetreiber in Versuchung geraten, auf lohnende Innovationen zu verzichten, um sich selbst vor dem mit Änderungen einhergehenden Aufwand und anderen disruptiven Effekten zu schützen.

Virales Wachstum. Ein Pull-basierter Vorgang, der darauf abzielt, die User zu ermuntern, Mund-zu-Mund-Propaganda für die Plattform zu betreiben und andere potenzielle User über sie zu informieren. Wenn die User von sich aus andere auffordern, dem Netzwerk beizutreten, wird das Netzwerk selbst zum Motor des eigenen Wachstums.

Viralität. Die Tendenz, dass sich eine Idee oder eine Marke rasant und weithin im Internet ausbreitet – eben wie ein Virus. Die Viralität kann Leute in ein Netzwerk locken, während Netzwerkeffekte die User dazu bringen, immer wieder zurückzukehren. Hierbei geht es insbesondere darum, solche Leute zu ködern, die der Plattform bislang ferngeblieben sind – die Zielsetzung der Netzwerkeffekte besteht hingegen darin, einen Mehrwert für die Teilnehmer der Plattform zu schaffen.

Vertrauen. Das Vertrauen bemisst, inwieweit sich die User angesichts der mit Interaktionen auf der Plattform einhergehenden Risiken sicher fühlen. Dieses Vertrauen kann durch eine ausgezeichnete Kuratierung der Plattformteilnehmer gewonnen werden.

Werteinheit. Das einfachste Objekt, das von den Usern der Plattform ausgetauscht werden kann – beispielsweise ein Foto auf Instagram, ein Video auf YouTube, ein handwerkliches Erzeugnis bei Etsy oder ein Freelancer-Projekt bei Upwork. Wenn eine Werteinheit *verteilbar* ist, kann sie sowohl auf als auch jenseits der Plattform leicht weitergegeben werden und so ein *virales Wachstum* fördern.

B

Anmerkungen

Kapitel 1: Heute

1. Bill Gurley, »A Rake Too Far: Optimal Platform Pricing Strategy«, *Above the Crowd*, 18. April 2013, *http://abovethecrowd.com/2013/04/18/a-rake-too-far-optimal-platformpricing-strategy/*.
2. Thomas Steenburgh, Jill Avery und Naseem Dahod, »HubSpot: Inbound Marketing and Web 2.0«, Harvard Business School Case 509-049, 2009.
3. Tom Goodwin, »The Battle Is for the Customer Interface«, Tech-Crunch, 3. März 2015, *http://techcrunch.com/2015/03/03/in-the-age-of-disintermediation-the-battle-is-all-for-the-customer-interface/*.

Kapitel 2: Netzwerkeffekte

1. Aswath Damodaran, »Uber Isn't Worth $17 Billion«, *FiveThirtyEightEconomics*, 18. Juni 2014, *http://fivethirtyeight.com/features/uber-isnt-worth-17-billion/*.
2. Bill Gurley, »How to Miss By a Mile: An Alternative Look at Uber's Potential Market Size«, *Above the Crowd*, 11. Juli 2014, *http://abovethecrowd.com/2014/07/11/how-to-miss-by-a-mile-an-alternative-look-at-ubers-potential-market-size/*.
3. W. Brian Arthur, »Increasing Returns and the Two Worlds of Business«, Harvard Business Review 74, no. 4 (1996): 100-9; Michael L. Katz und Carl Shapiro, »Network Externalities, Competition, and Compatibility«, *American Economic Review* 75, no. 3 (1985): 424-40.
4. Carl Shapiro und Hal R. Varian, *Information Rules* (Cambridge, MA: Harvard Business School Press, 1999).
5. Thomas Eisenmann, Geoffrey Parker und Marshall Van Alstyne, »Strategies for Two-Sided Markets«, *Harvard Business Review* 84, no. 10 (2006): 92-101.
6. Sarah Needleman und Angus Loten, »When Freemium Fails«, *Wall Street Journal*, 22. August 2012.
7. Saul Hansell, »No More Giveaway Computers. Free-PC To Be Bought by eMachines«, *New York Times*, 30. November 1999, *http://www.nytimes.com/1999/11/30/business/no-more-giveaway-computers-free-pc-to-be-bought-by-emachines.html*.
8. Dashiell Bennett, »8 Dot-Coms That Spent Millions on Super Bowl Ads and No Longer Exist«, *Business Insider*, 2. Februar 2011, *http://www.businessinsider.com/8-dot-com-super-bowl-advertisers-that-no-longer-exist-2011-2*.

9. »The Greatest Defunct Web Sites and Dotcom Disasters«, *Crave*, cnet.co.uk, 5. Juni 2008, *http://web.archive.org/web/20080607211840/, http://crave.cnet.co.uk/ 0,39029477,49296926-6,00.htm.*

10. Geoffrey Parker und Marshall Van Alstyne, »Information Complements, Substitutes and Strategic Product Design«, *Proceedings of the Twenty-First International Conference on Information Systems* (Association for Information Systems, 2000), 13-15; Geoffrey Parker und Marshall Van Alstyne, »Internetwork Externalities and Free Information Goods«, *Proceedings of the Second ACM Conference on Electronic Commerce* (Association for Computing Machinery, 2000), 107-16; Geoffrey Parker und Marshall Van Alstyne, »Two-Sided Network Effects: A Theory of Information Product Design«, *Management Science* 51, no. 10 (2005): 1494-1504.

11. M. Rysman, »The Economics of Two-Sided Markets«, *Journal of Economic Perspectives* 23, no. 3 (2009): 125-43.

12. Paul David, »Clio and the Economics of QWERTY«, *American Economic Review* 75 (1985): 332-7.

13. UN-Daten: *https://data.un.org/Host.aspx?Content=Tools.*

14. Christian Rudder, »Your Looks and Your Inbox«, OkCupid, *http://blog.okcupid.com/index. php/your-looks-and-online-dating/.*

15. Jiang Yang, Lada A. Adamic und Mark S. Ackerman, »Crowdsourcing and Knowledge Sharing: Strategic User Behavior on taskcn«, *Proceedings of the Ninth ACM Conference on Electronic Commerce* (Association for Computing Machinery, 2008), 246-55; Kevin Kyung Nam, Mark S. Ackerman und Lada A. Adamic, »Questions In, Knowledge In?: A Study of Naver's Question Answering Community«, *Proceedings of the SIGCHI Conference on Human Factors in Computing Systems* (Special Interest Group on Computer-Human Interaction, 2009), 779-88.

16. Barry Libert, Yoram (Jerry) Wind und Megan Beck Fenley, »What Airbnb, Uber, and Alibaba Have in Common«, *Harvard Business Review*, 20. November 2014, *https://hbr.org/ 2014/11/what-airbnb-uber-and-alibaba-have-in-common.*

17. Andrei Hagiu und Julian Wright, »Marketplace or Reseller?« *Management Science* 61, no. 1 (Januar 2015): 184-203.

18. Clay Shirky, *Here Comes Everybody: The Power of Organizing Without Organizations* (New York: Penguin, 2008).

19. Henry Chesbrough, *Open Innovation: The New Imperative for Creating and Profiting from Technology* (Cambridge, MA: Harvard Business School Press, 2003).

Kapitel 3: Architektur

1. Charles B. Stabell und Øystein D. Fjeldstad, »Configuring Value for Competitive Advantage: On Chains, Shops, and Networks,« *Strategic Management Journal* 19, no. 5 (1998): 413-37.

2. Rajiv Banker, Sabyasachi Mitra und Vallabh Sambamurthy, »The Effects of Digital Trading Platforms on Commodity Prices in Agricultural Supply Chains,« *MIS Quarterly* 35, no. 3 (2011): 599-611.

3. »Hop In and Shove Over,« *Businessweek*, 2. Februar 2015.

4. Mark Scott und Mike Isaac, »Uber Joins the Bidding for Here, Nokia's Digital Mapping Service,« *New York Times*, 7. Mai 2015.

5. Adam Lashinsky, »Uber Banks on World Domination,« *Fortune*, 6. Oktober 2014.

6. J.H. Saltzer, D.P. Reed und D.D. Clark, »End-to-End Arguments in System Design,« *ACM Transactions on Computer Systems* 2, no. 4 (1984): 277-88.

7. Steve Lohr, »First the Wait for Microsoft Vista; Now the Marketing Barrage,« *New York Times*, 30. Januar 2007.

8. Denise Dubie, »Microsoft Struggling to Convince about Vista«, Computerworld UK, 19. November 2007, *http://www.computerworlduk.com/news/it-vendors/microsoft-struggling-to-convince-about-vista-6258/*.

9. Robin Bloor, »10 Reasons Why Vista is a Disaster,« *Inside Analysis*, 18. Dezember 2007, *http://insideanalysis.com/2007/12/10-reasons-why-vista-is-a-disaster/2/*.

10. Siehe *https://en.wikipedia.org/wiki/Windows_Vista* und *https://en.wikipedia.org/wiki/Windows_XP*.

11. Steve Lohr und John Markoff, »Windows Is So Slow, but Why?«, *New York Times*, 27. März 2006, *http://www.nytimes.com/2006/03/27/technology/27soft.html?_r=1*.

12. Carliss Young Baldwin und Kim B. Clark, *Design Rules: The Power of Modularity*, Vol. 1 (Cambridge, MA: MIT Press, 2000).

13. Robert S. Huckman, Gary P. Pisano und Liz Kind, »Amazon Web Services,« Harvard Business School Case 609-048, 2008.

14. Carliss Young Baldwin und Kim B. Clark, »Managing in an Age of Modularity,« *Harvard Business Review* 75, no. 5 (1996): 84-93.

15. Carliss Young Baldwin und C. Jason Woodard, »The Architecture of Platforms: A Unified View,« Harvard Business School Working Paper 09-034, *http://www.hbs.edu/faculty/Publication%20Files/09- 034_149607b7-2b95-4316-b4b6-1df66dd34e83.pdf*.

16. Daniel Jacobson, Greg Brail und Dan Woods, *APIs: A Strategy Guide* (Cambridge, MA: O'Reilly, 2012).

17. Peter C. Evans und Rahul C. Basole, »Decoding the API Economy with Visual Analytics,« Center for Global Enterprise, 2. September 2015, *http://thecge.net/decoding-the-api-economy-with-visual-analytics/*.

18. Michael G. Jacobides und John Paul MacDuffie, »How to Drive Value Your Way,« *Harvard Business Review* 91, no. 7/8 (2013): 92-100.

19. Amrit Tiwana, *Platform Ecosystems: Aligning Architecture, Governance, and Strategy* (Burlington, MA: Morgan Kaufmann, 2013), Kapitel 5.

20. Steven Eppinger und Tyson Browning, *Design Structure Matrix Methods and Applications* (Cambridge, MA: MIT Press, 2012).

21. Alan MacCormack und Carliss Young Baldwin, »Exploring the Structure of Complex Software Designs: An Empirical Study of Open Source and Proprietary Code,« *Management Science* 52, no. 7 (2006): 1015-30.

22. Andy Grove, *Only the Paranoid Survive* (New York: Doubleday, 1996).

23. Michael A. Cusumano und Annabelle Gawer, »The Elements of Platform Leadership,« *MIT Sloan Management Review* 43, no. 3 (2002): 51.

24. Edward G. Anderson, Geoffrey G. Parker und Burcu Tan, »Platform Performance Investment in the Presence of Network Externalities,« *Information Systems Research* 25, no. 1 (2014): 152-72.

25. Interessierte Leser, die mehr erfahren möchten, finden hier weitere Informationen: Charles H. Fine, *Clockspeed: Winning Industry Control in the Age of Temporary Advantage* (New York: Basic Books, 1998); N. Venkatraman und John C. Henderson, »Real Strategies for Virtual Organizing,« *MIT Sloan Management Review* 40, no. 1 (1998): 33;

und Daniel E. Whitney, »Manufacturing by Design,« *Harvard Business Review* 66, no. 4 (1988): 83-91.

Darüber hinaus gibt es eine enorme Menge akademischer Arbeiten zum Thema Modularität. Leser, die sich eingehender damit befassen möchten, sollten sich die folgenden Artikel ansehen:

Baldwin und Clark, *Design Rules*; Timothy F. Bresnahan und Shane Greenstein, »Technological Competition and the Structure of the Computer Industry,« *Journal of Industrial Economics* 47, no. 1 (1999): 1-40; Viswanathan Krishnan und Karl T. Ulrich, »Product Development Decisions: A Review of the Literature,« *Management Science* 47, no. 1 (2001): 1-21; Ron Sanchez und Joseph T. Mahoney, »Modularity, Flexibility, and Knowledge Management in Product and Organization Design,« *Strategic Management Journal* 17, no. S2 (1996): 63-76; Melissa A. Schilling, »Toward a General Modular Systems Theory and Its Application to Interfirm Product Modularity,« *Academy of Management Review* 25, no. 2 (2000): 312-34; Herbert A. Simon, *The Sciences of the Artificial* (Cambridge, MA: MIT Press, 1969); und Karl Ulrich, *Fundamentals of Product Modularity* (Heidelberg, Germany: Springer Netherlands, 1994).

Kapitel 4: Umbruch

1. Chris Gayomali, »The Two Startups that Joined the $40 Billion Club in 2014,« *Fast Company*, 30. Dezember 2014, *http://www.fastcompany.com/3040367/the-two-startups-that-joined-the-40-billion-club-in-2014*.

2. Kara Swisher, »Man and Uber Man,« *Vanity Fair*, Dezember 2014; Jessica Kwong, »Head of SF Taxis to Retire,« *San Francisco Examiner*, 30. Mai 2014; Alison Griswold, »The Million-Dollar New York City Taxi Medallion May Be a Thing of the Past,« *Slate*, 1. Dezember 2014, *http://www.slate.com/blogs/moneybox/2014/12/01/new_york_taxi_medallions_did_tlc_transaction_data_inflate_the_price_of_driving. html*.

3. Swisher, »Man and Uber Man«.

4. Zack Kanter, »How Uber's Autonomous Cars Will Destroy 10 Million Jobs and Reshape the Economy by 2025,« CBS SF Bay Area, *sanfrancisco.cbslocal.com/2015/01/27/how-ubers-autonomous-cars-will-destroy-10-million-jobs-and-reshape-the-economy-by-2025-lyft-google-zack-kanter/*.

5. Swisher, »Man and Uber Man«.

6. Marc Andreessen, »Why Software Is Eating the World,« Wall Street Journal, 20. August 2011, *http://www.wsj.com/articles/SB10001424053111903480904576512250915629460*.

7. Phil Simon, *The Age of the Platform: How Amazon, Apple, Facebook, and Google Have Redefined Business* (Henderson, NV: Motion Publishing, 2011).

8. Feng Zhu und Marco Iansiti, »Entry into Platform-Based Markets,« *Strategic Management Journal* 33, no. 1 (2012): 88-106.

9. Jason Tanz, »How Airbnb and Lyft Finally Got Americans to Trust Each Other,« *Wired*, 23. April 2014, *http://www.wired.com/2014/04/trust-in-the-share-economy/*.

10. Arun Sundararajan, »From Zipcar to the Sharing Economy,« *Harvard Business Review*, 3. Januar 2013, *https://hbr.org/2013/01/from-zipcar-to-the-sharing-eco/*.

11. Dan Charles, »In Search of a Drought Strategy, California Looks Down Under,« *The Salt*, NPR, 19. August 2015, *http://www.npr.org/sections/thesalt/2015/08/19/432885101/in-search-of-salvation-from -drought-california-looks-down-under*.

12. Simon, *The Age of the Platform*.

13. Hemant K. Bhargava und Vidyanand Choudary, »Economics of an Information Interme-diary with Aggregation Benefits,« *Information Systems Research* 15, no. 1 (2004): 22-36.

14. Marco Ceccagnoli, Chris Forman, Peng Huang und D.J. Wu, »Cocreation of Value in a Platform Ecosystem: The Case of Enterprise Software,« MIS Quarterly 36, no. 1 (2012): 263-90.

15. DC Rainmaker blog, »Under Armour (owner of MapMyFitness) buys both MyFitnessPal and Endomondo,« 4. Februar 2015, *http://www.dcrainmaker.com/2015/02/mapmyfitness-myfitnesspal-endomondo.html.*

16. Peter C. Evans und Marco Annunziata, »Industrial Internet: Pushing the Boundaries of Minds and Machines,« General Electric , 26. November 2012, *http://www.ge.com/docs/ chapters/Industrial_Internet.pdf.*

17. Accenture Technology, »Vision 2015 – Trend 3: Platform (R)evolution,« *http://techtrends.accenture.com/us-en/downloads/Accenture_Technology_Vision 2015_ Platform_Revolution.pdf.* Abgerufen am 13. Oktober 2015.

18. Barry Wacksman und Chris Stutzman, *Connected by Design: Seven Principles for Business Transformation Through Functional Integration* (New York: John Wiley and Sons, 2014).

Kapitel 5: Launch

1. Eric M. Jackson, »How eBay's purchase of PayPal changed Silicon Valley,« *VentureBeat,* 27. Oktober 2012, *http://venturebeat.com/2012/10/27/how-ebays-purchase-of-paypal-changed-silicon-valley/.*

2. Blake Masters, »Peter Thiel's CS183: Startup—Class 2 Notes Essay,« Blake Masters blog, 6. April 2012, *http://blakemasters.com/post /20582845717/peter-thiels-cs183-startup-class-2-notes-essay.* Copyright 2014 David O. Sacks. Abdruck mit freundlicher Genehmigung des Autors.

3. Eric M. Jackson, *The PayPal Wars: Battles with eBay, the Media, the Mafia, and the Rest of Planet Earth* (Los Angeles: WND Books, 2012).

4. Andrei Hagiu und Thomas Eisenmann, »A Staged Solution to the Catch-22,« *Harvard Business Review* 85, no. 11 (2007): 25-26.

5. Annabelle Gawer und Rebecca Henderson, »Platform Owner Entry and Innovation in Complementary Markets: Evidence from Intel,« *Journal of Economics and Management Strategy* 16, no. 1 (2007): 1-34.

6. Joel West und Michael Mace, »Browsing as the Killer App: Explaining the Rapid Success of Apple's iPhone,« *Telecommunications Policy* 34, no. 5 (2010): 270-86.

7. K.J. Boudreau, »Let a Thousand Flowers Bloom? An Early Look at Large Numbers of Software App Developers and Patterns of Innovation,« *Organization Science* 23, no. 5 (2012): 1409-27.

8. Ciara O'Rourke, »Swiss Postal Service Is Moving Some Mail Online,« *New York Times,* 13. Juli 2009.

9. Ellen Wallace, »Swiss Post Set to Become Country's Largest Apple Seller,« Genevalunch, 28. Juni 2012, *http://genevalunch.com/2012/06/28/swiss-post-set-to-become-countrys-largest-apple-seller/.*

10. Mark Suster, »Why Launching Your Startup at SXSW Is a Bad Idea,« *Fast Company,* 13. Februar 2013.

11. »Instagram Tips: Using Hashtags,« Instagram Blog, *http://blog.instagram.com/post/ 17674993957/instagram-tips-using-hashtags.*

Kapitel 6: Monetarisierung

1. Research Network, 12. September 2012, *http://papers.ssrn.com/sol3/papers.cfm?abstract_id=1676444*.
2. Parker und Van Alstyne, »Internetwork Externalities and Free Information Goods«; Geoffrey G. Parker und Marshall Van Alstyne, »Two-Sided Network Effects: A Theory of Information Product Design,« *Management Science* 51, no. 10 (2005); Eisenmann, Parker und Van Alstyne, »Strategies for Two-Sided Markets«.
3. Jean-Charles Rochet und Jean Tirole, »Platform Competition in Two-Sided Markets,« *Journal of the European Economic Association* 1, no. 4 (2003): 990-1029.
4. Rob Hof, »Meetup's Challenge,« Businessweek, 14. April 2005, *http://www.businessweek.com/stories/2005-04-13/meetups-challenge*.
5. Matt Linderman, »Scott Heiferman Looks Back at Meetup's Bet-the-Company Moment,« *Signal v. Noise*, 25. Januar 2011, *https://signalvnoise.com/posts/2751-scott-heiferman-looks-back-at-meetups-bet-the-company-moment-*.
6. Stuart Dredge, »MySpace – What Went Wrong,« Guardian, 6. März 2015.

Kapitel 7: Offenheit

1. Nigel Scott, »Wikipedia: Where Truth Dies Online,« *Spiked*, 29. April 2014, *http://www.spiked-online.com/newsite/article/wikipedia-where-truth-dies-online/14963-.U7RzHxbuSQ2*.
2. Thomas R. Eisenmann, Geoffrey G. Parker und Marshall Van Alstyne, »Opening Platforms: How, When and Why?«, Kapitel 6 in *Platforms, Markets and Innovation*, Herausgeber: Annabelle Gawer (Cheltenham, UK, und Northampton, MA: Edward Elgar, 2009).
3. Kevin Boudreau, »Open Platform Strategies and Innovation: Granting Access Versus Devolving Control,« *Management Science* 56, no. 10 (2010): 1849-72.
4. Andrei Hagiu und Robin S. Lee, »Exclusivity and Control,« *Journal of Economics and Management Strategy* 20, no. 3 (Herbst 2011): 679-708.
5. Joel West, »How Open Is Open Enough? Melding Proprietary and Open Source Platform Strategies,« *Research Policy* 32, no. 7 (2003): 1259-85; Henry William Chesbrough, *Open Innovation: The New Imperative for Creating and Profiting from Technology* (Cambridge, MA: Harvard Business School Press, 2006).
6. Felix Gillette, »The Rise and Inglorious Fall of Myspace,« *Businessweek*, 22. Juni 2011.
7. Simon, *The Age of the Platform*.
8. Catherine Rampell, »Widgets Become Coins of the Social Realm,« *Washington Post*, 3. November 2011, D01.
9. Peng Huang, Marco Ceccagnoli, Chris Forman und D.J. Wu, »Appropriability Mechanisms and the Platform Partnership Decision: Evidence from Enterprise Software,« *Management Science* 59, no. 1 (2013): 102-21.
10. Thomas R. Eisenmann, »Managing Proprietary and Shared Platforms,« *California Management Review* 50, no. 4 (2008): 31-53.
11. Eisenmann, Parker und Van Alstyne, »Opening Platforms«.
12. »Android and iOS Squeeze the Competition, Swelling to 96.3% of the Smartphone Operating System Market for Both 4Q14 and CY14, According to IDC,« Pressemitteilung, International Data Corporation, 24. Februar 2015, *http://www.idc.com/getdoc.jsp?containerId=prUS25450615*.

13. Matt Rosoff, »Should Google Ditch Android Open Source?« *Business Insider*, 10. April 2015, *http://www.businessinsider.com/google-should-ditch-android-open-source-2015-4*; Ron Amadeo, »Google's Iron Grip on Android – Controlling Open Source By Any Means Necessary,« Arstechnica, 20. Oktober 2013, *http://arstechnica.com/gadgets/2013/10/googles-iron-grip-on-android-controlling-open-source-by-any-means-necessary/*.

14. Rahul Basole und Peter Evans, »Decoding the API Economy with Visual Analytics Using Programmable Web Data,« Center for Global Enterprise, September 2015, *http://thecge.net/decoding -the-api-economy-with-visual-analytics/*.

15. Shannon Pettypiece, »Amazon Passes Wal-Mart as Biggest Retailer by Market Cap,« *BloombergBusiness*, 23. Juli 2015, *http://www.bloomberg.com/news/articles/2015-07-23/amazon -surpasses-wal-mart-as-biggest-retailer-by-market-value*

16. Bala Iyer und Mohan Subramaniam, »The Strategic Value of APIs,« *Harvard Business Review*, 7. Januar 2015, *https://hbr.org/2015/01/the-strategic-value-of-apis*.

17. Charles Duhigg, »How Companies Learn Your Secrets,« *New York Times*, 16. Februar 2012, *http://www.nytimes.com/2012/02/19/magazine/shopping-habits.html?pagewanted=all*.

18. Wade Roush, »The Story of Siri, from Birth at SRI to Acquisition by Apple – Virtual Personal Assistants Go Mobile,« xconomy, 14. Juni 2010, *http://www.xconomy.com/san-francisco/2010/06/14/the-story-of-siri-from-birth-at-sri-to-acquisition-by-apple-virtual-personal-assistants-go-mobile/?single_page=true*.

19. »A letter from Tim Cook on Maps,« Apple, *http://www.apple.com/letter-from-tim-cook-on-maps/*.

20. Amadeo, »Google's Iron Grip on Android«.

Kapitel 8: Governance

1. Josh Dzieza, »Keurig's Attempt to DRM Its Coffee Cups Totally Backfired,« *The Verge*, 5. Februar 2015, *http://www.theverge.com/2015/2/5/7986327/keurigs-attempt-to-drm-its-coffee-cups-totally-backfired*.

2. Geoffrey G. Parker und Marshall Van Alstyne, »Innovation, Openness and Platform Control,« 3. Oktober 2014, verfügbar über SSRN unter *http://ssrn.com/abstract=1079712*.

3. Tiwana, *Platform Ecosystems*; Youngin Yoo, Richard J. Boland, Kalle Lyytinen, und Ann Majchrzak, »Organizing for Innovation in the Digitized World,« *Organization Science* 23, no. 15 (2012): 1398-1408.

4. J.R. Raphael, »Facebook Privacy: Secrets Unveiled,« *PCWorld*, 16. Mai 2010, *http://www.pcworld.com/article/196410/Facebook_Privacy_ Secrets_Unveiled.html*.

5. Brad McCarty, »LinkedIn Lockout and the State of CRM,« *Full Contact*, 28. März 2014, *https://www.fullcontact.com/blog/ linkedin-state-of-crm-2014/*.

6. Nitasha Tiku und Casey Newton, »Twitter CEO: 'We Suck at Dealing with Abuse,'« *The Verge*, 4. Februar 2015, *http://www.theverge.com/2015/2/4/7982099/twitter-ceo-sent-memo-taking-personal-responsibility-for-the*.

7. Juro Osawa, »How to Understand Alibaba's Business Model,« *MarketWatch*, 15. März 2014, *http://www.marketwatch.com/story/how-to-understand-alibabas-business-model-2014-03-15-94855847*.

8. Brad Burnham, »Web Services as Governments,« Union Square Ventures, 10. Juni 2010, *https://www.usv.com/blog/web-services-as-governments*.

9. Wolfram Knowledgebase, *https://www.wolfram.com/knowledgebase/*. Abgerufen am 30. Mai 2015.

10. »Politicians,« Corrupt Practices Investigation Bureau, *https://www.cpib.gov.sg/cases-interest/cases-involving-public-sector-officers/politicians*. Abgerufen am 13. Oktober 2015.

11. »Corrupt Perceptions Index,« *Wikipedia, http://en.wikipedia.org/wiki/Corruption_Perceptions_Index*, abgerufen am 13. Oktober 2015; B. Podobnik, J. Shao, D. Njavro, P.C. Ivanov und H.E. Stanley, »Influence of Corruption on Economic Growth Rate and Foreign Investment,« *European Physical Journal B-Condensed Matter and Complex Systems* 63, no. 4:547-50.

12. Die Schätzung beruht auf Daten der Wolfram Knowledgebase. Abgerufen am 13. Oktober 2015.

13. Daron Acemoglu, Simon Johnson und James A. Robinson, »The Colonial Origins of Comparative Development: An Empirical Investigation,« *American Economic Review* 91, no. 5 (2001): 1369-1401; D. Acemoglu, S. Johnson und J.A. Robinson, »Reversal of Fortune: Geography and Institutions in the Making of the Modern World Income Distribution,« *Quarterly Journal of Economics* 117, no. 4 (2002): 1231-94; Gavin Clarkson und Marshall Van Alstyne, »The Social Efficiency of Fairness,« Gruter Institute Squaw Valley Conference: Innovation and Economic Growth, Oktober 2010.

14. Roger Protz, »Arctic Ale, 1845,« *Beer Pages*, 23. März 2011, *http://www.beer-pages.com/stories/arctic-ale.htm*; Jeremy Singer-Vine, »How Long Can You Survive on Beer Alone?« *Slate*, 28. April 2011, *http://www.slate.com/articles/news_and_politics/explainer/2011/04/how_long_can_you_survive_on_beer_alone.html*.

15. »Allsopp's Arctic Ale, The $500,000 eBay Typo,« *New Life Auctions, http://www.newlifeauctions.com/allsopp.html*, abgerufen am 13. Oktober 2015. Das Gebot des Gewinners betrug tatsächlich 503.300 Dollar, aber es ist unklar, ob diese Summe auch wirklich gezahlt wurde.

16. Hillel Aron, »How eBay, Amazon and Alibaba Fuel the World's Top Illegal Industry – The Counterfeit Products Market,« *LA Weekly*, 3. Dezember 2014, *http://www.laweekly.com/news/how-ebay-amazon-and-alibaba-fuel-the-worlds-top-illegal-industry-the-counterfeit-products-market-5261019*.

17. Andrei Shleifer und Robert W. Vishny, »A Survey of Corporate Governance,« *Journal of Finance* 52, no. 2 (1997): 737-83, insbesondere Seite 737.

18. Steve Denning, »The Dumbest Idea in the World: Maximizing Shareholder Value,« *Forbes*, 28. November 2011, *http://www.forbes.com/sites/stevedenning/2011/11/28/maximizing-share holder-value-the-dumbest-idea-in-the-world/*.

19. Alvin E. Roth, »The Art of Designing Markets,« *Harvard Business Review* 85, no. 10 (2007): 118.

20. Lawrence Lessig, *Code and Other Laws of Cyberspace* (New York: Basic Books, 1999).

21. Dana Sauchelli und Bruce Golding, »Hookers Turning Airbnb Apartments into Brothels,« *New York Post*, 14. April 2014, *http://nypost.com/2014/04/14/hookers-using-airbnb-to-use-apartments-for-sex-sessions/*; Amber Stegall, »Craigslist Killers: 86 Murders Linked to Popular Classifieds Website,« WAFB 9 News, Baton Rouge, LA, 9. April 2015, *http://www.wafb.com/story/28761189/craigslist-killers-86-murders-linked-to-popular-classifieds-website*.

22. Apple, »iTunes Store – Terms and Conditions,« *http://www.apple.com/legal/internet-services/itunes/us/terms.html*. Abgerufen am 20. Mai 2015.

23. Apple, »iOS Developer Program License Agreement,« *https://developer.apple.com/ programs/terms/ios/standard/ios_program_standard_ agreement_20140909.pdf*. Abgerufen am 20. Mai 2015.

24. Stack Overflow, »Privileges«, Stack Overflow help page, *http://stackoverflow.com/help/ privileges*. Abgerufen am 20. Mai 2015.

25. Rebecca Grant und Meghan Stothers, »iStockphoto.Com: Turning Community Into Commerce«, Richard Ivey School of Business Case 907E13, 2011.

26. Michael Dunlop, »Interview With Bruce Livingstone – Founder and CEO of iStockphoto«, *Retire at 21, http://www.retireat21.com/interview/interview-with-bruce-livingstone-founder-of-istockphoto*.

27. Grant und Stothers, »iStockphoto.Com«, 3.

28. Nir Eyal, *Hooked: How to Build Habit-Forming Products* (Toronto: Penguin Canada, 2014).

29. Nir Eyal, »Hooks: An Intro on How to Manufacture Desire«, *Nir & Far, http://www. nirandfar.com/2012/03/how-to-manufacture-desire.html*. Abgerufen am 13. Oktober 2015.

30. Elinor Ostrom, *Governing the Commons: The Evolution of Institutions for Collective Action* (New York: Cambridge University Press, 1990).

31. Jeff Jordan, »Managing Tensions In Online Marketplaces«, *TechCrunch*, 23. Februar 2015, *http://techcrunch.com/2015/02/23/managing-tensions-in-online-marketplaces/*.

32. ebd.

33. Charles Moldow, »A Trillion Dollar Market, By the People, For the People«, Foundation Capital, *https://foundationcapital.com/downloads/ FoundationCap_ MarketplaceLendingWhitepaper.pdf*.

34. Sangeet Choudary, »Will Peer Lending Platforms Disrupt Banking?« *Platform Thinking, http://platformed.info/peer-lending-platforms-disrupt-banking/*.

35. Michael Lewis, *Flash Boys: A Wall Street Revolt* (New York: Norton, 2014); P. Martens, »Goldman Sachs Drops a Bombshell on Wall Street«, *Wall Street on Parade*, 9. April 2014, *http://wallstreetonparade.com/2014/04/goldman-sachs-drops-a-bombshell-on-wall-street/*.

36. Michael Lewis, »Michael Lewis Reflects on his Book Flash Boys, a Year after It Shook Wall Street to its Core«, Vanity Fair, April 2015, *http://www.vanityfair.com/news/2015/03/ michael-lewis-flash-boys-one-year-later*.

37. William Mougayar, »Understanding the Blockchain«, *Radar*, 16. Januar 2015, *http:// radar.oreilly.com/2015/01/understanding-the-blockchain.html*.

38. ebd.

39. Tamara McCleary, »Got Influence? What's Social Currency Got To Do With It?« Tamara McCleary blog, 1. Dezember 2014, *http://tamaramccleary.com/got-influence-social-currency/*.

40. Grant und Stothers, »iStockphoto.Com«, 3.

41. Hind Benbya und Marshall Van Alstyne, »How to Find Answers within Your Company«, *MIT Sloan Management Review* 52, no. 2 (2011): 65-75.

42. Peng Huang, Marco Ceccagnoli, Chris Forman und D.J. Wu, »IT Knowledge Spillovers and Productivity: Evidence from Enterprise Software«, Working Paper, University of Maryland and Georgia Institute of Technology, 2. April 2013, *http://ssrn.com/ abstract=2243886*.

43. Benbya und Van Alstyne, »How to Find Answers within Your Company«.

44. Geoffrey G. Parker und Marshall Van Alstyne, »Innovation, Openness, and Platform Control«.

45. Arvind Malhotra und Marshall Van Alstyne, »The Dark Side of the Sharing Economy . . . and How to Lighten It«, *Communications of the ACM* 57, no. 11 (2014): 24-27.

46. Julie Bort, »An Airbnb Guest Held a Huge Party in This New York Penthouse and Trashed It«, *Business Insider*, 19. März 2014, *http://www.businessinsider.com/how-an-airbnb-guest-trashed-a-penthouse- 2014-3?op=1 – ixzz3dA5DDMZz*; M. Matthews, »Uber Passenger Says Driver Struck Him with Hammer After He Told Him He Was Going the Wrong Way«, NBC Bay Area, 8. Oktober 2014, *http://www.nbcbayarea.com/news/local/Passenger-Hit-with-Hammer-by-Uber-Driver-278596821.html*.

47. Airbnb, »Host Protection Insurance«, *https://www.airbnb.com/host-protection-insurance*, abgerufen am 15. Juni 2015; A. Cecil, »Uber, Lyft, and Other Rideshare Drivers Now Have Insurance Options«, Policy Genius, *https://www.policygenius.com/blog/uber-lyft-and-other-rideshare-drivers-now-have-insurance-options/*, abgerufen am 14. Juni 2015.

48. Huckman, Pisano und Kind, »Amazon Web Services«.

49. Jillian D'Onfro, »Here's a Reminder Just How Massive Amazon's Web Services Business Is«, *Business Insider*, 16. Juni 2014, *http://www.businessinsider.com/amazon-web-services-market-share-2014-6*.

50. Annabelle Gawer und Michael A. Cusumano, *Platform Leadership: How Intel, Microsoft, and Cisco Drive Industry Innovation* (Boston: Harvard Business School Press, 2002).

51. Übernommen von Gawer und Cusumano, *Platform Leadership*.

52. Clarkson und Van Alstyne, »The Social Efficiency of Fairness«.

53. ebd.

54. Benbya und Van Alstyne, »How to Find Answers within Your Company«.

Kapitel 9: Kennzahlen

1. Jonathan P. Roth, *The Logistics of the Roman Army at War: 264 BC- AD 235* (Leiden, Netherlands: Brill, 1999), 3.

2. Josh Costine, »BranchOut Launches Talk.co to Expand from Networking into a WhatsApp for the Workplace«, *TechCrunch*, 7. Oktober 2013, *http://techcrunch.com/2013/10/07/talk-co/*.

3. Teresa Torres, »Why the BranchOut Decline Isn't Surprising«, *Product Talk*, 7. Juni 2012, *http://www.producttalk.org/2012/06/why-the-branchout-decline-isnt-surpising/*.

4. John Egan, »Anatomy of a Failed Growth Hack«, John Egan blog, 6. Dezember 2012, *http://jwegan.com/growth-hacking/autopsy-of-a-failed-growth-hack/*.

5. Derek Sivers, »The Lean Startup – by Eric Ries«, Derek Sivers blog, 23. Oktober 2011, *https://sivers.org/book/LeanStartup*.

6. Alistair Croll und Benjamin Yoskovitz, *Lean Analytics: Use Data to Build a Better Startup Faster* (Sebastopol, CA: O'Reilly Media, 2013).

7. Christian Rudder, »The Mathematics of Beauty«, OkTrends: Dating Research from OkCupid, 10. Januar 2011, *http://blog.okcupid.com/ index.php/the-mathematics-of-beauty/*.

8. Bianca Bosker, »OkCupid Hides Good-Looking People from Less Attractive Users«, Huffington Post, 16.Juni 2010, *http://www.huffingtonpost.com/2010/06/16/okcupid-hiding-hotties-fr_n_614149.html*.

9. Eisenmann, Parker und Van Alstyne, »Strategies for Two-Sided Markets«; Croll und Yoskovitz, *Lean Analytics*.

10. Francis J. Mulhern, »Customer Profitability Analysis: Measurement, Concentration, and Research Directions«, *Journal of Interactive Marketing* 13, no. 1 (1999): 25-40; Nicolas

Glady, Bart Baesens und Christophe Croux, »Modeling Churn Using Customer Lifetime Value«, *European Journal of Operational Research* 197, no. 1 (2009): 402-11.

11. Minter Dial, »Best of the Web or Death by Aggregation? Why Don't Brands Curate the News?« *Myndset*, 16. Dezember 2014, *http://themyndset.com/2014/12/aggregation-curation/*.

12. Nidhi Subbaraman, »Airbnb's Small Army of Photographers Are Making You (and Them) Look Good«, *Fast Company*, 17. Oktober 2011, *http://www.fastcompany.com/1786980/airbnbs-small-army-photographers-are-making-you-and-them-look-good*.

13. Ruimin Zhang im Gespräch mit Geoffrey Parker und Marshall Van Alstyne, 12. Dezember 2014.

14. Tiwana, *Platform Ecosystems*.

15. Parker und Van Alstyne, »Innovation, Openness, and Platform Control«.

16. Guido Jouret im Gespräch mit Geoffrey Parker und Marshall Van Alstyne, 8. September 2006.

17. Gary Swart, »7 Things I Learned from Startup Failure«, *In*, 23. September 2013, *https://www.linkedin.com/pulse/20130923123247-758147-7-things-i-learned-from-startup-failure*.

18. Eric Ries, *The Lean Startup: How Today's Entrepreneurs Use Continuous Innovation to Create Radically Successful Businesses* (New York: Random House, 2011).

Kapitel 10: Strategie

1. David J. Teece, »Next Generation Competition: New Concepts for Understanding How Innovation Shapes Competition and Policy in the Digital Economy«, *Journal of Law Economics and Policy* 9, no. 1 (2012): 97-118.

2. David B. Yoffie und Michael A. Cusumano, *Strategy Rules: Five Timeless Lessons from Bill Gates, Andy Grove, and Steve Jobs* (New York: HarperCollins, 2015); F.F. Suarez und J. Kirtley, »Innovation Strategy – Dethroning an Established Platform«, *MIT Sloan Management Review* 53, no. 4 (2012): 35.

3. David Barboza, »China's Internet Giants May Be Stuck There«, *New York Times*, 23. März 2010, *http://www.nytimes.com/2010/03/24/business/global/24internet.html*.

4. Brad Stone, »Alibaba's IPO May Herald the End of U.S. E-Commerce Dominance«, *Businessweek*, 7. August 2014, *http://www.bloomberg.com/bw/articles/2014-08-07/alibabas-ipo-may-herald-the-end-of-u-dot-s-dot-e-commerce-dominance*.

5. Sarit Markovich und Johannes Moenius, »Winning While Losing: Competition Dynamics in the Presence of Indirect Network Effects«, *International Journal of Industrial Organization* 27, no. 3 (2009): 346-57.

6. Stone, »Alibaba's IPO«.

7. Michael E. Porter, »How Competitive Forces Shape Strategy«, *Harvard Business Review* 57, no. 2 (1979): 137-45; Michael E. Porter, *Competitive Strategy* (New York: Free Press, 1980).

8. Birger Wernerfelt, »A Resource-Based View of the Firm«, *Strategic Management Journal* 5 (1984): 171-80.

9. Paul Zimnisky, »A Diamond Market No Longer Controlled By De Beers«, Kitco Commentary, 6. Juni 2013, *http://www.kitco.com/ind/Zimnisky/2013-06-06-A-Diamond-Market-No-Longer-Controlled-By-De-Beers.html*.

10. Richard D'Aveni, *Hypercompetition* (New York: Free Press, 1994), 4.

11. Rita Gunther McGrath, *The End of Competition: How to Keep Your Strategy Moving as Fast as Your Business* (Cambridge, MA: Harvard Business Review Press, 2013).

12. Steve Denning, »What Killed Michael Porter's Monitor Group? The One Force That Really Matters«, *Forbes*, 20. November 2012, *http://www.forbes.com/sites/stevedenning/2012/11/20/what-killed-michael-porters-monitor-group-the-one-force-that-really-matters/*.

13. Ming Zeng, »Three Paradoxes of Building Platforms«, Communications of the ACM 58, no. 2 (2015): 27-9, *http://cacm.acm.org/magazines/2015/2/182646-three-paradoxes-of-building-platforms/abstract*.

14. Thomas Eisenmann, Geoffrey G. Parker und Marshall Van Alstyne, »Platform Envelopment«, *Strategic Management Journal* 32, no. 12 (2011): 1270-85.

15. Geoffrey G. Parker und Marshall Van Alstyne, »Platform Strategy«, *New Palgrave Encyclopedia of Business Strategy* (New York: Macmillan, 2014).

16. Angel Salazar, »Platform Competition: A Research Framework and Synthesis of Game-Theoretic Studies«, Social Science Research Network, 15. Februar 2015, *http://papers.ssrn.com/sol3/papers.cfm?abstract_id=2565337*. Mimeo: Manchester Metropolitan University, 2015; Barry J. Nalebuff und Adam M. Brandenburger, *Co-opetition* (London: Harper Collins Business, 1996).

17. Steve Jobs, »Thoughts on Flash«, April 2010, *http://www.apple.com/hotnews/thoughts-on-flash/*.

18. Vardit Landsman und Stefan Stremersch, »Multihoming in Two-Sided Markets: An Empirical Inquiry in the Video Game Console Industry«, *Journal of Marketing* 75, no. 6 (2011): 39-54.

19. Ming Zeng, »How Will Big Data and Cloud Computing Change Platform Thinking?«, Grundsatzrede, MIT Platform Strategy Summit, 25. Juli 2014, *http://platforms.mit.edu/2014*.

20. »Top 20 Apps with MAU Over 10 Million«, Facebook Apps Leaderboard, AppData, *http://appdata.com/leaderboard/apps?show_na=1*. Abgerufen am 14. Oktober 2015.

21. Carl Shapiro und Hal R. Varian, »The Art of Standards Wars«, *California Management Review* 41, no. 2 (1999): 8-32.

22. Bill Gurley, »All Revenue Is Not Created Equal: Keys to the 10X Revenue Club«, *Above the Crowd*, 24. Mai 2011, *http://abovethecrowd.com/2011/05/24/all-revenue-is-not-created-equal-the-keys-to-the-10x-revenue-club/*.

23. Douglas MacMillan, »The Fiercest Rivalry in Tech: Uber vs. Lyft«, *Wall Street Journal*, 11. August 2014; C. Newton, »This is Uber's Playbook for Sabotaging Lyft«, *The Verge*, 26. August 2014, *http://www.theverge.com/2014/8/26/6067663/this-is-ubers-playbook-for-sabotaging-lyft*.

Kapitel 11: Regulierungsmaßnahmen

1. Kevin Boudreau und Andrei Hagiu, *Platform Rules: Multi-Sided Platforms as Regulators* (Cheltenham, UK: Edward Elgar, 2009), 163-89.

2. Malhotra und Van Alstyne, »The Dark Side of the Sharing Economy«.

3. Felix Gillette und Sheelah Kolhatkar, »Airbnb's Battle for New York«, *Businessweek*, 19. Juni 2014, *http://www.bloomberg.com/bw/articles/2014-06-19/airbnb-in-new-york-sharing-startup-fihts-for-largest-market*.

4. Ron Lieber, »A Liability Risk for Airbnb Hosts«, *New York Times*, 6. Dezember 2014.

5. Georgios Zervas, Davide Proserpio und John W. Byers, »The Rise of the Sharing Economy: Estimating the Impact of Airbnb on the Hotel Industry«, Boston University School of Management Research Paper 2013-16, *http://ssrn.com/abstract=2366898*.

6. Brad N. Greenwood und Sunil Wattal, »Show Me the Way to Go Home: An Empirical Investigation of Ride Sharing and Motor Vehicle Homicide«, Platform Strategy Research Symposium, Boston, MA, July 9, 2015, *http://ssrn.com/abstract=2557612.*

7. John Cote?, »SF Cracks Down on 'MonkeyParking' Mobile App«, *SF Gate,* 23. Juni 2014, *http://blog.sfgate.com/cityinsider/2014/06/23/sf-cracks-down-on-street-parking-cash-apps/.*

8. Kevin Roose, »Does Silicon Valley Have a Contract-Worker Problem?« *New York,* 18. September 2014, *http://nymag.com/daily/intelligencer/2014/09/silicon-valleys-contract-worker-problem.html.*

9. George J. Stigler, »The Theory of Economic Regulation«, *Bell Journal of Economics and Management Science* 2, no. 1 (Frühling 1971): 3-21.

10. Jean-Jacques Laffont und Jean Tirole, »The Politics of Government Decision-Making: A Theory of Regulatory Capture«, *Quarterly Journal of Economics* 106, no. 4 (1991): 1089-1127.

11. Conor Friedersdorf, »Mayors of Atlanta and New Orleans: Uber Will Beat the Taxi Industry«, *Atlantic,* 29. Juni 2014, *http://www.theatlantic.com/business/archive/2014/06/mayors-of-atlanta-and-new-orleans-uber-will-beat-the-taxi-cab-industry/373660/.*

12. Don Boudreaux, »Uber vs. Piketty«, *Cafe Hayek,* 1. August 2015, *http://cafehayek.com/2015/08/uber-vs-piketty.html.*

13. Andrei Shleifer, »Understanding Regulation«, *European Financial Management* 11, no. 4 (2005): 439-51.

14. Jean-Jacques Laffont und Jean Tirole, *Competition in Telecommunications* (Cambridge, MA: MIT Press, 2000).

15. Ben-Zion Rosenfeld und Joseph Menirav, »Methods of Pricing and Price Regulation in Roman Palestine in the Third and Fourth Centuries«, *Journal of the American Oriental Society* 121, no. 3 (2001): 351-69; Geoffrey E. Rickman, »The Grain Trade under the Roman Empire«, *Memoirs of the American Academy in Rome* 36 (1980): 261-75.

16. Jad Mouawad und Christopher Drew, »Airline Industry Is at Its Safest Since the Dawn of the Jet Age«, *New York Times,* 11. Februar 2013, *http://www.nytimes.com/2013/02/12/business/2012-was-the-safest-year-for-airlines-globally-since-1945.html.*

17. Simeon Djankov, Edward Glaeser, Rafael La Porta, Florencio Lopez-de-Silanes und Andrei Shleifer, »The New Comparative Economics«, *Journal of Comparative Economics* 31, no. 4 (2003): 595-619.

18. Shleifer, »Understanding Regulation«.

19. KPMG, »China 360: E-Commerce in China, Driving a New Consumer Culture«, *https://www.kpmg.com/CN/en/IssuesAndInsights/ArticlesPublications/Newsletters/China-360/Documents/China-360-Issue15-201401-E-commerce-in-China.pdf.*

20. S. Shankland, »Sun Brings Antitrust Suit Against Microsoft«, CNET News, 20. Juli 2002, *http://www.cnet.com/news/sun-brings-antitrust-suit-against-microsoft-1/.*

21. Carl Shapiro, »Exclusivity in Network Industries«, *George Mason Law Review* 7 (1998): 673.

22. Neil Gandal, »Compatibility, Standardization, and Network Effects: Some Policy Implications«, *Oxford Review of Economic Policy* 18, no. 1 (2002): 80-91.

23. Parker und Van Alstyne, »Innovation, Openness, and Platform Control«.

24. Parker und Van Alstyne, »Internetwork Externalities and Free Information Goods«; Parker und Van Alstyne, »Two-Sided Network Effects«.

25. David S. Evans und Richard Schmalensee, »The Antitrust Analysis of Multi-Sided Platform Businesses«, in *The Oxford Handbook of International Antitrust Economics*, Vol. 1, herausgegeben von Roger D. Blair und D. Daniel Sokol (Oxford: Oxford University Press, 2015).

26. Tom Fairless, Rolfe Winkler und Alistair Barr, »EU Files Formal Antitrust Charges Against Google«, *Wall Street Journal*, 15. April 15, 2015.

27. »Statement of the Federal Trade Commission Regarding Google's Search Practices: In the Matter of Google, Inc.«, FTC File Number 111- 0163, 3. Januar 2013, *https://www.ftc.gov/public-statements/2013/01/statement-federal-trade-commission-regarding-googles-search-practices*.

28. Jeremy Greenfield, »How the Amazon-Hachette Fight Could Shape the Future of Ideas«, *Atlantic Monthly*, 28. Mai 2014.

29. Helen F. Ladd, »Evidence on Discrimination in Mortgage Lending«, *Journal of Economic Perspectives* 12, no. 2 (1998): 41-62.

30. Noel Capon, »Credit Scoring Systems: A Critical Analysis«, *Journal of Marketing* 46, no. 2 (1982): 82-91.

31. Jim Puzzangher, »Obama to Push Cybersecurity, Identity Theft and Online Access Plans«, *Los Angeles Times*, 10. Januar 2015, *http://www.latimes.com/nation/politics/politicsnow/la-pn-obama-cybersecurity-20150110-story.html*.

32. Steve Kroft, »The Data Brokers: Selling Your Personal Information«, *CBS News*, 9. März 2014, *http://www.cbsnews.com/news/the-data-brokers-selling-your-personal-information/*.

33. Federal Trade Commission, »DataBrokers: A Call for Transparency and Accountability«, Mai 2014, *http://www.ftc.gov/system/files/documents/ reports/data-brokers-call-transparency-accountability-report-federal-trade-commission-may-2014/140527databrokerreport.pdf*.

34. Lee Rainie und Janna Anderson, »The Future of Privacy«, Pew Research Center, 18. Dezember 2014, *http://www.pewinternet.org/2014/12/18/future-of-privacy/*.

35. »Who Owns Your Personal Data? The Incorporated Woman«, Economist, 27. Juni 2014, *http://www.economist.com/blogs/schumpeter/2014/06/who-owns-your-personal-data*.

36. Lee Rainie und Janna Anderson, »The Future of Privacy: Other Resounding Themes«, Pew Research Center, 18. Dezember 2014, *http://www.pewinternet.org/2014/12/18/other-resounding-themes/*.

37. Charles Arthur, »Tech Giants May Be Huge, But Nothing Matches Big Data«, *Guardian*, 23. August 2013, *http://www.theguardian.com/technology/2013/aug/23/tech-giants-data*.

38. James Cook, »Sony Hackers Have Over 100 Terabytes Of Documents. Only Released 200 Gigabytes So Far«, *Business Insider*, 16. Dezember 2014, *http://www.businessinsider.com/the-sony-hackers-still-have-a-massive-amount-of-data-that-hasnt-been-leaked-yet-2014-12*.

39. Lisa Beilfuss, »Target Reaches $19 Million Settlement with MasterCard Over Data Breach«, *Wall Street Journal*, 15. April 2015.

40. Andrew Nusca, »Who Should Own Farm Data?« *Fortune*, 22. Dezember 2014.

41. Wir danken Peter Evans, ehemals Chefanalytiker bei GE, für seine Ratschläge zu diesem Thema.

42. E-Mail an Marshall Van Alstyne von Peter Evans, Center for Global Enterprise, unter Verwendung von Crunchbase-Daten aus dem Jahr 2015.

43. Avi Goldfarb und Catherine E. Tucker, »Privacy Regulation and Online Advertising«, *Management Science* 57, no. 1 (2011): 57-71.

44. Robert W. Wood, »Amazon No Longer Tax-Free: 10 Surprising Facts As Giant Loses Ground«, *Forbes*, 22. August 2013, *http://www.forbes.com/sites/robertwood/2013/08/22/amazon-no-longer-tax-free-10-surprising-facts-as-giant-loses-ground.*

45. Bob Egelko, »Court Rules FedEx Drivers in State Are Employees, Not Contractors«, *SF Gate*, 28. August 2014, *http://www.sfgate.com/bayarea/article/Court-to-FedEx-Your-drivers-are-full-time-5717048.php.*

46. Google-Suchergebnis für die Stichworte »Internet sweatshop«, abgerufen am 28. Januar 2015.

47. Krishnadev Calamur, »Uber's Troubles Mount Even As Its Value Grows«, *The Two-Way*, NPR, 10. Dezember 2014, *http://www.npr.org/blogs/thetwo-way/2014/12/10/369922099/ubers-troubles-mount-even-as-its-value-grows.*

48. Jeffrey A. Trachtenberg und Greg Bensinger, »Amazon, Hachette End Publishing Dispute«, Wall Street Journal, 13. November 2014, *http://www.wsj.com/articles/amazon-hachette-end-publishing-dispute-1415898013.*

49. Robinson Meyer, »Everything We Know About Facebook's Secret Mood Manipulation Experiment«, *Atlantic*, 28. Juni 2014, *http://www.theatlantic.com/technology/archive/2014/06/everything-we -know-about-facebooks-secret-mood-manipulation-experiment/373648/.*

50. Robert M. Bond, Christopher J. Fariss, Jason J. Jones, Adam D.I. Kramer, Cameron Marlow, Jaime E. Settle und James H. Fowler, »A 61-Million-Person Experiment in Social Influence and Political Mobilization«, Nature 489, no. 7415 (2012): 295-8.

51. Dominic Rushe, »Facebook Sorry-Almost-For Secret Psychological Experiment on User«, *Guardian*, 2. Oktober 2012, *http://www.theguardian.com/technology/2014/oct/02/facebook-sorry-secret-psychological-experiment-users.*

52. Alex Rosenblat, »Uber's Phantom Cars«, *Motherboard*, 27. Juli 2015, *http://motherboard.vice.com/read/ubers-phantom-cabs.*

53. Nick Grossman, »Regulation, the Internet Way: A Data-First Model for Establishing Trust, Safety, and Security-Regulatory Reform for the 21st Century City«, Harvard Kennedy School, ASH Center for Democratic Governance and Innovation, 8. April 2015, *http://datasmart.ash.harvard.edu/news/article/white-paper-regulation-the-internet-way-660.*

54. ebd.

55. Tim O'Reilly, *Government as a Platform* (Cambridge, MA: MIT Press, 2010), 11-40.

56. Die sozialen Auswirkungen verordneter Transparenz sind von drei Experten der Harvard Kennedy School of Government gründlich untersucht worden; siehe Archon Fung, Mary Graham und David Weil, *Full Disclosure: The Perils and Promise of Transparency* (New York: Cambridge University Press, 2007).

57. Siehe beispielsweise: Richard Stallman, »Why Open Source Misses the Point of Free Software«, *GNU Operating System*, Free Software Foundation, *http://www.gnu.org/philosophy/open-source-misses-the-point.en.html.*

58. Carlota Perez, *Technological Revolutions and Financial Capital: The Dynamics of Bubbles and Golden Ages* (Cheltenham, UK: Edward Elgar, 2003).

59. Heli Koski und Tobias Kretschmer, »Entry, Standards and Competition: Firm Strategies and the Diffusion of Mobile Telephony«, *Review of Industrial Organization* 26, no. 1 (2005): 89-113.

60. David Evans, »Governing Bad Behavior by Users of Multi-Sided Platforms«, *Berkeley Technology Law Journal* 27, no. 12 (Fall 2012), *http://scholarship.law.berkeley.edu/cgi/viewcontent.cgi?article=1961&context=btlj.*

61. Benjamin Edelman, »Digital Business Models Should Have to Follow the Law, Too«, *Harvard Business Review*, 6. Januar 2015, *https://hbr.org/2015/01/digital-business-models-should-have-to-follow-the-law-too*.

Kapitel 12: Morgen

1. Brandon Alcorn, Gayle Christensen und Ezekiel J. Emanuel, »The Real Value of Online Education«, *Atlantic Monthly*, September 2014.
2. Luis Von Ahn, »Crowdsourcing, Language and Learning«, Vortrag auf dem MIT Platform Strategy Summit, 10. Juli 2015, verfügbar unter *http://platforms.mit.edu/agenda*.
3. Graeme Wood, »The Future of College?« *Atlantic Monthly*, September 2014.
4. »There's an App for That«, *Economist*, 3. Januar 2015.
5. Hemant Taneja, »Unscaling the Healthcare Economy«, *TechCrunch*, 28. Juni 2014, *http://techcrunch.com/2014/06/28/software-defined-healthcare/*.
6. Vince Kuraitis, »Patient Digital Health Platforms (PDHPs): An Epicenter of Healthcare Transformation?« Healthcare Information and Management Systems Society, 18. Juni 2014, *http://blog.himss.org/2014/06/18/patient-digital-health-platforms-pdhps-an-epicenter-of-healthcare-transformation/*.
7. Josh Dzieza, »Why Tesla's Battery for Your Home Should Terrify Utilities«, *The Verge*, 13. Februar 2015, *http://www.theverge.com/2015/2/13/8033691/why-teslas-battery-for-your-home-should-terrify-utilities*.
8. Daniel Roberts, »How MasterCard became a Tech Company«, *Fortune*, 24. Juli 2014.
9. William D. Cohan, »Bypassing the Bankers«, *Atlantic Monthly*, September 2014.
10. Matina Stevis und Patrick McGroarty, »Banks Vie for a Piece of Africa's Mobile Banking Market«, *Wall Street Journal*, 15. August 2014.
11. Daniel Fisher, »Legal-Services Firm's $73 Million Deal Strips the Mystery from Derivatives Trading«, *Forbes*, 12. Februar 2015; »There's an App for That«, *Economist*.
12. San Francisco Mayor's Office of Civic Innovation, »Announcing the First-Ever San Francisco Datapalooza«, Blogbeitrag, 12. Oktober 2013; San Francisco Mayor's Office of Civic Innovation, »Data Jam, 100 Days to Tackle Housing«, Blogbeitrag, 7. Juni 2013, *http://innovatesf.com*.
13. David Mount, »The Industrial Awakening: The Internet of Heavier Things«, 3. März 2015, *http://www.kpcb.com/blog/the-industrial-awakening-the-internet-of-heavier-things*.
14. Jeremy Rifkin, »Capitalism Is Making Way for the Age of Free«, *Guardian*, 31. März 2014.

C

Danksagungen

Diese Buchveröffentlichung ist das Produkt einer Teamarbeit, an der viele Leute beteiligt sind. Daher wollen wir uns an dieser Stelle ausdrücklich bei einigen der Mitarbeiter unseres Verlagshauses bedanken, die uns Autoren in besonderer Weise unterstützt haben.

Als Erstes möchten wir unserem redaktionellen Berater Karl Weber unsere Anerkennung für seine bewundernswerte Fähigkeit aussprechen, die Darlegungen dreier Autoren unter einen Hut zu bringen. Karl, deine Geduld, Besonnenheit und Erfahrung waren für uns unverzichtbar.

Besonderer Dank gebührt ebenso unserer Agentin Carol Franco, die uns bei diesem Projekt jederzeit mit Rat und Tat zur Seite stand, sowie unserem Lektor Brendan Curry und dem übrigen Team bei W.W. Norton für ihren Enthusiasmus und ihr unerschütterliches Vertrauen in dieses Buchprojekt.

Ein weiteres Dankeschön geht an die vielen Unternehmen und Organisationen, die unsere Forschungsarbeiten finanziell gefördert und deren Mitarbeiter uns bei unseren Bemühungen unterstützt haben, die netzwerkbasierten Geschäftsmodelle besser zu verstehen. Geoff Parker und Marshall Van Alstyne möchten in diesem Zusammenhang insbesondere folgende Institutionen hervorheben: Accenture, AT&T, British Telecom, California ISO, Cellular South, Cisco, Commonwealth Bank of Australia, Dun & Bradstreet, France Telecom, GE (General Electric), Goldman Sachs, Haier Group, Houghton Mifflin Harcourt, IBM, Intel, International Post Corporation, Law & Economics Consulting Group, Mass Mutual, Microsoft, Mindtree, Mitsubishi Bank, NetApp, PIM Interconnection, Staat New York, Pearson, Pfizer, SAP, Telecom Italia, Thomson Reuters, U.S. Postal Service und U.S. Office of the Inspector General. Ihre großzügige Unterstützung hat sehr zur Reichhaltigkeit dieses Buches beigetragen.

Sangeet Choudary möchte sich seinerseits bei den folgenden Unternehmen bedanken, in denen er Beraterfunktionen bekleidete und für die er Forschungsaufträge durchführte: dem Centre for Global Enterprise, der INSEAD Business School, Intuit, Yahoo, Schibsted Media, Spotify, der Commonwealth Bank of Australia, 500Startups, JFDI Asia, Autodesk, Adobe, Accenture, Dun & Bradstreet, Webb Brazil, BHP Billiton, Philips, Shutterstock, SWIFT, der iSpirit Foundation sowie Telkom Indonesia. Die Erfahrungen, die Sangeet hier sammeln konnte, haben sich für seine Arbeiten zum Thema Plattformen als äußerst wertvoll erwiesen.

Und natürlich möchten die Autoren nachfolgend auch einigen persönlichen Freunden, Kollegen, Beratern und Unterstützern ihren Dank aussprechen.

GEOFFREY G. PARKER

Ich danke meiner Frau Debra, meinem Vater Don und meinen Kindern Benjamin und Elizabeth für ihre großartige Unterstützung und ihr Feedback während meiner Arbeit an diesem Buch.

Des Weiteren möchte ich mich bei meinen Ratgebern und Mentoren am MIT, Arnold Barnett, Steve Connors, Richard DeNeufville, Charles Fine, Gordon Hamilton, Richard Lester, Richard Tabors und Daniel Whitney, für ihre Unterstützung, Hilfestellung und ihre Begeisterung bedanken. Sie haben mir im wahrsten Sinne des Wortes eine völlig neue Welt erschlossen.

Außerdem hatte ich das Glück, am MIT ein Team von Mitarbeitern um mich versammeln zu können, mit dem ich wohl den Rest meines Lebens wunderbar zusammenarbeiten werde: Edward Anderson, Nitin Joglekar und Marshall Van Alstyne. Ich kann mir keine besseren Kollegen und Freunde vorstellen.

Bei der Beschäftigung mit dem Thema Plattformen lernte ich Tom Eisenmann kennen, der mir ein guter Freund und Kollege geworden ist. Seine Ideen haben wesentlich zu diesem Buch beigetragen.

Darüber hinaus hatte ich das Privileg, die Bekanntschaft unseres Koautors Sangeet Choudary zu machen, der bereits bei vielen Plattformunternehmen als Berater tätig war. Seine Erfahrungen bildeten eine hervorragende Ergänzung zu meinen eigenen.

Ich danke Erik Brynjolfsson, Andy McAfee, Dave Verrill und dem tollen Team der *MIT Initiative on the Digital Economy* (IDE). Die IDE war maßgeblich an der Ausrichtung des MIT Platform Summit beteiligt und hat Marshall und mir die Möglichkeit geboten, im Rahmen unserer Bemühungen, Theorie und Praxis miteinander zu verbinden, mit vielen Unternehmen zusammenzuarbeiten.

Peter Evans hat mich durch seinen Elan und seine unstillbare Neugier dazu inspiriert, die wachsende Plattformökonomie zu untersuchen. Darüber hinaus hatte ich das Glück, Teil einer großen Community gleichgesinnter Wissenschaftler zu sein, die an der Ökonomie von Informationssystemen interessiert sind, und ich freue mich sehr über den hier regelmäßig stattfindenden Austausch.

Ein großes Dankeschön gilt auch meinen Kollegen an der Tulane University, die mir als Testgruppe dienten und so dazu beigetragen haben, die in diesem Buch präsentierten Ideen zu bestätigen. Zudem hatte ich das Vergnügen, wunderbare Studenten an der Tulane University unterrichten zu dürfen, die eifrig mitgeholfen habe, ältere Versionen dieses Materials zu überarbeiten.

Des Weiteren möchte ich der National Science Foundation, dem US-Energieministerium und der Universitätsleitung der Louisiana State University für ihre großzügige Unterstützung meiner Forschungsarbeiten danken.

Und schließlich möchte ich auch Marshall nochmals meinen Dank aussprechen, der mir seit fast zwanzig Jahren auf einer Odyssee zur Seite steht, auf der wir zu verstehen versuchen, wie die Welt, in der wir leben, funktioniert. Ich freue mich auf viele weitere unterhaltsame und faszinierende Jahre, in denen wir diese Reise fortsetzen werden.

MARSHALL W. VAN ALSTYNE

Danke, Erik und Alexander, für eure Zuneigung, Unterstützung und Geduld, während Dad an diesem Buch arbeitete. Danke, Joyce, dass du dieses Projekt durchgehalten hast, das nun endlich abgeschlossen ist. Die Familie wird für mich immer an erster Stelle stehen.

Weiterhin möchte ich mich bei meinen Beratern am MIT bedanken: Erik Brynjolfsson, Chris Kemerer, Stuart Madnick, Thomas Malone, Wanda Orlikowski und Lones Smith – ihr habt einen bemerkenswerten Standard gesetzt. Außerdem danke ich der MIT-Community zum einen dafür, dass ich an ihr partizipieren darf sowie andererseits für ihre Aufgeschlossenheit und ihre Freude am Experimentieren. Es hat schon seinen Grund, dass Open CourseWare, edX, PET-Scans (Positronen-Emissions-Tomographie), RSA-Verschlüsselung, Tabellenkalkulationen und Suppenkonzentrate von Leuten aus diesem Umfeld erfunden wurden. Das MIT ist eine der strapaziösesten, zugleich aber auch wohlmeinendsten und lohnenswertesten Institutionen auf der Welt.

Ich schließe mich Geoffs Danksagung an die Mitglieder des großartigen IDE-Teams an, dem unter anderem Dave Verrill, Erik Brynjolfsson, Andy McAfee, Glenn Urban, Tommy Buzzell und Justin Lockenwitz angehören. Ihr seid genau dort, wo tolle Ideen großen Einfluss gewinnen. Unsere Arbeiten über Plattformen stützen sich zu großen Teilen auf die Erkenntnisse von Tom Eisenmann und Andrei Hagiu von der Harvard Business School, deren Lehrmaterialien unübertroffen sind. Insbesondere Tom hat mir gezeigt, wie wichtig es ist, Theorien in die Praxis umzusetzen. Seine Beiträge haben viele meiner wissenschaftlichen Veröffentlichungen überhaupt erst zum Erfolg geführt.

Wenn es um das Verstehen der Funktionsweise von Start-ups sowie der sozialen Aspekte von Plattformen geht, gibt es kaum einen besseren Experten als unseren Koautor Sangeet Choudary, der sowohl als Mitarbeiter als auch als Berater bei zahllosen Plattformunternehmen tätig war. Er verfügt über einen umfassenden, wertvollen Erfahrungsschatz und ergänzt unser Team in kaum zu übertreffender Weise.

Weitere Inspiration erhielten wir durch die erst kürzlich von Peter Evans ins Leben gerufene Community für Plattforminteressierte, die neue Erkenntnisse zur Datenanalyse des Verhaltens in Netzwerkökonomien liefert.

Ich danke den »Forschungsrebellen« der Boston University – Erol Pekoz, Stine Grodal und Chris Dellarocas –, die sich regelmäßig zum Essen treffen, um über Forschung zu diskutieren, Geschichten auszutauschen und sich über die Ideen der anderen lustig zu machen. Als führender Kopf der digitalen Lerninitiative lebt Chris das, was hier erörtert wird. Paul Carlile, die ganze Gruppe und ich schulden dir Dank dafür, dass es dir gelungen ist, eine akademische Kultur der Unterstützung und Zusammenarbeit zu schaffen. Ebenso möchte ich mich auch bei Maria Anderson und Brett Marks bedanken, die alles zum Laufen gebracht haben.

Was sowohl das Unterrichten als auch den Lernprozess an sich betrifft, so habe ich meinen Studenten viel zu verdanken – insbesondere denen der Kurse IS710, IS827 und IS912, die mir halfen, meine unausgegorenen Ideen fertig auszugestalten. Es ist wirklich schön zu sehen, dass so viele von euch Unternehmen gründen und Führungsrollen übernehmen – haltet mich bitte über eure Karrierefortschritte auf dem Laufenden. Ein bemerkenswerter MIT-Student namens Sinan Aral wurde Fakultätsmitglied und half mir, meine wichtigsten Ideen zum Thema Netzwerke detailliert auszuarbeiten. Und Studenten wie Tushar Shanker, der nun bei Airbnb tätig ist, sind der beste Grund zu unterrichten.

Die National Science Foundation verdient an dieser Stelle besondere Erwähnung, weil sie mir mit dem CAREER Award den Einstieg in meine akademische Laufbahn erleichtert und über die Programme IOC, SGER, iCORPS und SBIR eine Vielzahl von Zuwendungen gewährt hat.

Geoff Parker, ohne dich wäre all dies kaum vorstellbar. Du bist mir ein Freund, Kollege, Trinkgenosse und Sparringpartner – und hast mich in jeder Hinsicht, die von Bedeutung ist, gefördert. Wir kennen uns jetzt schon fast zwei Jahrzehnte und stehen doch gerade erst am Anfang. Du hast mir meine besten Arbeiten ermöglicht. Danke.

SANGEET PAUL CHOUDARY

Zuallererst danke ich meiner Frau Devika und meinen Eltern Varu und Effie dafür, dass sie alle Entscheidungen, die ich je getroffen habe, unterstützt haben – auch die Entscheidung, eine traditionelle berufliche Karriere aufzugeben und mein Leben der Erforschung verknüpfter Systeme und deren Einfluss auf den weltweit stattfindenden strukturellen Wandel zu widmen. Hieraus erwuchs schließlich auch die Fokussierung meiner Neugier und meines beruflichen Interesses auf die Plattformen.

Des Weiteren bedanke ich mich bei meinen Schwiegereltern Payal und Arun Sikka für ihre Unterstützung bei jedem Schritt auf diesem Weg – ebenso wie bei meinen Freunden Yow Kin Cheong, David Dayalan, L.T. Jeyachandran und vielen anderen, die mir stets zur Seite standen.

Besonderer Dank gilt meinen Koautoren Geoffrey Parker und Marshall Van Alstyne, den besten Verbündeten und Partnern, die man sich wünschen kann, wenn man versucht, die Auswirkungen von Technologie und Konnektivität auf die heutige Wirtschaft zu verstehen. Es war mir eine Ehre mit ihnen gemeinsam in diesem Forschungsbereich gearbeitet zu haben.

Und schließlich möchte ich auch all jenen danken, die meine Arbeiten über Plattformen im Internet und über andere Forschungs- und Medienkanäle verfolgt haben und die Prinzipien verknüpfter Geschäftsmodelle sowie meine Arbeiten auf diesem Gebiet in ihre Bestrebungen zur Umstrukturierung ihrer Organisationen einfließen lassen. Dieser groß angelegte Proof of Concept – bei dem sich zahlreiche Unternehmen weltweit meine Erkenntnisse und Theorien zunutze machen und auf deren Grundlage wichtige Ergebnisse erzielen – ist es, die mich jeden Tag aufs Neue antreibt, unser Verständnis dieser Zusammenhänge weiter auszubauen.

Index